全球深水油气地质志 卷四

中国海油南海油气能源院士工作站系列成果

北大西洋被动大陆边缘深水油气地质

张功成 苏 龙 张东伟 等著

石油工业出版社

内 容 提 要

本书系统阐述了北大西洋被动大陆边缘深水沉积盆地的大地构造、盆地地质、油气地质、典型油气田特征。该区目前已有重大油气发现，但勘探程度不均衡，发现不充分，是油气勘探的领域之一。

本书可供油气勘探家、地质学家、地球物理学家和油气企业家等参考。

图书在版编目（CIP）数据

北大西洋被动大陆边缘深水油气地质 / 张功成等著. -- 北京：石油工业出版社，2025.1
（全球深水油气地质志）
ISBN 978-7-5183-6163-0

Ⅰ.①北… Ⅱ.①张… Ⅲ.①北大西洋–大陆边缘–含油气盆地–油气勘探–研究 Ⅳ.①P618.130.2

中国国家版本馆 CIP 数据核字（2023）第 134076 号

审图号：GS 京（2024）1307 号

出版发行：	石油工业出版社
	（北京安定门外安华里 2 区 1 号　100011）
	网　　址：www.petropub.com
	编辑部：（010）64523708　图书营销中心：（010）64523633
经　　销：	全国新华书店
印　　刷：	北京中石油彩色印刷有限责任公司

2025 年 1 月第 1 版　2025 年 1 月第 1 次印刷
787×1092 毫米　开本：1/16　印张：19.25
字数：490 千字

定价：190.00 元
（如出现印装质量问题，我社图书营销中心负责调换）

版权所有，翻印必究

《全球深水油气地质志》编委会

主　　编：张功成

副主编：屈红军　冯杨伟　陈国俊　庞奇伟

委　　员：（按姓氏笔画排序）

　　　　　田　兵　苏　龙　李　林　汪成辞　范玉海

　　　　　金　莉　封从军　高金尉　薛莲花

丛书序

当前海洋深水领域油气勘探开发已成为全球热点。据统计,在近几年世界大油气发现中,海域新发现储量占总发现储量的80%,深水区在全球油气大发现中具有重要地位。

世界深水油气发现主要集中在东非、西非及南美大西洋被动大陆边缘、墨西哥湾和澳大利亚西北陆架。油气资源最富集的盆地类型是被动大陆边缘盆地,其资源量占世界待发现油气资源量的49%,具有巨大的勘探潜力,深受国际油气巨头的关注。

纵观世界油气发现史,未来大油气田的发现仍然可期。全球海域面积占地球总面积的71%,约$3.6 \times 10^8 km^2$,其中具含油气远景的盆地面积约$7800 \times 10^4 km^2$,特别是深水、超深水领域勘探程度较低,随着深海油气勘探开采技术的快速发展,深水、超深水领域油气贡献的主体地位愈加稳固。

我国在深水领域油气勘探开采方面起步晚,经验积累少,技术迭代慢,加快对深水含油气盆地的认识和积累实践经验已是迫在眉睫。

由中国海油南海油气能源院士工作站专家张功成主编的《全球深水油气地质志》丛书,包括《全球深水油气地质学纲要》《南美洲东部被动大陆边缘深水油气地质》《北大西洋被动大陆边缘深水油气地质》等9卷,以板块构造、成盆、成烃、成藏研究为主线,从全球深水和主要盆地群两个层次,系统阐述了全球深水盆地群的大地构造、盆地地质、油气地质和典型油气田特征。

该丛书图文并茂，内容丰富，资料翔实，可为从事油气行业的领导、技术专家、研究人员和关心石油工业的学者提供参考，也对从事油气专业的高等院校师生具有借鉴意义。

在此，我谨对该丛书的成功出版表示祝贺！

中国工程院院士

2024 年 12 月

FOREWORD

At present, the exploration and development of deepwater petroleum has become a significant global focus. According to statistics recently, in the world's major oil and gas discoveries, the newly discovered reserves in the offshore areas has accounted for 80% of the total discovered reserves, and the deepwater area has an important position in the global oil and gas discovery.

The world's deepwater hydrocarbon discoveries are mainly concentrated in the passive continental margins of East and West Africa, the Atlantic in South America, as well as the Gulf of Mexico and the continental shelf of Northwestern Australia. Passive continental margin basins are the richest basins in terms of hydrocarbon resources, accounting for 49% of the world's undiscovered hydrocarbon resources. These basins with huge exploration potential has attracted the attention of international oil and gas giants.

Throughout the history of hydrocarbon exploration, the discovery of large oil and gas fields around the world in the future remains possible. The marine area covers about 71% of the earth's total surface, approximately $3.6 \times 10^8 km^2$ in which the area with hydrocarbon prospects is about $7800 \times 10^4 km^2$, particularly in deep and ultra-deepwater settings with the low level exploration degree. With the rapid development of the marine oil and gas exploration and exploitation technology, the contribution of deepwater and ultra-deepwater hydrocarbon has gained a firm foothold in the oil and gas industry.

China's started relatively late in the oil and gas exploration and exploitation in the deepwater domain, resulting in less experience and slower technological progress in this field. Therefore, it's imperative to expedite the comprehension understanding of the deepwater petroliferous basins and cultivate practical experience.

Petroleum Geology of Global Deepwater, which was edited by Zhang Gongcheng from the CNOOC Nanhai Oil and Gas Energy Academician Workstation and CNOOC Research Institute. The series consists of nine volumes, including *Compendium of Petroleum Geology in Global Deepwater*, *Petroleum Geology in Deepwater Area in the Passive Continental Margin in Eastern South America*, *Petroleum Geology in Deepwater Area in the Passive Continental Margin in North Atlantic Ocean*, etc. Taking the classical studies of plate tectonics, basin formation, hydrocarbon generation and accumulation as the principle line, the book systematically explains the geotectonics, basin geology, petroleum geology and typical oil and gas field characteristics of the world's deepwater basin groups from the global deepwater and major basin groups respectively.

These series are illustrated with words and pictures, and will be a useful reference for the executives, technical experts, researchers and scholars engaged in petroleum industry, as well as for teachers and students of colleges specializing in oil and gas.

I would like to take this opportunity to congratulate the authors on the series of this book!

Xie Yuhong
Academician of China Engineering Academy
December 2024

丛书前言

深水油气、深层油气、非常规油气是当今全球油气勘探的三大热点。

一般将水深 300m 或 500m 作为"浅水区"与"深水区"的界线。受板块构造控制，全球深水盆地主要分布在大西洋大陆边缘、东非大陆边缘、西太平洋大陆边缘、环北冰洋大陆边缘和新特提斯大陆边缘五大区域，前三者呈近南北向分布，后两者呈近东西向分布，总体呈"三竖两横"的分布格局。

全球深水油气盆地勘探面积高达约 $2400×10^4km^2$，全球海洋油气资源的 44% 分布在深水区，只是目前勘探程度低，但勘探前景广阔。

全球深水区油气勘探从 20 世纪 60 年代开始至今已接近 70 年，但前期进展缓慢，21 世纪以来发展加快。全球深水油气其勘探历程总体可划分为探索阶段 (1960—1974 年)、起步阶段 (1975—1984 年)、早期阶段 (1985—1995 年) 和快速发展阶段 (1996 年至今)。

当前，深水区已经成为全球常规油气勘探的热点和油气增储上产的最重要领域，全球共发现约 2000 个油气田。近年来，世界重大油气发现的 70% 是来自深水领域。

深水油气是人类未来相当长时期内赖以生存与发展的重要资源之一，从全球油气发现史来看，深水油气目前仍处于大发现阶段。

《全球深水油气地质志》丛书的出版，在于总结过去，推动未来，将有助于企业界、专家、学者、博士生、硕士生、本科生及社会各界了解全球深水油气地质，为我国开展全球深水油气勘探开发奠定基础。

基于全球深水盆地群"三竖两横"五个巨型带的创新认识，在各卷内容安排上，除大西洋大陆边缘盆地深水油气地质分四卷阐述外（卷二、卷三、卷四、卷五），全球深水油气地质学纲要及其他各带均单独成卷论述。

各卷书目如下：

卷一　全球深水油气地质学纲要

卷二　墨西哥湾盆地深水区油气地质

卷三　南美洲东部被动大陆边缘深水油气地质

卷四　北大西洋被动大陆边缘深水油气地质

卷五　非洲西部被动大陆边缘深水油气地质

卷六　东非东部被动大陆边缘深水油气地质

卷七　西太平洋活动大陆边缘深水油气地质

卷八　环北极深水油气地质

卷九　新特提斯会聚大陆边缘深水油气地质

张功成

中国海油南海油气能源院士工作站专家

入选全球前 2% 顶尖科学家 2021、2022、2024 年度科学影响力排行榜

2024 年 12 月

PREFACE

Deepwater oil and gas, deep-buried oil and gas, and unconventional oil and gas are the three hot spots of global oil and gas exploration.

Generally, the water depth of 300m or 500m is taken as the boundary between the 'shallow water area' and 'deep water area'. Controlled by plate tectonics, the global deepwater basins are mainly distributed in five regions, the Atlantic continental margin, the East African continental margin, the Western Pacific continental margin, the Arctic continental margin, and the Neo-Tethys continental margin. The first three regions are distributed in the north-south direction, and the last two regions are distributed in the east-west direction, with the general distribution pattern of "three longitudinal and two latitudinal basin belts".

The exploration area of the global deepwater oil/gas basin is as high as about $2400 \times 10^4 km^2$, and 44% of the global marine oil and gas resources are distributed in the deepwater area, with low exploration degree and broad exploration prospects.

Deepwater oil/gas exploration has been developed for nearly 70 years since the beginning of the 1960s, with slow progress in the early stage and rapid development since the new century. The exploration history can be generally divided into the Exploratory Phase (1960-1974), Start-up Phase (1975-1984), Emerging Phase (1985-1995) and Rapidly Developing Phase (1996-present).

The deepwater area has become the hot spot of global conventional oil/

gas exploration and the most important field for increasing oil/gas reserves and production. Up to now, approximately 2000 oil/gas fields have been discovered. In recent years, 70% of the world's major oil/gas discoveries have come from deepwater areas.

Marine deepwater oil/gas is one of the most important resources on which mankind's survival and development will depend for a considerable period of time in coming years, and it is still in the stage of great discovery.

The publication of the *Petroleum Geology of Global Deepwater* aims to summarize the past and promote the future, and will help enterprises, experts, scholars, doctors, masters, undergraduate students, and other sectors of society to understand the global deepwater hydrocarbon geology and lay the foundation for China's deepwater hydrocarbon exploration and development.

Based on the innovative understanding of the five mega-zones of global deepwater basins group,'three longitudinal and two latitudinal basin belts', the contents of the volumes are organized in such a way that the global deepwater oil and gas geology outline and other beds are separately discussed in each Volume except the deepwater hydrocarbon geology of the basins of the Atlantic continental margin is dealt with in four volumes (Volume II、Volume III、Volume IV、Volume V).

The bibliographies of the volumes are as follows:

Volume I *Compendium of Petroleum Geology in Global Deepwater*

Volume II *Petroleum Geology in Deepwater Area in the Gulf of Mexico Basin*

Volume III *Petroleum Geology in Deepwater Area in the Passive Continental Margin in Eastern South America*

Volume IV *Petroleum Geology in Deepwater Area in the Passive Continental Margin in North Atlantic Ocean*

Volume V *Petroleum Geology in Deepwater Area in the Passive Continental Margin in Western Africa*

Volume VI *Petroleum Geology in Deepwater Area in the Passive Continental Margin in Eastern East Africa*

Volume VII *Petroleum Geology in Deepwater Area in the Active Continental Margin in the Western Pacific Ocean*

Volume VIII *Petroleum Geology in Deepwater Area in the Circumpolar Region*

Volume IX *Petroleum Geology in Deepwater Area in the Continental Margins in the Neo-tethys Ocean*

Zhang Gongcheng

CNOOC South China Sea Oil & Gas Energy Academician Workstation expert

Named to the Top 2% of the World's Top Scientists 2021、2022、2024

Science Impact Ranking

December 2024

本卷前言

北大西洋现今整体结构呈"两陆""两洋""一岛""四盆地带"格局，具有丰富的油气资源潜力。"两陆"指北美洲大陆和欧洲大陆；"两洋"指北大西洋洋盆和巴芬湾，以洋壳为基底；"一岛"指格陵兰岛；"四盆地带"指挪威西部被动大陆边缘盆地带、格陵兰东部被动大陆边缘盆地带、格陵兰岛西缘被动大陆边缘盆地带和北美大陆东缘盆地带，其中在挪威西部被动大陆边缘盆地带和北美大陆东缘盆地带已发现丰富的油气储量。

北大西洋经历了多期构造演化。在北美洲板块与欧洲板块"开、合、开"的过程中，从南半球整体"漂移"到目前的位置，其构造运动的过程是极其宏大的。中生代北大西洋及其邻区发生大区域的伸展，北大西洋形成；早期纽芬兰形成，后夭折，大西洋形成，发育成现今格局。北大西洋是火山型被动大陆边缘。

北大西洋四个盆地带油气地质条件不同、同一盆地带各段油气地质条件也差异甚大。北大西洋东侧的挪威中部陆架—北海油气富集；西侧北美洲大陆边缘油气成藏条件好；格陵兰岛东、西侧油气前景好，但至今没有取得商业性突破。

北大西洋北段自然地理条件差，部分区域常年为巨厚冰雪覆盖，勘探难度大，但潜力也大。北大西洋的北海、挪威中部陆架、北美洲东部大陆边缘浅水区是勘探成熟区，但依然有重大发现的机会。北美洲东部大陆边缘深水区和格陵兰岛是新区，是潜在的重大突破领域。

本卷前言由张功成撰写，第一章至第三章由张功成、屈红军、苏龙、范玉海、张东伟和蔺吉辉撰写；第四章由苏龙、范玉海、张功成、屈红军、封从军和谢再波撰写；第五章至第七章由苏龙、张功成、屈红军、张东伟、王涛和王海东撰写；全书由张功成、苏龙统稿。

诚挚感谢参与本书编写工作的其他工作人员，感谢在本书的资料收集、编写成稿和出版环节给予支持和关心的各位领导、专家和朋友。感谢石油工业出版社孙宇和马晓萱等编辑的辛勤工作。由于水平有限，书中难免有错误之处，恳请广大读者批评指正。

张功成　苏　龙
2024 年 12 月

Preface to this volume

The overall structure of the North Atlantic Ocean is now "two continents", "two oceans", "one island" and "four basins", and has rich oil and gas resource potential. "Two continents" means the continent of North America and the continent of Europe. "Two oceans" refers to the North Atlantic basin and Baffin Bay, with the ocean crust as the base. "One Island" means Greenland. "Four basins" refers to the passive continental margin basin in western Norway, the passive continental margin basin in eastern Greenland, the passive continental margin basin in the western edge of Greenland and the eastern basin of the North American continent, of which rich oil and gas reserves have been found in the passive continental margin basin of western Norway and the eastern basin of the North American continent.

The North Atlantic has undergone multiple tectonic evolutions. In the process of "opening, closing, opening" between the North American plate and the European plate, the process of tectonic movement from the overall "drift" of the southern hemisphere to its current position is highly complex and large-scale. In the Mesozoic era, a large area of the North Atlantic and its adjacent areas was extended through widespread rifting and the North Atlantic Ocean was formed. Newfoundland formed in the early days, died later, and the Atlantic Ocean formed, developing into its current pattern. The North Atlantic is a volcanic passive continental margin.

The hydrocarbon geological conditions of the four basins of the North Atlantic are different, and the hydrocarbon geological conditions of different sections of the same basin are also very different. The central Norwegian shelf and North Sea oil and gas enrichment on the eastern side of the North Atlantic. On the western side, the hydrocarbon accumulation conditions along the margin of the North American continent are good. The oil and gas prospects on the east and west sides of Greenland are good, but no commercial breakthrough has been made so far.

The northern section of the North Atlantic has poor natural geographical conditions, and some areas are covered with huge ice and snow all year round, which is difficult to explore, but also has great potential. The North Sea in the North Atlantic, the central shelf of Norway, and the shallow waters of the eastern continental margin of North America are exploration mature areas, but there are still major opportunities for discovery. The Norwegian central shelf, the deep-water area of the eastern continental margin of North America and Greenland are new areas that are potential major breakthrough areas.

The preface to the volume was written by Zhang Gongcheng, and the first to third chapters were written by Zhang Gongcheng, Qu Hongjun, Su Long, Fan Yuhai, Zhang Dongwei and Lin Jihui Chapter Four was written by Su Long, Fan Yuhai, Zhang Gongcheng, Qu Hongjun, Feng Congjun and Xie Zaibo; The fifth to seventh chapters were written by Su Long, Zhang Gongcheng, Qu Hongjun, Zhang Dongwei, Wang Tao and Wang Haidong; The whole book was co authored by Zhang Gongcheng and Su Long.

Zhang Gongcheng　Su Long
December 2024

目 录

- **第一章 北大西洋概论**
  - 第一节 北大西洋油气地质概况 ……………………………………………… 1
  - 第二节 北大西洋油气勘探概况 ……………………………………………… 25

- **第二章 挪威中部陆架深水盆地油气地质**
  - 第一节 概况 …………………………………………………………………… 35
  - 第二节 勘探历程 ……………………………………………………………… 37
  - 第三节 构造特征 ……………………………………………………………… 50
  - 第四节 地层序列与岩相古地理 ……………………………………………… 73
  - 第五节 石油地质特征 ………………………………………………………… 93
  - 第六节 油气田各论 …………………………………………………………… 114

- **第三章 北海盆地**
  - 第一节 概况 …………………………………………………………………… 122
  - 第二节 构造 …………………………………………………………………… 126
  - 第三节 地层 …………………………………………………………………… 131
  - 第四节 石油地质特征 ………………………………………………………… 136
  - 第五节 大油气田分布 ………………………………………………………… 162

- **第四章 伏令盆地**
  - 第一节 概况 …………………………………………………………………… 165
  - 第二节 构造 …………………………………………………………………… 168

第三节　地层 …………………………………………………………… 173

第四节　石油地质特征 ………………………………………………… 174

第五节　大油气田分布 ………………………………………………… 190

第五章　默里盆地

第一节　概况 …………………………………………………………… 192

第二节　构造 …………………………………………………………… 199

第三节　地层 …………………………………………………………… 203

第四节　石油地质特征 ………………………………………………… 205

第五节　大油气田分布 ………………………………………………… 211

第六章　格陵兰东部陆架

第一节　概况 …………………………………………………………… 212

第二节　构造 …………………………………………………………… 223

第三节　地层与沉积相 ………………………………………………… 227

第四节　石油地质特征 ………………………………………………… 243

第七章　北美东缘陆架

第一节　概况 …………………………………………………………… 250

第二节　构造 …………………………………………………………… 252

第三节　地层与沉积相 ………………………………………………… 262

第四节　石油地质特征 ………………………………………………… 266

参考文献 …………………………………………………………………… 271

Contents

Chapter 1 Introduction to the North Atlantic

Section 1 Overview of Oil and Gas Geology in the North Atlantic ··· 1

Section 2 Overview of the North Atlantic Oil and Gas Exploration ·· 25

Chapter 2 Oil and Gas Geology of Deep Water Basins In the Central Shelf of Norway

Section 1 Overview ··· 35

Section 2 Exploration History ································· 37

Section 3 Structural Features ································· 50

Section 4 Stratigraphic Sequence and Lithofacies Paleogeography ··· 73

Section 5 Petroleum Geological Characteristics ···················· 93

Section 6 Discussion on Oil and Gas Fields ······················· 114

Chapter 3 The North Sea Basin

Section 1 Overview ··· 122

Section 2 Structure ··· 126

Section 3 Stratum ·· 131

Section 4 Petroleum Geological Characteristics ···················· 136

Section 5 Distribution of Giant Oil and Gas Fields ················ 162

CHAPTER 4　Vøring Basin

Section 1　Overview ·· 165

Section 2　Structure··· 168

Section 3　Stratum ··· 173

Section 4　Petroleum Geological Characteristics ···················· 174

Section 5　Distribution of Giant Oil and Gas Fields ················ 190

CHAPTER 5　Møre Basin

Section 1　Overview ·· 192

Section 2　Structure··· 199

Section 3　Stratum ··· 203

Section 4　Petroleum Geological Characteristics ···················· 205

Section 5　Distribution of Giant Oil and Gas Fields ················ 211

Chapter 6　East Greenland Shelf

Section 1　Overview ·· 212

Section 2　Structure··· 223

Section 3　Stratum and Sedimentary Facies ···························· 227

Section 4　Petroleum geological characteristics ···················· 243

Chapter 7　The Eastern Shelf of North America

Section 1　Overview ·· 250

Section 2　Structure··· 252

Section 3　Stratum and Sedimentary Facies ···························· 262

Section 4　Petroleum geological characteristics ···················· 266

References ·· 271

第一章 北大西洋概论

第一节 北大西洋油气地质概况

一、北大西洋盆地群简介

北大西洋是指从赤道向北到北极圈之间的大西洋区域。整体格局呈"两陆两洋夹一岛"结构,两陆分别是欧洲大陆、北美洲大陆;两洋指北大西洋洋盆、巴芬湾;一岛指格陵兰岛。受此影响,形成两个陆缘两个岛缘共4个被动大陆边缘盆地带,分别是挪威中部陆缘—北海盆地带、美国—加拿大东部陆缘盆地带及格陵兰岛东、西盆地带(图1-1)。

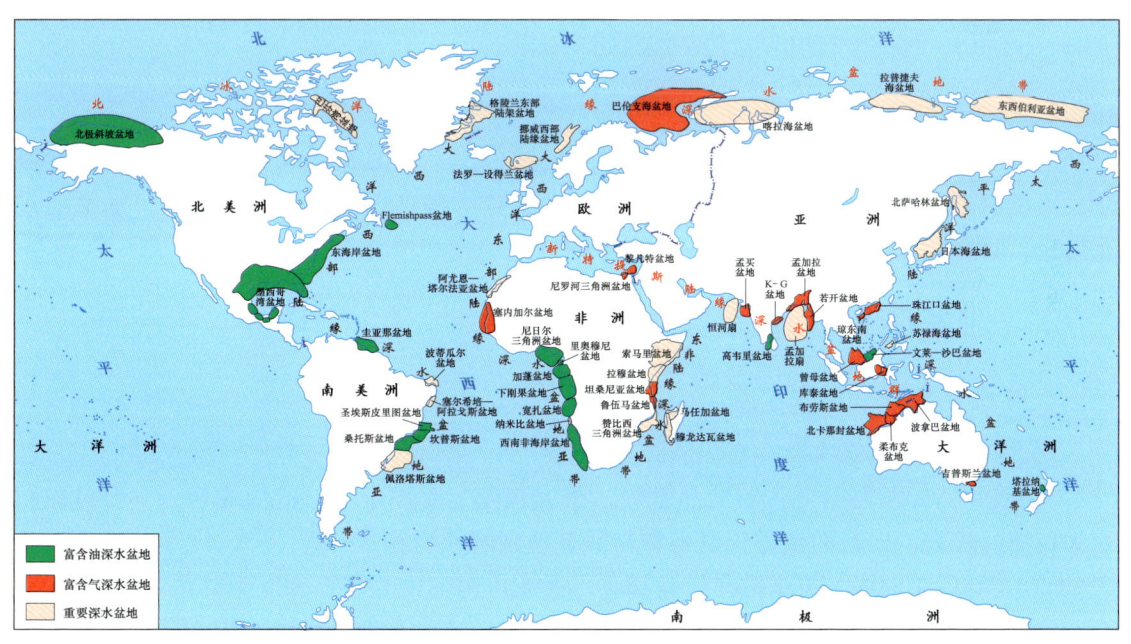

图1-1 北大西洋"两陆两洋夹一岛"区域构造格局图(据张功成等,2019,修改)

1. 挪威中部陆架—北海盆地

挪威中部陆架是挪威海靠近挪威大陆的近海陆架(图1-1),位于北纬62°和68°之间，南临法罗—设得兰盆地，西南为北海盆地，北部为罗弗敦海盆和熊岛，东北为巴伦支海盆地（张功成等，2019），海水深度在200～1500m，是挪威油气产量仅次于北海的一个产区，面积约28×10^{4}km^2。

北海盆地位于大不列颠岛、斯堪的纳维亚半岛、日德兰半岛和荷比低地之间，属于大西洋东北部边缘海。北海西以大不列颠岛和奥克尼群岛为界，北为设得兰群岛，东临挪威和丹麦，南接德国、荷兰、比利时、法国，西南经多佛尔海峡和英吉利海峡通大西洋。北海北部以开阔水域与大西洋连成一片，东经斯科格拉克海峡、卡特加特厄勒海峡与波罗的海相通。北海海区南北长965.4km，东西宽643.6km，面积57.5×10^{4}km^2。南部是水深40m的海台，海底逐渐向北倾斜，到设得兰群岛以西陆架边缘，水深达183m左右，平均水深56m。

2. 东格陵兰东、西部陆缘

东格陵兰陆架位于格陵兰岛东部（图1-1），东临北大西洋，东北接北极洋，位于北纬60°～80°，东部海岸线比较长，长度大于1000km，面积大约为30×10^{4}km^2。东格陵兰盆地包括Danmarkshavn盆地、Thetis盆地和Jameson盆地。西格陵兰陆架位于北纬35°—65°，分布于格陵兰岛西南部，西北临巴芬湾盆地（Baffin Bay Basin）和戴维斯海峡（Davis Strait），西接拉布拉多盆地（Labrador Basin）。

3. 北美东部大陆边缘

北美东部大陆边缘位于北纬35°—80°，大部分位于美国和加拿大东海岸，东邻大西洋，由南到北从美国佛罗里达州北部到加拿大纽芬兰群岛东部，而少部分位于加拿大东北海岸，向北直至巴芬湾盆地（图1-1）。

二、北大西洋大地构造背景及演化

1. 结晶基底形成演化背景

北大西洋大陆边缘主要存在三层结晶基底：

（1）2500Ma左右的太古宙结晶基底，很大程度上受控于变形的深成岩，主要是花岗岩和花岗闪长岩，岩石的变质程度通常为强变质到麻粒岩相；

（2）2500—1000Ma的元古宙结晶基底，由元古宙上地壳岩石和巨大的花岗岩体组成，而在格陵兰中部和东南部地区，元古宙基底主要由改造的和剪裂的太古宙岩石组成；

（3）520—375Ma的加里东结晶基底，主要由不同年代和成因的上地壳岩石、片麻岩及火成岩组成，包括未变质和中变质的前寒武纪和奥陶纪碎屑岩和碳酸盐岩沉积。

古元古代造山运动形成了稳定的俄欧台地，其毗邻太古宙波罗的海板块。新元古代Baikalian造山带在古元古代基底上叠加，呈北西—南东向，形成Kanin-Timan洋中脊以及Timan洋中脊。

Pechora和Bårents西南部的Kola单斜结构（阶地），最终使俄欧台地和波罗的海板块连接在一起。Baikalian 基底包括 Timan-Pechora 盆地西部、中部和南巴伦支盆地一部分。

晚奥陶世到晚志留世，加里东运动使古大西洋闭合，形成加里东褶皱带，并把劳伦（格陵兰）—波罗的（斯堪的纳维亚）板块及阿瓦隆微板块缝合起来，北大西洋区域形成一个整体的板块（Barrère 等，2009），此次构造运动影响了北海西部、挪威—格陵兰全部及巴伦支海西部，但在北巴伦支盆地也可能出现北东向构造。据一些板块构造模型，残余的卫八海古洋盆很有可能存在于东巴伦支区域。

晚古生代泥盆纪—石炭纪海西运动使北海和其南部板块碰撞拼合，华力西山脉形成，在北海南部形成海西褶皱带，自此基本再没有褶皱运动波及英国和斯堪的纳维亚半岛地区。华力西造山带从南爱尔兰经英格兰穿过北海进入比利时和德国，呈东西向延伸（Lyngsie，2006）。晚古生代（泥盆纪或更晚）断裂及其随后的板块碰撞事件记录在沿着南巴伦支盆地南部边缘的碳酸盐岩—硅质碎屑岩地层中。

劳伦—波罗的海板块和西西伯利亚板块（二叠纪—三叠纪乌拉尔"Uralian"造山运动）碰撞明确了巴伦支盆地东部边缘和乌拉尔—新地岛褶皱带形成的 Timan-Pechora 盆地的界限。乌拉尔造山运动是全球二叠纪—三叠纪超级大陆（Pangea）形成的最后一次构造运动（Scotese，1987）。

2. 北大西洋在超级大陆（Pangea）形成之后—洋壳出现之前的构造事件

北大西洋在超级大陆形成之后—洋壳出现之前经历了三次较大规模的构造运动。

（1）晚古生代—早三叠世，格陵兰岛、法罗—设得兰盆地、北海和挪威的边缘受拉张作用影响，挪威—格陵兰开始裂解（图 1-2），北大西洋区域进入裂谷阶段。

（2）中侏罗世—白垩纪早期，裂谷大规模发育，其活动的持续性是与潘基亚超级大陆缓慢解体成劳亚和冈瓦纳两大陆的过程相适应的（Arvid Nøttvedt 等，2008）。北大西洋的海底扩张把劳亚大陆裂解成北美和欧亚两大陆。该区地堑的发育与上述裂解过程相联系的，扩张初期是沿着罗科尔（Rockall）海槽开始的。默里和伏令盆地开始快速沉降，Trøndelag 台地经历小的下沉，整个白垩纪都处在稳定沉降阶段。

（3）晚白垩世—古近纪，出现大规模的岩浆喷发，最终在始新世挪威和格陵兰之间出现洋壳。晚白垩世到古近纪的构造运动只在北大西洋东部边缘发生，挪威—格陵兰之间的结构要素基本确定（Stemmerik 等，1997；Surlyk 等，2001），北海没有受到第三次构造运动的影响。晚白垩世—古近纪的构造运动使挪威和格陵兰之间地壳减薄得非常严重，挪威和格陵兰之间中心地带的地壳厚度基本都小于 25km，有的区域达到 10km（Lundin，2002）。其中前两次构造运动在挪威和格陵兰之间只发育克拉通内部裂谷，挪威和格陵兰之间的移动距离较小；第三次构造运动对这一地区产生了重大影响，使挪威和格陵兰之间形成洋壳，二者之间分离距离较大。

图 1-2 挪威—格陵兰之间的分裂（250Ma 开始分离）及构造运动对其分离轨迹的影响
（据 Molar 等，2002）

蓝圈表示前两次构造运动的移动距离，蓝线代表第三次构造运动的移动距离

受晚白垩世—古近纪构造运动的影响，北大西洋区域裂谷作用加剧，地壳减薄致使挪威—格陵兰之间在早始新世（伊普里斯期 53.4Ma）出现了陆壳和洋壳的转换（Lundin，2002），从此挪威和格陵兰之间进入了大陆漂移期，形成了现今 Reykjanes Ridge-Kolbeinsey Ridge-Mohns Ridge-Knipovich Ridge 的北大西洋洋中脊（Skogseid 等，2000），并在洋中脊两侧形成了现今的挪威—格陵兰陆架。

早始新世（伊普里斯期 53.4Ma）大西洋区域初始洋壳形成之后，北大西洋的挪威—格陵兰之间经历了几期具有相同分离速率的地质幕，在假定挪威和格陵兰具有相同速率的前提下，建立了地质块体模型，反映了地质块体的相对位置、洋中脊位置和大陆块体之间的分离速率等地质信息。

3. 北大西洋裂开的构造演化阶段

北大西洋的裂开主要经历三个阶段：早三叠世印度期（250Ma）以前的大陆克拉通阶段（前裂谷阶段）、早三叠世—古近纪古新世的裂谷阶段和早始新世（伊普里斯期53.4Ma）至今的被动陆缘（大陆漂移）阶段。

由于北大西洋不同地段裂开时间不同，沿着北大西洋南北方向各段盆地（群）的发育时间与发育程度存在一定的差异。北大西洋的扩张是间歇性的，长期存在的，开始于超级大陆形成之后，早始新世之后出现了海底扩张，最终形成了东北大西洋。

北大西洋东部边缘自石炭纪以来经历了多次裂谷事件（Hinz等，1993；Brekke等，1999）。在晚泥盆世之前，晚志留世到早泥盆世的加里东造山运动使巨神海（Iapetus Ocean）最终关闭。晚泥盆世到古新世，该区伴随阶段性沉降、变形，并在古新世—始新世格陵兰和欧亚大陆最终分离。早始新世到现在，是欧亚大陆和格陵兰岛之间海底扩张的阶段。

1）前裂谷阶段

前裂谷阶段是指早三叠世印度期（250Ma）以前的大陆克拉通阶段。

晚志留世，波罗的板块与劳伦板块发生碰撞，古大西洋闭合，形成了加里东造山带。该时期劳伦板块固定在赤道附近，而波罗的板块迅速向西北方向运动，并向劳伦板块下大规模地俯冲，导致了加里东褶皱带碎屑沉积迅速加厚（Torsvik等，2002）。

晚泥盆世，格陵兰和斯堪的纳维亚大都集中在赤道和亚热带（30°N—20°N）之间，因此基本上不存在蒸发岩。北海和英伦三岛主要为老红砂岩（ORS）及河流、湖泊和风成砂沉积，一个海湾向北伸入到北海中部，而在北纬57°的阿古尔油田区则有海相碳酸盐岩和页岩沉积。在斯堪的纳维亚受挤压作用的影响形成山内盆地。挪威—格陵兰岛之间的断裂结构和北部巴伦支海西南大陆架与北极相连的裂谷系一致。在巴伦支海大陆架的西南部，裂谷时间发生在晚泥盆世—早石炭世，并与后来发展的诺德卡普（Nordkapp）、特罗姆瑟（Tromsø）和比约纳（Bjørnøya）盆地相连。在斯瓦尔巴德群岛、挪威西部和东格陵兰的老红砂岩沉积时发生强烈褶皱。在斯瓦尔巴德群岛，此次褶皱发生在晚泥盆世—早石炭世。在挪威西部，褶皱开始于中泥盆世（图1-3），一直持续到晚泥盆世—早石炭世（Torsvik等，2002）。

晚石炭世—早二叠世，向北漂移的Laurussia地块携带巴伦支海大陆架进入亚热带，格陵兰、北欧、英伦三岛基本延伸至30°N。从早石炭世开始，这一地区变成Pangean超大陆的一部分，主要受其周围的Inuitian、华力西和乌拉尔造山运动的影响。到了晚石炭世，海西期造山带已变得相对活跃。二叠纪初期的拉张运动形成了北海的维京地堑、中央地堑、奥斯陆—霍恩地堑等地堑系。随着华力西山脉的形成，北海盆地大部分地区被迅速沉降的克拉通沉积所占据，主要为厚层的碎屑岩及蒸发岩沉积。早二叠世的沉积是陆相的"赤底统砂岩",属于干旱气候下的沙漠沉积。在盆地中部产生的中北海隆起和林克宾—芬隆起把盆地又分为北海南部盆地和北海北部盆地。

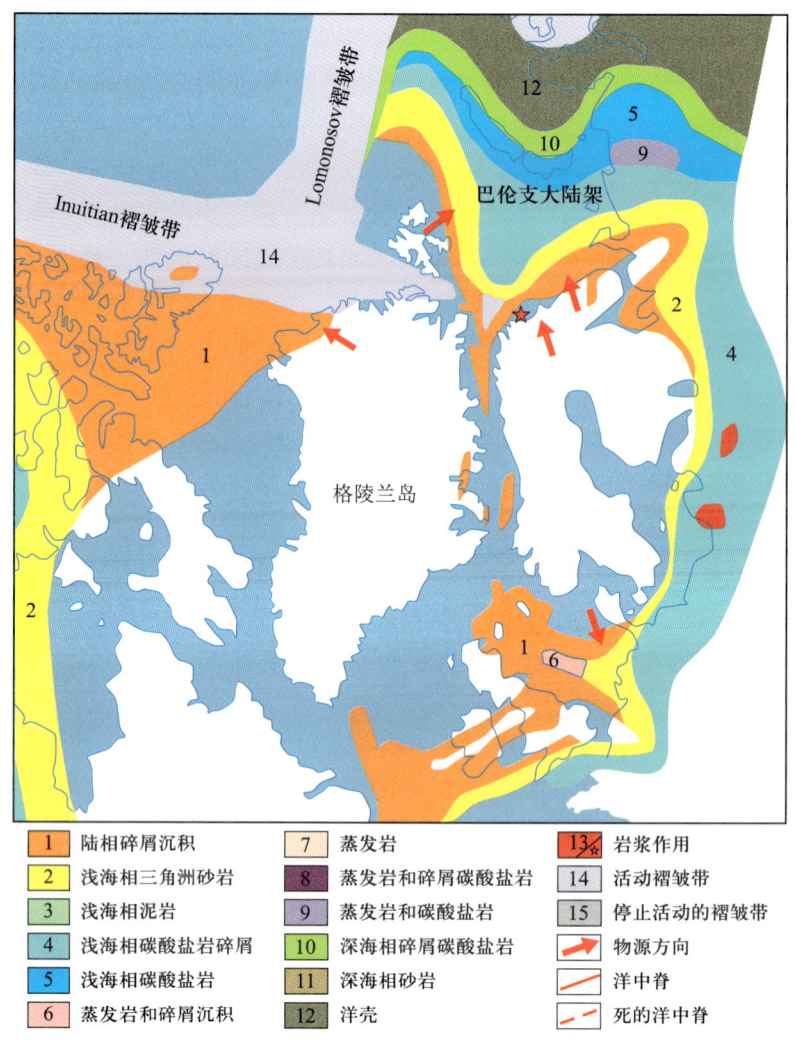

图1-3 晚泥盆世(360Ma)弗拉期—法门期北大西洋区域构造古地理图(据Torsvik等,2002)

在东格陵兰中部,晚石炭世大陆砾岩及砂岩在南北向的半地堑堆积。在巴伦支海大陆架,晚石炭世沉积了浅海—深海的碳酸盐岩,特别是在巴伦支海西部大陆架Tromsø和Nordkapp地堑,晚石炭世—早二叠世蒸发岩(亚热带条件)随着碳酸盐岩一起沉降(Gudlaugsson等,1998)。格陵兰东北大型蒸发盆地可能也是这时沉积的(Bukovics等,1985)。在Oslo地区早二叠世的构造运动引起岩浆活动。受岩浆活动的巨大影响(图1-4),在北海、不列颠群岛、德国和瑞典西南分布大量的北西—南东向岩脉(Torsvik等,2002)。

晚二叠世,巴伦支海大陆架已经漂出了亚热带且中挪威边缘位于35°N左右,而北海地区仍留在亚热带。格陵兰东部由先前的陆相条件转变成海相条件,北海处于干旱环境,

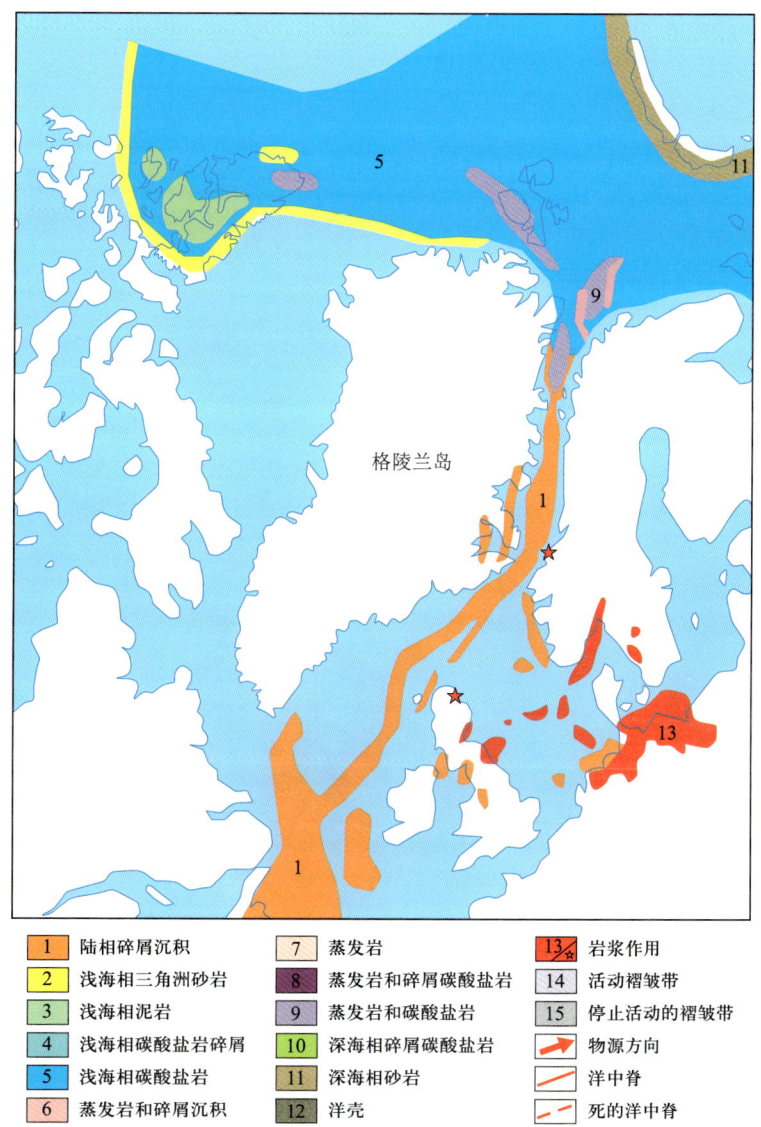

图 1-4　晚石炭世—早二叠世卡西莫夫期—萨克马尔期北大西洋区域构造古地理图（据 Torsvik 等，2002）

海平面的上升导致维京地堑二叠纪盆地被淹没，由于海水侵入，在风成砂岩之上沉积了一套黑色页岩。之后，Zechstein Group 蒸发岩和海相碳酸盐岩沉积。晚二叠世挪威—格陵兰北部的广海地区发生海侵，可能是和二叠纪冰期结束相一致，全球性海平面上升，大西洋的海水沿先存裂谷系统进入格陵兰和挪威地区。北部和南部二叠系盆地可能被开阔海的海水淹没，直到海平面与当时的大洋洋面一致为止，在北海盆地沉积了约 1500ft 厚的二叠系蔡希斯坦统（Zechstein）蒸发岩沉积，随后连续沉积了以泥岩为主的三叠系陆相地层。Laurussia 继续向北运动，巴伦支海的碳酸盐岩台地和蒸发岩环境结束，气候也从温暖干旱环境转变成温暖潮湿环境（开阔海环境）。海侵形成更广的海洋（图 1-5），来自乌拉尔褶皱带的陆缘沉积物在巴伦支海东部堆积（Torsvik 等，2002）。

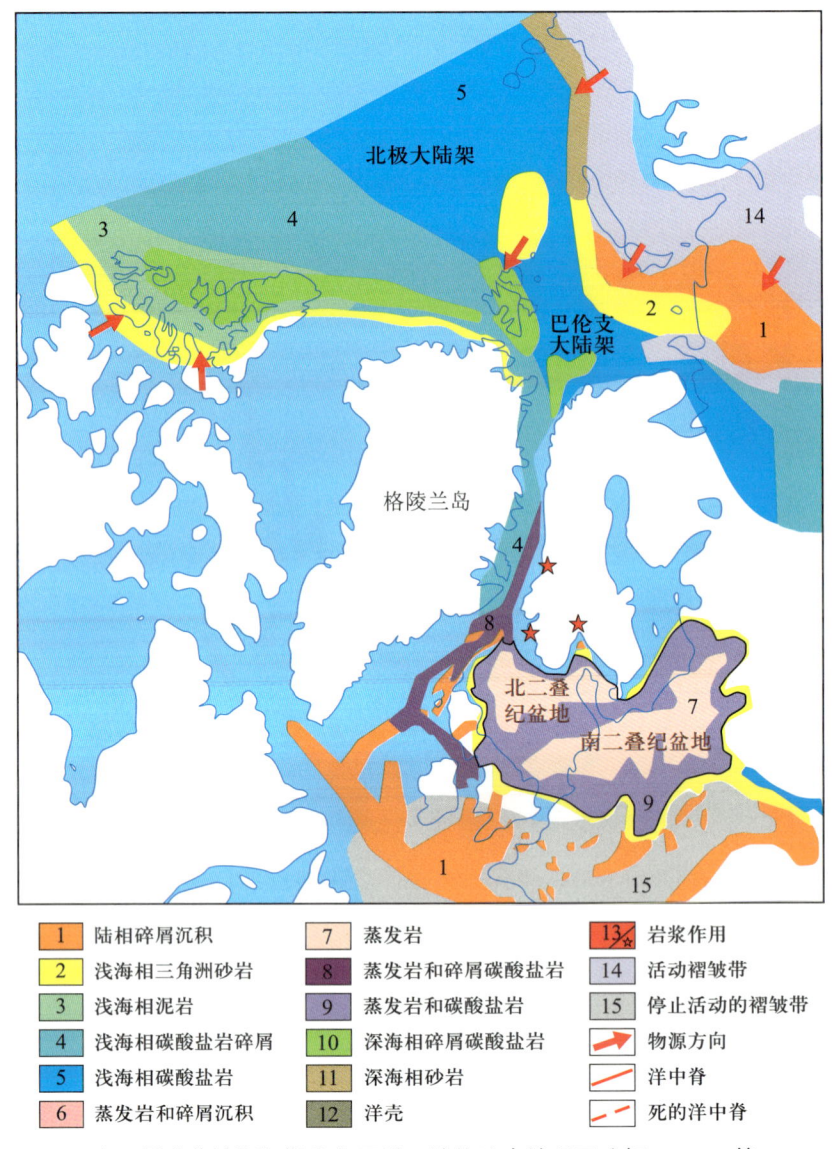

图1-5 晚二叠世蔡希斯坦期北大西洋区域构造古地理图（据Torsvik等，2002）

2）裂谷阶段

早三叠世印度期（250Ma）—古近纪古新世中挪威地区处于裂谷阶段。

在中挪威边缘（图1-6），Trøndelag台地（Froan盆地）和Vestfjorden盆地（Jan Inge Faleide等，2008）记录了二叠纪—三叠纪早期重要的断裂活动（Brekke，2000；Osmundsen等，2002）。二叠纪—三叠纪扩张比较少，主要局限在格陵兰东部，那里的正断层在二叠纪早期开始发育，并在中二叠世达到顶点（Surlyk，1990）。后来的三叠纪盆地演化的特点是区域沉降和泥沙大量沉积。中—下侏罗统（主要是砂岩）反映浅海沉积之前的下一个主要断裂的开始。

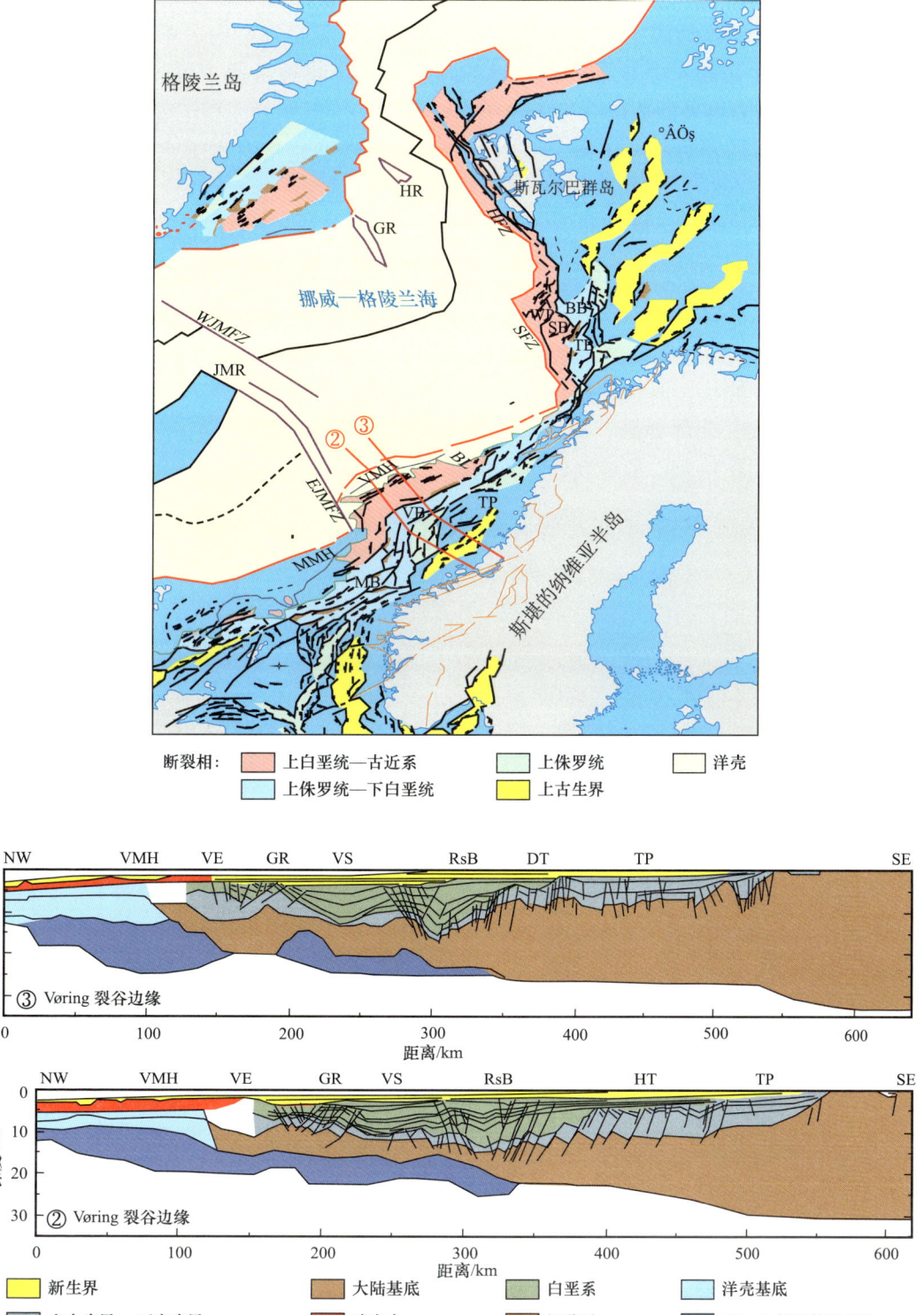

图 1-6 二叠纪—三叠纪早期的断裂活动切割前裂谷期地层（据 Surlyk, 1990）

早三叠世，北大西洋区域开始发育北海盆地的裂谷系统，改变了南北二叠纪盆地的构造格局，在北海盆地内发育了中央地堑、维京地堑等裂谷型构造单元，它们穿过老的北部二叠纪盆地并插入中北海—林克宾芬隆起，该隆起被迅速下沉的霍恩地堑所穿插。在东侧，以断层为边界的挪威—丹麦地堑内快速堆积了巨厚的三叠纪地层。

三叠纪的裂谷系统改变了南、北二叠纪盆地的构造格局，成为北大西洋裂谷带的一个组成部分。这种构造发展是与联合古大陆的解体相适应的。

晚三叠世，在挪威—格陵兰海堆积了相对较薄的蒸发/碎屑沉积。挪威中部陆架已经移动到 45°N 左右。北海仍然处于大陆近海环境，并受到东南方向特提斯洋海水的入侵。在北海中部和北部盆地，以粗碎屑沉积物占主导，在晚三叠世，局部受海侵影响形成盐岩和硬石膏沉积。格陵兰东部主要沉积湖泊河流沉积物和陆源粗碎屑岩。在挪威大陆架，大陆碎屑占主导地位，但晚三叠世也受海水的入侵。在巴伦支海大陆架西部、斯瓦尔巴德和挪威—格陵兰北部地区，二叠纪—三叠纪迅速发生断裂活动，并在中三叠世减弱，开始接受沉积（图1-7），形成新的沉积中心（Torsvik 等，2002）。

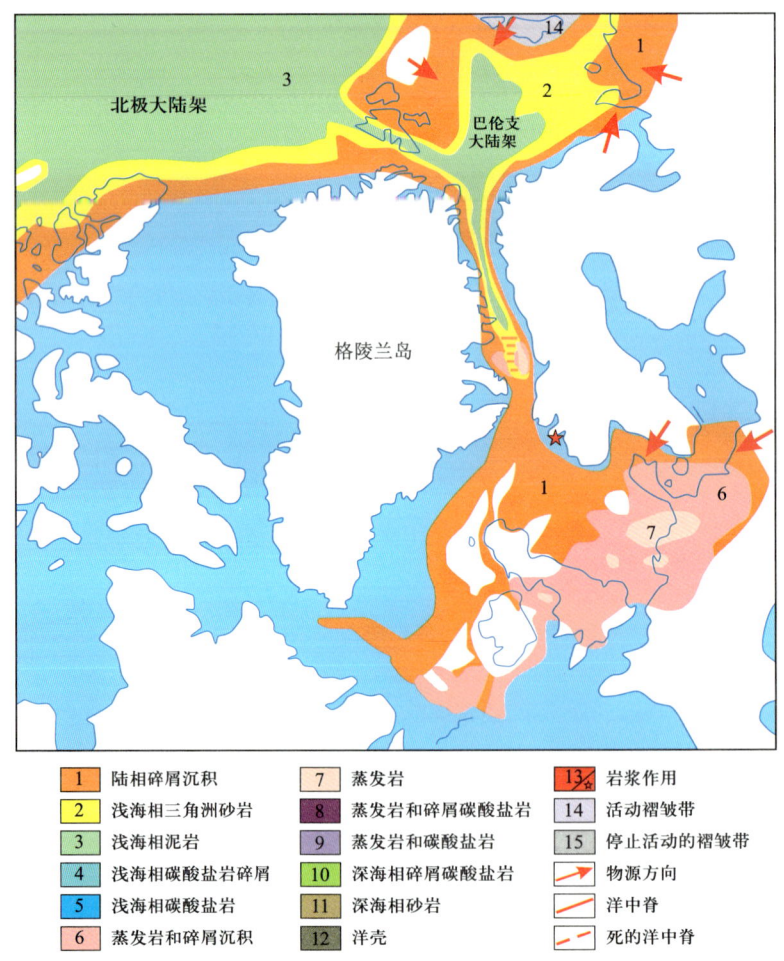

图 1-7　晚三叠世（220Ma）卡尼期—诺利期北大西洋区域构造古地理图（据 Torsvik 等，2002）

早侏罗世挪威大陆架的沿海平原受到海侵，形成了一套由砂泥岩构成的厚约700m的Båt群（Gjelberg等，1987；Johannessen等，2006）。格陵兰东部边缘在早侏罗世也被淹没，使二叠纪—三叠纪湖泊沉积发生中断（卡普斯图尔特和尼尔克林特群，即Kap Stewart和Neill Klinter群）（Dam等，1993；Surlyk等，2003）。如北海，沿岸三角洲砂岩增加，主要物源来自挪威和格陵兰东部大陆。在早侏罗世，北海和挪威海非常浅，水深不超过100m。然而，持续沉降的下伏的二叠纪—三叠纪断裂结构使沉积增厚，在断裂轴部达到1000m。格陵兰东部晚三叠世—早侏罗世卡普斯图尔群和尼尔克林特群在沉积中心的詹姆森大陆（Jameson Land），沉积厚度达到900m。

中侏罗世早期，地幔运动在北海中部形成一个大的穹隆。北海的穹隆连同其他地区的抬升，阻断了特提斯海和北极之间的连通，这些区域形成闭塞环境。在格陵兰岛和挪威之间，中侏罗世裂谷结构分成挪威的哈尔滕—登娜（Halten-Dønna）阶地和西部的格陵兰东部盆地（Blystad等，1995；Surlyk等，2003）。诺尔兰山脊向东北方向延伸形成哈尔滕—登娜（Halten-Dønna）阶地。Trøndelag台地位于裂谷的东部，与海尔格兰（Helgeland）和费洛（Froan）盆地相连。在Rås盆地，裂谷轴部被埋在白垩系几千米沉积层之下，地震数据很难清楚描绘。东格陵兰北部沃拉斯顿福兰德（Wollaston Forland）地区，没有发生破裂且只有轻微的倾斜，而在东格陵兰南部詹姆森大陆（Jameson Land）台地却相反。中侏罗世巴通晚期是晚侏罗世到早白垩世裂谷事件的转折期（Blystad等，1995），这次事件影响了中挪威的整个区域。默里和伏令盆地开始快速沉降，当时特伦德拉格（Trøndelag）台地仅经历较小规模的下沉。这一时期的深水区域主要在挪威—格陵兰断裂带（Bukovics和Ziegler，1985）。旋转断块构造和下沉坳陷的发展创造了闭塞的水域（图1-8），为有机页岩沉积创造了良好的环境（Torsvik等，2002）。

晚侏罗世中央裂谷使穹顶下沉，海洋条件重新开放，特提斯洋和北极之间通过北海裂陷和法罗—罗科尔裂陷相互连通。北海隆起区集中于维京地堑、中央地堑和默里湾盆地（包括苏格兰）的交叉地带。玄武岩熔岩在三个盆地出现，而火山中心位于维京地堑和霍达盆地。北海的断裂连接喷出中心（Forties），岩浆的喷出可能是斯堪的纳维亚地区断裂的起源。侏罗纪中期，大陆沉积了非海相—近海环境下的碎屑岩和砂岩（主要沉积在北海），巴柔期海平面下降在挪威—格陵兰和巴伦支裂谷带引起三角洲的快速进积作用（主要沉积在中挪威盆地和巴伦支陆架南部）。

从晚侏罗世开始，盘古古陆继续分裂，分裂轴从大西洋中部向北蔓延。中侏罗世晚期—白垩纪早期裂谷和断块旋转非常强烈，除了形成海上盆地，这个断裂还在挪威陆上形成易碎的断层和断块。在晚侏罗世，主要的断裂方向呈东西向。海平面上升从巴通早期一直持续到钦莫利期，暗黑且富含有机物的开阔海泥岩广泛分布在基米里支海，从英国南部延伸到巴伦支海大陆架的西部。北极和特提斯海洋通过挪威—格陵兰断裂（Torsvik等，2002）、西部盆地和欧洲中心连接（图1-9）。

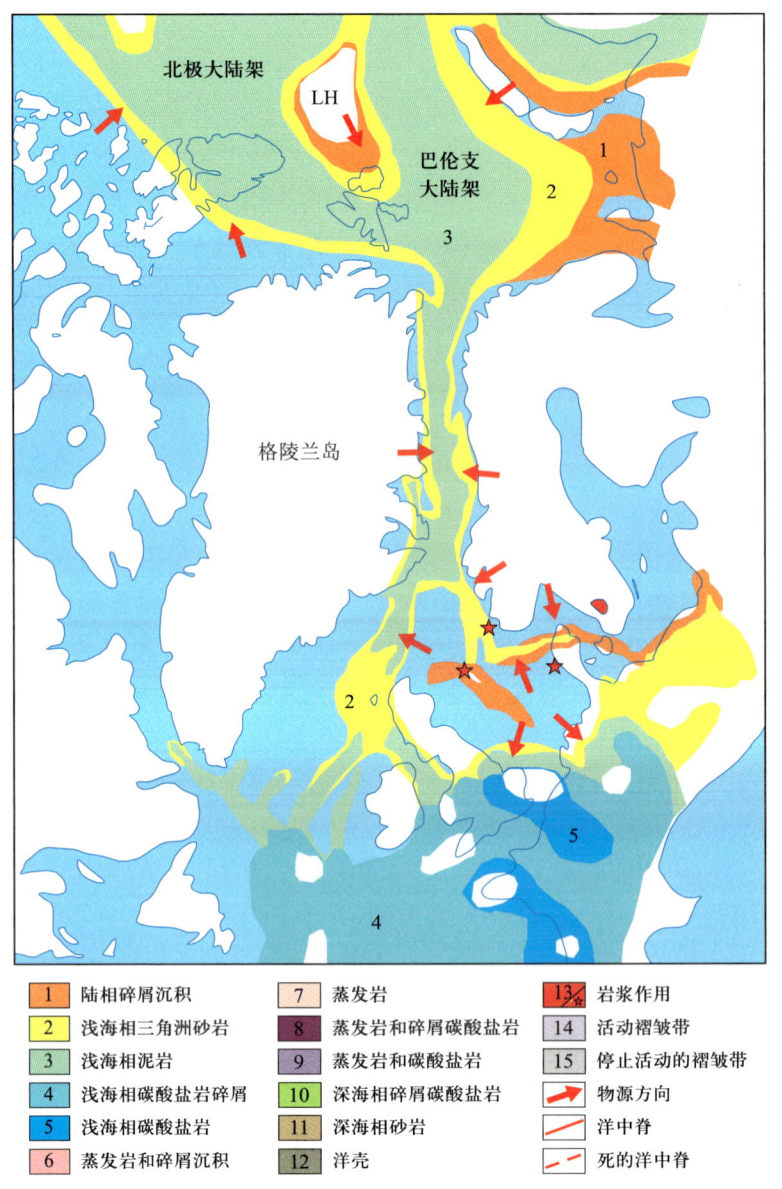

图 1-8　中侏罗世（170Ma）巴柔期—巴通期北大西洋区域构造古地理图（据 Torsvik 等，2002）

在早白垩世（贝里阿斯期—巴雷姆期），断裂由晚侏罗世的东西向转变成北西—南东向，并初步建立了从罗科尔海槽到巴伦支海西部的断裂带。裂谷从 Halten-Dønna 阶地转移到伏令盆地和默里盆地。这次裂谷作用非常巨大，在默里盆地下面的结晶地壳减薄到只有几千米，相当于 20%～25% 的原始厚度（Brekke，2000；Skogseid 等，2000）。这表明该区域非常接近海底扩张的开始，形成新的洋壳。深的区域洼地（Vøring、Møre、Harstad、Tromsø 和 Sørvestsnaget 盆地）沿着主要的断裂轴部形成，地壳受到较大规模的扩张和减薄。北西—南东向的伸展应力与大西洋的扩张有关。大规模的地壳扩张和减薄

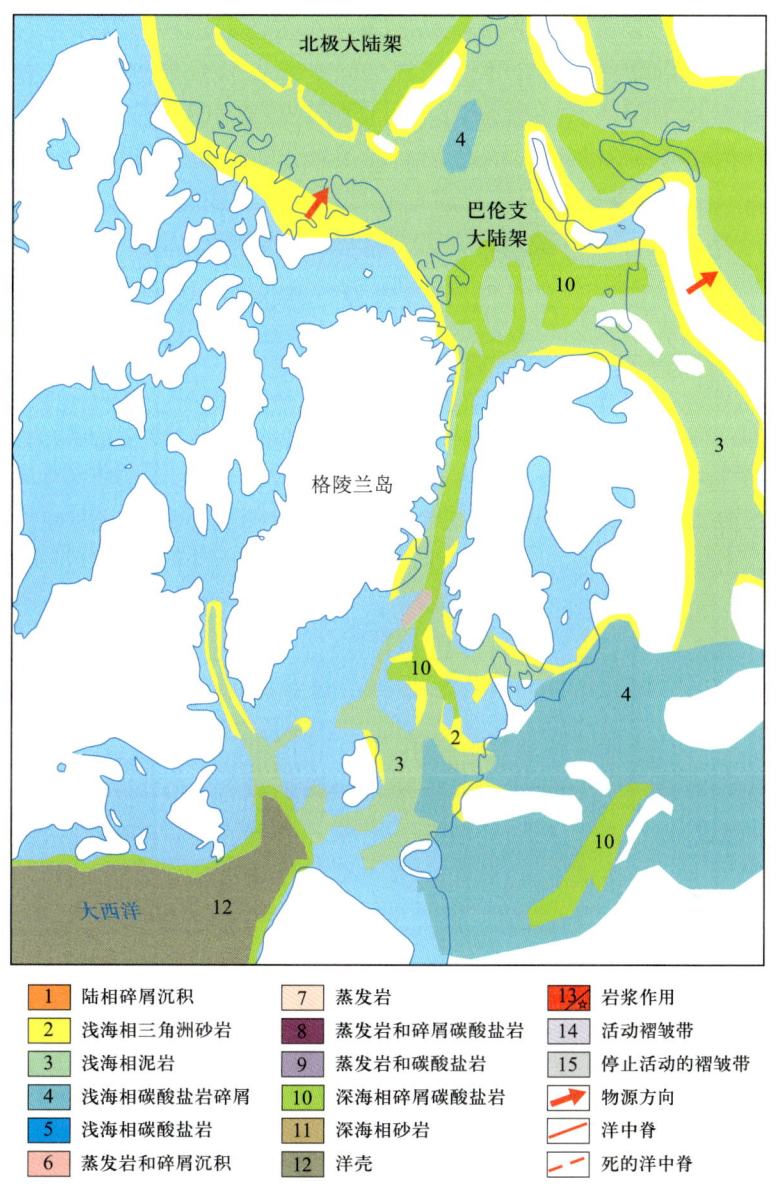

图1-9 中侏罗世（150Ma）牛津期—提塘期北大西洋区域构造古地理图（据Torsvik等，2002）

导致中挪威边缘（默里和伏令盆地）、格陵兰东部和巴伦支海西南部（Harstad、Tromsø、Bjørnøya和Sørvestsnaget盆地）白垩纪盆地的出现。这些盆地经历了快速的沉积充填，并分隔成坳陷和高地。但是，欧特里夫期—巴雷姆期结构性高点和台地仍然不一致。在北海盆地，厚层海相泥岩和页岩沉积在盆地中心，并向两侧延伸，浅海相砂广泛分布。在挪威—格陵兰海，沿着裂谷轴部的伏令和默里盆地形成了海相泥岩和页岩沉积。在格陵兰东部，数个断裂及断块在白垩纪开始运动，并和粗的重力流沉积物联系在一起，这些重力流来自伏令盆地的深水砂岩块体（Surlyk等，2001）。成条状分布的高地成为浅海相砂岩的物源区。中巴雷姆期海平面突然下降导致三角洲沉积大量发育，伏令盆地通过罗弗敦边缘和哈尔斯塔盆地和巴伦支海西部的哈默菲斯特及熊岛盆地相连，台地区内部浅滩盆地（如赫尔格兰、哈默菲斯特和北角盆地）积累了丰富的开阔海环境的石灰岩、泥岩和页岩。在巴伦支海大陆架，海洋碎屑岩沉积在北角盆地内部和新地岛以西的海槽内。海平面下降（由于阿尔法海退）导致新的三角洲沉积出现在斯瓦尔巴德（Torsvik 等，2002）、弗朗茨约瑟夫岛和斯维德鲁普盆地。

早白垩世（阿普特期—阿尔布期），受大西洋向北延伸的影响，更多的地区发生海侵。海侵淹没大部分地区，不仅包括内部盆地，而且挪威大陆北部和东格陵兰结晶基底都被淹没。

中阿尔布期，英格兰南部和巴伦支海大陆架成为一个连通的区域，最终建立了连接斯匹次卑尔根岛至地中海的裂谷系。大西洋海底扩张继续向北延伸，海底扩张蔓延到罗科尔南部区域。在北海，老的陆源物质从盆地周围向中心汇聚。此时，挪威—格陵兰裂谷系继续扩大。由于大量的地壳伸展/沉降和海平面上升的影响，挪威—格陵兰东部一直处于深水环境。因此，早白垩世沉积以深水碳酸盐岩和碎屑岩为主。伏令盆地和默里盆地经历了快速沉降，充填了大量基石或熔岩流（Torsvik 等，2002）。巴伦支海大陆架整体下沉使陆源碎屑减少，主要沉积了浅海相页岩（重要的烃源岩）。巴伦支海西部主要为白垩纪前三角洲和远洋的具有较低有机碳含量的黏土沉积（图 1-10）。

在晚白垩世，大西洋裂谷继续向北传播，海底扩张至拉布拉多海。断裂在格陵兰和罗科尔高地之间也开始出现。裂陷开始时，格陵兰和欧洲西北部之间是一个陆缘海覆盖在地壳很薄的区域上。这一地区的地壳减薄主要是受先前裂陷作用的影响。裂陷开始于 81Ma，断层作用主要发生在坎潘期，此时出现的是一些小规模的分离活动。坎潘期断陷形成许多低角度拆离结构，唯一的中—深部断裂在伏令盆地和 Lofoten-Vesterålen 边缘出现（Gernigon 等，2003）。裂谷向北延伸，构造引起了海平面上升，比之前的海平面上升了 100~300m，并连通北极海洋和南部的特提斯洋。在北海，海侵淹没了大部分低洼地区，切断陆缘碎屑供应，形成上白垩统石灰岩沉积。坎潘期—马斯特里赫特期，海平面上升达到高峰，期间只有苏格兰高地、格陵兰岛和挪威仍然没被淹没。挪威—格陵兰海裂谷轴，在晚白垩世开始出现。海侵超越挪威海域，大部分的残余高地被淹没。晚土伦期构造运动变得更加活跃，加速伏令盆地和默里盆地沉降及周缘台地的共轭隆起、倾斜和凸起。区域海侵期间，巴伦支海大陆架北部抬升，因此，海侵只在浅海陆架发生，形成薄的海相沉积序列。伴随西北部抬升的增强，斯瓦尔巴德群岛和巴伦支海的西北遭受强烈侵蚀。在伏令盆地、默里盆地和格陵兰东部出现断裂和沉陷，而它们的两翼隆升并遭受侵蚀（Torsvik 等，2002）。

在古近纪，挪威海的特点是从大陆边缘裂谷背景转变为被动陆缘背景。受冰岛热点上涌的影响，在挪威海和格陵兰岛周围整个区域，发生了区域隆起、断裂和海底扩张。挪威和格陵兰之间的扩张（图 1-11），开始于 De Geer 带的走滑和变形（Jan Inge Faleide 等，2008）。拉张盆地在巴伦支海西南部（Faleide 等，1993；Ryseth 等，2003）和格陵兰东北部 Wandel 海盆地形成相对完整的古新世深海相地层沉积的 Sørvestsnaget 盆地和 Vestbakken 火山岩区（Ryseth 等，2003）。

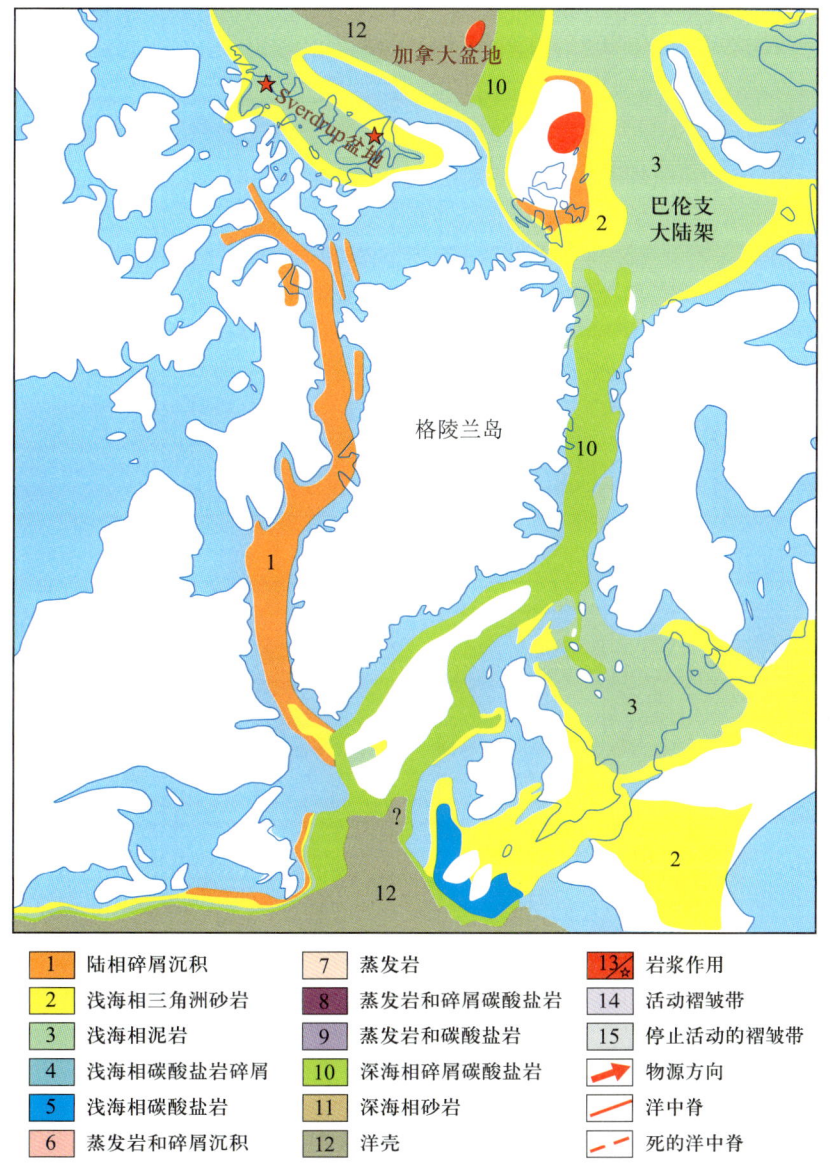

图 1-10　早白垩世（110Ma）阿普特期—阿尔布期北大西洋区域构造古地理图（据 Torsvik 等，2002）

挪威边缘岩石圈的最终分离发生在古新世—始新世过渡期（大约 55—54Ma），导致大规模的岩浆活动，并开始出现早期的海底扩张。在 Vøring 和 Møre 边缘，熔岩形成 SDR 序列特征，并已被钻井资料证实（Eldholm 等，1989；Planke 等，1991）。火山活动主要发生在古新世—始新世过渡期，并在伏令盆地和默里盆地里熔岩切入到厚层的白垩系沉积层里面。岩浆切入含有机质的沉积物中，导致大量温室气体的形成。

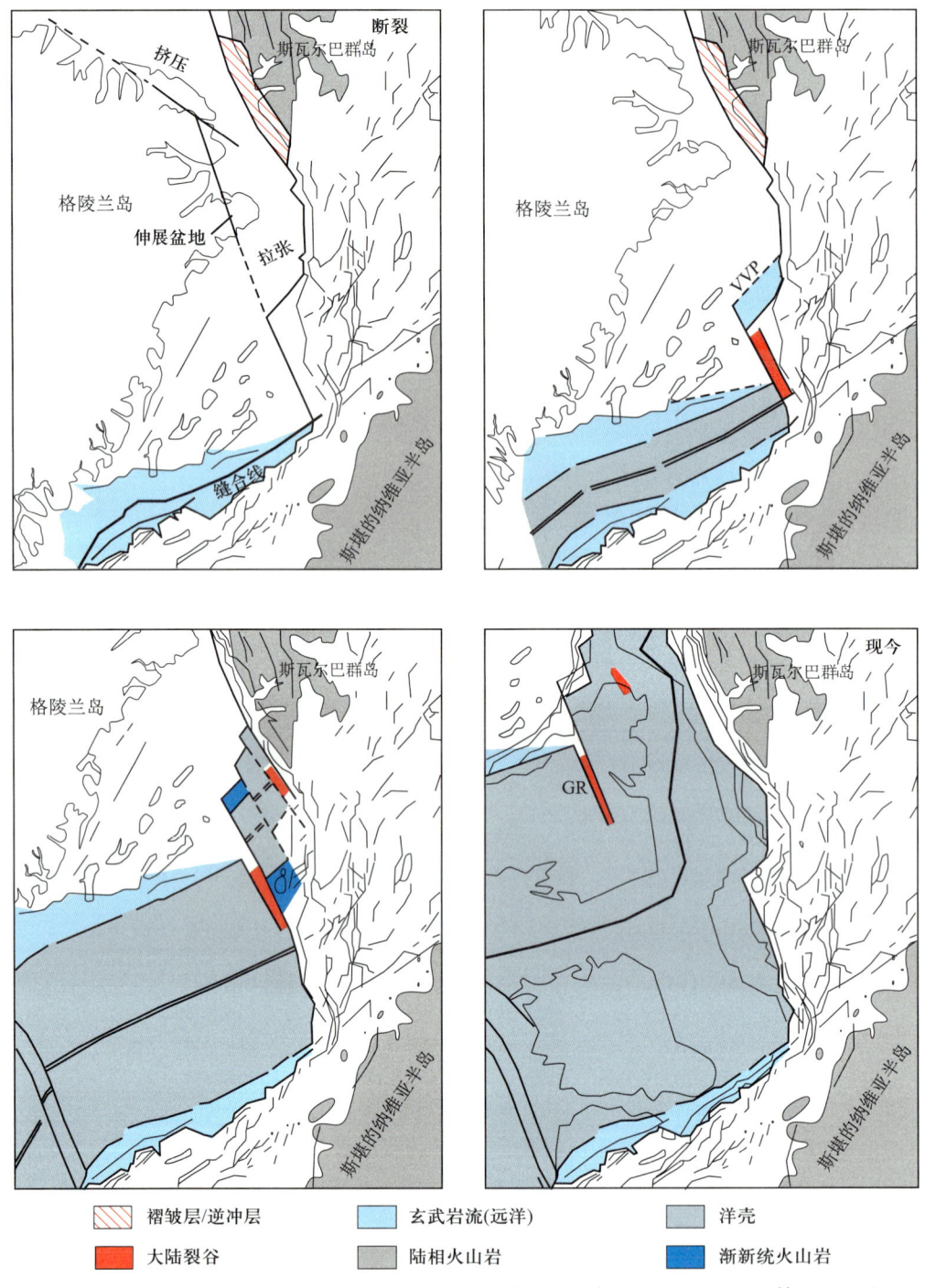

图 1-11 挪威和格陵兰之间新生代的板块构造演化图（据 Jan Inge Faleide 等，2008）

巴伦支海—斯瓦尔巴德群岛西部受剪切力的影响，其形成演化变得较为复杂。在始新世挪威和格陵兰打开时（图 1-12），巴伦支海西南边缘（Jan Inge Faleide 等，2008）沿着 Senja 断裂带开始出现分裂。首先大陆与大陆分裂，其次大陆与海洋分裂，最终在渐新世变成被动陆缘。巴伦支海西南部（Sørvestsnaget 盆地）在整个始新世时都为深海条件，发育深海扇沉积（Ryseth 等，2003）。Vestbakken 火山岩区与分裂作用有关的岩浆活动停止后，沉积了厚层的始新统。

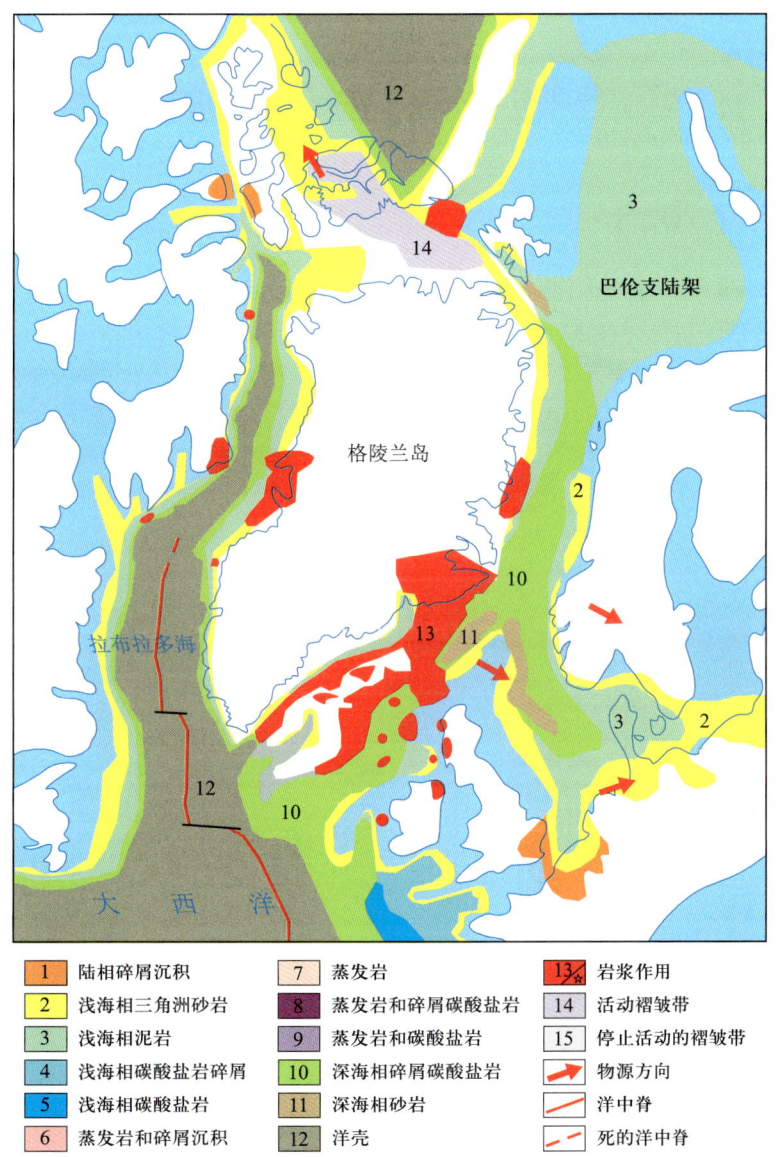

图 1-12　北大西洋区域古近纪古新世（60Ma）构造古地理图（据 Torsvik 等，2002）

Bjørnøya-Spitsbergen 边缘的陆—陆和陆—海分裂在始新世出现（Grogan 等，1999；Bergh 等，2003）。在 Spitsbergen，一个边缘海盆地由于褶皱带的抬升形成于晚古新世—始新世（Steel 等，1985；Mueller 等，1990）。始新世结束时，海底扩张到达 Spitsbergen 南部（Jan Inge Faleide 等，2008），狭窄的洋盆在巴伦支海西部和格陵兰东北部之间形成。

由于挪威—格陵兰海域持续隆升，北海与大洋之间的流通被切断，造成整个盆地处于缺氧环境。受热流量的增加影响，挪威—格陵兰海及其周围抬升。区域隆升导致伏令盆地和默里盆地普遍变浅。晚丹麦期—早坦尼特期构造隆升导致盆地边缘出现区域的不整合，横穿整个伏令盆地。在伏令盆地，两翼剥蚀的碎屑物质沉积在浅水区向斜内。在默里盆地和北海北部，厚层古新世—始新世沉积物成楔形展布，与下伏古新统呈不整合关系。始新世早期，Reykjanes-Ægir-Mohns 洋中脊在挪威—格陵兰之间开始形成（Torsvik 等，2002），玄武岩大量发育。

3）被动陆缘阶段

早始新世（伊普里斯期 53.4Ma）至今为中挪威边缘的大陆漂移阶段。

板块的构造重组发生在渐新世早期（图 1-13），格陵兰（北大西洋）继续向西移动（Torsvik 等，2000）。大洋中脊雏形（图 1-14）在早始新世基本形成（Lundin，2002），Sørvestsnaget 在始新世—渐新世转变成浅海（Ryseth 等，2003）。与板块运动有关的始新世断裂出现在 Vestbakken Volcanic 省，呈北东—南西向展布，这些断裂与火山作用有关。斯瓦尔巴德群岛以西转换挤压运动被斜向裂陷取代，渐新世早期出现海底扩张，导致狭窄的地堑沿着斯瓦尔巴德群岛边缘出现。

图 1-13　130Ma 以来挪威—格陵兰分离轨迹（据 Torsvik 等，2002）

数字后的单位为 Ma

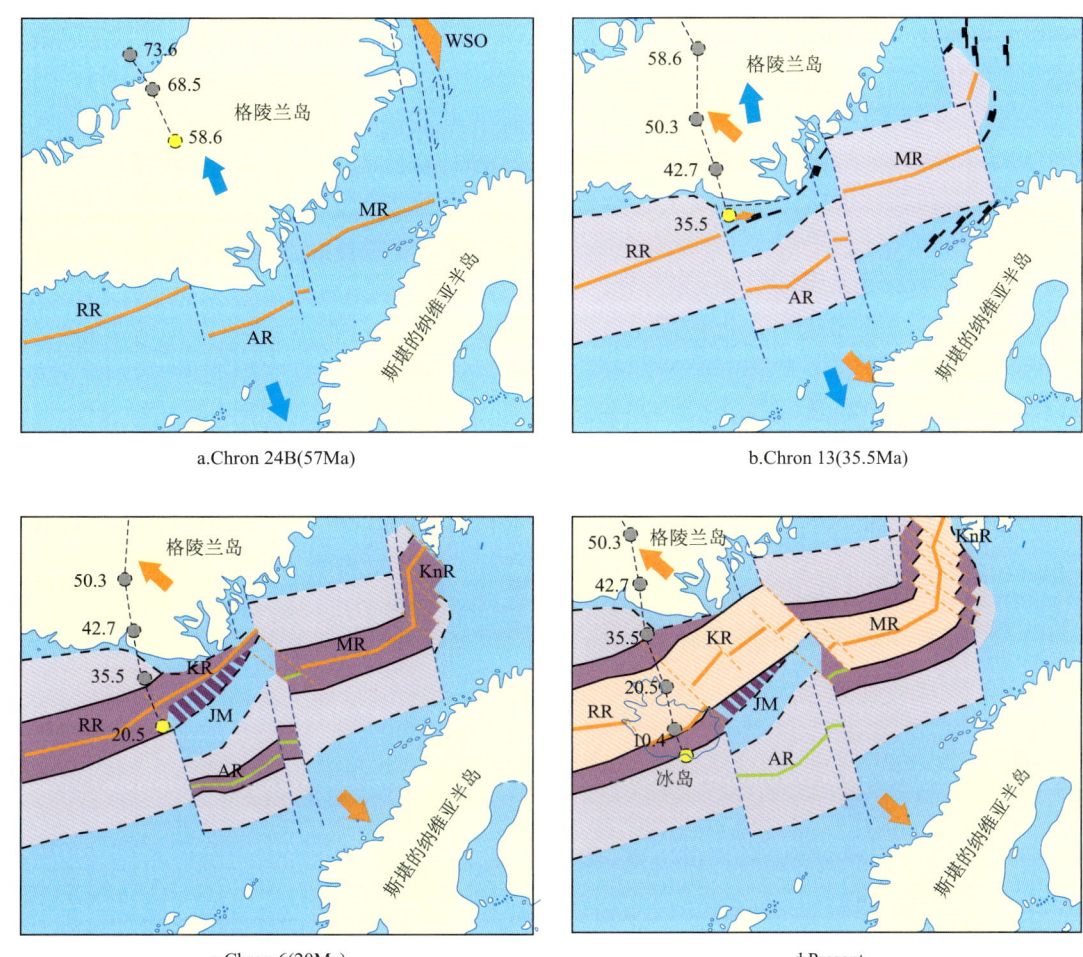

图 1-14 挪威—格陵兰之间大洋中脊的演化（据 Lundin，2002）

MR—Mohns 脊；AR—Ægir 脊；KR—Kolbeinsey 脊；JM—Jan Mayen 破裂带；RR—Reykjanes 脊；KnR—Knipovich 脊

渐新世晚期，中挪威区域漂移到 60°N—65°N。北美—格陵兰之间的海底扩张已经形成，挪威和格陵兰之间沿着 Ægir Ridge 传播的洋中脊死亡，转变到 Kolbeinsey 洋中脊继续传播（图 1-14），而 Reykjanes 和 Mohns 脊继续活跃（Lundin，2002）。北海渐新统主要为黏土沉积。砂岩大多来自设得兰群岛抬升区，主要为三角洲复合沉积。沿北海盆地南缘，沉积厚层的三角洲进积薄砂岩。早始新世，随着挪威—格陵兰之间的地壳分离，伏令盆地和默里盆地在早始新世—渐新世主要沉积厚层陆缘碎屑。在中—新生代，伏令盆地内部和法罗群岛周围，受挤压作用影响，形成隆起和穹隆。中新世早期北美和欧洲板块运动有一个明显的碰撞，挪威大陆边缘主要为海相环境。在渐新世晚期—上新世中期，巴伦支海大陆架大部分地区处于抬升侵蚀期，被侵蚀的沉积物形成海底扇（图 1-15），分布在现今的巴伦支海（Torsvik 等，2002）。

中中新世，中挪威位于 65°N 附近，是挪威海继续扩张时期。伏令盆地边缘在中—新生代出现挤压变形（包括穹隆/背斜、逆断层、大规模反转），但具体时间和重要性还存在争议（Stoker 等，2005a），主要的变形阶段为中新世，但也有一些变形开始于晚始新世早期—渐新世。

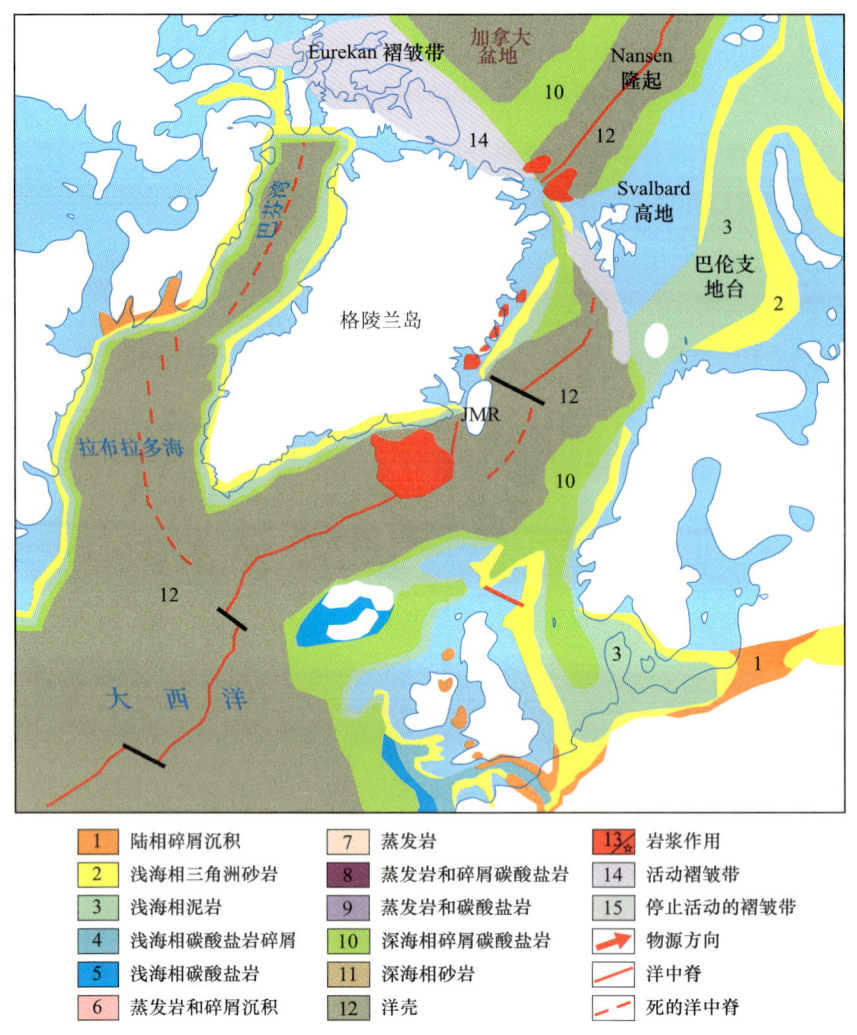

图1-15 古近纪晚渐新世（25Ma）北大西洋区域构造古地理图（据Torsvik 等，2002）

中新世继承保留的沉积记录显示有等深流沉积（Stoker 等，2005b）。板块构造重建表明，Fram Strait 在中新世最终打开，形成北大西洋—北极洋流通道（20—10Ma）。通过南部通道，深水交换频繁发生（Stoker 等，2005b）。

中挪威边缘出现大量中新世陆架内部建造的证据（Eidvin 等，2007），反映出微弱的区域抬升。在巴伦支海西缘，晚中新世抬升事件在 Vestbakken Volcanic Province 地区内部增强，可能与巴伦支海前冰期构造抬升有关。

整个中新世北海的海平面反复升降，一直持续到上新世—更新世，三角洲沉积在大部分地区占主导地位。在北海的维京地堑，沉降率超过了盆地沉积速率。在伏令盆地和默里盆地仍然为深水环境，主要为深海相泥岩和硅质软泥沉积，沉积一直持续到晚上新世早期。Knipovich脊、Mohns脊和Nansen脊三者链接在一起，形成北大西洋和北极洋中脊系统，使斯瓦尔巴德群岛和格陵兰完全分开。

巴伦支海大陆架在古近纪—新近纪遭受三期抬升剥蚀。尤其在上新世—更新世（图1-16），抬升剥蚀变得非常强烈（Torsvik等，2002）。三次区域的抬升剥蚀分别为60Ma（古新世）、33Ma（渐新世）和5Ma（上新世—更新世）。其中后两次影响较大（图1-17），抬升幅度较大（Ohm等，2008）。

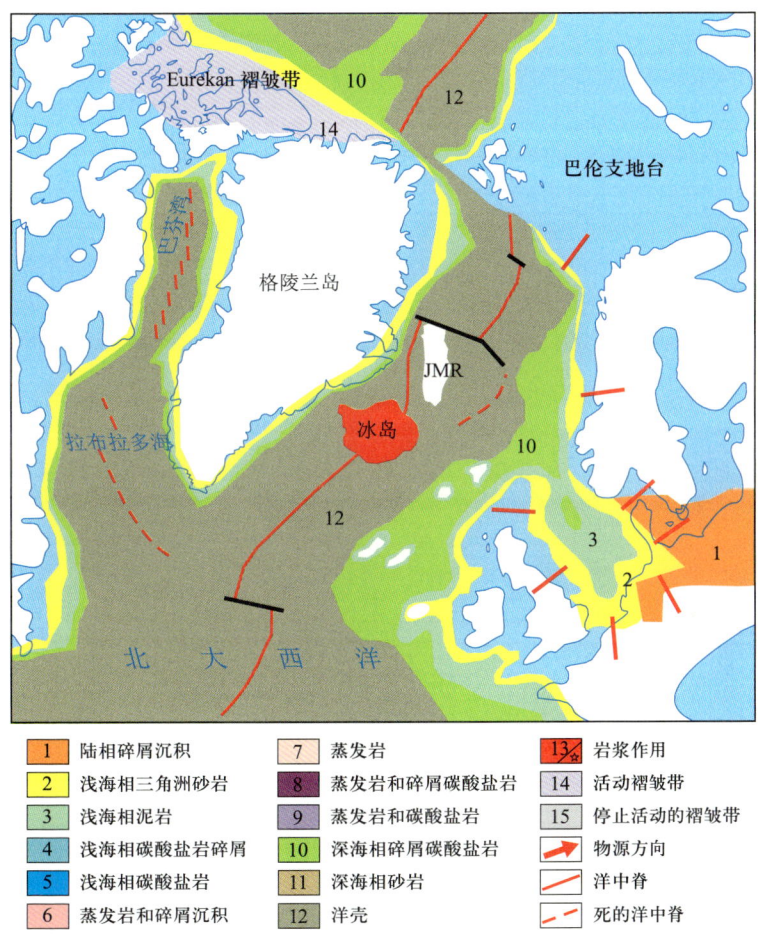

图1-16 新近纪中中新世（15Ma）北大西洋区域构造古地理图（据Torsvik等，2002）

在晚中新世，Kolbeinsey洋中脊的扩张引起扬马延断裂，并向东延伸到更远（图1-18），东北大西洋以约1cm/a的速率继续扩张（Torsvik等，2002）。

上新世在巴伦支海大陆架、斯堪的纳维亚和英国，受开始于2.7Ma冰川作用的影响，抬升剥蚀变得更加广泛。净抬升发生在每次间冰期。挪威大陆架隆起高达1000m，而巴伦支海大陆架可达3000m。新近纪挪威南部和其他地区的隆升可能与活动的冰岛地幔热点相关。整个陆架有一个明显的不整合，导致陆缘的砂泥岩围绕东北大西洋和陆架区域出现楔形进积。2.6Ma的末次冰期，北半球沉积了冰川期的砂泥岩。上新世沉积

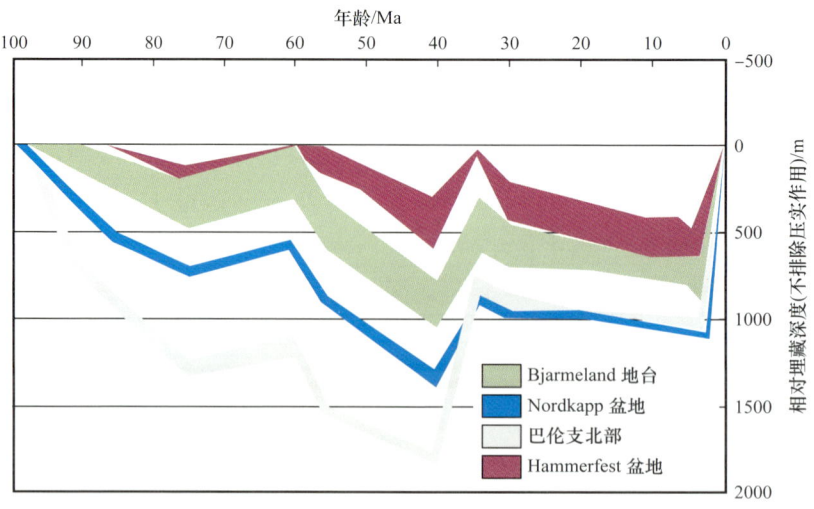

图 1-17 巴伦支陆架古近纪—新近纪三次抬升剥蚀时间（据 Ohm 等，2008）

图 1-18 新近纪晚中新世（6Ma）北大西洋区域构造古地理图（据 Torsvik 等，2002）

中夹杂了冰筏冰川碎片，标志着区域冷却和冰川形成。上新世—更新世沉积中心出现扇沉 积（Faleide等，1996；Laberg等，1996；Dahlgren等，2005；Nygård等，2005；Rise等，2005）。上新世—更新世抬升、巴伦支陆架的冰川侵蚀和沿着边缘大规模的海底扇导致区域的倾斜（Dimakis等，1998）。上新世—更新世大量的沉积导致超孔隙压力的形成，沉积的不稳定性导致一系列的海底滑塌（Bryn等，2005；Evans等，2005；Solheim等，2005；Hjelstuen等，2007），大量的扇形三角洲沉积在巴伦支海和挪威中部大陆架，最厚的沉积发生在北冰洋、熊岛西部和默里盆地。斯堪的纳维亚半岛继续经历冰后期的陆地隆起一直持续到现在，造成剥蚀和大量沉积物堆积于北大西洋边缘。1~5cm/a的隆升在现今的挪威都有记录（Torsvik等，2002），但9cm/a的隆升仅记录在Botnia湾地区（图1-19）。

图1-19　新近纪上新世（3Ma）北大西洋区域构造古地理图（据Torsvik等，2002）

三、陆缘类型及其盆地分布

离散大陆边缘盆地的发育一般都经历了裂谷前期（裂前期）、裂谷期（裂陷期）以及漂移期（热沉降期或被动陆缘期）3个大的构造演化阶段（图1-20）。离散大陆边缘的形成有三种模式（Dale Sawyer，2007）：（1）陆陆之间持续的拉张，最终使大陆岩石圈裂开，形成洋壳（如利比利亚—纽芬兰边缘）；（2）陆壳下部熔流沿莫霍面上升，使陆壳反方向运动，最终使大陆岩石圈裂开，形成洋壳（如加利福尼亚州北部湾）；（3）地幔热点或大规模的地幔横向运动引起岩浆喷发，形成地幔柱，持续的作用力使陆陆裂谷最终裂开形成洋壳（如挪威—格陵兰的裂开）。

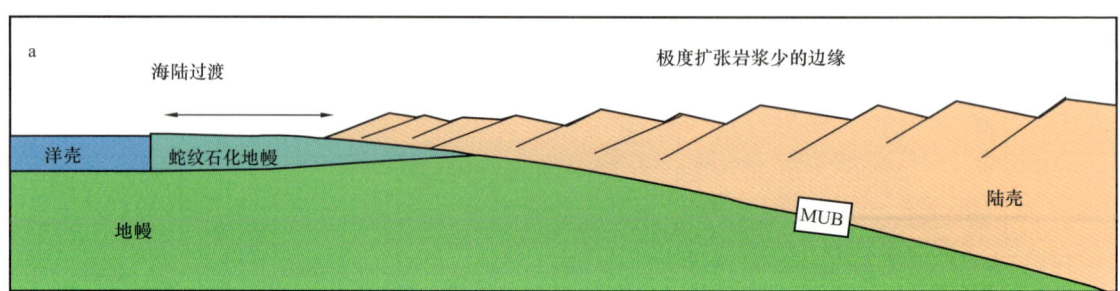

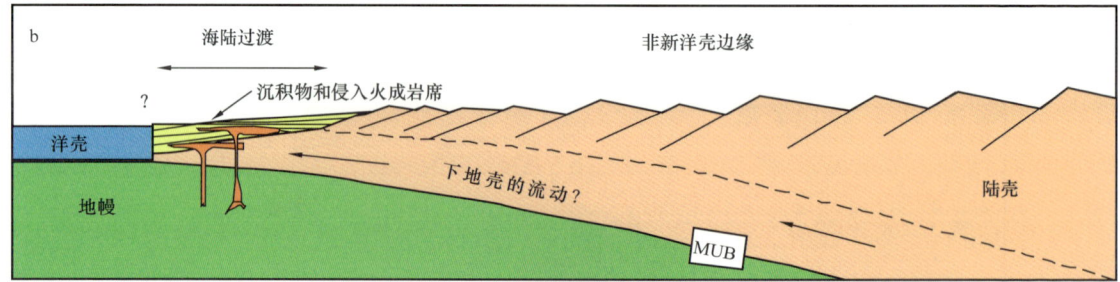

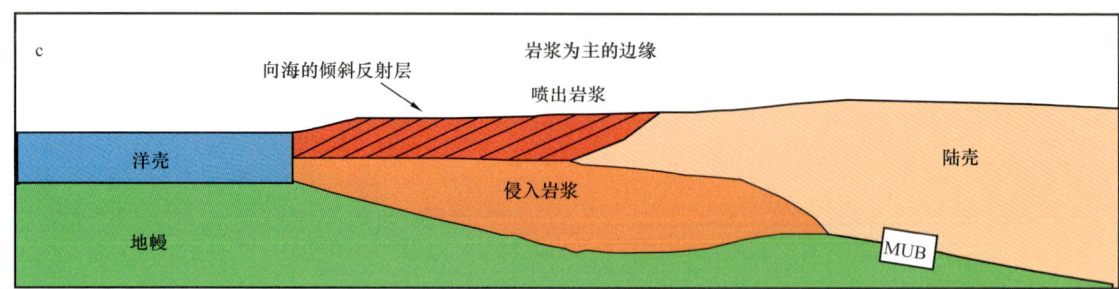

图1-20 离散大陆边缘形成模式（据Dale Sawyer等，2007）
a—持续扩张模式，利比利亚—纽芬兰边缘；b—熔流运动模式，如加利福尼亚州北部湾；
c—岩浆主导模式，如挪威—格陵兰

北大西洋边缘盆地群是被动大陆边缘型盆地群，包括北海盆地、挪威中部陆架和格陵兰东部陆架等区域（Lundin，2002），它们的构造演化和北大西洋的裂开有关（图1-20），形成模式为岩浆主导型模式（Dale Sawyer等，2007）。北大西洋的形成主要是因为冰岛地幔热点的上涌（图1-21），导致大规模的岩浆活动（赵俐红等，2007），持续的作用力使挪威和格陵兰最终分离，二者之间形成洋壳（Lundin，2002）。

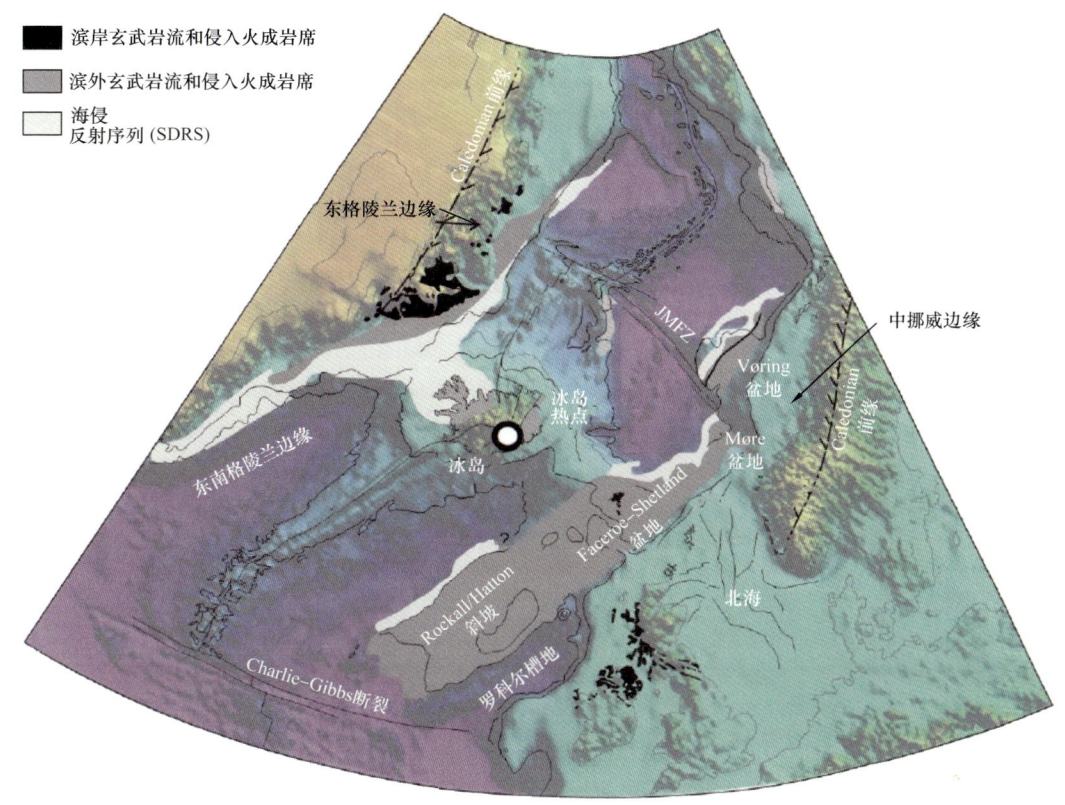

图1-21 冰岛热点位置（据Lundin，2002）

第二节 北大西洋油气勘探概况

北大西洋地区油气资源丰富，勘探程度不一，资源开发程度不一。

北海石油探明储量约为 $92.77×10^8$ t 油当量，其中，海上 $88.92×10^8$ t，陆上 $3.85×10^8$ t；天然气探明储量约为 $124932×10^8$ m³（国际石油网，2010），其中，海上 $110074×10^8$ m³，陆上 $14858×10^8$ m³，合计油当量 $205.22×10^8$ t（杨金玉等，2011）。美国地质调查局2020年9月的数据显示，北海的石油探明储量约为 $230×10^8$ bbl，是世界上第九大油田分布区。格陵兰东部陆缘预测油气资源量约为 $357.7×10^8$ bbl 油当量，其中原油 $102.5×10^8$ bbl，天然气 $96.39×10^{12}$ ft³，液化天然气 $83.9×10^8$ bbl；格陵兰西部陆缘截至目前未获得有效评价数据；美国地质调查局2014年的评估数据显示，格陵兰岛东北部的石油资源量为 $89×10^8$ bbl，天然气资源量为 $86.18×10^{12}$ ft³。根据美国地质调查局2020年9月的数据显示，仅格陵兰岛东北部就蕴藏着 $1100×10^8$bbl 油当量储备；而北美东部大陆边缘油气总资源量为 $2649.68×10^8$t；待发现资源量为 $1947.56×10^8$t。

一、挪威中部陆架油气勘探概况

1. 勘探史

据挪威网站于 2013 年的报道，在 20 世纪 60 年代中期颁发第一批生产许可证时，几乎没有人意识到该行业对挪威经济会产生巨大影响。50 年后，它比以往任何时候都重要。挪威的石油时代始于 50 多年前，许多早期的油田仍在生产。第一个开发区域位于北海，该产业逐渐向北扩展到挪威海和巴伦支海。

在 20 世纪 50 年代末，很少有人认为能在挪威大陆架上发现丰富的油气。挪威地质调查局甚至在 1958 年写信给外交部，指出在挪威海岸附近的大陆架上寻找煤、石油或硫黄的可能性不大。1959 年在荷兰发现的格罗宁根气田让人们看到了北海盆地可能存在碳氢化合物的前景。

1962 年 10 月，菲利普石油公司向挪威当局提出申请，要求获准在北海进行勘探活动。该公司要求获得北海部分地区的许可证，该许可证位于挪威领海并且可能被指定为挪威大陆架的一部分。这被视为公司获得专有权的企图。当局决定将整个大陆架交给一家公司是不可能的。如果要开放这些区域进行勘探，则需要更多公司参与。

1963 年 5 月，挪威政府宣布对挪威大陆架拥有主权。通过了一项新法案，规定挪威大陆架上的任何自然资源都属于挪威国家，只有国王（实际上是政府）才有权授予勘探和生产许可证。尽管挪威宣布对大片海域拥有主权，但仍有必要澄清大陆架的划界，主要是与丹麦和英国的界限。1965 年 3 月，根据中线原则就大陆架划界达成了协议。

据挪威网站于 2014 年的报道，挪威的第一轮许可证于 1965 年 4 月 13 日宣布，颁发了 22 个生产许可证，涵盖 78 个地理划分区域（区块）。许可证授权公司在其矿权区域勘探，钻探和开发石油和天然气。第一口勘探井是在 1966 年夏天钻探的，但是一口干井。1967 年挪威陆架上第一个石油发现是 Balder。然而，当时它并不被认为是经济上可行的。

就在 1969 年圣诞节前夕，菲利普石油公司向挪威当局通报发现了 Ekofisk 油田，该发现是有史以来发现最大的海上油田之一。两年后，Ekofisk 正式投产，并在以后几年取得了一系列重大发现。

在 20 世纪 70 年代，勘探活动集中在 62°N（Stad）以南的地区。大陆架逐渐开放，每个许可证轮次中只公布了数量有限的区块。首先勘探了最有希望的领域。这导致了世界级的发现，挪威大陆架的生产一直由 Ekofisk、Statfjord、Oseberg、Gullfaks 和 Troll 等大型油田主导。这些领域对于挪威石油工业的发展至今仍然非常重要。

还有可能将许多其他领域与为主要领域建立的基础设施联系起来。几个最大的油田的产量现在正在下降，并且已经开发了许多新的较小的油田。结果，石油产量来自比以前更多的油田。

据挪威网站于 2015 年的报道，1979 年，62°N 以北的地区也开放了石油勘探开发活动。挪威海和巴伦支海部分地区的勘探始于 20 世纪 80 年代初期，随后在开放时扩展到新的地区。1993 年，生产始于挪威海，2007 年巴伦支海的生产成为转折点。

在早期，外国公司主导勘探活动，他们负责开发了第一个油气田。随着 Norsk Hydro 的介入，挪威的参与逐渐增加。Saga Petroleum 是一家挪威私营公司，成立于 1972 年。挪威国家石油公司（现为 Equinor）成立于 1972 年，挪威国家为唯一所有者。挪威还确立了一项原则，即国家在每个生产许可证中拥有 50% 的所有权权益。

从 1985 年 1 月 1 日起，该系统进行了重组。挪威国家的参与利益分为两部分：一部分与挪威国家石油公司有关，另一部分与石油工业的国家直接财务利益（SDFI）有关。

SDFI 系统意味着挪威国家拥有多个油气田、管道和陆上设施。该比例是在颁发生产许可证时确定的，并且因地而异。作为几个所有者之一，国家承担其投资和成本份额，并从生产许可证中获得相应的收入份额。挪威国家石油公司负责代表国家处理 SDFI 的商业。

据挪威网站 2016 年的报道，2001 年春季，议会决定可以出售 SDFI 投资组合价值的 21.5%；其中 15% 被出售给 Statoil，6.5% 被出售给其他被许可人。向挪威国家石油公司出售部分 SDFI 投资组合被视为该公司成功部分私有化的重要因素。挪威国家石油公司于同年 6 月在证券交易所上市，现在的运作方式与挪威大陆架上任何其他商业行为者的运作方式相同。国有企业 Petoro 成立于 2001 年 5 月，代表国家管理 SDFI。2007 年，挪威国家石油公司与 Norsk Hydro 的石油和天然气部门合并。在 2018 年，挪威国家石油公司将其公司名称更改为 Equinor。

在 21 世纪初，作为确保健全资源管理的一种方式，挪威大陆架向更多类型的公司开放。已经在大陆架上建立的大型国际石油公司加入了其他类型的公司，这些公司可以在挪威的石油资源中看到不同类型的商业机会。今天，挪威大陆架上存在着大量的多样性和竞争，40 多家挪威和外国的公司都很活跃。

据挪威网站 2015 年的报道，挪威高度发达的经济依赖于油气资源的开发，近海石油工业成为挪威经济的重要支柱，2005 年挪威的 GDP 为 2950 亿美元，比 2004 年增长 2.5%，比 2006 年增长 2.2%。挪威为世界非 OPEC 主要的石油生产国、西欧最大的石油生产国、世界第三大石油出口国（Aleklett Kjell，2006）。

挪威拥有丰富的油气资源，为西欧最大的油气资源国。2010 年 EPD 统计，挪威的油气生产主要在北海（77%），挪威海生产规模较小（19%），新的勘探主要发生在巴伦支海（4%）。据 2006 年《BP Statistical Review of World Energy》6 月报道，截至 2005 年底挪威石油探明可采储量为 97×10^8 bbl，天然气探明可采储量为 $24100 \times 10^8 m^3$。

据 2010 年 EPD 报道，2009 年挪威石油探明储量为 67×10^8 bbl，天然气探明储量为 $81.7 \times 10^{12} ft^3$，其中挪威海石油探明储量约为 16×10^8 bbl（约 2.2×10^8 t），天然气探明储量为 $10 \times 10^{12} ft^3$（约 $2830 \times 10^8 m^3$）。

1980年以来，挪威在北海北部地区的发现越来越少，挪威勘探活动中心开始从北海向挪威中部陆架和巴伦支海转移，从此挪威中部陆架进入勘探开发阶段。

1997年，Norsk Hydro石油公司在位于挪威近海100km左右区域发现Ormen Lange气田，这是挪威中部陆架深水第一个商业油气发现，也是除了挪威北海的Troll气田之外第二大天然气发现。

截至目前，挪威中部陆架陆续发现了一些规模较小的油气田，如Trestakk油田、Tyrihans油田、Lavrans油田、Njord油田、Smørbukk和Smørbukk南油田等。

2. 概述

石油是挪威经济的主要推动力，它是该国最大的单一产业。挪威的石油产量在2001年达到峰值，为340×10^4bbl/d，目前已经下降到约190×10^4bbl/d的水平。预计近期的产量将保持相对稳定。

尽管该行业具有周期性特征，近年来出现了石油和天然气价格下滑以及高成本限制，但挪威石油行业仍然保持谨慎乐观。挪威石油和天然气工业部门具有全球性的眼光。

挪威在过去几年中已经发现了几个重要的油田和天然气气田，包括巨大的Johan Sverdrup油田，这将需要大量投资并在该行业创造新的就业机会。

2017年6月，挪威石油和能源部宣布在挪威大陆架（NCS）的边境地区进行第24轮竞标。共包括102个新区块。挪威海有9个区块，巴伦支海有93个区块。2018年6月，挪威石油和能源部在NCS的47个区块中颁发了12个新许可证，其中9个许可证位于巴伦支海，而3个许可证位于挪威海。11家公司获得了参与权益，其中6家公司获得了运营权。许可证的颁发条件是公司承诺为即将到来的勘探活动制定工作计划。

对生产资源和剩余资源进行估算的资源账户显示（图1-22），在NCS上还剩下将近$80\times10^8m^3$的石油当量。在其超过45年的生产期间，挪威已经耗尽了约$64\times10^8m^3$的石油当量，占其总资源的45%。

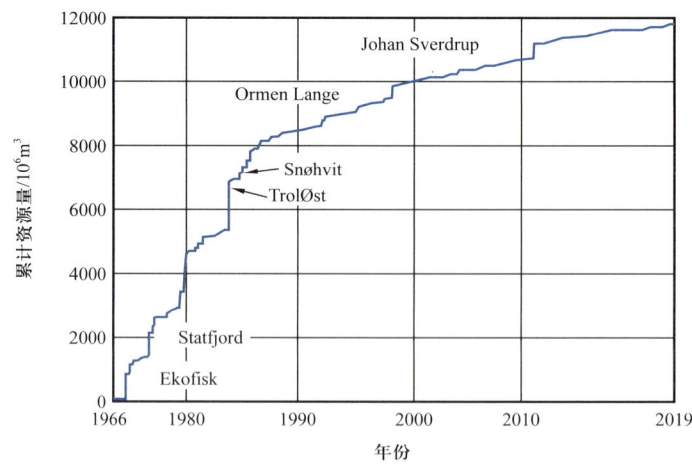

图1-22 挪威大陆架1966—2018年的石油当量资源量（据挪威石油局，2019）

挪威的绝大多数天然气出口都运往欧洲。挪威出口的天然气约占欧洲天然气总消费量的20%。挪威提供了近40%的英国天然气消费量，挪威还向德国和法国提供了大量天然气。

挪威的石油和天然气生产仅限于海上。虽然有大量的陆上加工设施，但没有陆上生产。在过去十年中，在稳定增量之后，NCS上的石油平均估计回收系数现在接近50%。现在许多在生产油田的规模大，即使回收系数的小幅增加也会产生大量额外的产量。

2011—2015年，挪威中部陆架深水区主要获得一批中小型油气田发现（表1-1）。

表1-1　2011—2015年挪威中部陆架深水区油气勘探新发现（据张功成等，2019）

油气田	发现日期	水深/m	总深/m	储量类别	可采储量 油/$10^6 m^3$	可采储量 天然气/$10^9 m^3$	总可采储量 油/$10^6 m^3$
6508/1/2	2011/9/12	395	1810	油气	>1	>1	>2
6607/12-2S Alve Nord	2011/10/25	369	4404	油气	2.14	4.86	7
6406/3/9	2012/3/26	315	4183	油气	>1	>1	>2
6201/11-3 Albert	2012/6/16	383	2120	气	0	13.3	13.3
6507/7-15 S	2012/5/2	399	4567	气	0	5.5	5.5
6607/12-3	2012/12/26	363	4306				
6507/3-10 Klara	2013/8/13	374	3455	油气	1.6	>1	>2.6
6406/12-3 A Bue	2014/7/22	324	4356	油气	1.92	0.17	2.09
6406/12-3 S Pil	2014/6/11	324	4315	油气	12.77	4.2	16.97
6707/10-3 S Ivory	2014/12/28	1425	4789	气	0	5.1	5.1
6706/12-2 Snefrid Nord	2015/3/21	1312	2754	气	0	6.3	6.3
6706/12-3 Roald Rygg	2015/4/13	1329	3336	气	0	2.4	2.4
6706/11-2 Gymir	2015/6/7	1272	2596	气	0	2	2
6406/12-4 S	2015/8/17	319	4318	油气	3.18	0.32	3.5

二、北海油气勘探概况

截至2011年，北海石油探明储量约为$92.77×10^8 t$，其中，海上$88.92×10^8 t$，陆上$3.85×10^8 t$；天然气探明储量约为$124932×10^8 m^3$（NPD，2010；国际石油网，2010），其中，海上$110074×10^8 m^3$，陆上$14858×10^8 m^3$，合计油当量$205.22×10^8 m^3$（杨金玉等，2011）。北海油气资源分布最大的特点是北油南气：北北海盆地的总油气资源量为$135.63×10^8 t$

（表1-2），占整个北海油气资源量的72.1%；南北海盆地的油气资源量为52.37×10^{8}t，占27.9%。而超过98.3%的石油分布在北北海盆地，南北海盆地石油储量很少，主要以天然气为主。北海石油产量主要来自英国和挪威，约占北海石油总产量的97%以上。

表1-2　北海盆地油气探明控制储量区域分布（据NPD，2010；国际石油网，2010；杨金玉等，2011）

构造分区		石油/10^{8}t	天然气/10^{8}m^3	油当量/10^{8}t
北北海盆地	维京地堑	37.86	20446	56.26
	中央地堑	26.58	13605	38.82
	默里—福斯盆地	9.33	2511	11.59
	霍达台地	8.57	14844	22.93
	其他地区	4.08	2151	6.03
	小计	87.42	53556	135.63
南北海盆地	英荷盆地	0.99	24972	23.46
	德国西北盆地	0.51	31546	28.91
	小计	1.5	56518	52.37
	合计	88.92	110074	188

北海是20世纪60年代中期开始发展起来的最活跃的海上油气勘探开发区之一，虽然北海环境恶劣，油气勘探开发成本高，但是由于其具有良好的石油地质条件，丰富的石油储量，高的油气勘探成功率，吸引了大批石油公司来此进行油气勘探开发，使北海发展成为世界海洋的主要产油气区之一。

北海主要油气田多集中分布在盆地轴线附近，已发现的多个油气田，几乎80%以上集中分布在盆地轴线80～100km宽的范围内，正好处在近南北和北北西向的北海中央地堑和维京地堑区。

北海油气勘探开发从20世纪60年代起步，1963年丹麦首先颁发了开放北海陆架海域的第一批勘探许可证。1964年德国也相继颁发了北海所属海域油气勘探许可证，并于1965年首先开展钻探，发现了一个无开采价值的气藏。随后，英国石油公司在北海南部地区发现了西索尔气田，1966年相继又发现了3个大气田。直到1969年，菲利浦石油公司在北海发现了第一个商业性油田——埃科菲斯克。到70年代，随着海洋钻井装置建造业的迅速发展，北海油田的勘探活动进入高潮。相继进入北海进行油气钻探的公司有几十家。从1970年开始，不断有新的重大发现。尤其是从1975年开始，是北海历年来油气勘探成功率最高的一年，共发现油气田20多个。

北海油田的开发带来了巨大的经济收益。20世纪70年代以前的英国，除了在苏格兰有小规模的油页岩开采提炼工业以外，基本上没有石油。到了1980年实现了能源自给自足，1985年石油产量跃居世界第五位。挪威也由此成为石油自给有余，并有大量出口的国家。北海油田目前已成为世界10大产油区之一。

北海盆地有两个特点：一是其基底的破裂程度高，二是热流值高。北海盆地由于拉张断陷作用，形成了许多地堑，包括有维京地堑、中央地堑、北荷兰地堑、福蒂斯地堑、挪威地堑等。在这些地堑中，地壳厚度明显变薄，因此具有较高的地温梯度。在这些深地堑中沉积了厚度达10km的二叠纪、三叠纪、侏罗纪和早白垩世的沉积物，并被厚达3～4km的晚白垩世、古近纪和新近纪的平缓盖层覆盖。因而构成了由裂谷的断块运动及上覆岩层的差异压实作用形成储油圈闭的构造带。侏罗系是主要的生油岩，侏罗系浅海相砂岩、古新统白垩岩及古新统—始新统水下冲积扇砂岩是主要的储油层。上石炭统的煤系是天然气的主要来源，二叠系赤底统砂岩是主要的储气层。经测定，北海盆地主要的生油层其平均总有机质含量高达4.58%，干酪根为Ⅱ型，根据现代油气成因理论（油气形成不仅取决于生油岩层中有机质的含量和质量，而且取决于生油岩层的沉降动力学特征和受热强度），可以乐观地认为，北海盆地由于具有上述良好的地质和有机质条件，它必定具有高的含油气性。北海盆地的油气聚集率可达20%～30%。

北海勘探开发条件艰苦，费用昂贵，加之复杂的地质构造，促使了沿岸各国和各有关公司注意研究地震勘探、测井等技术设备的改进，从而提高了所获资料的质量，主要体现在以下几个方面。

（1）地震：北海的地震勘探技术，有以下几方面的突破。

① 采用卫星组合导航系统和精度较高的相位导航系统。在海上油气勘探开发工作中，导航定位从一开始就一直是个很突出的问题。随着油气勘探活动的增加，北海的无线电定位系统也不断得以改进。卫星组合导航的特点是不受海域限制，可以24h连续工作。用于地震勘探连续航行的定位精度在40m，用于海上石油定位的精度在10m以内。

近些年成功研制的导航系统，均具有较高的定位精度，脉冲8系统可连续24小时长距离定位，控制范围达300～500miles，定位精度在50m左右。Hi-Fix6系统的定位精度更高，一般在3m以内，控制距离最大，可达200miles。

② 采用非炸药震源方法，要比炸药震源提高效率6倍，平均每十秒放一炮，覆盖次数可增至24～48次，这样就极大地提高了资料的精度，加快了勘探进度。

③ 计算机处理地震资料。地震工作的数字化给油气勘探带来了很大的方便，提高了地震的精度与速度。

北海的油气地震勘探已全部使用数字地震仪。英国石油公司采用了美国得克萨斯仪器公司的TIMAP地震专用处理机，功能强，还有大容量的磁盘和阵列转换机，可实现地震资料的高速运算，一个地震道的相关运算仅需62ms。

此外，还可以在绘图终端输出彩色地震剖面，直观地显示出含油气层。

（2）采用了配有卫星导航设备的海洋磁力仪及最新型号的海洋质子磁力梯度仪，进行海上油气勘探。

（3）沉积环境分析和岩相变化研究，对勘探试井、完井等方法及开发和经济评价都起到了十分重要的作用。

（4）采用现代的测井方法。测井技术在油气勘探开发中占很重要的地位，所以，英国石油公司对每一口井，无论是普查井、勘探井还是生产井，都进行测井，并尽可能多地取测井资料，资料处理与解释都在现场进行。采用的测井方法主要有三类，第一类是电测井，包括电阻法和自然电位法，电阻法主要是感应测井和聚焦电流测井；第二类是放射性测井，包括自然伽马测井、中子测井和密度测井；第三类是声学测井，包括压缩波速度、剪切波速度及P-S波衰减测井。

三、格陵兰东部陆架油气勘探概况

美国地质调查局评价格陵兰岛可能成为世界上最大未开采油气区之一。据USGS预测（表1-3），格陵兰东部陆架盆地油气储量约为 $357.7×10^8$ bbl油当量，其中原油 $102.5×10^8$ bbl，天然气 $96.39×10^{12}$ ft^3，液化天然气 $83.9×10^8$ bbl。格陵兰东部陆架盆地包括格陵兰东部裂谷和格陵兰北部剪切边缘两部分，其中格陵兰东部裂谷油气资源量约为 $323.4×10^8$ bbl油当量，其中原油 $89.0×10^8$ bbl，天然气 $86.18×10^{12}$ ft^3，液化天然气 $81.2×10^8$ bbl；格陵兰北部剪切边缘油气资源量约为 $34.3×10^8$ bbl油当量，其中原油 $13.5×10^8$ bbl，天然气 $10.21×10^{12}$ ft^3，液化天然气 $2.7×10^8$ bbl。

表1-3　格陵兰东部陆架预测油气资源量

分区	原油/10^8bbl	天然气/10^{12}ft^3	液化天然气/10^8bbl	总资源量/10^8bbl油当量
格陵兰东部裂谷	89.0	86.18	81.2	323.4
格陵兰北部剪切边缘	13.5	10.21	2.7	34.3
合计	102.5	96.39	83.9	357.7

20世纪80年代，航空重力—磁力和一些稀疏的二维地震测线控制网，提供了一些东格陵兰陆架有限的地质资料。通过解释这些地质资料，东格陵兰陆架可以划分为一系列的次级构造，其中一些次级构造可以与北大西洋边缘的板块构造特征相联系，由此可从已知的挪威陆架的特征确认东格陵兰陆架的构造样式。然而，在东格陵兰陆架至今仍然没有实施钻井，因此地震剖面和地层之间还没有建立直接的联系。

1990年底，格陵兰东部陆架 Jameson Land 盆地约 $1×10^4$ km^2 的地区经过了5年的石油勘探后，最后被放弃勘探。经营者 Atlantic Richfield（ARCO）决定不再对这一地区进行第二轮的勘探，因此并没有在 Jameson Land 地区钻井。

1995年，"北格陵兰和东格陵兰沉积盆地的资源调查"项目开始启动，该项目由

Danish Research Councils 提供资金支持。1996 年，与烃源岩相关的研究集中在格陵兰东部北纬 71°到北纬 74°之间的沉积盆地，开展了与烃源岩相关的研究，在这里，九支地质队伍在 7 月和 8 月共工作了 6 个星期，由 500 架直升机协助工作。

1996 年在格陵兰东部陆架地区的工作集中在上二叠统和中生界连续沉积的地层中。集中研究了下三叠统 Wordie Creek 组沉积和中—上侏罗统的沉积成岩作用。1996 年获得的最重要的结论就是：(1) 重新阐述了上二叠统 Schuchert Dal 段为 Ravnefjeld 组中的浊流沉积；(2) 重新认识了 Hold with Hope 地区中侏罗统沉积和厚层的下白垩统砂岩沉积；(3) 解释了 Traill Ø 地区东部白垩系页岩中夹层的粗碎屑沉积；(4) 解释了 Traill Ø 地区东部白垩系中富砂的浊流层序；(5) 重新解释了 Traill Ø 地区和 Geographical Society Ø 地区中生代和新生代的断裂系统。

美国地质调查局（USGS）、丹麦及格陵兰地质调查局（GEUS）也对格陵兰东部陆架进行了详细的研究（图 1-23）。其中，美国地质调查局在 2000 年对格陵兰岛进行了地质调查，后因丹麦格陵兰地质调查局及其他单位对格陵兰岛的调查，又有新的资料补充，因此美国地质调查局于 2008 年再次对格陵兰岛进行调查。

图 1-23 格陵兰东部陆架系统

除了格陵兰东部陆架，某些机构也对格陵兰西部沉积区进行了研究。2001 年，格陵兰西部陆架进行了地震勘探，预计 2010 年 8 月将再次对西海岸进行新一轮的勘探（李国玉等，2005）。

格陵兰西部沉积区是北海盆地的三倍，到 2009 年为止，只钻探了 6 口探井，且格陵兰西岸近海有石油渗露，有机页岩较厚，在钻井中有石油显示。西格陵兰盆地和加拿大东海岸的 Scotian 与 Labrador 陆架盆地都发育一套被动陆缘期的海相烃源岩，平均 TOC 含量达到 3%，HI 为 424mg/g，Ⅱ—Ⅲ型干酪根，最厚达 50m 左右，分布比较广泛，陆架和深水区均发育。本书仅对格陵兰东部陆架进行阐述。

尽管格陵兰岛的天然资源丰富，但包括石油、天然气、黄金和钻石在内的资源都埋藏在北极圈厚厚的冰层下面，不易开采。但美国专家认为，当全球气候变暖令巨大的冰层开始融化时，开发格陵兰陆架将会变得越来越容易。

第二章　挪威中部陆架深水盆地油气地质

第一节　概　　况

　　挪威海是北大西洋的边缘海，位于斯瓦尔巴群岛、冰岛和斯堪的纳维亚半岛之间，平均水深1742m，最大水深4487m，面积$138×10^4km^2$。海区北通北冰洋，南连北海，西接大西洋，地理位置十分重要，是西北欧海上航运通道。有北大西洋暖流经过，冬季一般不封冻，是北冰洋中唯一能全年通航的海。挪威海中部有一东西向扬马延断裂带，把海域分为南北两部分，北部为罗弗敦海盆，南部为挪威海盆。海区东部受北欧陆地冰川的刨蚀和堆积作用，形成了峡湾式海岸和峡湾外侧的水下岗丘和浅滩。临近峡湾和水下浅滩的海水中含有丰富的营养物质，成为海区的重要渔场，盛产鳕、鲱、白鲑等。挪威海大部分位于北极圈内，纬度高，气温低，但海水在寒冷的冬季并不结冰，主要是受强大的北大西洋暖流的调节作用。海区表层水温比同纬度的格陵兰海和巴芬湾要高10°C以上。沿岸港口主要有挪威的特隆赫姆、纳尔维克等。

　　挪威中部陆架深水盆地主要是在欧洲板块与格陵兰板块裂开时形成的（张功成等，2019），主要包括伏令和默里盆地（Aidos Kazankapov，2019），经历了早三叠世以前的前裂谷阶段，早三叠世—古新世的裂谷阶段和早始新世至今的大陆漂移阶段等三个构造演化阶段。挪威中部陆架烃源岩主要有两套：下侏罗统三角洲平原相泥页岩及煤层和上侏罗统海相泥页岩，其中上侏罗统海相泥页岩是主力烃源岩；挪威中部陆架储层在侏罗纪—古近纪都有分布，储层主要有两套：中侏罗统裂谷期滨浅海相砂岩和白垩系—古近系浊积砂岩，其中中侏罗统裂谷期滨浅海相砂岩是主力储层；盖层主要为海相泥岩，圈闭主要为构造圈闭；油气主要沿裂缝、输导层及断层等短距离汇聚成藏或沿地层不整合面或连通性砂体长距离运移成藏（范玉海等，2015）。

一、地理位置

　　挪威位于北欧斯堪的纳维亚半岛西部，东邻瑞典，东北与芬兰和俄罗斯接壤，南同丹麦隔海相望，西濒挪威海。海岸线蜿蜒曲折，长$2.1×10^4km$（包括峡湾），构成了挪威特有的峡湾景色，多天然良港。斯堪的纳维亚山脉纵贯全境，高原、山地、冰川约占全境的2/3以上。南部小丘、湖泊、沼泽广布。挪威的领土也包括斯瓦尔巴群岛和扬马延岛。首都为奥斯陆。2009年至2011年、2013年至2018年获得全球人类发展指数第一的排名。

挪威海（挪威语：Norskehavet）是北大西洋的一个陆缘海，位于挪威西北方，介于北纬 60°和 70°之间。挪威海西边与冰岛海连接，东北方与巴伦支海相邻。在西南方，冰岛与法罗群岛之间的海底山脊把大西洋外海与挪威海分开；北面，扬马延海底山脊成为挪威海与北冰洋之间的界线；东边是挪威，海岸线有由冰川侵蚀而成的峡湾。

挪威中部陆架是挪威海靠近挪威大陆的一个近海陆架，位于北纬 62°和 68°之间，南临法罗—设得兰盆地（图 1-1），西南为北海（Kjell Arild Orvik，2001），北部为罗弗敦海盆和熊岛（Jakobsson 等，2000），东北方为巴伦支海（Laurent Gernigon，2009），海水深度在 200~1500m 之间（图 2-1），是挪威油气产量仅次于北海的一个产区。

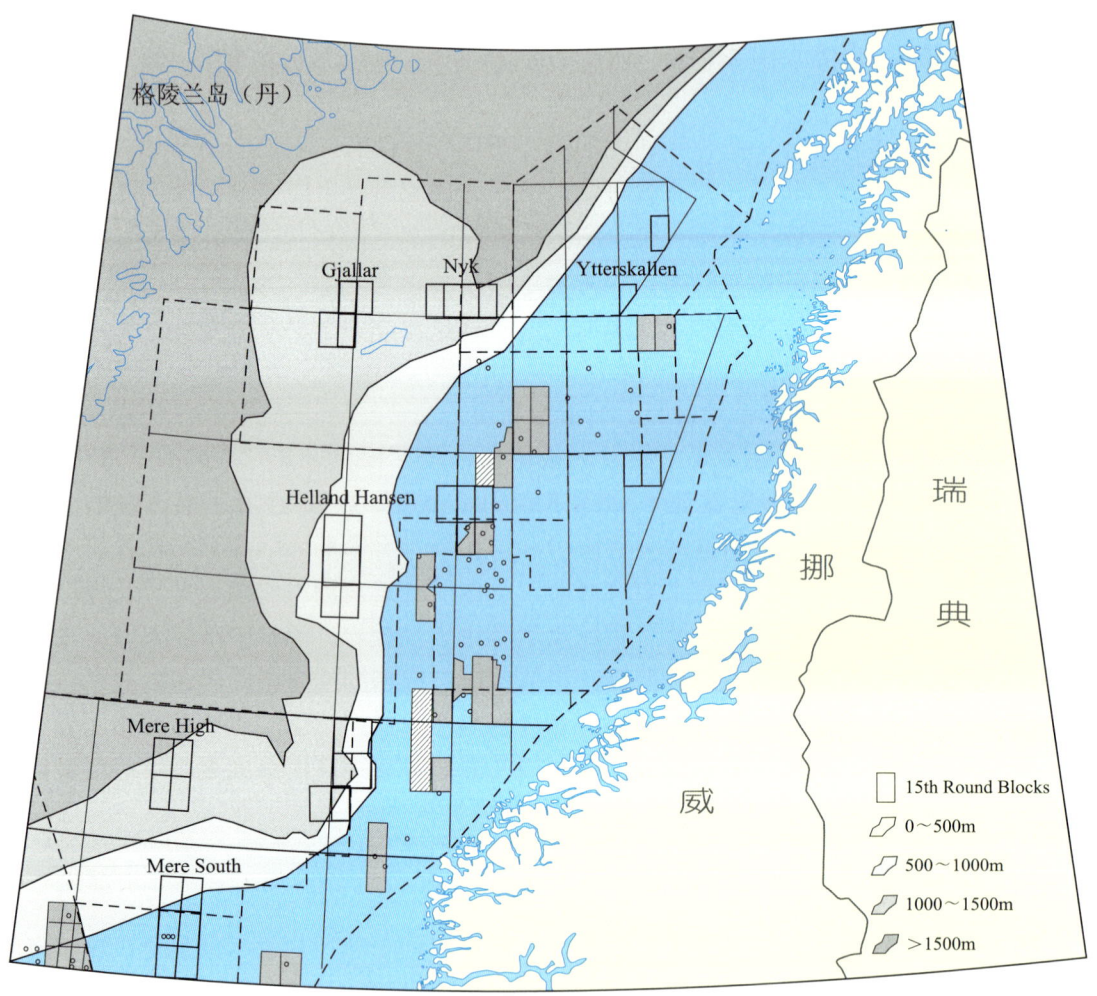

图 2-1　挪威中部陆架水深等值线图（据 Swiecicki，1998）

挪威壮丽的峡湾地形带来的，除了旅游收入，还有丰富的水力资源；北海不仅是石油之海，也是巨大的天然风电场；那些星罗棋布于北海的海上采油平台，其电力供应大多由挪威本土通过电缆供应，而不是就地取材使用天然气发电。

二、气候及其他特征

在挪威海和格陵兰海,表面的海水下沉至 2~3km 的海底,所以海底的水较冷且含氧量高。因此挪威西岸外海有一股海面暖流及一股海底冷流。

大部分地区属温带海洋性气候,沿海地区受北大西洋暖流影响,较世界同纬度其他地带温和,大部分海面冬季不结冰。年降水量在山地西坡约 2000~4000mm,内陆 500~1000mm,河流水量充足,水力资源居欧洲首位。

东冰岛洋流把冷水带到南面的冰岛,然后沿着北极圈转向东流。挪威洋流是墨西哥湾流的分支,它把暖水团带向北方,使挪威的气候保持温暖湿润。另外,挪威海也是北大西洋深层水(North Atlantic Deep Water)的一个源头。

挪威海由于有大西洋较暖且咸的洋流经过,所以海面不结冰。此海域渔产丰富,包括鳕鱼、鲱鱼、沙丁鱼及鲲鱼等。科学家认为洋流的波动变化是气候转变的指标,因此流经挪威海的海流受到严密监测。

第二节 勘探历程

挪威的含油气盆地分布在北海、挪威海和巴伦支大陆架(图 2-2),其油气资源量为 $79.99×10^8$t,排名世界第 16 位,天然气资源量 $10.21×10^{12}m^3$,排名世界第 9 位(王越等,2009)。2006 年,挪威石油剩余探明储量为 $11.64×10^8$t,占世界的 0.7%,排名世界第 19 位、欧洲第 1 位;天然气剩余探明储量为 $2.89×10^{12}m^3$,占世界的 1.6%,排名世界第 12 位、欧洲第 1 位。

NPD(2020)统计,挪威的石油生产主要在北海(占 77%),挪威海生产规模较小(占 19%),新的勘探主要发生在巴伦支海(占 4%)。

目前挪威大陆架 60% 的区域已被开发并进行勘探,其中约 9% 的区域建有油气开采设施(NPD,2020)。大陆架上探明和未探明的石油储量,共 $129×10^8m^3$ 标准当量。自 1971 年以来,共开采石油 $38×10^8m^3$ 标准当量,占全部石油资源的 29%。在剩下的 $91×10^8m^3$(带有 $69×10^8$~$120×10^8m^3$ 的不确定性)标准当量中,已探明资源储量为 $53×10^8m^3$ 标准当量,未探明储量估计为 $34×10^8m^3$ 标准当量。另外,随着未来可能提高的开采技术,将可能再增加 $4×10^8m^3$ 标准当量储量。这些资源主要蕴藏在北海、挪威海和巴伦支海:北海探明资源共 $70×10^8m^3$ 标准当量,其中已开采 $34×10^8m^3$、目前剩余可开采储量 $28×10^8m^3$,37% 为石油,未探明储量为 $12×10^8m^3$;挪威海探明资源共 $19×10^8m^3$ 标准当量,$3×10^8m^3$ 被开采,目前剩余可开采储量 $11×10^8m^3$,天然气占 62%,未探明储量估计为 $12×10^8m^3$;巴伦支海探明资源共 $2×10^8m^3$,未探明量不到 $10×10^8m^3$。

全球深海油气探明可采储量挪威排在世界第八位,2P 石油可采储量约为 $15×10^8$bbl 油当量,2P 天然气可采储量约为 $40×10^8$bbl 油当量(迟恩,2008)。

一、勘探阶段划分

1963年之前,挪威是一个贫油的国家,陆上几乎没有油气发现;现今,挪威油气探明资源量为 $79.99×10^8 t$,排名世界第16位,天然气资源量 $10.21×10^{12} m^3$,排名世界第9位(王越,2009),因此,挪威油气勘探历程曲折,概括起来可划分为如下几个阶段。

1. 勘探初期(1963年以前)

长期以来,一般认为西欧在地质上不是含油远景很好的地区,故而,挪威一直以来都是贫油国。直到1959年,发现了格罗宁根大气田,它的产层是赤底统,可采储量为 $16500×10^8 m^3$,才引起人们对北海油气的兴趣,并推测北海海底具有类似的油气地质条件,从而促进了各国先后开展北海的勘探。1963年5月31日,挪威正式宣布对其大陆架的自然资源进行勘探开发。

2. 大规模勘探发现时期(1963—1980年)

1964年各有关国家对北海辖区范围的划定,促进了北海的油气勘探。1969年,菲利普公司在挪威北海的一口探井发现了200m厚的油层,测试日产油1300t,取名为埃科菲斯克(Ekofisf),证实可采储量 $1.4×10^8 t$。它的发现是北海北部石油勘探的重要里程碑,告诉人们北海的油气资源是丰富的,从此挪威在北海北部的石油勘探进入了一个大发展的新时期,相继发现了几个大型油气田。随着1969年Ekofisk油田和1974年Statfjord油田的发现,以及20世纪70年代的世界能源危机,挪威石油业发展迅速。集存贮、精炼、输送于一身的石油城斯塔万格(Stavanger)的崛起,将挪威石油业推向了顶峰。

1974年发现挪威最大的油气田斯塔菲德(Statfjord)油田,它拥有的天然气储量达 $320×10^8 m^3$, $2500×10^4 bbl$ 原油和 $6000×10^4 bbl$ 凝析油,油田采收率为63%(NPD,2010)。1978年发现古尔法克斯(Gulltaks)油田,探明储量为 $2.230×10^8 bbl$,并在1986年投入生产。1979年发现奥斯伯格油田(Oseberg),探明储量达 $2.231×10^8 bbl$,同样在1986年开始投入生产。储层为中侏罗统Brent群的Oseberg组、Rannoch组、Etive组、Ness组和Tarbert组,属三角洲沉积体系,烃源岩为上侏罗统Draupne组海相泥岩,盖层为上侏罗统Viking群或下白垩统Cromer Knoll群黏土。初步预计可采储量 $366.4×10^6 m^3$ 石油,

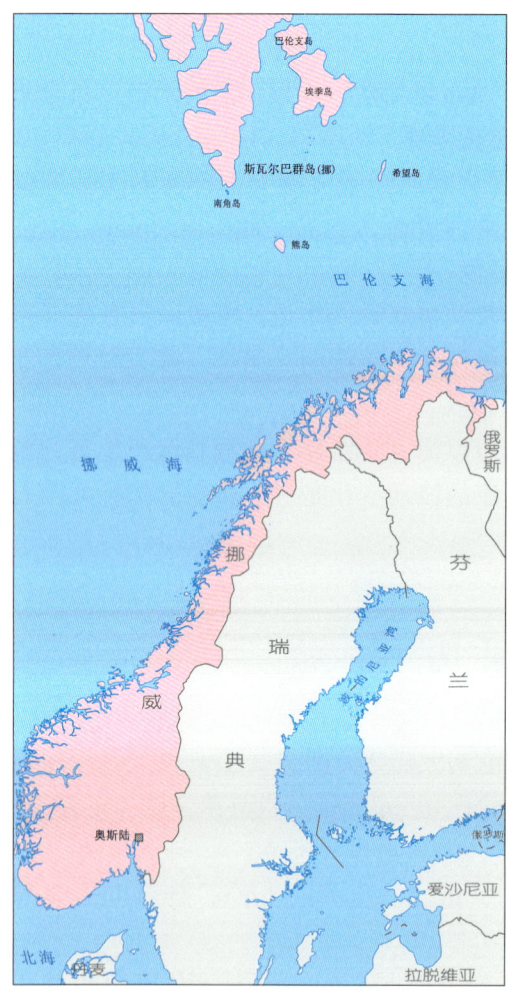

图2-2 挪威油气产区位置图(据NPD,2020)

$107.0×10^9m^3$ 天然气，$9.3×10^6t$ NGL（Wikipedia，2010）。

3. 全面勘探阶段（1980年至今）

1980年以来，勘探开发活动仍然很活跃，挪威北海北部地区的主要勘探目标仍然是上—中侏罗统，但对其他的目的层，如古生界、白垩系、古新统和始新统，仍有一定的兴趣，在某些地区取得了可观的勘探效果。但经过大型油气田集中发现高峰期以后，这个阶段的主要特点是发现相对较小。挪威勘探活动中心开始从北海向挪威中部陆架和巴伦支海转移。

1）石油的勘探

石油探明储量增长分为四个阶段，1980—1988年挪威石油探明储量从$57×10^8$bbl增加到$148×10^8$bbl；1988—1992年储量从$148×10^8$bbl降到$76×10^8$bbl；1992—1997年从$76×10^8$bbl增加到$112×10^8$bbl；1997—2008年从$112×10^8$bbl降到$68×10^8$bbl（NPD，2012）。

2）天然气的勘探

天然气探明储量变化分为四个阶段，1980—1988年储量从$23.5×10^{12}ft^3$增加到$106×10^{12}ft^3$；1988—1999年从$106×10^{12}ft^3$降到$41×10^{12}ft^3$；1999—2002年保持在$41×10^{12}ft^3$左右；2002—2008年从$41×10^{12}ft^3$增加到$84×10^{12}ft^3$左右；2009年挪威天然气探明储量为$81.7×10^{12}ft^3$，随着巴伦支海勘探的深入，天然气储量将会继续上升（NPD，2012）。

3）最近十几年的勘探井发情况

2005年Statoil公司的西HaltenBank项目投产，包括Kristin油田和4个小油田（LawaIls、Erlend、Morvin和Ragnfrid）。

2005年共钻探12口井，其中9口野猫井，3口评价井，共获得6个新发现，其中北海3个，挪威海3个。

2006年挪威Statoil公司共钻探30~40口勘探和开发井。其中，Statoil公司和其合作者在挪威大陆架钻探20口井。该公司2006年的勘探投资达6.15亿美元。

2009年5月，挪威政府批准（埃尼）Eni Norway AS（65%）和StatoilHydro（35%）共同开发戈利亚特油田（Goliat）。戈利亚特油田是在巴伦支海域的首次开发，是有史以来在北挪威所进行的最大的工业项目之一。该油田拥有约$2×10^8$bbl的石油储量。它在2000年被发现，离哈默菲斯特镇（Hammerfest）约40miles。2009年6月5日，俄罗斯国有天然气公司（Gazprom）和挪威国家石油公司（Statoil Hydro）签署协议，共同开发巴伦支海的什托克曼气田，天然气储量达$3.6×10^{12}m^3$。

过去十年（2009—2019年）内，挪威大陆架上的油田储量发现不尽如人意，不仅无法与20世纪70、80年代发现的大油田相提并论，甚至连补上老油田下滑的产量缺口都做不到。挪威新探明的油气资源连年走低，近十年（2009—2019年）几乎没有大型油气田被发现。除了2019年开始开采的John Sverdrup油田和预计2023年开采的Johan Castberg油田，挪威石油业已经找不出像样的可开采油田了。这意味着，2030年之后，挪威的石油产量将会出现下跌。

2018年9月，挪威石油管理局表示，挪威大陆架仍有大量石油有待发现，估计未发现的资源相当于40个约翰·卡斯伯格油田。2018年，挪威日平均石油产量为 $149×10^4$ bbl，较上年的日产量 $159×10^4$ bbl下滑了6.3%，如果与最鼎盛的2001年相比（图2-3），这个数字只有当时的一半。根据挪威国家石油管理局（NPD）的估算，2019年的石油产量将进一步下跌4.7%，仅有 $142×10^4$ bbl/d。

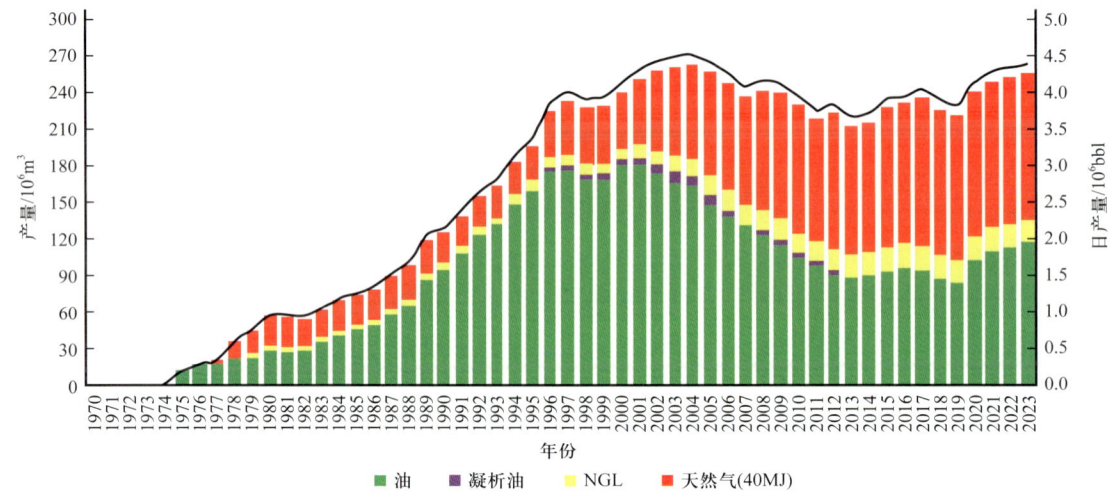

图2-3 挪威油气资源1974—2023年的开采量（据NPD，2020）

2019年1月15日，挪威石油工业部部长弗莱贝格（Kjell-Brge Freiberg）在本国石油行业研讨会上宣布，2019年，挪威已经向33家石油公司颁发了83份勘探和开采许可。而2018年，这个数字仅为75份。其中最大赢家依然是挪威国家石油公司（曾用名为Statoil，2018年3月改为Equinor），拿到29份勘探和开采许可；紧随其后的是挪威公司Aker BP和DNO，分别争取到21和18份；剩余15份则被道达尔、康菲、壳牌等国际巨头瓜分了。在石油价格渐渐回暖的2019年，各大石油公司对挪威大陆架上的油气资源再次展现出浓厚的兴趣。

不过，挪威还有最后的底牌——北极。北海、挪威海和巴伦支海，三片从南到北的大海，是挪威的三个聚宝盆。当北海和挪威海即将被压榨干净之际，最后那片海——北极，终于走入挪威人的视线。根据挪威石油管理局公布的数据（NPD，2020），大部分位于北极圈内的巴伦支海，油气资源预估为 $25.35×10^8 m^3$ 油当量。北海和挪威海合计仅有 $14.65×10^8 m^3$ 油当量。这相当于挪威大陆架63%的资源都位于巴伦支海海底。挪威石油管理局局长尼兰（Bente Nyland）在2017年挪威大陆架评估会议上表示：2023年之后，巴伦支海就是挪威最大的机会。2010年，俄罗斯和挪威在领海问题上的握手言和，也彻底扫清了政治军事上的阻挠；俄罗斯在北极的喀拉海亚马尔半岛的液化天然气项目大获成功，更是令挪威人眼红。

终于，挪威政府顶住了环保人士的压力，开始大规模向北冰洋进军了。2016年，挪威石油业勘探的重心仍在北海和挪威海，当年在这两片海域建造了32座钻井平台，而巴伦支海上仅有 5 座。伴随着 2017 年挪威石油管理局对巴伦支海的官方支持，勘探重心开始向北转移。该年挪威钻探的 34 口钻井台中，17 口都位于巴伦支海。2018 年，挪威钻探的 53 口勘探井中，又有近一半坐落于巴伦支海。勘探的果实很快到来了：可开采储量共计 $4×10^8 \sim 6×10^8$ bbl 的 Havis 油田和 Skrugard 油田被陆续发现，将于 2020 年投产；在更深入北极的 Korpfjell 油田，可开采储量预计高达 $5×10^8 \sim 10×10^8$ bbl。过去十年（2009—2019 年）间，挪威在巴伦支海的累计探勘井数量也已逼近 100 口，探明的各型油田达十余个。这其中最受人关注的当属巴伦支海四大明星油气田：Johan Castberg、Snøhvit、Wisting 和 Goliat 油田。

石油开采的先行者则是意大利埃尼公司，其于 2016 年开始投产储量达 $1.74×10^8$ bbl 的 Goliat 油田。该公司在高纬度水域开采油田的成功经验，迅速激励了众多石油公司跟进。跟进的目标就是有着 $6.5×10^8$ bbl 储量的 Johan Castberg 油田。2011 年，对该油田的开采计划曾因石油价格暴跌而泡汤。2018 年 6 月，挪威国家石油公司投资 58 亿美元以开采该油田的提案，终于被挪威议会予以放行。2022 年开始，Johan Castberg 油田将正式投产，年产量可将占到挪威石油总产量的 25%。此外，奥地利石油公司 OMV 对储量为 $4.4×10^8$ bbl 的 Wisting 油田的开采计划也正式提上了日程。根据挪威石油管理局的估算，如果巴伦支海的勘探顺利，该海域的油气资源能够确保挪威在未来 30 年内足够的开采量。

"不因幸运而故步自封，不因厄运而一蹶不振。"挪威作家易卜生的话也许能更好地形容他的祖国。挪威的未来，不会局限于石油，因为风电业务和资产管理已是"新挪威国家石油公司"的支柱业务。

二、油气勘探特点

1. 主要石油公司及石油工业发展史

自 20 世纪 70 年代开始，根据挪威政府的政策，挪威国家石油公司、挪威海德罗公司和 Saga 石油公司这三家挪威主要石油公司具有优先获得石油生产许可证的权利。

挪威国家石油公司（Statoil）是 20 世纪 70 年代挪威成功发现北海石油后，由挪威国家政府建立的国有控股公司。其目的是建立一个属于自己的国家石油公司，以负责包括原油勘探与开采以及成品油生产销售在内的一切石油业务。挪威国家石油公司也是世界最大的石油贸易商之一。作为国家控股公司，挪威国家石油公司已在政府的支持下获得挪威大陆架的多数区块，还部分拥有和经营 7 条天然气管道，其中 5 条是跨国管线，另外 Statoil 还负责销售挪威政府的权益油气。

挪威海德罗公司（Norsk Hydro）公司成立于 1905 年，是挪威大陆架第二大油气生产商，它是国家控股的上市公司，政府持股 45.2%，但是政府不干涉公司的运营和管理。挪威石油公司 Statoil Hydro 集团，由挪威国家石油公司（Statoil）和挪威海德罗（Hydro）公司在 2007 年 10 月合并而成，67% 的股份由挪威政府拥有，控制挪威 80% 的石油和天然气产量。

国际石油公司包括埃克森美孚、康菲、道达尔、壳牌和埃尼公司各自在挪威有一些区块。康菲石油是挪威最大的外国石油生产公司，产量达 $1545×10^4$t（王越，2009）。

2. 主要石油及天然气管线

挪威输油管线众多，主要包括以下几条：Oseberg Transport System（OTS）连接 Oseberg 油田和 Stura 油库输送 $76.5×10^4$bbl/d；Grane 管道连接 Grane 油田和 Stura 油库输送 $26.5×10^4$bbl/d；Troll Ⅰ 管道连接 Troll B 平台和蒙斯塔德（Mongstad）炼油厂输送 $26.5×10^4$bbl/d；Troll Ⅱ 管道连接 Troll C 到 Mongstad 炼油厂输送 $30×10^4$bbl/d；美国康诺公司经营的 $90×10^4$bbl/d 的挪威管道连接埃科菲斯克（Ekofisk）油田和英国的蒂赛德（Teesside）炼油厂（NPD，2020）。

挪威仅次于俄罗斯为欧盟第二大天然气供应国，挪威拥有多套天然气管网连接欧洲市场，有的管网与生产平台、接收终端连接直接出口到欧洲市场，有的管网与挪威陆上终端连接再出口到欧洲市场。从 Tron 和 Sleipner 油气田到法国 Dunkerque 的 Franpipe 管线，长 837km，年输气能力为 $149.99×10^8$m³；从 Sleipner 管线系统到比利时的 Zeebmge 的 ZeepjpeⅠ 管线年输气能力为 $130.18×10^8$m³。挪威与德国有 3 条管线相连，连接 Draupner 平台和德国 Domum 的 EuropipeⅠ 管线，长 467km，年输气能力 $181.12×10^8$m³；连接 Karsto 终端到德国 Domum 的 EuropipeⅡ 管线，长 660km，年输气能力 $240.55×10^8$m³；经过 Statpipe 连接 Karsto 终端到 Emden 的 Norpipe 管线，年输气能力 $141.50×10^8$m³。由 Total 公司管理的连接 Frigg 油田到苏格兰 St.Fergus 终端的 Frigg 管线。2005 年 6 月挪威海德罗公司开始连接挪威 OnnenLange 气田到英格兰 Easinon 的 Langeled 天然气管线，该管线将是世界上最长的海底管线。该项目包括两条海底管线，一条连接 Omen Lange 气田到挪西海岸 Nyhamna 新的天然气处理厂，另一条长 1207km 连接 Nyhamna 终端经由 Sleipner 平台到英格兰 Easinfton，初期输气能力为 $0.54×10^8$m³/d，最大能力为 $0.82×10^8$m³/d，Shell 将参与建设，预计总投资为 100 亿美元（刘增洁，2006）。

3. 挪威油气区块对外招标

挪威石油勘探开发对外合作从 1965 年开始，到 2005 年共进行了 19 轮招标。1993 年挪威能源工业部进行了第十四轮勘探开发招标，招标区块共 31 个，共颁发 17 个勘探许可证，其中挪威三家主要石油公司几乎获得了一半。2002 年挪威进行了第十七轮招标，其中包括几个深水区块。2004 年 10 月 14 日挪威进行了第十九轮招标，最后申请截止日期为 2005 年 11 月 15 日，招标区块共 64 个，其范围包括挪威海的 34 个区块和巴伦支海的 30 个区块，面积 24451km²，包括 BG、美国雪佛龙德士古、美国康菲公司、意大利埃尼公司、皇家荷兰壳牌公司、道达尔公司在内的 24 家公司提出申请，共发放了 45 个生产许可证，其中有 16 个公司分别获得了 45 个许可证。

2018 年 5 月，挪威宣布新一轮成熟区块许可证发放，招标区域主要位于挪威海和巴伦支海，涉及 103 个成熟石油区块。2018 年 9 月 10 日，挪威石油部表示，在发起最新一轮挪威大陆架成熟区块的勘探开发招标后，已收到 38 家石油公司的投标。这 38 家石油公司涵盖大型国际石油巨头和中小型勘探公司。Equinor、康菲、道达尔、温特哈尔、埃尼等都在投标公司之列。

4. 油气生产

挪威约占北海面积的1/4，约 $13.1 \times 10^{12} m^2$。挪威1962年开始地震勘探，1965年5月通过石油法，当年出租南部区块，1966年开始钻探，1969年发现Ekofisk大油田，石油可采储量 $2.37 \times 10^8 t$。在这之后又陆续有了相当数量的油气发现，至今在挪威大陆架已有57个油田。

1980年到1996年挪威的石油产量稳步增长，已成为西欧最大的石油生产国。20世纪90年代中期以后产量出现下降趋势，2005年挪威的石油产量为 $296.9 \times 10^4 bbl/d$（折合年产 $1.38 \times 10^8 t$），比2004年下降7.5%。2006年上半年平均产量为 $280 \times 10^4 bbl/d$。

2007年，挪威石油产量为 $1.19 \times 10^8 t$，占世界的3%；天然气产量为 $897 \times 10^8 m^3$，也占世界的3%（来自国家能源办数据，2008）。截至2007年，挪威每天的石油产量为 $260 \times 10^4 bbl$（包括NGL和凝析油），天然气产量为 $900 \times 10^8 m^3$，挪威已经成为世界第5大石油出口国和第11大石油生产国。

挪威政府表示，2008年石油产量下降了4.5%，每天产量为 $210 \times 10^4 bbl$。由于北海地区老油田产量的下降，2009年的石油产量继续保持这种下降的趋势，天然气的产量将会有所上涨。2009年，油气产量下降2.6%，在未来五年内，油气产量下降6%。2008年天然气销售达 $1000 \times 10^8 m^3$，较2007年增长10%，2009年达 $1100 \times 10^8 m^3$（国际燃气网，2009）。

1）挪威石油生产

专家认为挪威大陆架（NCS）石油生产已进入成熟期，许多主力油田已达高峰产量，产量进入稳定或下降期，如Oseberg油田1993年产量为 $5013 \times 10^4 bbl/d$，2006年上半年已下降至 $12 \times 10^4 bbl/d$。石油公司不断在NCS获得新突破，但几乎没有重大的油气发现。2003年挪威石油和能源部（MPE）的一份报告称，2003年石油公司共获11个新发现，拥有储量 $1.89 \times 10^8 \sim 5.66 \times 10^8 bbl$，远低于其年采出量。目前挪威仍有60个未开发的油气田，拥有石油储量 $44 \times 10^8 bbl$，天然气储量 $4528 \times 10^8 m^3$。随着挪威北海油田进入成熟期，其石油产量将进入稳定或下降期，挪威将期望通过开发巴伦支海新的油气田来弥补产量下降。巴伦支海已发现的Goliath油田拥有石油储量 $2.5 \times 10^8 bbl$（NPD，2020）。

挪威最大的油田为Ecofisk，作业者为美国康菲公司（ConocoPhillips），2006年上半年石油产量为 $28 \times 10^4 bbl/d$；其次重要的油田还有Grane（$22 \times 10^4 bbl/d$）、Troll（$20.2 \times 10^4 bbl/d$）、Heidrun（$14 \times 10^4 bbl/d$）和Gullfaks（$13 \times 10^4 bbl/d$）。

挪威石油生产呈现从1980—2001年快速增长，2010年以后缓慢下降（NPD，2020）。

2）挪威天然气生产

挪威为世界第八大天然气生产国。2005年其天然气产量为 $850 \times 10^8 m^3$。挪威国家石油公司和挪威海德罗公司为挪威主要的天然气生产公司，其他外国公司如美国埃克森美孚

（ExxonMobil）和 BP 公司与挪威国家石油公司和挪威海德罗公司为合作伙伴，拥有一定的生产。

挪威的天然气产量主要集中在几个大油气田中，最大油气田为 Troll，2006 年上半年产量为 $0.88×10^8m^3/d$，占挪威天然气总产量的三分之一，其次为 Sleipnerost（$0.41×10^8m^3/d$）、Asgard（$0.28×10^8m^3/d$）和 Oseberg（$0.20×10^8m^3/d$），4 个气田合计产量占挪威总产量的 70%。为了使天然气产量能持续增长，近年来挪威不断开发新油气田，2004 年 10 月 Kvitebiorn 油气田投产，天然气产量可达 $2.01×10^8m^3/d$（刘增洁，2006）。

挪威石油产量 2000 年达到高峰后开始下降，而天然气产量 2013 年将达到高峰，约为 $1200×10^8m^3$（王越，2009）。挪威天然气生产呈现从 1980 年至今快速增长的状况（NPD，2010）。

5. 油气消费

挪威一次能源消费构成中石油占 21.7%，天然气占 8.8%，煤炭占 1.1%，水电占 68.4%。2005 年石油消费量为 $21.3×10^4bbl/d$，天然气消费量为 $45×10^8m^3$。2006 年，挪威是世界第 3 大天然气出口国和第 6 大天然气生产国。近些年来，挪威的石油消费量基本保持平稳，大约为 $22×10^4bbl/d$ 的消费量（NPD，2020）。

挪威天然气消费量一直增加（NPD，2010），但与其庞大的天然气生产规模相比，剩余用来出口的天然气量仍然巨大。2006 年，挪威天然气消费量为 $44×10^8m^3$，由于挪威修建新的燃气电厂，预计未来天然气消费量将增加。

6. 油气出口

挪威为世界第三大石油和天然气出口国。石油出口仅次于沙特阿拉伯和俄罗斯，天然气出口仅次于俄罗斯和加拿大。

1）石油出口

由于国内石油消费量仅占产量的很小份额，挪威出口大量石油。挪威石油出口在 2001 年之前呈直线增长，2001 年出口量达 $320.5×10^4bbl/d$，随后逐渐下降。

据挪威政府统计，2005 年挪威石油出口量为 $220×10^4bbl/d$，主要出口到英国，出口量占挪威石油出口量的 36.7%，为 $80.8×10^4bbl/d$，其次为荷兰（$28.43×10^4bbl/d$）、法国（$20.31×10^4bbl/d$）、美国（$18.18×10^4bbl/d$）、加拿大（$17.18×10^4bbl/d$）、德国（$17.11×10^4bbl/d$）及其他国家（$35.27×10^4bbl/d$）（刘增洁，2006）。2007 年，挪威平均每天出口原油和油品 $231×10^4bbl$，主要出口到英国（占 36%）、荷兰、法国和美国。2008 年，世界石油净出口量挪威排在世界第六位，为 $220×10^4bbl/d$，前五位的国家分别为沙特阿拉伯、俄罗斯、阿联酋、伊朗和科威特（NPD，2020）。

2）天然气出口

挪威仅次于俄罗斯为欧盟第二大天然气供应国，由于挪威天然气产量增加及巴伦支海天然气区的投入生产，挪威天然气出口逐年增加。

2005年挪威天然气出口量为820.7×10^{8}m^3,主要出口到德国,出口量为254.7×10^{8}m^3,其次为法国(158.5×10^{8}m^3)、英国(155.7×10^{8}m^3)、捷克(27.5×10^{8}m^3)、波兰(4.8×10^{8}m^3)和瑞士(0.6×10^{8}m^3)(刘增洁,2006)。

3)油气出口国

挪威最大的石油出口国是英国,占挪威石油出口总量的35%,其次为荷兰(11%)、法国(10%)、德国(6%)和瑞典(4%),这5个国家占挪威总出口石油的66%(Statistics Norway,2009)。

挪威是世界第三大天然气出口国,仅次于俄罗斯和加拿大,欧洲第二大天然气出口国,仅次于俄罗斯。挪威在2008年出口约3.3×10^{12}ft^{3}的天然气,德国(9320×10^{9}ft^3)约占总出口额的32%,英国(8930×10^{9}ft^3)约占总出口额的31%,法国(5620×10^{9}ft^3)约占总出口额的19%(NPD,2020)。

StatoilHydro集团经营的液化天然气出口终端和液化工厂在Melkoya,靠近哈默菲斯特镇。Melkoya是面向欧洲最大的液化天然气出口终端,并且拥有从Snohvit气田管道连接锚驳船组成,这在巴伦支海域为首次发展。该码头在2007年下半年的容量约为200×10^{9}ft^3/a。据国际天然气信息中心(Cedigaz)统计,2008年,挪威液化天然气输出共计约77×10^{9}ft^3。挪威3大液化天然气进口商中(NPD,2020),西班牙占48%、美国占22%、法国占11%。

7. 油气生产、消费和出口的关系

挪威石油产量和出口量都在2001年达到高峰,分别为342.3×10^{4}bbl/d和320.5×10^{4}bbl/d。2001年之后开始下降,2008年石油产量和出口量分别为246.6×10^{4}bbl/d,224.6×10^{4}bbl/d(NPD,2020)。从1996年开始,挪威天然气产量和出口量迅速增长,到2007年分别达到3.27×10^{12}ft^{3}和3.04×10^{12}ft^3,挪威的天然气消费规模很小。

8. 挪威能源发展战略

1)石油政策要点

(1)促进石油勘探开发。

挪威是重要的油气生产和出口国。挪威致力于推进稳定的石油市场,根据油价调整产量。进入21世纪,挪威石油工业面临着巨大的挑战:一方面,石油产量年年减少;另一方面,石油生产成本不断提高。在此背景下,挪威政府决定制定促进大陆架石油资源勘查与开发的管理政策。

第一是欢迎外国投资:挪威政府明确表示,挪威将严格履行WTO承诺,扩大开放投资领域,欢迎外国投资其石油行业;第二是完善法律;第三是实行灵活、有效的勘探政策,促进大陆架石油资源勘探与开发;第四是调整石油税收体制,增强石油投资的可盈利性;第五是重新评估石油工业的管理规章,修改一些不合理的规定和程序;第六是为吸引国外投资,2001年挪威政府开始对其国家石油公司(Statoil)实行部分私有化,不断减少其在国有石油企业的持股比例。

2006年12月18日，挪威两大国有石油公司——海德罗公司和挪威国家石油公司宣布，同意海德罗公司的石油天然气业务与挪威国家石油公司的合并计划，这显著增强了油气业务开拓与发展的实力。

（2）加强许可证的管理。

许可证管理是挪威政府实施其对石油、天然气资源管理，确保其合理、有序地加以开发和利用，维护健康安全的工作环境，保护生态环境与自然环境的重要手段，许可证管理也是挪威政府管理其石油、天然气工业的重要政策。

（3）设立石油基金。

挪威是非欧佩克产油国之一，原来致力于开发水力资源。自20世纪70年代初开始开发北海大陆架石油和天然气以来，油气工业已成为挪威国民经济的重要支柱。1990年挪威政府设立了"石油基金"，每年石油税收收入的一部分存入该基金，以备油气资源枯竭时满足巨额社会福利开支需要，截至2007年底，挪威的国家养老金已达2万亿挪威克朗，全部用于在财政金融相对稳定的发达国家购买股票和债券等。另外，维护工作环境的安全与健康是挪威宪法规定的政府管理机构的核心职责之一，也是挪威政府管理石油工业的重要政策。

2）油气法规及合同

挪威油气投资活动遵照1996年颁布的《第72号石油法》，2003年的"第68号法令"和"第1504号皇家法令"均对该法作了修订。对于每一轮许可证招标，政府一般都会颁布一份石油许可证的标准文本、一份联合作业协议和一份会计协议。正在使用的许可证文件都是在18轮许可证招标中颁布的。挪威石油勘探开发采用矿区使用费/税收制合同。1999年5月，政府宣布对于资源潜力很小和赢利能力可能很低的许可证区块，不再以SDFI形式参股，其他区块政府将参股，一般为25%。资源潜力和赢利能力较大的区块，政府参股比例可能提高。

3）能源管理体制与油气资源投资环境

（1）挪威能源管理体制。

挪威石油工业国家管理机构主要包括：议会、石油能源部和石油委员会。其中议会是石油产业政策的决策者，石油能源部及其下属的石油委员会是石油活动的具体管理者。

石油能源部颁发油气勘探开发许可证，并负责管理挪威大陆架的油气资源，同时兼管国有的Petoro和Gassco公司，以及部分国有的挪威国家石油公司（Statoil）；挪威石油委员会是石油能源部下属的国家独立行政管理机构，负责监管挪威大陆架的石油作业环境、安全和应急准备等；另外还有挪威成品油的相关协会。挪威石油行业协会是挪威加工行业联合会的内部机构，职责是维护行业整体利益；挪威石油零售商组织的会员为挪威成品油零售商，其职责是帮助会员公司解决经营中的人员雇佣等实际问题以及为他们提供法律协助等。

（2）油气资源投资环境。

挪威交通运输业特别是海运业特别发达，公路网密集，主要港口有奥斯陆、特隆赫姆和卑尔根。挪威政府鼓励外国投资，对外国投资实行国民待遇，不提供特殊优惠政策，包括：鼓励科研项目的资金资助；鼓励科研项目的免税措施；选择地域性投资优惠措施。

但是，挪威的投资经营成本很高，其实行的是高工资和高税收制度。根据挪威官方数字，2005年挪威工人工资水平全球最高，工资水平最高的行业是石油、天然气，高于平均水平的47%；另外，挪威还有劳资矛盾较易发生、市场成熟但商业机会少、国内市场劳动力短缺、生活成本高等问题。

4）挪威能源发展战略重点

（1）充分利用本国油气资源。

挪威作为地处欧洲北部的小国，拥有相对于人口十分丰富的石油资源，是世界石油领域中具有一定影响力的石油大国，石油产业已经成为该国的经济支柱。挪威石油发展战略是通过强化投资和研发，将未来油气开采的努力集中在增加对新区的勘探、开发现有设施附近的资源、提高产油区回收指数三方面。

（2）注重节能环保。

挪威注重能源节约和提高能源利用效率，通过税收政策来促进能源节约。由于强调节能并大力推广应用各种节能技术和措施，近年来挪威的能源使用效率较高，除了交通部门外，其他终端能源消耗基本维持不变。在重视环保方面：挪威长期以来十分重视与石油相关的环境保护，并始终把环境保护作为基本国策，在环境保护领域处于世界领先水平。如北海石油勘探、开发的初始，便建立了各种可操作的规章制度以限制有害物的排放，保护挪威大陆架，并通过与相邻国家的合作加大环保力度。其基本原则是环境保护意识必须体现在所有的部门，并应用于挪威整体经济政策和部门政策中。

（3）重视环境保护与可再生能源的开发。

挪威政府较早地意识到了可再生能源和新能源对能源安全和环境保护的重要意义，始终把开发利用可再生能源和新能源作为解决能源安全问题的重要途径，可再生能源利用比例占能源总消耗的近60%。

挪威政府大力开发和利用可再生能源和新能源：侧重于风能开发，进一步巩固水能的应用，开发太阳能；并对盐梯度等新能源的利用加以重视。为使油气生产符合国家利益，挪威政府在批准开发项目时要求公司提交开发计划；为保护环境和海洋资源的利益，要求拆除停用的油气生产设施。

（4）政府部门相互协调，共同促进资源可持续发展。

对于涉及能源管理的主要部门，在挪威政府的统一协调下，相互配合，分工协作，共同对涉及资源开采、能源安全、环境保护等工作负责。

（5）加强国际间能源合作。

挪威注重开展国际、双边和多边的能源、环保等方面的技术研发合作，以此来保护挪威在能源方面的利益，提升挪威在能源领域的国际地位，促进与能源相关的商业利益如能源技术设备的出口。其显著特点就是积极推进其海外项目的资助计划，并帮助发展中国家解决环境问题。其国际合作主要有两类：一类为"政策合作"；另一类为学术及技术合作。

目前与挪威开展合作的主要有：安哥拉石油部，纳米比亚矿业能源部，南非矿业能源局和中央能源基金，越南石油公司等。挪威与我国的合作项目也很多，除了能源领域的合作开发，每年中国都有很多来自政府和石油公司的人员参加由挪威政府出资的培训。

（6）挪威面临很多挑战。

据预测，挪威余下油气资源将可使石油再开采50年，天然气可再开采一个世纪。挪威石油发展战略是通过强化投资和研发，将未来油气开采的努力主要集中在增加对新区域的勘探、开发现有设施附近的资源、提高产油区回收指数三方面。

① 在投资方面挪威从1985年到1990年，每年对石油领域的投资约为250亿挪威克朗到300亿挪威克朗；从1992年以后，投资大增，大约每年为400亿挪威克朗；到1998年升到了700亿挪威克朗。目前投资额仍然很高，2003年为620亿挪威克朗；2004年投资额预计为700亿挪威克朗。2004年投资资本主要流入到Snohvit项目和Ormen Lange项目中。Snohvit项目2004年在挪威最北部的芬马克郡进行实施，总投资490亿～510亿挪威克朗（LNG船另算），是巴伦支海第一个近海工业项目。其作业程序是：将巴伦支海Snohvit气田的天然气输入陆上，在欧洲第一个液化天然气厂、也是世界最北端的液化天然气设施中进行液化，然后通过液化天然气船出口至其他国家。该项目在巴伦支海面上不进行任何设施安装，将采用世界最节能和最环保技术。这个从Snohvit开始的北极LNG供应系统建成后将为需求量很大的美国市场供应天然气，同时还将输往西班牙和法国等国家；另外该项目的建设也为带动挪威其他经济发展和解决劳动就业发挥很大作用。由于国际天然气市场需求增加，天然气价格到2010年增幅5%～12%，挪威顺应该市场形势，到2010年天然气销售额增加到$1200 \times 10^8 m^3$，比2003年增加40%，将天然气占2003年油气生产的28%提高到2010年的46%（NPD，2020）。该项目的建成和使用将为这一计划的实现提供重要物质条件。Ormen Lange是继Troll巨型油田之后最大的石油发现，该项目也同样对地区经济发展和世界原油供应产生很大影响。2005年挪威在油气方面的投资达810亿挪威克朗。

② 在研发方面，政府于2005年将科研经费提高60%，约8480万挪威克朗，总投入为2.2亿挪威克朗。该科研经费主要将流向PETROMAKS计划，投入1.8亿挪威克朗。PETROMAKS计划是2004年新启动的一个石油研究计划，目标是使产油区得到更有效的利用和使新的研究成果更可行，研究重点被放在提高石油开采率和更有效的勘探方面，如：提高地质物理测量和勘探方法、加强对含油气盆地的理解、提高钻探技术和研究天然气销售的新程序、新方法和新技术等。

另一个被增加投入的计划是DEMO2000，经费增加到5000万挪威克朗，增加了2000万挪威克朗。它是发展新技术和新产品的重要计划，是另一个提高石油技术解决方案的重要工具，所开发产品除用于挪威本国市场，还用于出口。它主要有三个根本目的：通过具有创新性和高效益（cost-effective）的技术和执行模式保证挪威大陆架新油区的开发；加强确保项目在预算和计划时间范围内完成；开发挪威销往在世界市场的新工业产品。这两个计划都由挪威研究理事会进行。

③ 另外值得一提的是一些促进石油工业发展的相关研讨会和促进组织。如拥有30家主要石油公司、供货商、协会和主管部门，为加强挪威油气工业在国内外竞争力而成立的石油高层研讨会；为加强国内石油公司合作，推动国际化的INTSOK公司；主要从事石油专业技术转移、通过各种方式将石油技术介绍到发展中国家的PETRAD基金会；致力于提高挪威对石油领域社会科学方面研究质量的PETROPOL研究项目和加强石油公司、供货商和研究院合作关系的OG21合作等。另外，挪威政府为促进资源有效利用建立了一项重要制度：APA（Predefined Åreas）成熟区块许可证颁发制度。该制度于2003年建立，目的是为确保在现有或计划安装设施附近的大片海域在未来几年中仍可被开采利用。被开发最为成熟的北海海域是该制度主要的被开采区域。2004年度APA招标获得很多公司的申请，这表明了他们在成熟区块持续的开发兴趣，显示了挪威一些已基本开发成熟的区域仍具有吸引力和竞争力，这也为挪威大陆架上成熟区域未来的开发奠定了一个很好的基础。近日挪威海德罗公司计划投资新的油田，打算在该油田钻井平台附近再钻探数口油井，使平台能再工作5到10年。

总体来说，挪威的石油发展战略体现了明确的发展目标，为此而进行的有的放矢的高投资也将带来更高的回报，对挪威石油工业发展将起到很大推动作用；增加科研投入则可确保挪威始终拥有先进的油气技术，使石油工业有效和持续发展，巩固石油工业在国民经济中的地位，使石油工业出口更加多元化。

9. 启示与借鉴

通过对挪威石油工业的研究和对其能源战略的分析，可以看出其所采取的能源战略对于我国油气资源战略的制定和实施具有重要的借鉴意义。

1）进一步加大海域油气资源勘探开发力度

近年来，挪威先后与许多国家合作开展海域油气资源的勘探开发，成果显著，并在双边合作中达到共赢。我国在海域的油气勘探开发力度尚待加强。

2）加快石油储备，设立必要的储备金

综合挪威等石油强国的石油工业发展经验，应加快建立健全完善的石油储备制度，重视基础性、公益性石油地质工作，重视学术研究工作及对外合作。设立类似"石油基金"的储备金，用于资助一些基础性、公益性、前瞻性的石油地质调查，一些非盈利性的石油地质活动，以及一些风险较高的油气资源勘探开发。

3）加快石油天然气立法及其相关配套法规

石油立法和行政管理在挪威能源开发、环境保护、污染控制及可持续发展等方面发挥的作用尤为突出，我国能源管理部门可以结合实际情况，学习借鉴，统一协调、分工协作、集中管理。进一步完善石油天然气立法,及时更新政府职能,出台配套法规。

4)提高技术创新,开发新能源和可再生能源

随着科技的进步,绿色能源已经成为世界能源发展的主流。我国在新能源的开发与可再生能源的利用上与世界发达国家仍有相当大的差距,这将进一步制约我国能源产业的发展。国家应加大技术创新的力度,加快开发新能源与可再生能源的步伐,实现可持续发展的目标。

5)注重生态环境保护和可持续发展

挪威高度重视生态环境的保护和可持续发展理念的培养,政府号召人民关爱环境,并培养公众环保意识和消费模式的转变。我国在环保意识的培养上起步较晚,应在此领域扩大宣传,加强培养,树立观念。

6)扩大国际合作

挪威是一个成熟的开放市场,自1918年埃索石油公司进入挪威以后,壳牌、BP、康菲、道达尔等国际大石油公司陆续在挪威开展油气作业。针对我国目前的石油需求现状,应在扩大能源合作的领域开动脑筋,尽可能地寻求有效的合作机遇。

第三节 构造特征

一、构造单元划分

挪威中部陆架由许多北东—南西向的晚古生代到中生代盆地构成。北东—南西向的中挪威边缘盆地构造单元可用"两高两低一台一断"概括:"两高"指北东—南西向的Vøring边缘高地和Møre边缘高地;"两低"为北东—南西向的伏令盆地和默里盆地;"一台"指北东—南西向的Trøndelag台地;"一断"指北东—南西向的Jan Mayen(扬马延)破裂带,它将Vøring和Møre被动大陆边缘盆地隔开。

1. 深部地球物理特征

1)布格重力异常

布格重力显示挪威中部陆架"两高两低"分别对应高异常和低异常,"一台"中间为低异常,周围为高异常,"一断"显示低异常(Swiecicki等,1998)。挪威中部陆架北东—南西向的伏令盆地和默里盆地布格重力显示低异常;Vøring边缘高地和Møre边缘高地布格重力显示高异常;Trøndelag台地布格重力显示中间低异常,周围高异常。北西—南东向的扬马延破裂带布格重力显示低异常。

2)自由空气重力异常

自由空气重力显示挪威中部陆架"两高两低"分别对应高异常和低异常,"一台"中间为低异常,周围为高异常。挪威中部陆架北东—南西向的伏令盆地和默里盆地自由

空气重力显示低异常，自由空气异常值小于 –10mGal，最低可达 –50mGal；Vøring 边缘高地和 Møre 边缘高地自由空气重力显示高异常，自由空气异常值在 20~50mGal；Trøndelag 台地自由空气重力显示中间低异常，周围高异常，中间低异常带值可达 –10 mGal，高异常区域值可达 50mGal。北西—南东向的扬马延破裂带自由空气重力显示低异常，自由空气值分布在 0~30mGal。

3）磁异常

磁异常显示挪威中部陆架"两高两低"分别对应高异常和低异常，"一台"中间为低异常，周围为高异常。挪威中部陆架北东—南西向的伏令盆地和默里盆地磁异常显示低异常，磁异常值在 –250~0nT；Vøring 边缘高地和 Møre 边缘高地磁异常显示高异常，磁异常值在 0~750nT，最大可达到 1000nT；Trøndelag 台地磁异常显示中间低异常，周围高异常，中间低异常值在 250nT 左右，高异常区域值可达 750nT。北西—南东向的扬马延断裂带磁异常显示低异常，异常值分布在 –500~0nT。

2. 构造单元

1）Trøndelag 台地

Trøndelag 台地包含被正断层限制的晚古生代到中三叠世盆地（Brekke，2000；Bukovics 等，1985）。根据与构造事件的关系（Lundin，2002），把 Trøndelag 台地分为 5 个构造地层单元（图 2-4）。最早沉积的单元是上古生界到中三叠统，厚约 6km，被向盆地中心倾斜的正断层限制。中三叠统到侏罗系单元厚度更加一致（最大厚度为 1.5km），南东边缘变得平缓。这个单元在南东方向控制的正断层之上，却被北西方向的断层切割。白垩系单元比较薄（最大厚度为 1km），盆地中心略微增厚，且盆地中心有少量正断层。这些断层在晚侏罗世形成，因为下面白垩系超覆在断层上面。古近系—新近系单元非常薄且厚度统一（大约 0.6km），而上新统和第四系约为 1.5km 厚。地震数据难以确定基底的厚度。图 2-5 中纵向剖面显示海平面以下沉积厚度达 6s（TWT）。这个深度可能被低估，因为加上基底深度大约为 8s（TWT，大约 10km）已被证明。

Trøndelag 台地结构模式被晚古生代到中侏罗世两个断裂带控制。南东方向的断裂带是晚古生代到中三叠世形成的。北西方向断裂带也是这一时期形成，但也有三叠纪到晚白垩世厚层沉积的影响和晚白垩世上覆断层的叠加。

2）伏令盆地

伏令盆地的结构南北方向上略有不同。伏令盆地的南部被两个北东—南西向的次级沉积盆地——Rås 和 Vigrid 盆地限定（Brekke 等，1999），而北部被两个北东—南西向的次级沉积盆地——Træna 盆地和 Någrind 盆地及 Vema 穹隆限定。伏令盆地横断面接近于两个区域的过渡，在横断面新生代层序下面，次级的 Træna 盆地和 Någrind 盆地，及 Vema 穹隆的地层是连续沉积的。沉积中心被 Utgard 高地和 Nyk 高地隔离。通过南西向次级 Rås 盆地的横断面可知（图 2-6），白垩系基底被理解为显著反射层，能显示 Halten 阶地和 Rås 盆地深部的倾斜断层。白垩系基底没有被朝向 Rås 盆地和 Halten 阶地侏罗纪

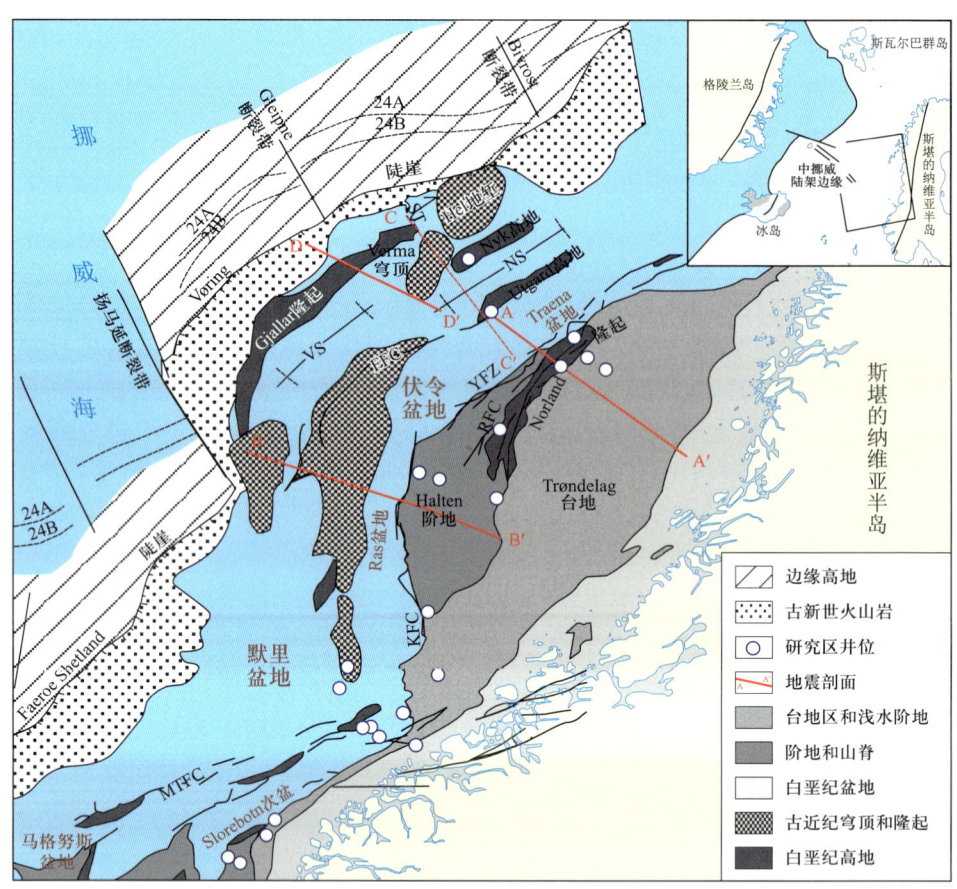

图 2-4 Trøndelag 台地构造地层单元（据 Lundin，2002）

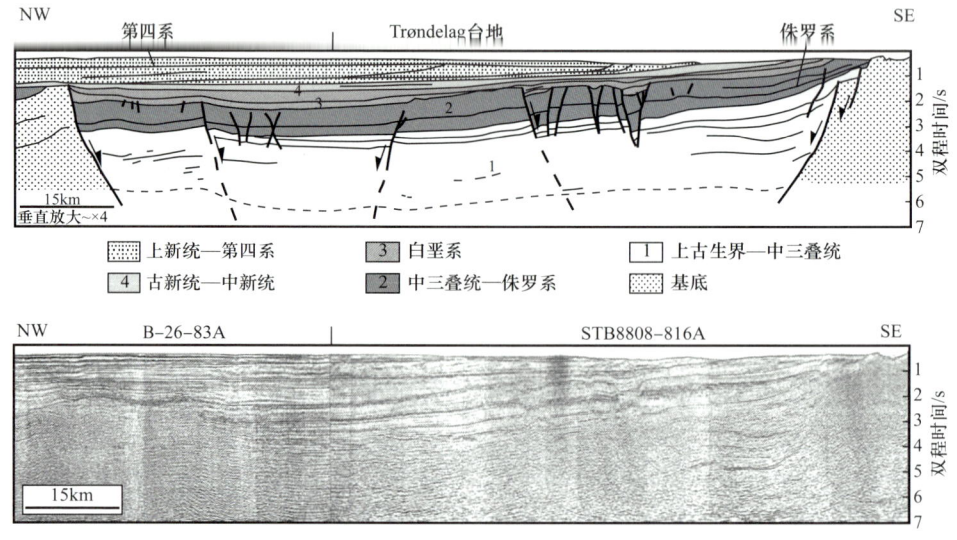

图 2-5 Trøndelag 台地北部地震剖面（据 Lundin，2002）

剖面位置见图 2-4 A-A′，该剖面主要包含被晚古生代—三叠纪南东和北西向断层限定的晚古生代—三叠纪碎屑沉积盆地，东南方向沉积深度达 5s，西北方向达 4s

构造之上的正断层和早白垩世沉积超覆抵消。这暗示下白垩系中的断层是中—晚侏罗世区域形变造成的（Færseth 等，2002）。

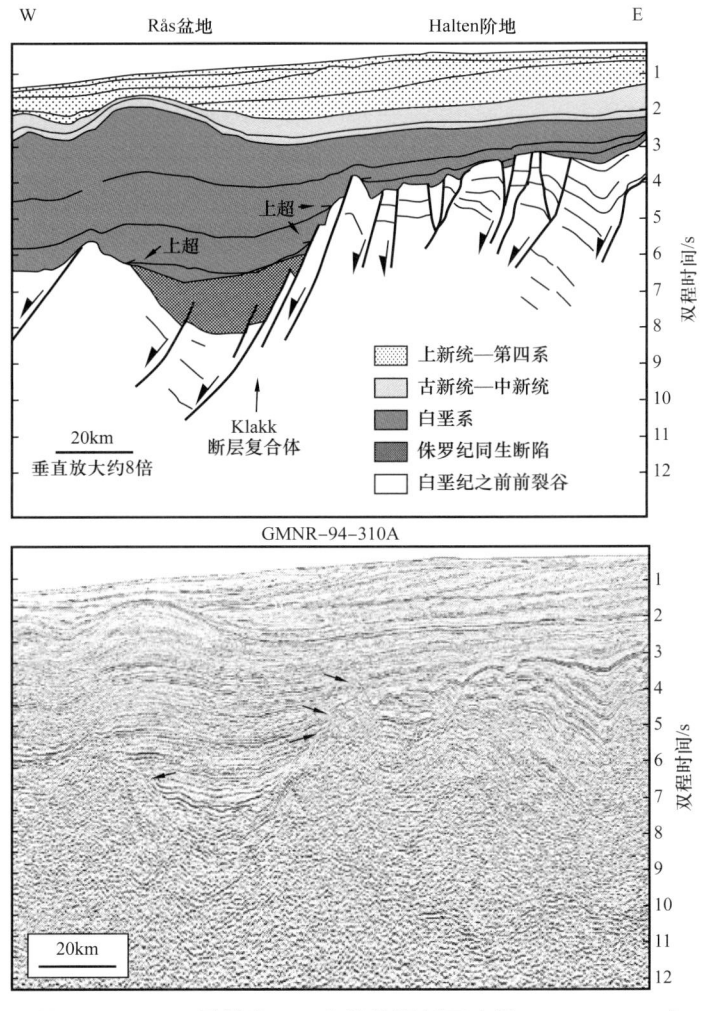

图 2-6　Halten 阶地和 Rås 盆地地震剖面（据 Lundin，2002）

剖面位置见图 2-4 B-B′

西倾的 Klakk 断裂带分割厚的 Rås 盆地沉积地层和薄的 Halten 阶地白垩纪沉积地层。沿着横断面的伏令盆地几何学由 3 个沉积中心及其边界所限定。靠近 Trøndelag 台地的 Træna 盆地构成前古近纪的主要的沉积中心，根据地震解释可知沉积厚度达 7km（图 2-7）。西北方向受南东向 Træna 盆地复合断层所限定，在 Utgard 高地这些断层切割了白垩系。东南方向受晚白垩世超覆地层限定，为诺尔兰山脉的北西方向的挠曲。这个结构被看作是一个单斜的翻转构造和南东向的正断层系统形成的复合构造体系（Mosar，2000；Osmundsen 等，2002）。伏令盆地南东向的断层系统占主体，且南东向的正断层位于北西向的 Någrind 向斜和 Vema 穹隆。然而，地震数据并没有提供深部正断层存在的证据。另外，沿着南西向的诺尔兰山脊的结构包含北西向的断层系统形成的 Ytreholmen 断层带和 Revfallet 断层复合体。这些断层连续，北西向边界断层系统限定南东向的伏令盆地，附属于这个断层系统，白垩纪沉积并没有沿轴向出现移位。

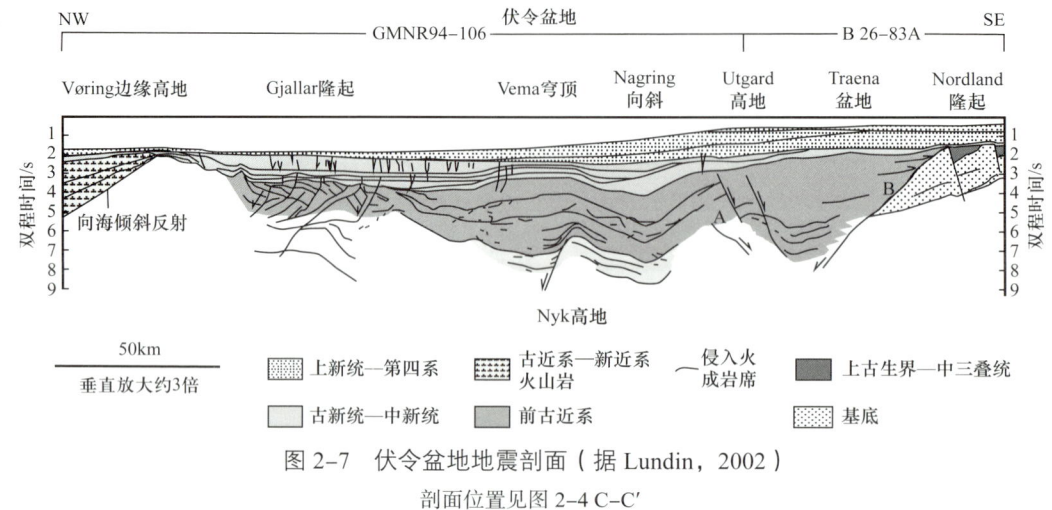

图 2-7　伏令盆地地震剖面（据 Lundin，2002）
剖面位置见图 2-4 C-C′

沿研究剖面 Nagrind 向斜前古近纪沉积最大厚度达 6km（图 2-8）。最大厚度沿着向斜轴部，向 Utgard 高地逐渐减少。然而，北西向的 Vema 穹隆前古近系厚度达 7km。这个盆地是有限的、狭小的、地震透明地区基底分辨率高。地震数据显示一个深的反射单元（6~7，TWT）两边呈现出不同厚度，西北方向高，反射的单位厚度较大，东南方向较薄，没有受正断层的影响。根据地震资料，同期构造单元的增厚是由于深部北西向正断层的活动引起的。

Gjallar 隆起位于伏令盆地西北边缘，是由一套晚白垩世—古新世北西向低角度铲状正断层形成的（Skogseid 等，1995；Skogseid 等，2000），下倾深度达 6km（图 2-9）。覆盖在这个断层系统上的岩石年龄为白垩纪或更早的地层。这个断层系统被始新世北西向的几百米厚的岩浆岩覆盖（Hjelstuen 等，1999）。北西向延伸的 Gjallar 隆起内部岩流、Vøring 丘陵地带、Vøring 边缘高地性质是未知的。地球物理数据显示存在数千米的火山物质和 Vøring 边缘高地下面有前白垩纪沉积。

伏令盆地断层系统的延伸距离可用 Rås 盆地的数据进行估测。在这个区域，白垩纪基底和似断层的几何结构非常确定。上盘的起伏受到似断层单元和 Halten 阶地断层下盘基底的限制。按照这种解释，Klakk 断层系统可容纳 25km 的深度。此方法得出的结果与 Osmundsen 等（2002）在这一区域得出的 30km 结果基本吻合。北部从 Nordland 隆起到 Dønna 阶地侏罗系厚度达 20km（Færseth 等，2002）。

3）默里盆地

默里盆地边缘主要为很厚的白垩系，但缺乏一个相当于伏令盆地中 Trøndelag 台地限定的构造单元。白垩系、古近系、新近系充填的是一个宽缓的大向斜。白垩纪沉积物在匀称的盆地中堆积，中心最大厚度达 9km，北西向为 Møre-Trøndelag 断层复合体。晚上新世和第四纪沉积物在碎屑单元相对较窄的大陆架中堆积（图 2-10）。

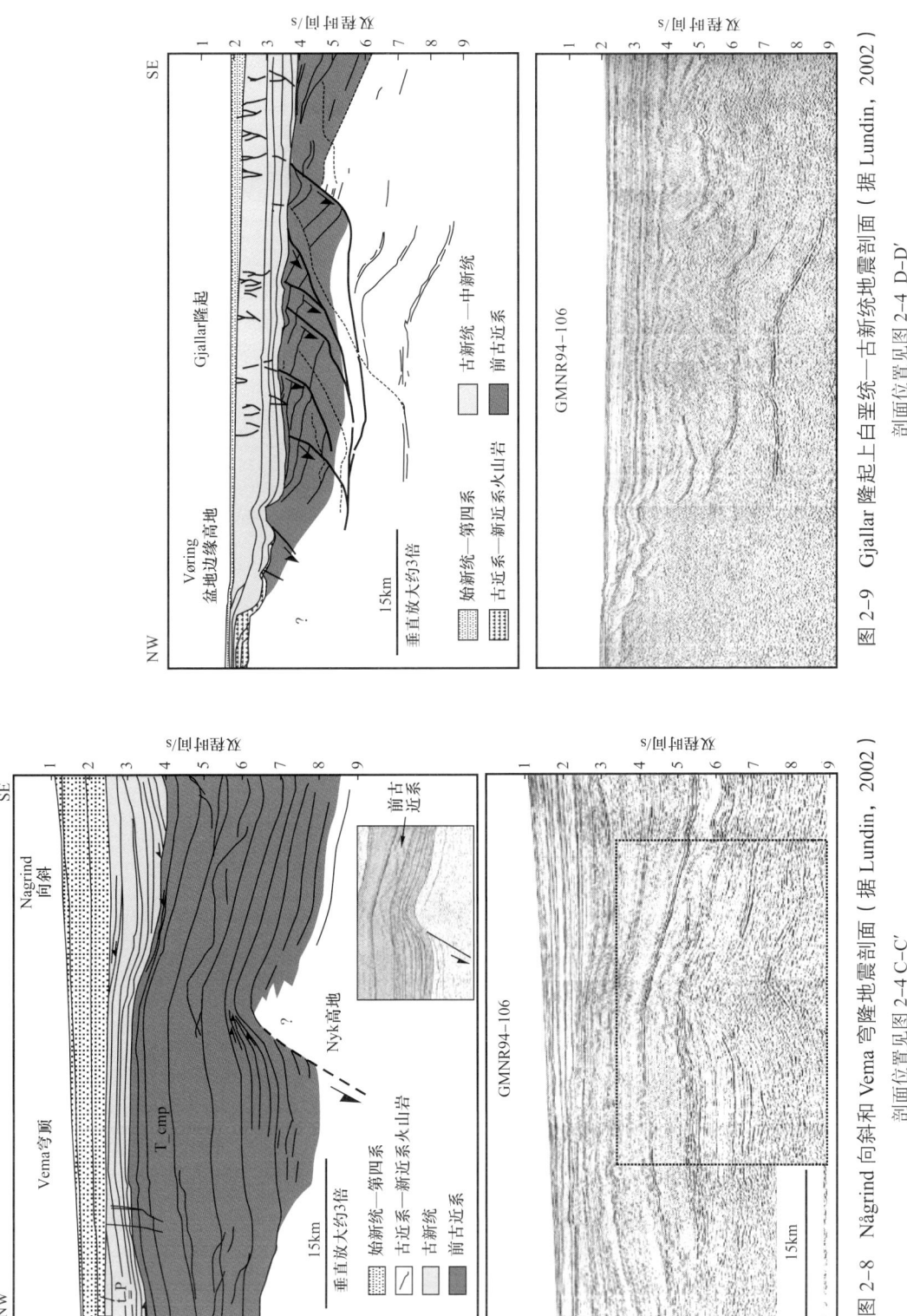

图 2-8 Någrind 向斜和 Vema 穹隆地震剖面（据 Lundin，2002）
剖面位置见图 2-4 C-C'

图 2-9 Gjallar 隆起上白垩统—古新统地震剖面（据 Lundin，2002）
剖面位置见图 2-4 D-D'

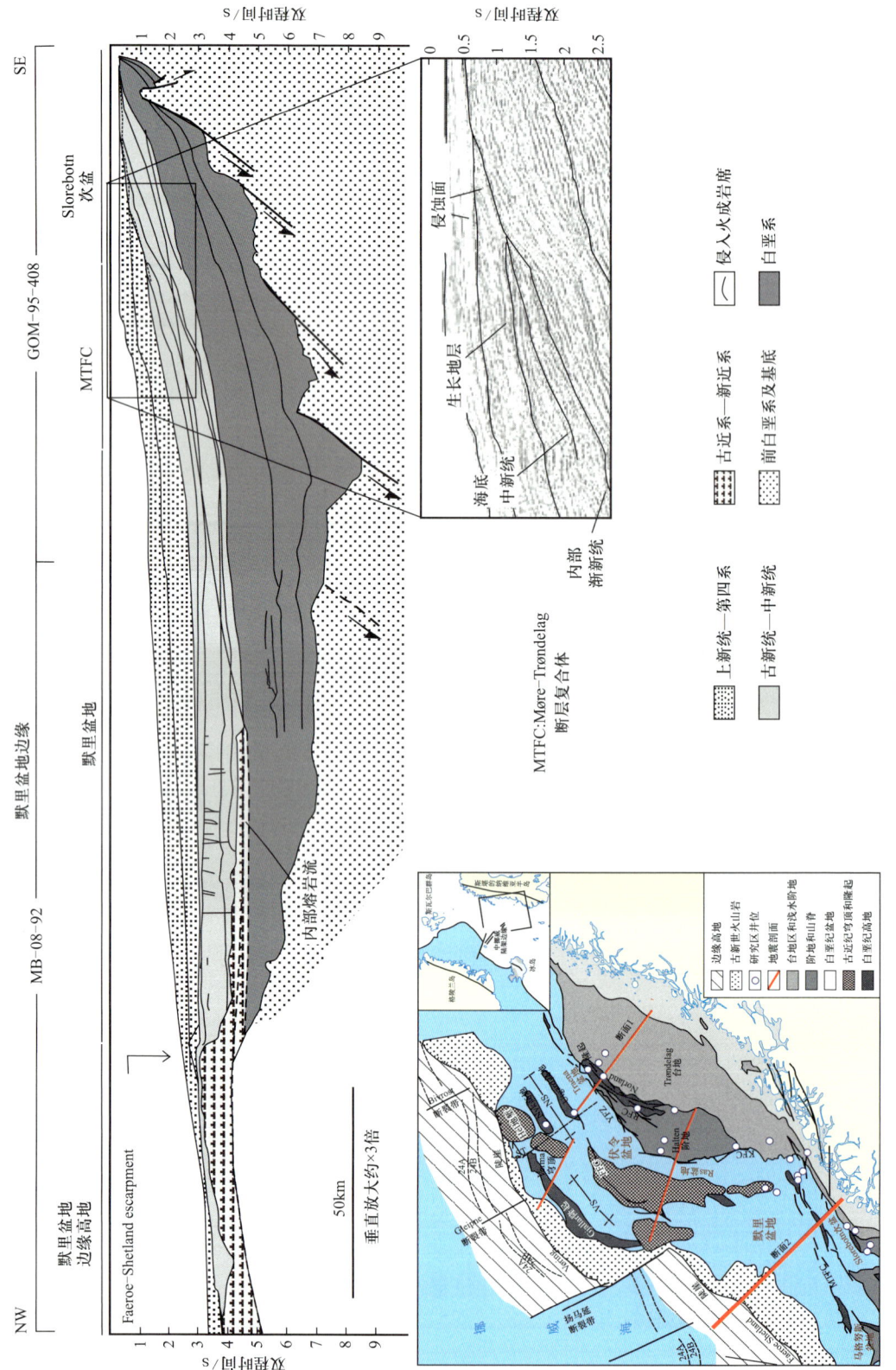

图 2-10 默里盆地多波地震剖面（据 Lundin, 2002）

白垩纪基底在盆地南东方向，呈不规则的几何状，被基底高地分割成20km宽的坳陷（图2–11）。基底高地较窄，且被低角度正断层限定（Smelror等，1994），这些断层沿着转换带呈北西向展布。早白垩世沉积地层的超覆，暗示着全部充填物形成在断层构造之前（Færseth和Lien，2002）。此外，白垩纪到第四纪沉积序列没有包含沿着研究截面发生终止的正断层（图2–10）。这些断层仅影响白垩纪基底下面的岩石，晚侏罗世活动频繁。沿着Slørebotn次盆地震剖面，正断层显示北西—南东向的沉积（图2–11），但是沿着Møre-Trøndelag断层带（图2–10）和Klakk断层带（图2–11），断层沉积朝向北西并有很多扭曲。

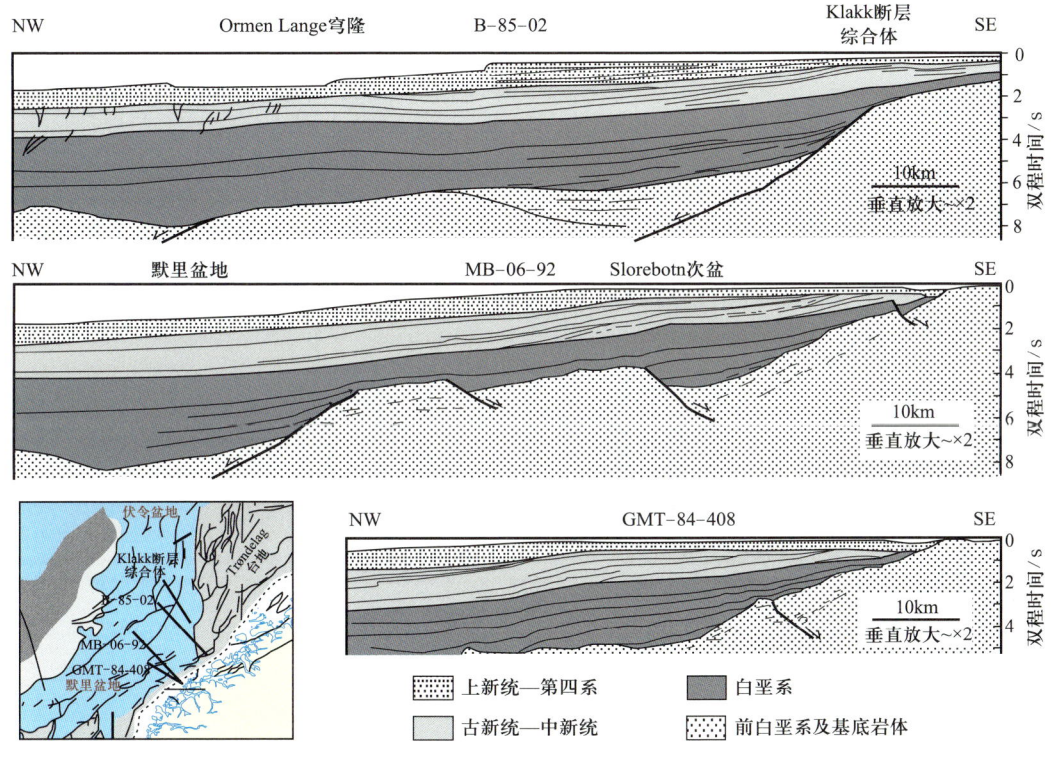

图2–11　默里盆地边缘东南部Slørebotn次盆地震剖面（据Lundin，2002）

穿过默里盆地边缘最大的断层系统，通过用切断白垩纪基底的断层来计算，大的断层延伸达30km。默里盆地东部断层延伸达到40km（Osmundsen等，2002）。这些断层是低角度的铲状断层（图2–11），深度换算达15°～20°，分布在北东方向的Gossa高地（Brekke和Riis，1987）、沿着南西向陆缘的Magnus盆地和Manet山脊。

二、主要断裂

挪威中部地区断裂非常发育，主要的断裂有两条：①北西—南东向的Jan Mayen（扬马延）断裂带；②Vøring和默里盆地内部北东—南西向的断裂。Vøring和默里盆地内部发育一系列的北东—南西向的断层，这些断层又被北西—南东向的Jan Mayen（扬马延）断裂带隔开。

1. 扬马延断裂带

挪威和格陵兰之间包含一系列复杂的活动带、大洋中脊和洋盆，它们形成于早始新世欧亚大陆和格陵兰分离之后。在挪威—格陵兰海中部，扬马延断裂带（JMFZ）切割了大洋中脊——Kolbeinsey 隆起和 Mohns 隆起（Laurent Gernigon 等，2009）。扬马延断裂带从挪威陆架一直延伸到格陵兰东部陆架，由西扬马延断裂带（WJMFZ）、东扬马延断裂带（EJMFZ）和扬马延中部主体区（CJMFZ）三部分组成（Laurent Gernigon，2009）。扬马延断裂带（JMFZ）南部和北部几何形态完全不同，北部主要受到向左的剪切作用力，南部受向右的剪切作用力（图 2-12），为右行滑动断层（Jon Mosar 等，2002）。在大洋中

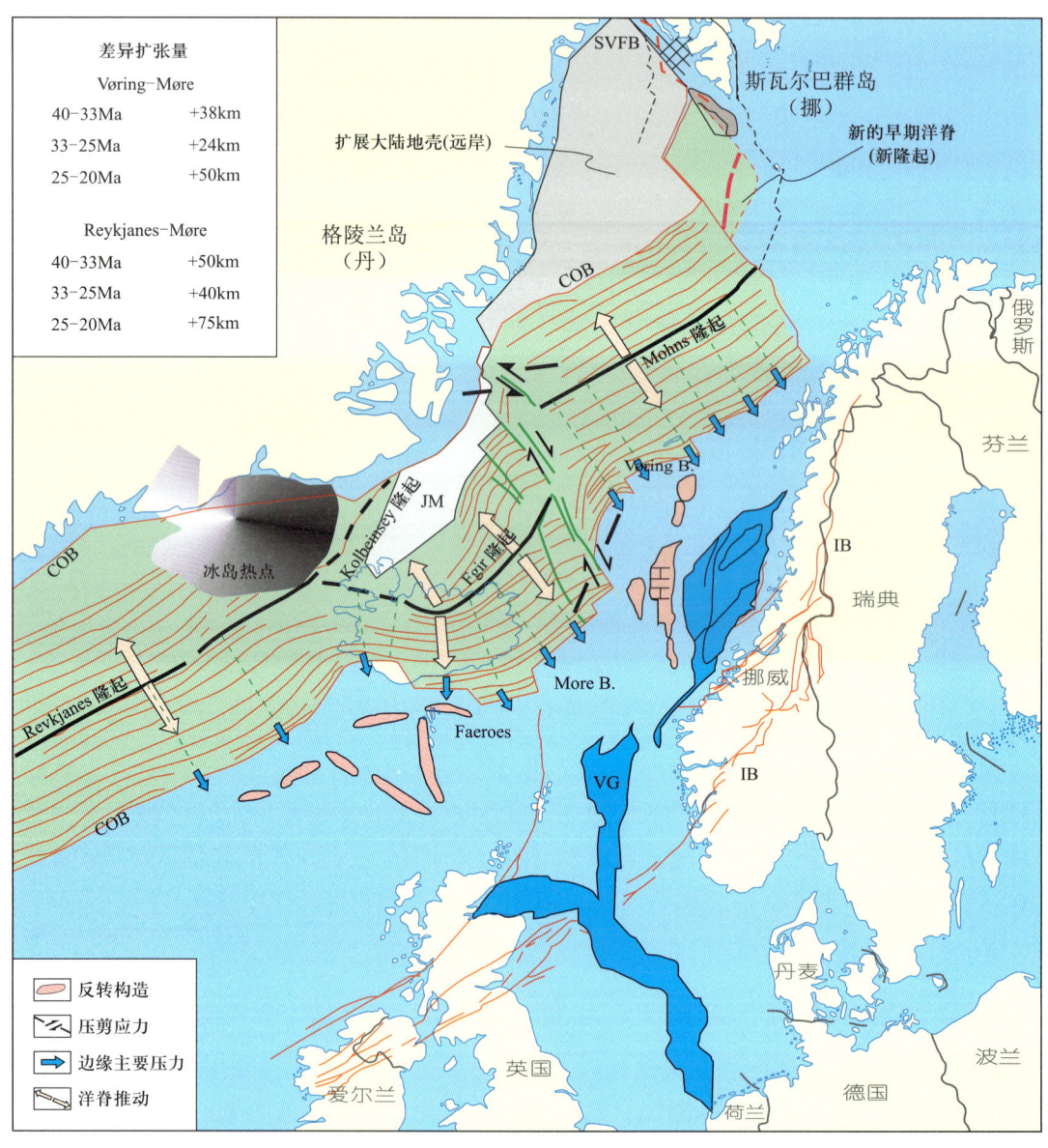

图 2-12　扬马延断裂带为右旋走滑断层并错断大洋中脊（据 Jon Mosal 等，2002）

脊，扬马延断裂带（JMFZ）的剪切作用使Ægir隆起停止活动，Kolbeinsey隆起开始替代Ægir隆起，往北至Mohns隆起（Laurent Gernigon，2009）。Mohns隆起向北持续发育，最终和Knipovitch隆起相连。

扬马延断裂带延长区域，在伏令盆地和默里盆地形成"软链接"或过渡带（Lundin等，2002）。扬马延断裂带南部靠近挪威边缘是法罗和默里盆地边缘，靠近格陵兰是Jan Mayen和Liverpool Land–Jameson Land；扬马延断裂带北部靠近格陵兰是格陵兰东部边缘和Boreas盆地，靠近挪威是伏令盆地和Lofoten边缘。

扬马延断裂带（JMFZ）是由一系列北西—南东向的断裂构成（Laurent Gernigon等，2009），这些断裂形态可以用磁叠加来反映（图2-13），主要断裂带位于磁异常抵消区域。这些断裂的特点是使基底大规模上凸，形成一系列狭长的山脊。这些山脊可以通过自由空气重力异常、布格重力异常及高分辨率海底测深来显示（Laurent Gernigon等，2009）。

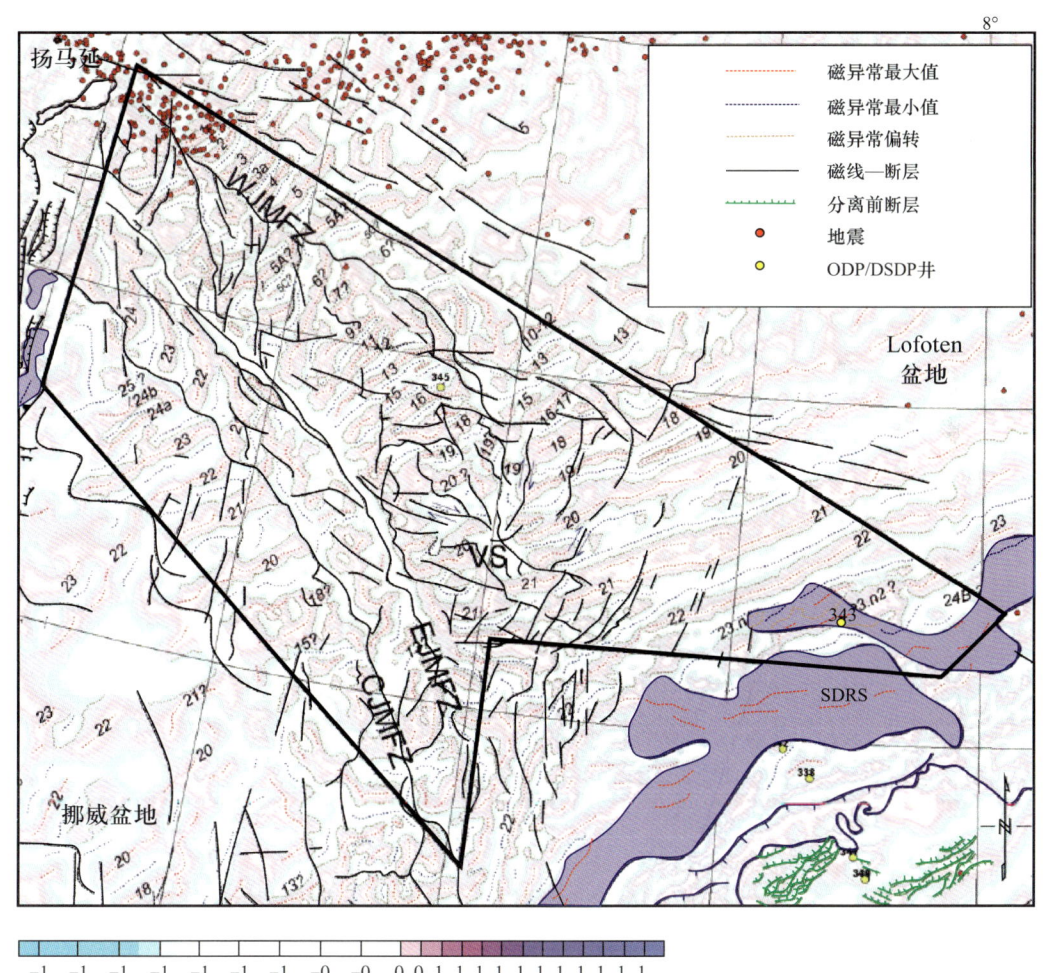

图2-13　扬马延断裂带（JMFZ）磁异常图（据Laurent Gnegan，2009）

东扬马延断裂带（EJMFZ）和扬马延中部骨架区（CJMFZ）错断挪威陆架盆地，使挪威中部陆架的伏令盆地和默里盆地之间出现右旋滑动。

2. Vøring-Møre 断层带

伏令盆地和默里盆地断层带（图2-14）呈北东—南西向展布（Mosarl，2003）。

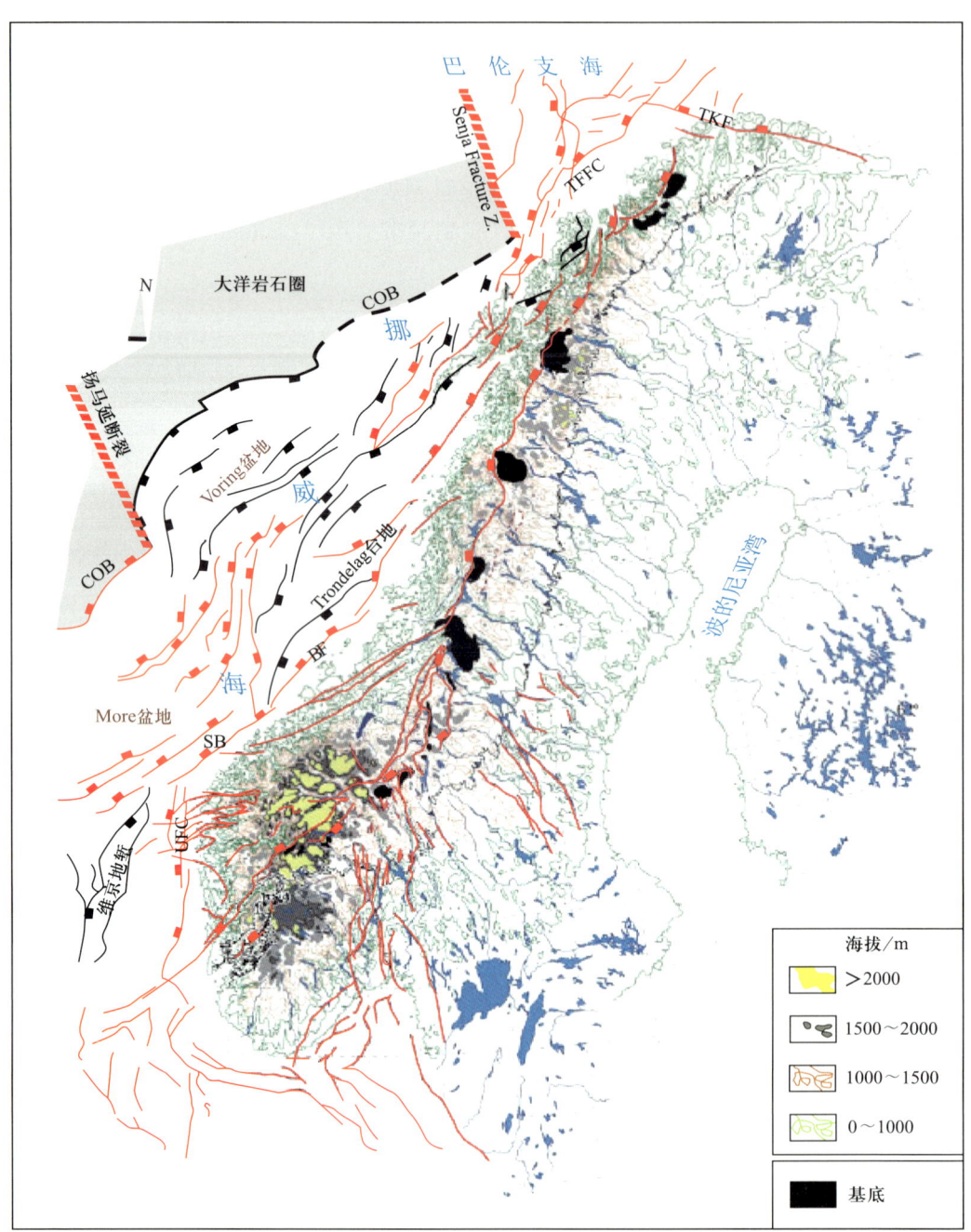

图2-14 伏令盆地和默里盆地北东—南西向断层展布（据 Mosal, 2003）

这两个盆地的断层系统（图2-15）沿Trøndelag台地西侧连接成270km长的地带（Lundin，2002）。沿着这个区域断层显示北东—南西向及南北向两种趋势，这就意味着伏令盆地和默里盆地之间存在着一个转换断层带。通过研究转换断层带的深度（图2-15a），建立了其深度图，白色为陡峭山坡，黑色为缓坡。地震剖面对比表明，陡坡（白色）与正断层一致。包括伏令盆地、默里盆地及其转换带的大规模断层系统，均朝向西北或西（断层"A"，图2-15），向西北方向的断层构成Fles Fault Complex。默里盆地主要的断裂带位于Møre-Trøndelag断层综合体，在转换带Klakk Fault复合体呈南北趋向（断层"B"，图2-15）。

伏令盆地和转换带的界限，由综合的正断层系统构成（断层"C"和相邻断层，图2-15），显示出较小的水平位移。在转换区，一些断层有重叠的几何形态，另一些（如软链接断层）相对独立（Walsh和Watterson，1991）。相连的断层实例如图2-15中的"D"和"E"或者"F"和"G"，另外相对独立的断层实例如图2-15中的"B"和"F"或"G"和"H"。

1）断层的几何学

沿着中挪威边缘，是没有深部晚古生代—三叠纪早期和中—晚侏罗世形成正断层的证据。然而，来自伏令盆地边缘的地震资料显示，一个窄的铲状几何形态的断层存在（Brekke等，1987；Bukovics等，1984；Mosar，2000）。默里盆地边缘15km深度的水平反射界面被认为是正断层拆离基底。利用这些现象可以估计断层的几何形态。

拆离深度（图2-16a）是根据弗鲁安盆地二叠系—三叠系的钻井资料来衡量的（Blystad等，1995；Williams等，1987）。据Blystad等（1995）的K—K'断层截面，这个盆地的主要断层呈南东向，可容纳2km的水平扩张。K—K'断层截面构建一个翻转的正断层上盘（图2-16b）。两个尖棱构造（Williams等，1987）确定一个分离深度20~24km，延伸到三叠系顶部之下（海平面之下22~26km）。

伏令盆地的拆离难以确定，因为侏罗系前裂谷单元的几何学没有很好的制约。而最终使用白垩纪的基底来约束，由三维重力建模确定（Torne等，2003）。邻近的Rås盆地侏罗纪似裂谷相对较薄（图2-17），似裂谷层序可能存在于伏令盆地（Lundin，2002）。因此，没有考虑到沿着伏令盆地Chevron构造薄的似断层单元结果，是拆离的深度被低估了。伏令盆地的拆离深度沿着Træna盆地到Någrind向斜被估算。此外，沿着Rås盆地西部的Klakk断层复合体（图2-17），拆离也在转换带被估算（Lundin，2002）。沿着Rås盆地几何的边缘系统约束很好，因为白垩纪基底和似断层沉积都能利用地震资料解释。伏令盆地南东向的断层系统中，沿着Træna盆地到Någrind向斜的截面（图2-18），翻转构造用现代几何学截面来建立，延伸可达25km。中生代和白垩纪的沉积交替轮廓，基于压实和卸载的交替（Sclater等，1980a）。卸载的单元包含截面弯曲的均衡调节，假设一个基于特科特相对低价值的有效弹性厚度（15km）和第1杨氏模量的系数$7×10^{10}N$。利用Træna盆地截面，拆离的三个不同深度（图2-18b）根据不同方法获得（Williams等，1987）：（1）拆离深度为24km，利用区域平衡（Hamblin，1965）和Chevron构建

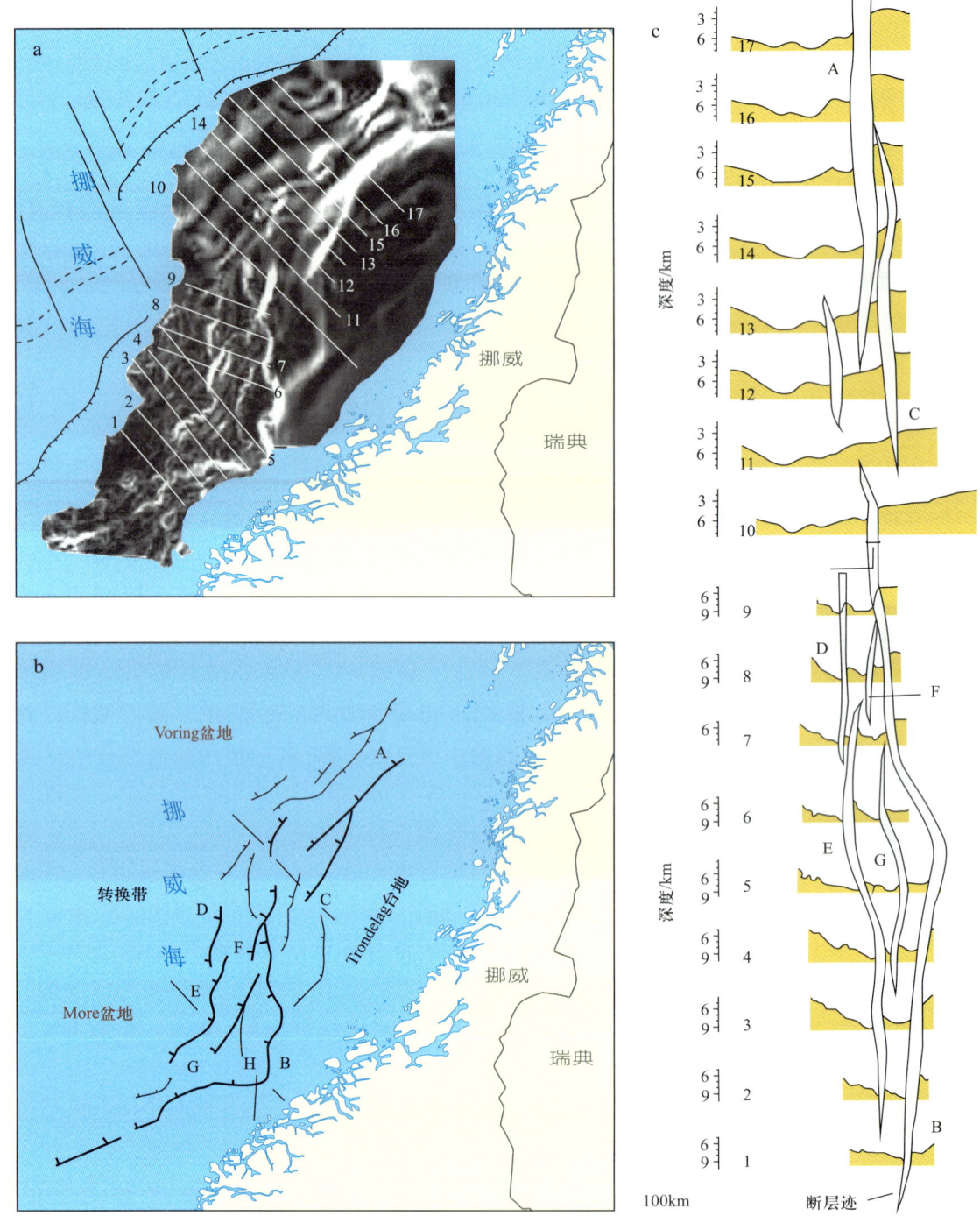

图 2-15 伏令盆地和默里盆地断面解释（据 Lundin，2002）
a—白色为陡峭山坡，黑色为缓坡；b—伏令盆地和默里盆地前白垩纪主要断裂带；
c—盆地内部断层的横截面显示断层的起伏及连续性

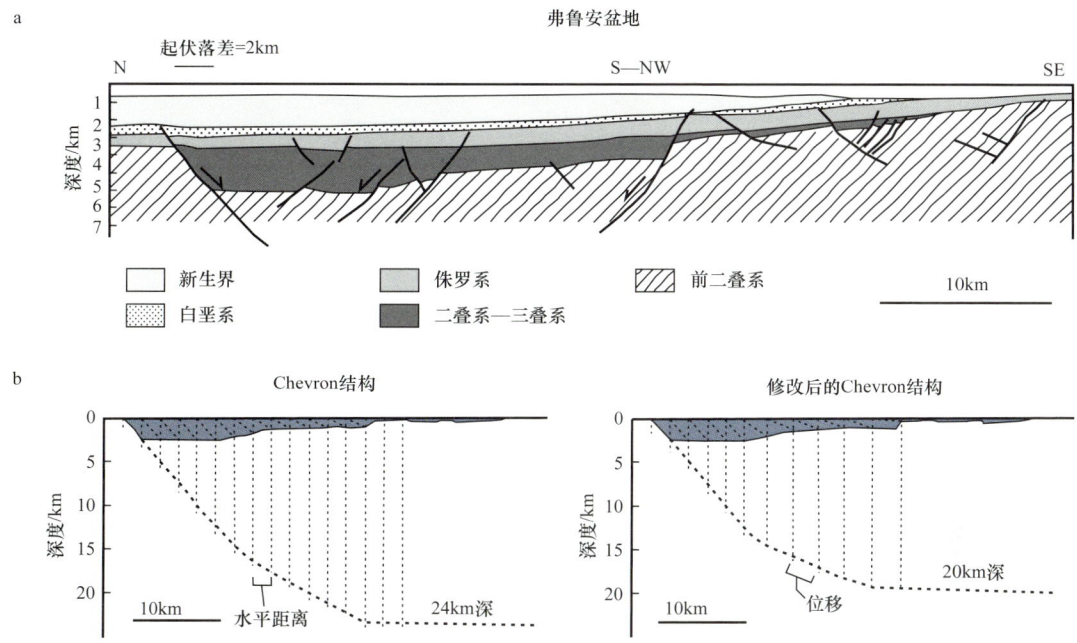

图 2-16 挪威中部陆架默里盆地断层拆离深度和弗朗盆地主要断层几何形态（据 Williams 等，1987）

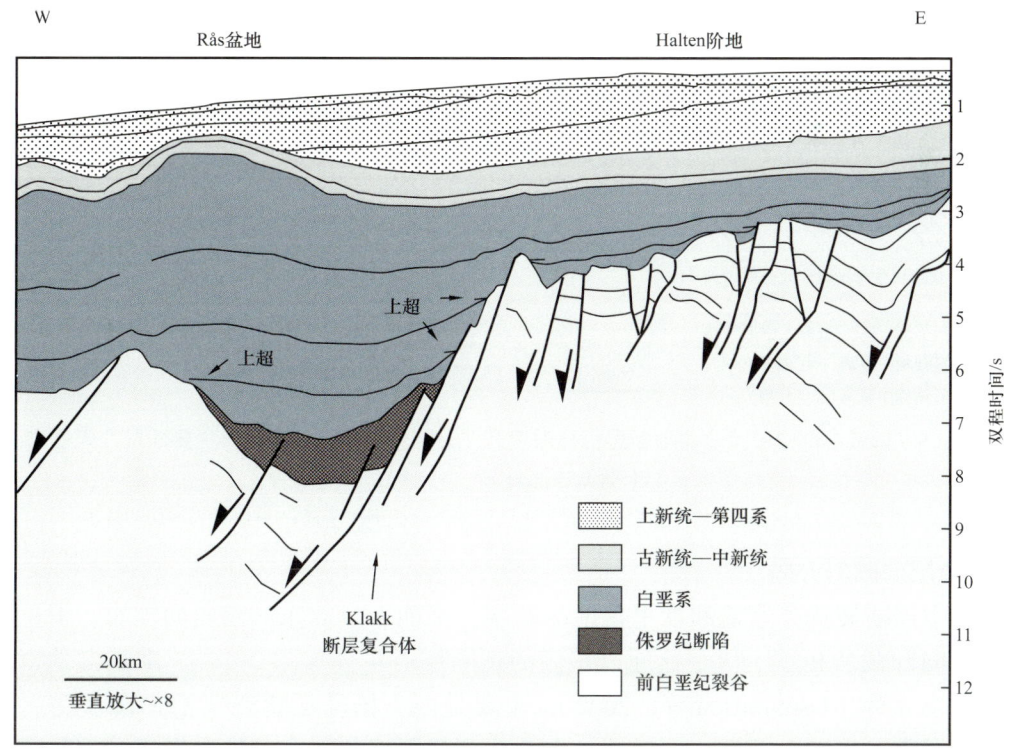

图 2-17 Rås 盆地断层剖面图（据 Lundin，2002）
剖面位置见图 2-4 B-B'

（图 2-18b，D1 和 D2）；（2）拆离深度为 21km（图 2-18b，D3），利用 30°倾斜的反向剪切 Chevron 构建；（3）拆离深度为 17km（图 2-18b，D4），用 60°倾斜的反向剪切。使用卸载截面（图 2-18c）和现今截面相同的方法，拆离深度变浅：（1）拆离深度为 19km（图 2-18c，D1 和 D2）；（2）拆离深度为 16km（图 2-18c，D3）；（3）拆离深度为 15km 以下（图 2-18c，D4）。采用当今 Rås 盆地截面和 Chevron 构建，最终在海平面以下发现了一个深度 18km 的拆离断层面。

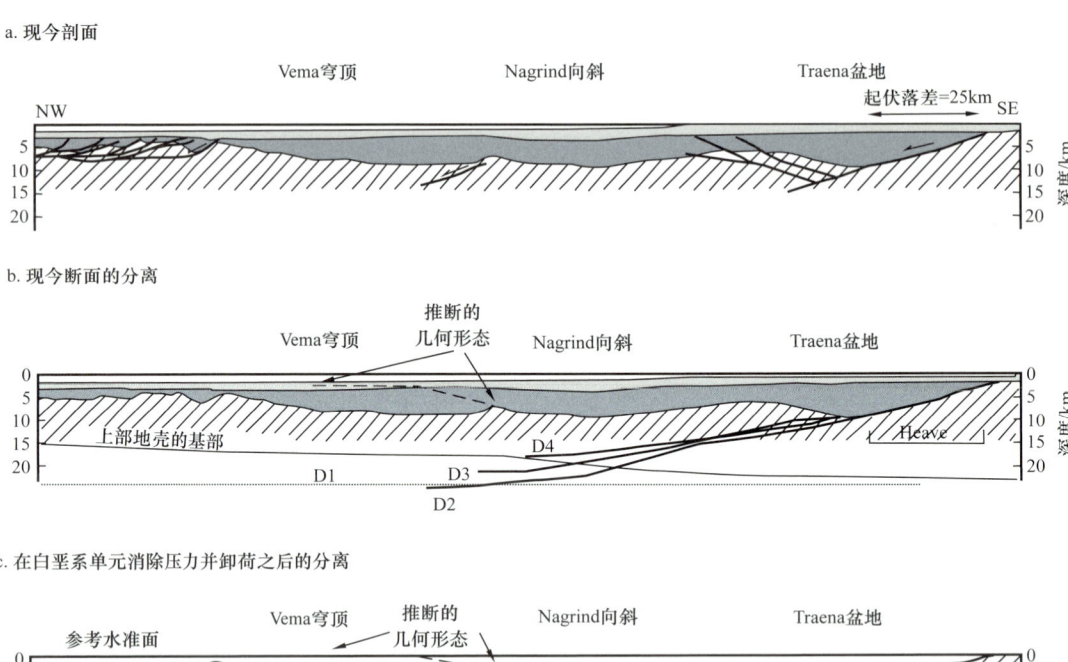

图 2-18 挪威中部陆架伏令盆地断层拆离深度和 Træna 盆地 Någrind 向斜主要断层几何形态
（据 Williams 等，1987）
a—现今截面；b—区域平衡法和多角度剪切法计算现今截面拆离距离；c—白垩系地层卸载法

2）断层的倾斜方向

挪威中部陆架伏令盆地和默里盆地的断层，平面上呈北东—南西向展布，但剖面上的伸展方向却截然相反。伏令盆地以东倾的正断层占主体（图 2-19），默里盆地以西倾的正断层占主体（Osmundsen 等，2002），主要是因为扬马延断裂带（JMFZ）为一个右旋走滑断层带，它在古近纪—新近纪，将前新生代形成的伏令盆地和默里盆地切割，其结果导致伏令盆地和默里盆地的断层倾向相反。扬马延断裂带在伏令盆地和默里盆地形成的转换带，位于 Frøya 高地和 Modgunn 隆起之间，穿过 Helland-Hansen 隆起和 Ormen Lange 穹隆（Lundin 等，2002）。转换几何特征（包括汇聚型、发散型、正断层系统）是被动陆缘的共同特征（Morley，1995）。因此，Ormen Lange 穹隆和南 Helland-Hansen 隆起显示主要的北西向和西倾的正断层。相反，North Helland-Hansen 隆起显示西倾的正断层（Brekke，2000）。转换带从南往北形成汇聚带，特别是 Helland-Hansen 隆起下部限定白垩纪盆地的正断层，其汇聚性比较明显。

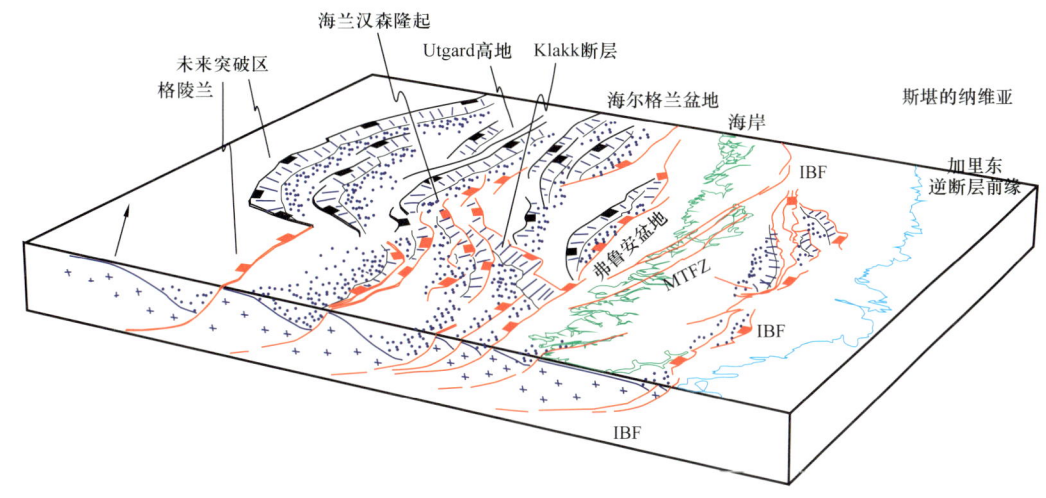

图 2-19　挪威中部陆架断层延伸图（据 Osmundsen 等，2002）

黑色断层以东倾的正断层为主体；红色断层以西倾的正断层为主体；IBF 为断层深部边界

通过穿过 Vøring 和默里盆地的地层截面（图 2-20），能够清楚地看到两个盆地的张性断层延伸方向，伏令盆地以东倾的正断层占主体，默里盆地以西倾的正断层占主体。海洋中断层的解释来自 Osmundsen 等（2002）的工作和已公布的地震波反射数据（Mjelde 等，1993），以及地球物理模型（Skogseid，1994；Skogseid 等，1995；Olesen 等，1997；Digranes 等，1998）。陆上的断层资料来自深部地震勘测和地壳结构的解释（Dyrelius，1985；Hurich，1996；Hurich 等，1997；Mosar，2000）。

三、岩浆活动

被动大陆边缘是在大陆裂谷和岩石圈的普遍延长后，导致大陆岩石圈断裂，最终形成新洋壳的背景下形成的。在被动陆缘形成的早期阶段，大陆裂谷被沉积物充填，产生了巨厚的沉积盆地。这些盆地受大陆裂谷形成的正断层控制。随着裂谷持续增大，导致岩石圈减薄，直到岩浆侵入残留的地壳，产生了扩张中心，最终演变成洋壳。被动陆缘可以分为"岩浆作用"和"非岩浆作用"两种（White，1992）。"岩浆作用"被动边缘是在岩浆活动的影响下，岩浆冲破薄的大陆地壳，短时间内进入裂谷形成火成岩，属于"岩浆作用"的类型。与岩浆作用有关的被动边缘，包括北大西洋被动陆缘、澳大利亚西北部、印度西部、纳米比亚、巴西—乌拉圭—阿根廷及美国东海岸等地区。

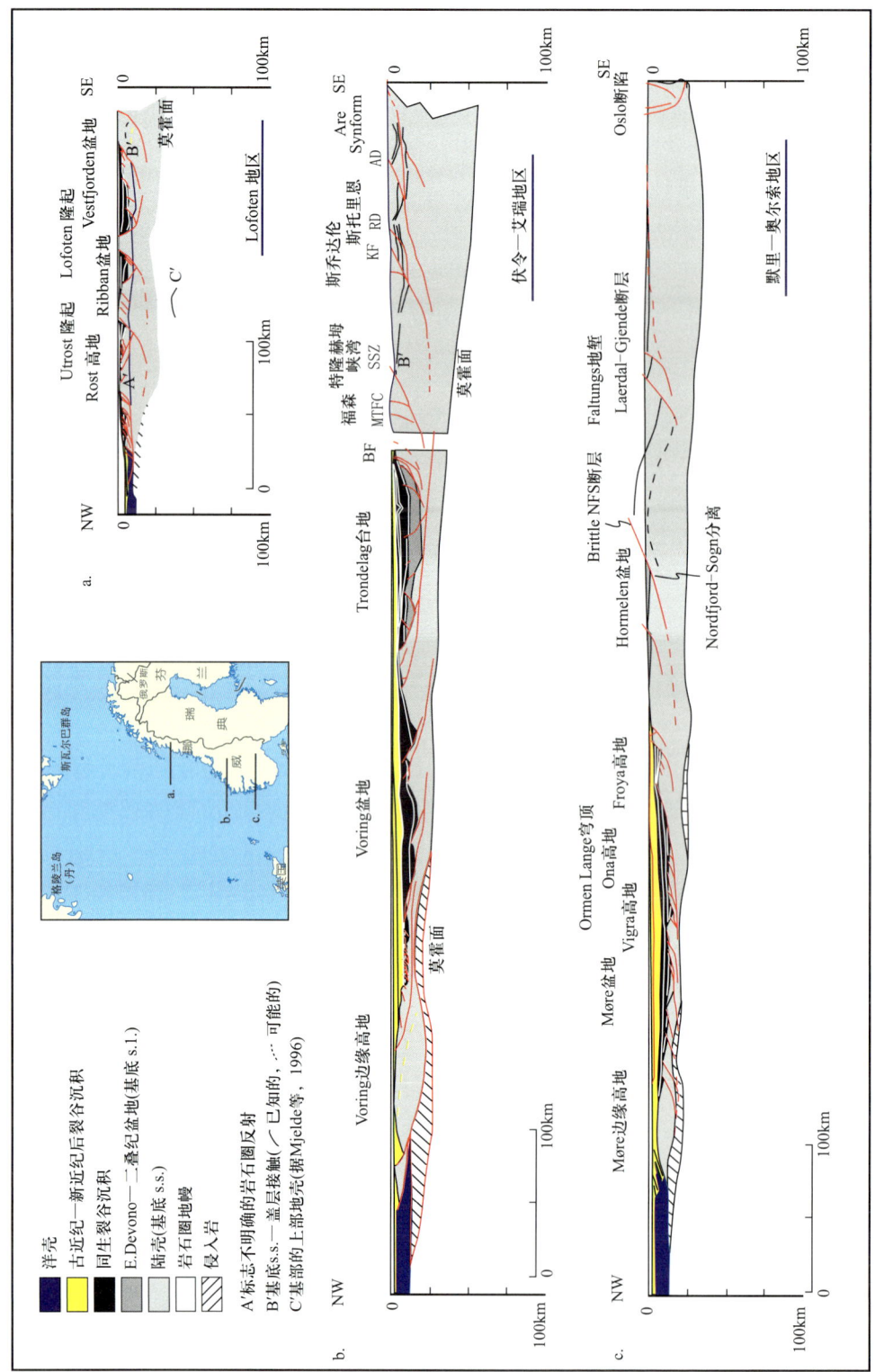

图 2-20 挪威中部陆架伏令盆地和默里盆地地层截面图

a—中罗弗敦截面没有对称的轮廓；b—挪威中部陆架伏令盆地显示海上西倾上西倾的断层；c—挪威中部陆架默里盆地显示东倾的断层；截面 c 海上部分来自 Gabrielson 等（1999），陆上部分来自 Fussen 等（2000）
KF—Kopperå断层；MTFC—More-Trondelag 断层复合体；SSZ—斯塔德兰剪切带

挪威中部陆架是一个被动的火山岩大陆边缘，位于挪威西北部，在北纬 62°和 68°之间，该区域位于北大西洋区内。其演变经历了如下演化阶段：北大西洋是由北欧和格陵兰东部分离形成的，欧洲一面由挪威和法罗—罗卡尔大陆边缘构成，格陵兰一面由东北和西南格陵兰岛边缘构成。这些边缘受冰岛下面深层热异常的影响，在古近纪开启。这次开启伴随大量岩浆岩的侵入，并形成了三个主要的单元（Eldholm 等，1994）：(1) 大火山岩复合体；(2) 大陆地壳开启前的火成岩侵入；(3) 靠近欧洲板块一侧，在火山碎屑岩和厚层洋壳下部形成了一套具有高的地震波速的地壳块体。北大西洋大陆边缘海上及陆上，出现了大量的玄武质火山碎屑岩（Eldholm 等，1987；Talwani 等，1981；White，1992）。侵入复合体主要由岩脉和基石构成，它们在平行或切割已有地层的高烈度的沉积盆地中被鉴定出来（Planke 等，2000）。火山岩和侵入复合物掩盖了大陆地壳的反射率，所以很难了解火山岩边缘的结构。厚层洋壳和高坡度块体提供了拉伸大陆边缘火成基底或大规模火成岩侵入的证据（Mutter 等，1988；White，1992）。

挪威中部陆架岩浆活动主要发生在中古新世—始新世早期，年龄从 59—53Ma。中挪威边缘和格陵兰/扬马延边缘之间出现海底扩张（图 2-21，图 2-22），大量的火山岩分布于中挪威边缘（Berndt 等，2001）。沿中挪威西缘，这一时期主要为火山活动。这一地层序列已被深海钻探和钻井证实。Vøring 边缘高地 642 处，钻遇两个独立的层序（Eldholm 等，1989）。该序列下为安山质流纹岩、熔灰岩及火山碎屑沉积（Eldholm 等，1989）。该层序下部厚度可达 400m，分成 13 个准层序。该序列显示正常磁极（Schonharting 等，1989），在 25n（55～56Ma）发生堆积。

该层序上部为拉斑玄武岩熔岩（Eldholm 等，1989）。在 642 区，厚度达 700m，仅代表非常薄的沉积，在中挪威边缘高地沉积厚度可达 6km（Mutter 等，1984）。这些火山岩沉积构成了 Vøring 边缘高地。该序列在东部边缘的熔岩形成明显的 Vøring/Møre 高地。侵入流和溢出流混合体（Skogseid 等，1992a）被解释为包含东部边缘熔岩和沿着设得兰西部/法罗边缘的熔岩相似。有证据显示（图 2-22），下地壳侵入的火山岩厚度达 4～8km（Skogseid，1994；Berndt 等，2001）。

四、构造演化与沉积充填序列

挪威中部陆架自石炭纪以来，经历了多次裂谷事件（Brekke 等，1999）。在晚泥盆世之前，晚志留世到早泥盆世的加里东造山运动，使巨神海（Iapetus Ocean）最终关闭，形成 520～375Ma 左右的加里东结晶基底，主要由不同年代和成因的上地壳岩石、片麻岩及火成岩组成，包括未变质和中变质的前寒武纪和奥陶纪的碎屑岩和碳酸盐岩沉积。

晚二叠世—早三叠世挪威的边缘出现拉张作用，挪威中部陆架开始由挤压背景变成拉张背景，挪威中部陆架进入裂谷阶段；中侏罗世—白垩纪早期裂谷大规模发育，伏令盆地和默里盆地开始快速沉降，Trøndelag 台地经历小的下沉，整个白垩纪都处在稳定沉降阶段；晚白垩世—古近纪出现大规模的岩浆喷发，最终在始新世（伊普里斯期，53.4Ma），挪威和格陵兰之间开始出现洋壳，从此挪威中部陆架进入了大陆漂移阶段。

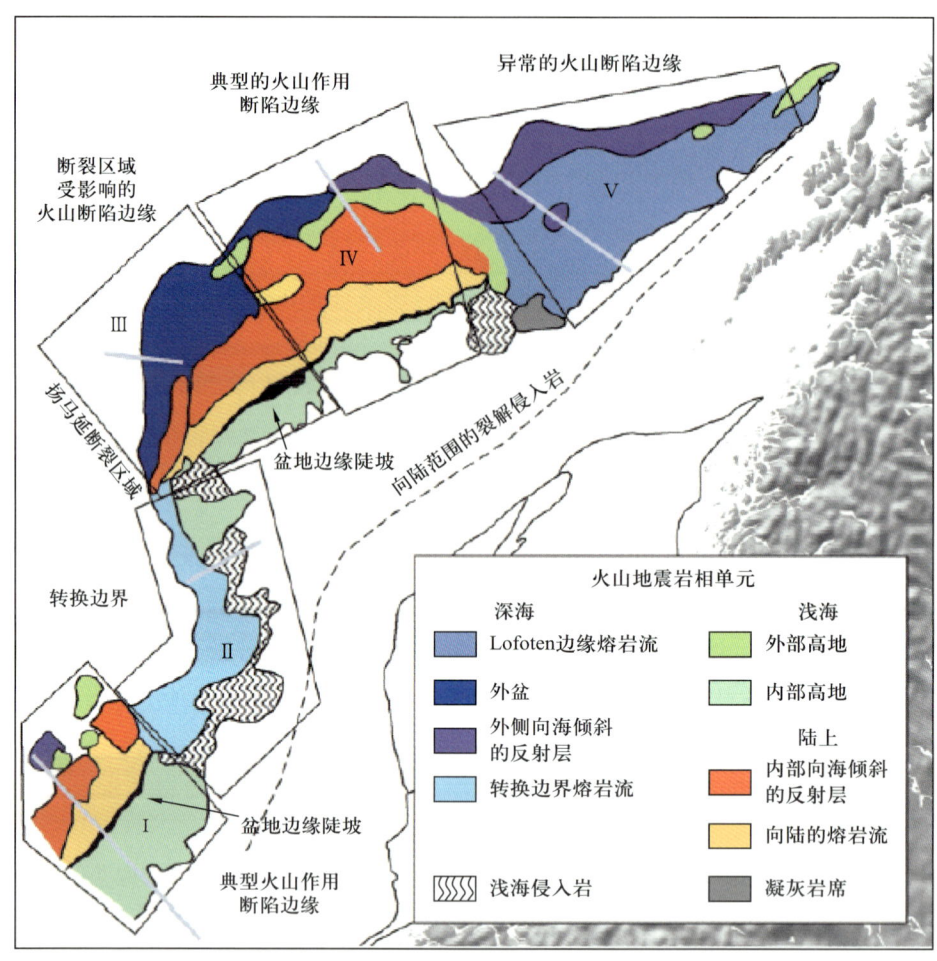

图 2-21　挪威中部陆架火山岩分布图（据 Bernter 等，2001）
近岸流体和内部流体之间的粗黑线代表 Vøring 边缘和 Møre 边缘陡坡

由于挪威中部陆架和格陵兰岛之间不同地段裂开时间不同，沿着挪威中部陆架南北方向各段盆地（群）的发育时间与发育程度存在一定的差异。挪威和格陵兰之间的扩张是间歇性的、长期存在的。开始于加里东造山运动和泥盆纪结束之后，早始新世之后都出现了海底扩张，最终形成东北大西洋（Jan Inge Faleide 等，2008）。

因此，挪威中部陆架的构造演化与北大西洋的裂开关系密切，主要经历三个阶段：早三叠世印度期（250Ma）以前的大陆克拉通阶段（前裂谷阶段）、早三叠世—古近纪古新世的裂谷阶段和早始新世（伊普里斯期，53.4Ma）至今的大陆漂移阶段。

不同演化阶段对应不同的沉积充填序列，前裂谷期沉积充填是在加里东变质岩基底上沉积的泥盆系、石炭系及二叠系陆相的砾岩、砂岩沉积；裂谷期沉积充填层序包括三叠系、侏罗系、白垩系及古近系古新统的砂岩、泥页岩、少量碳酸盐岩和部分浊积砂岩；大陆漂移期沉积充填序列包括始新统至今的沉积地层，主要为陆缘碎屑沉积的砂泥岩、页岩及其部分地区的浊积砂岩（图 2-23）。

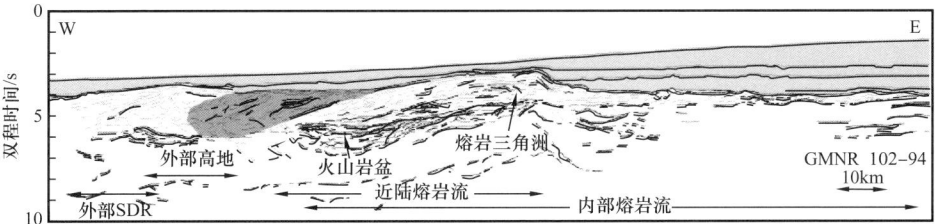
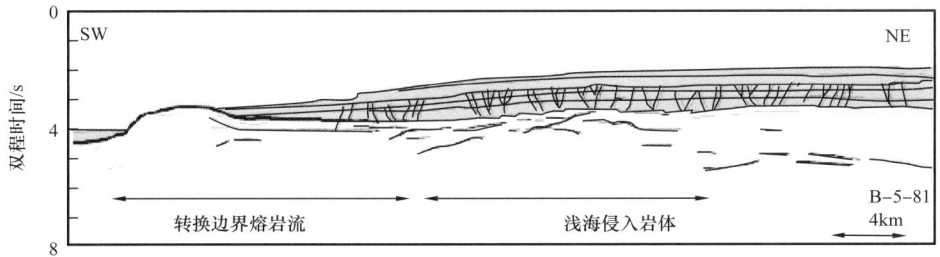
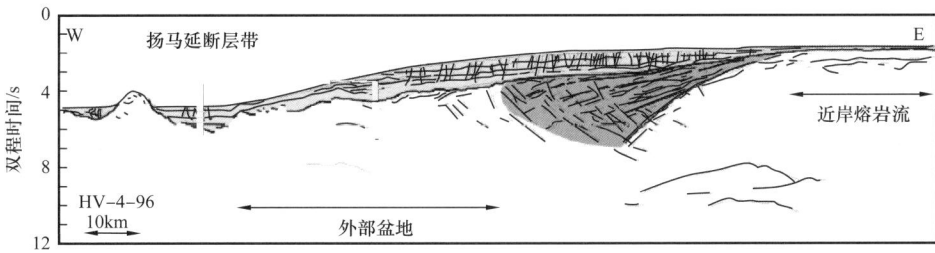
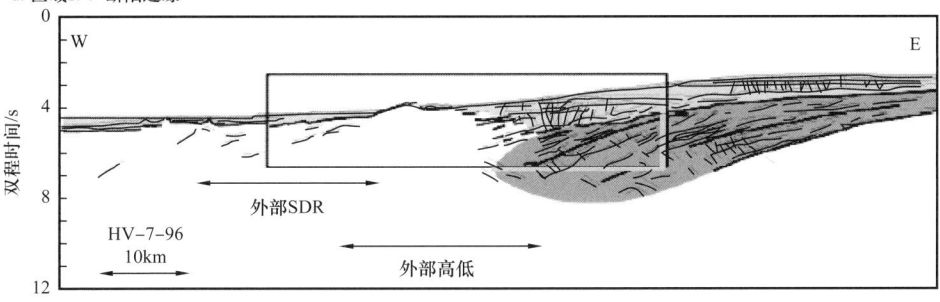
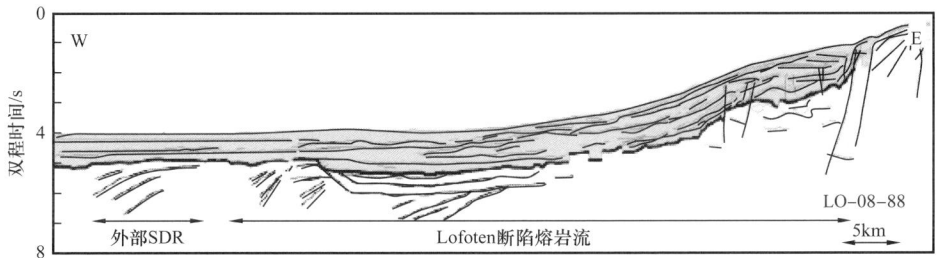

图 2-22　挪威中部陆架火山岩剖面图（据 Bernter 等，2001）

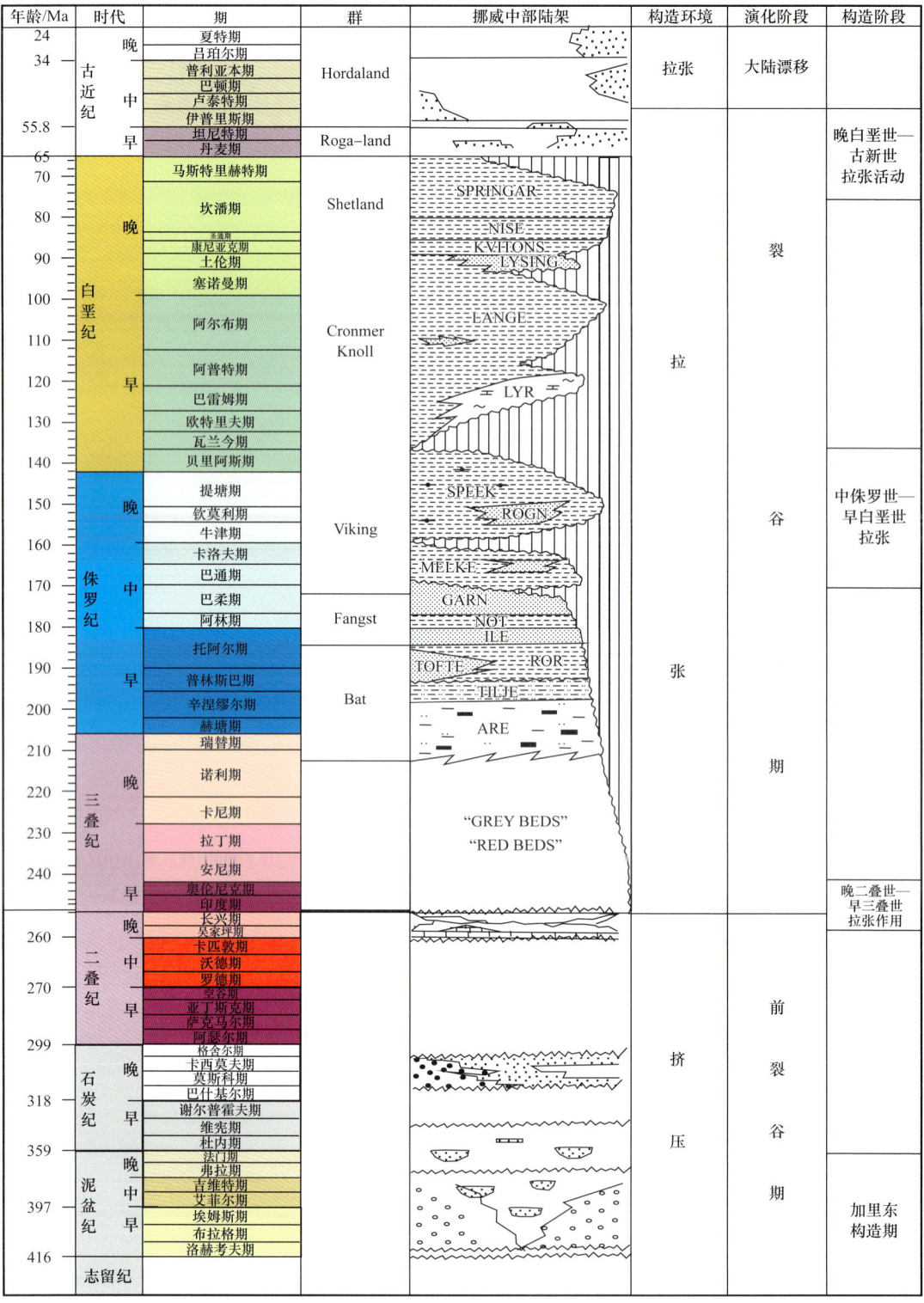

图 2-23 挪威中部陆架层序格架与构造—沉积演化关系图

1. 前裂谷期沉积充填序列

前裂谷期沉积充填是在加里东变质岩基底上沉积的泥盆系、石炭系及二叠系陆相的砾岩、砂岩沉积（图2-23）（Smelror等，2001；Aidos Kazankapov，2019）。

上泥盆统基本上不存在蒸发岩，主要为老红砂岩（ORS）沉积及河流、湖泊和风成砂沉积。下石炭统主要为一套厚的砂岩沉积，晚期地层缺失。晚石炭世晚期才出现沉积，西部主要为一套砂砾岩沉积。格陵兰东北大型蒸发盆地可能也是这时沉积的（Bukovics等，1984）。

晚二叠世格陵兰东部由先前的陆相条件转变成海相条件，北海处于干旱的环境。由于海水的侵入，在风成砂岩之上沉积了一套黑色页岩。之后，Zechstein群蒸发岩和海相碳酸盐岩沉积。挪威中部陆架下二叠统全部缺失，上二叠统沉积在石炭系之上，二者之间平行不整合接触，沉积了一套陆缘碎屑岩和碳酸盐岩（Bukovics等，1984）。上二叠统和三叠系为角度不整合接触。

2. 裂谷期沉积充填序列

裂谷期沉积充填层序包括三叠系（图2-23）、侏罗系、白垩系（Dalland等，1988；Smelror等，2001；Aidos Kazankapov，2019）及古新统的砂岩、泥页岩、少量碳酸盐岩和部分浊积砂岩。

三叠系和上古生界为角度不整合接触。上三叠统盆地主要充填了大量的海相砂泥岩（Brekke等，2001；Seidler等，2004；Aidos Kazankapov，2019），在格陵兰东部沉积厚度达到1~1.7km，沉积物主要为红色砂泥岩、页岩和薄砂岩（Ehrenberg等，1992）。

中三叠统中下部是一套砂岩及泥岩沉积。砂泥岩之上沉积了厚的蒸发岩、页岩和盐岩。

下三叠统，下部有一套海相泥砂岩覆盖在中三叠统盐岩之上，向上又沉积了一套厚约400m的盐岩。盐岩之上沉积一套800m左右的湖相泥岩，上部逐渐过渡到砂岩及泥岩沉积。

侏罗系和下伏三叠系呈整合接触，从下到上分别为下侏罗统Båt群、中侏罗统Fangst群和上侏罗统Viking群。

下侏罗统主要为Båt群。Båt群从下往上可分为Åre、Tilje和Ror三个组。

晚三叠世瑞替期到早侏罗世普林斯巴赫期Åre组为砂岩、页岩和煤层沉积，地层厚约490m（Ehrenberg等，1992；Whitley，1992；Karlsson，1984），砂岩粒度从下往上逐渐变粗。Åre组到Tilje组的转换是渐变的。Tilje组厚约75~150m，为一套砂岩夹海相泥岩沉积（Dalland等，1988；Fagerland，1990）。Tilje组上部为Ror组，厚约53~73m，主要为一套泥岩、页岩沉积，向上粒度变粗，变成粗砂岩沉积（Ehrenberg等，1992）。

中侏罗统主要为Fangst群。Fangst群从下往上可分为Ile、Not和Garn组，等同于北海地区Brent群低水位期的砂岩（Ehrenberg等，1992；Whitley，1992）。Ile组（上托阿尔阶—下巴通阶）厚度为60~82m，为一套近海岸的海相砂岩，薄的生物扰动页岩/粉砂岩夹层沉积（Ehrenberg 等，1992）。底部主要为一套厚层砂岩，向上逐渐变成泥页岩沉积。Ile 组转变成 Not 组，以 10m 厚的海侵砾岩为代表。Not 组沉积物从阿林阶到巴通阶，为一套砂泥岩沉积，厚约 24～34m。这个组从底部的页岩向上逐渐变粗，分阶段向上变为生物扰动的粉砂岩到顶部的细粒砂岩（Heum 等，1986）。Garn 组和 Not 组为不整合接触，厚度变化（14～114m）较大，局部地区遭受严重剥蚀（Ehrenberg，1990）。Garn 组在挪威中部陆架西南部比较厚，中部和北部比较薄，为一套厚层砂岩沉积（Rønnevik，1998）。

上侏罗统主要为 Viking 群。Viking 群从下往上可分为 Melke、Spekk 和 Rogn 组。Melke 组包括 117～282m 的淤泥和黏土组成的冷页岩，夹一些细的砂岩和碳酸盐岩，它等同于北海地区的 Heather 组（Ehrenberg 等，1992）。Spekk 组（牛津阶—提塘阶），相当于北海的 Kimmeridge Clay 和 Draupne 组（Whitley，1992），为一套厚层泥岩沉积（Heum 等，1986；Whitley，1992）。Rogn 组为一套砂岩透镜体，为一个向上变粗的序列。底部为页岩和砂泥岩，过渡到顶部的砂岩，厚约 40～50m（Ellenor 等，1986；Dalland 等，1988）。

白垩系和下伏侏罗系呈角度不整合接触，从下往上可分为 Cromer Knoll 群和 Shetland 群。

下白垩统 Cromer Knoll 群从下往上可分为 Lyr、Lange 和 Lysing 组，为一套厚约 700m 的泥岩沉积，局部地区有砂岩沉积，在挪威海，伏令和默里盆地的沉积厚度分别达到 6km 和 9km，类似的厚度还出现在 Harstad、Tromsø 和 Sørvestsnaget 盆地，或者更北的区域（Skogseid 等，2000；Brekke，2000；Færseth 等，2002）。

上白垩统 Shetland 群厚约 869～922m，从下往上可分为 Kvitnos、Nise 和 Springar 组（Ehrenberg 等，1992），主要为一套泥灰岩和浊积砂岩沉积。

上白垩统厚层海相泥岩沉积在默里盆地大部分区域和伏令盆地南部，相反在挪威海北部主要为深水砂岩沉积（Fjellanger 等，2004；Lien，2005）。在格陵兰东部沉积了一套厚度达 1300m 的 Traill Ø 群海相泥岩，在盆地边缘沉积了一套楔形砂体。

下古新统相当于北海的 Maureen、Ty 和 Vale 组（Dalland 等，1988）。丹麦期早期的沉积在中挪威地区没有钻遇。但是地震数据表明在伏令盆地和默里盆地都发育该套地层。

中古新统中挪威地区为富有机质的 Skalmen 组和页岩为主的 Vale 组（Dalland 等，1988）。Møre 边缘 Skalmen 组沉积主要包含多层砂岩，厚度达 150m，可能为海底扇。它被 Vale 组泥岩覆盖。第一个序列在 Trøndelag 台地和诺尔兰山脊没有发现。

下古新统从 59—53Ma，中挪威地区主要为 Tang 和 TÅre 组，相当于北海的 Lista、Heimdal、Sele 和 Balder 组。下古新统下部为安山质流纹岩、熔灰岩及火山碎屑沉积（Eldholm 等，1989），主要沉积时期为大西洋火山活动的高潮期。该层序下部可达 400 m 厚，其上部为拉斑玄武岩熔岩（Eldholm 等，1989）。这些喷出岩厚度达 700m，只代表非常薄的沉积，而在中挪威边缘高地沉积厚度可达 6km（Mutter 等，1984）。

3. 大陆漂移期沉积充填序列

热沉降期沉积充填序列包括始新统至现今的沉积地层，主要为陆缘碎屑沉积的砂泥岩（图2-23）、页岩及其部分地区的浊积砂岩（Smelror等，2001）。

随着早始新世挪威—格陵兰之间的地壳分离，伏令盆地和默里盆地早始新世—渐新世主要沉积厚层陆缘碎屑。

中中新统，挪威中部陆架主要为页岩沉积，在Vigrid和Rås地区厚度达到500m，部分地区出现等深流沉积（Stoker等，2005b）。

晚中新世—上新世早期的沉积物主要为冰川沉积，主要为Kai组，厚度小于100ms，沉积环境和中新世类似。晚上新世—更新世，地壳抬升挪威大陆和罗弗敦被冰川覆盖（Riis等，1992）。在挪威大陆，冰川侵蚀作用运动了1~2km（Riis等，1992），此时主要为广泛的冰海沉积，在默里盆地中心，沉积物厚度达到2s。Halten地台和Trøndelag地台在晚上新世快速埋藏，一直到第四纪。在此期间冰海碎屑沉积约1km厚，快速沉降导致贯穿Haltenbanken地区的下伏地层变深变热（Ehrenberg等，1992）。

第四节 地层序列与岩相古地理

一、地层序列

中挪威边缘地层序列从下往上分别为上古生界的泥盆系（图2-24）、石炭系、二叠系，中生界的三叠系、侏罗系（Båt群、Fangst群和Viking群）、白垩系（Cromer Knoll群和Shetland群），新生界的古近系（Rogaland群和Hordaland群）、新近系（Nordland群）。下古生界以下地层缺失（Swiecicki，1998）。

上古生界泥盆系连续沉积，与其上覆的石炭系为不整合接触。晚石炭世沉积晚期地层缺失，直到石炭纪末期才出现沉积。下二叠统全部缺失，上二叠统沉积了一套碳酸盐岩。上二叠统和三叠系为角度不整合接触。

中生界连续沉积，主要为从砂岩过渡到碳酸盐岩沉积。

新生界是中生界的继承，新生界始新统有大规模火山岩沉积。

1. 上古生界

上古生界泥盆系连续沉积，与石炭系为不整合接触，下部主要沉积一套厚层砂砾岩，靠近边缘的粒度较粗，往中部粒度逐渐变细（Swiecicki，1998）。上泥盆统主要为一套砂岩沉积（图2-24）。

下石炭统主要为一套厚的砂岩沉积，晚期地层缺失。上石炭统晚期才出现沉积，西部主要为一套砂砾岩沉积（Swiecicki，1998），向东变成中砂岩。

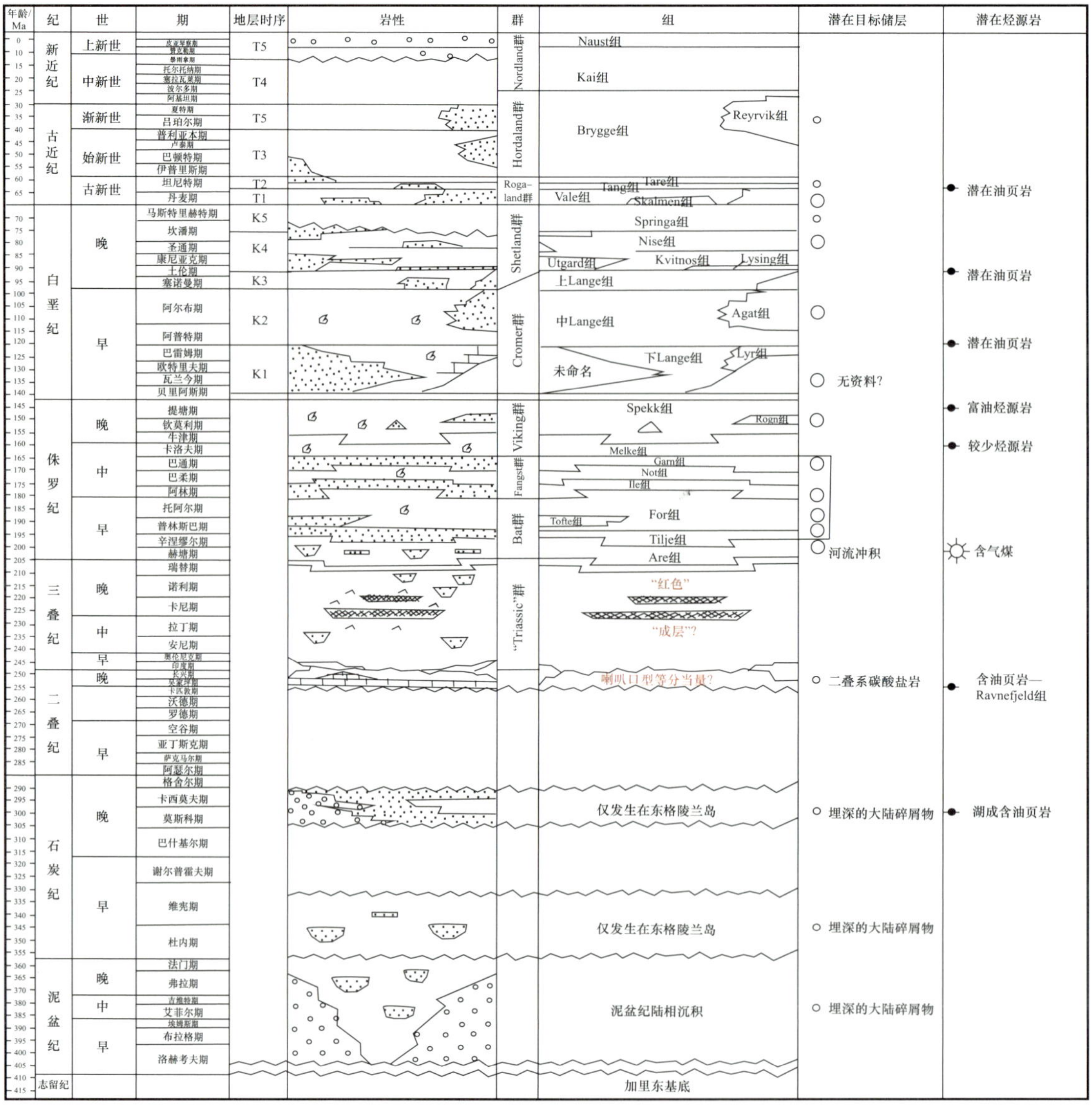

图 2-24 中挪威边缘地层沉积序列（据 Swiecicki，1998）

下二叠统全部缺失，上二叠统沉积在石炭系之上，二者之间平行不整合接触，沉积了一套陆缘碎屑岩和碳酸盐岩（Bukovics 等，1985）。上二叠统和三叠系为角度不整合接触（Swiecicki，1998）。

2. 三叠系

三叠系和上古生界为角度不整合接触（图 2-24）。上三叠统盆地主要充填了大量的海相砂泥岩（Brekke 等，2001；Seidler 等，2004；Nystuen 等，2006），在格陵兰东部沉积厚度达到 1~1.7km，沉积物主要为红色砂泥岩、页岩和薄砂岩（Ehrenberg 等，1992；Arvid Nøttvedt，2008）。

中三叠统中下部是一套砂岩及泥岩沉积。砂泥岩之上沉积了厚的蒸发岩、页岩和盐岩。

下三叠统下部有一套海相泥砂岩覆盖在中三叠统盐岩之上，向上又沉积了一套厚约400m 的盐岩。盐岩之上沉积一套 800m 左右的湖相泥岩，上部逐渐过渡到砂岩及泥岩沉积（Arvid Nøttvedt，2008）。

3. 侏罗系

侏罗系和下伏三叠系整合接触，从下到上分别为下侏罗统 Båt 群、中侏罗统 Fangst 群和上侏罗统 Viking 群。

下侏罗统主要为 Båt 群。Båt 群从下往上可分为 Åre（图 2-25）、Tilje 和 Ror 三个组（Swiecicki，1998）。

上三叠统瑞替阶到下侏罗统普林斯巴阶 Åre 组为砂岩、页岩和煤层沉积，地层厚约 490m（Ehrenberg 等，1992；Heum 等，1986；Whitley，1992；Karlsson，1984），砂岩粒度从下往上逐渐变粗。Åre 组到 Tilje 组的转换是渐变的。Tilje 组厚约 75~150m，为一套砂岩夹海相泥岩沉积（Dalland 等，1988）。Tilje 组上部为 Ror 组，厚约 53~73m，主要为一套泥岩、页岩沉积，向上粒度变粗（图 2-25），变成粗砂岩沉积（Ehrenberg 等，1992；Arvid Nøttvedt，2008；Swiecicki，1998）。

中侏罗统主要为 Fangst 群。Fangst 群从下往上可分为 Ile、Not 和 Garn 组，等同于北海地区 Brent 群低水位期的砂岩（Ehrenberg 等，1992；Whitley，1992）。Ile 组（上托阿尔阶—下巴通阶）厚度为 60~82m，为一套近海岸的海相砂岩，只有生物扰动的薄页岩/粉砂岩夹层沉积（Ehrenberg 等，1992）。底部主要为一套厚层砂岩，向上逐渐变成泥页岩沉积。Ile 组转变成 Not 组以 10m 厚的海侵砾岩为代表。Not 组沉积物从阿林阶到巴通阶，为一套砂泥岩沉积，厚约 24~34m。这个组从底部的页岩向上逐渐变粗，分阶段向上变为生物扰动的粉砂岩，到顶部的细粒砂岩（Heum 等，1986）。Garn 组和 Not 组为不整合接触，厚度变化（14~114m）较大，局部地区遭受严重剥蚀（Ehrenberg，1992）。Garn 组在挪威中部陆架西南部比较厚，中部和北部比较薄，为一套厚层砂岩沉积（Arvid Nøttvedt，2008；Swiecicki，1998）。

上侏罗统主要为 Viking 群。Viking 群从下往上可分为 Melke（图 2-25）、Spekk 和 Rogn 组（Arvid Nøttvedt，2008；Swiecicki，1998）。Melke 组包括 117~282m 的淤泥和黏土组成的冷页岩，夹一些细的砂岩和碳酸盐岩，它等同于北海地区的 Heather 组（Ehrenberg 等，1992）。Spekk 组（牛津阶—贝里阿斯阶）相当于北海的 Kimmeridge 黏土和 Draupne 组，为一套厚层泥岩沉积。Rogn 组为一套砂岩透镜体，为一个向上变粗的序列。底部为页岩和砂泥岩，过渡到顶部的砂岩，厚约 40~50m（Ellenor 等，1986；Dalland 等，1988）。

4. 白垩系

白垩系和下伏侏罗系呈角度不整合接触，从下往上可分为 Cromer Knoll 群和 Shetland 群。

图 2-25 挪威—格陵兰东部侏罗系沉积序列（据 Whitley, 1992）

下白垩统 Cromer Knoll 群从下往上可分为 Lyr、Lange 和 Lysing 组，为一套厚约 700m 的泥岩沉积，局部地区有砂岩沉积。在挪威海，伏令盆地和默里盆地的沉积厚度分别达到 6km 和 9km，类似的厚度还出现在 Harstad、Tromsø 和 Sørvestsnaget 盆地（图 2-25），或者更北的区域（Brekke，2000；Færseth 等，2002；Arvid Nøttvedt，2008）。

上白垩统 Shetland 群厚约 869~922m，从下往上可分为 Kvitnos、Nise 和 Springa 组（Ehrenberg 等，1992；Arvid Nøttvedt，2008），主要为一套泥灰岩和浊积砂岩沉积。

上白垩统厚层海相泥岩沉积在默里盆地大部分区域和伏令盆地南部，相反在挪威海北部主要为深水砂岩沉积（Fjellanger 等，2004；Lien，2005）。在格陵兰东部沉积了一套厚度达 1300m 的 Traill Ø 群海相泥岩（图 2-26），在盆地边缘沉积了一套楔形砂体（Færseth 和 Lien，2002）。

5. 古近系

古近系和白垩系为整合接触，古近系直接覆盖在白垩系之上。古近系从下往上可分为 Rogaland 群和 Hordaland 群。

Rogaland 群（丹麦阶—坦尼特阶）从下往上为 Tang 组和 Tåre 组，相当于北海的 Lista、Heimdal、Sele 和 Balder 组（Dalland 等，1988），主要为火山岩和厚层凝灰岩沉积，底部为一套富有机质的泥页岩沉积，局部地区含有浊积砂岩沉积。Møre 边缘沉积主要包含多层砂岩（图 2-24），厚度达 150m（Swiecicki，1998；Arvid Nøttvedt，2008）。

Hordaland 群主要为 Naust 组沉积，为一套页岩及砂岩沉积，砂岩主要沉积在靠近大陆一侧的边缘（Dalland 等，1988）。

6. 新近系

从晚上新世到第四纪该区经历了快速堆积（图 2-24），堆积了厚的砂泥交互层（Swiecicki，1998）。Nordland 群以 Naust 组为代表，主要沉积了厚层的冰海灰色黏土和分选极差的交互层（Whitley，1992）。在默里盆地中心，沉积物厚度达到 2000m。

二、岩相古地理

1. 前侏罗纪岩相古地理

志留纪至早泥盆世，加里东构造运动使劳伦和斯堪的纳维亚边缘发生碰撞，卫八海关闭。最终导致了斯堪的纳维亚地区大洋地壳俯冲剪切，大陆碰撞使岩石圈增厚，最终发展成大的剪切破裂带（Swiecicki，1998）。加里东造山带的伸展垮塌（图 2-27）和这一地区几千千米长的左旋走滑一致。

早期的推力在泥盆纪断层中再起作用（Coward 等，1989）。重要的地堑在挪威南部海上出现，南部 Møre-Trondelag 断层带的结构和沿着加里东结晶基底发生左旋移动的拉张系统一致（图 2-28）。类似的拉张系统可能在 Fles/Vestfjorden 断层带南部发生

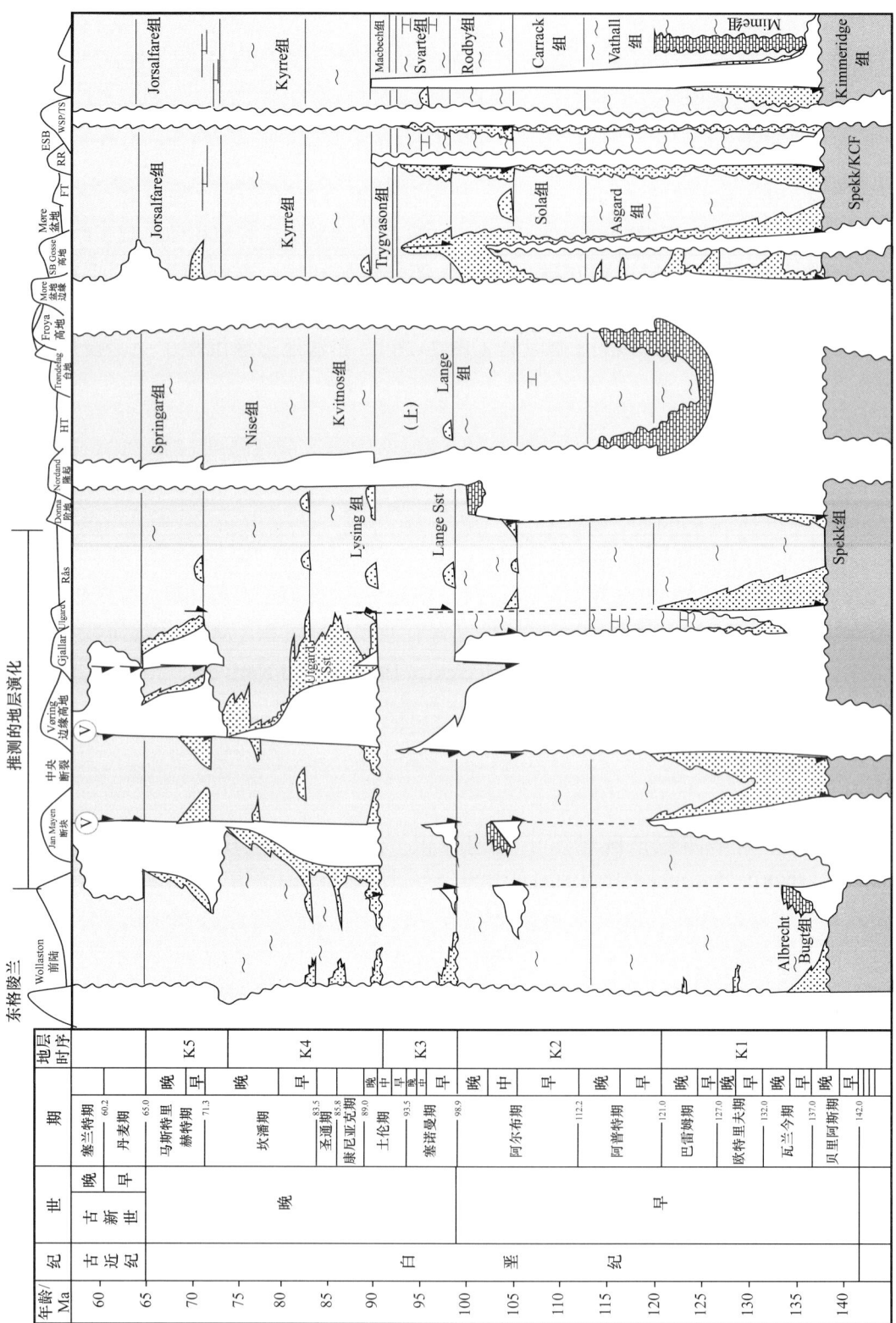

图 2-26 挪威—格陵兰东部白垩系沉积序列（据 Whitley，1992）

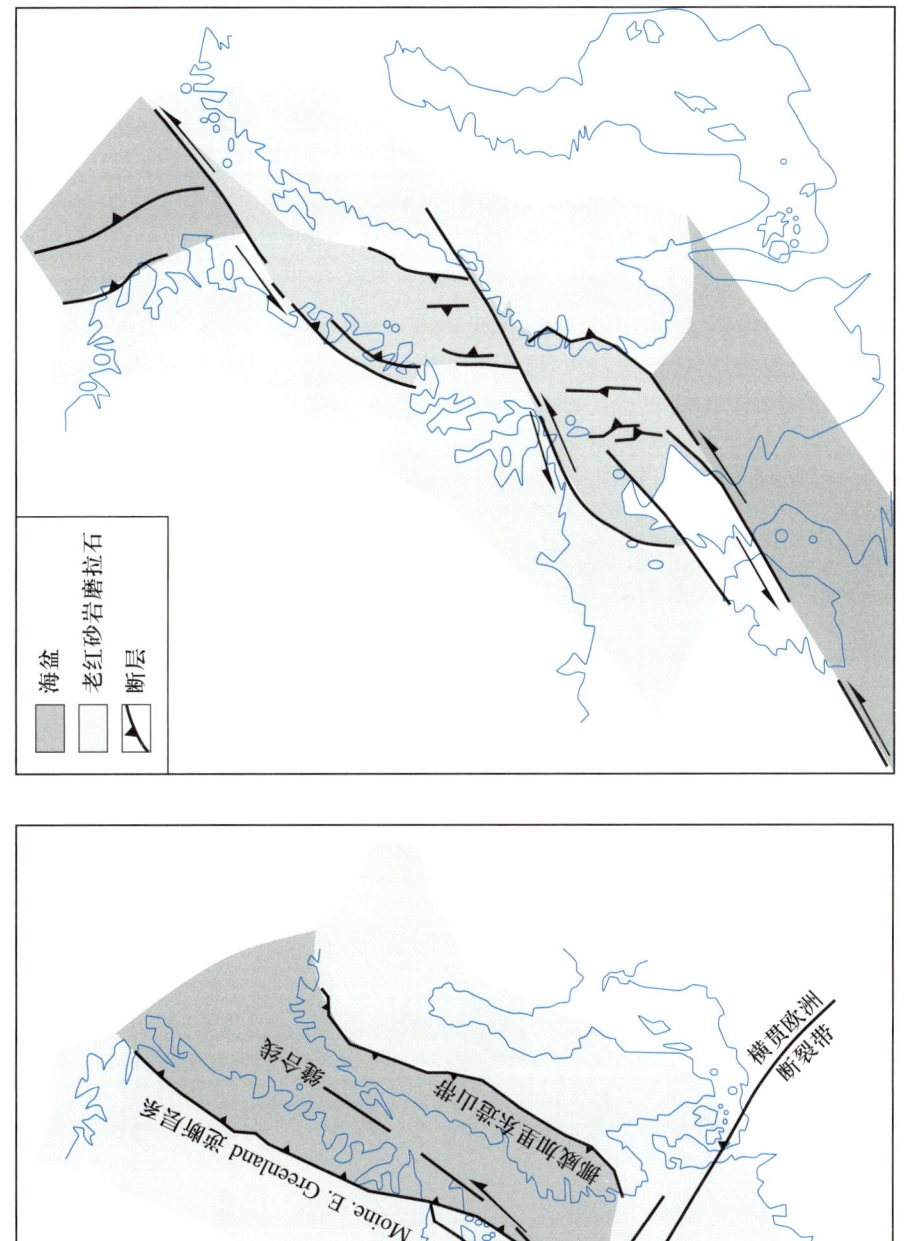

图 2-27 加里东运动期（志留纪—早泥盆世）挪威中部陆架岩相古地理（据 Swiecicki, 1998）

图 2-28 泥盆纪挪威中部陆架岩相古地理（据 Swiecicki, 1998）

(Swiecicki，1998)。

设得兰群岛、北部的苏格兰、英格兰中部、东格陵兰岛和挪威地区的盆地充填了大量的泥盆纪—石炭纪陆相沉积物，这些盆地是在拉张挤压交替发生的情况下形成的(Bluck，1980；Coward，1990；Read，1988；Stemmerik等，1992)。此时，主要为一些磨拉石堆积。

晚二叠世，该地区遭受抬升剥蚀。在中挪威南部，TampenSpur地区发现二叠纪的裂陷(Faerseth，1996)。在格陵兰东部，断陷开始于中二叠世(Surlyk等，1984)。中挪威地区证据比较缺乏，断层下盘和火山岩抬升剥蚀(图2-29)变成准平原(Swiecicki，1998)，正常沉积物中包含一系列超盐度潮上滩沉积物。在格陵兰东部沉积了大量的碳酸盐岩及富有机质的烃源岩。

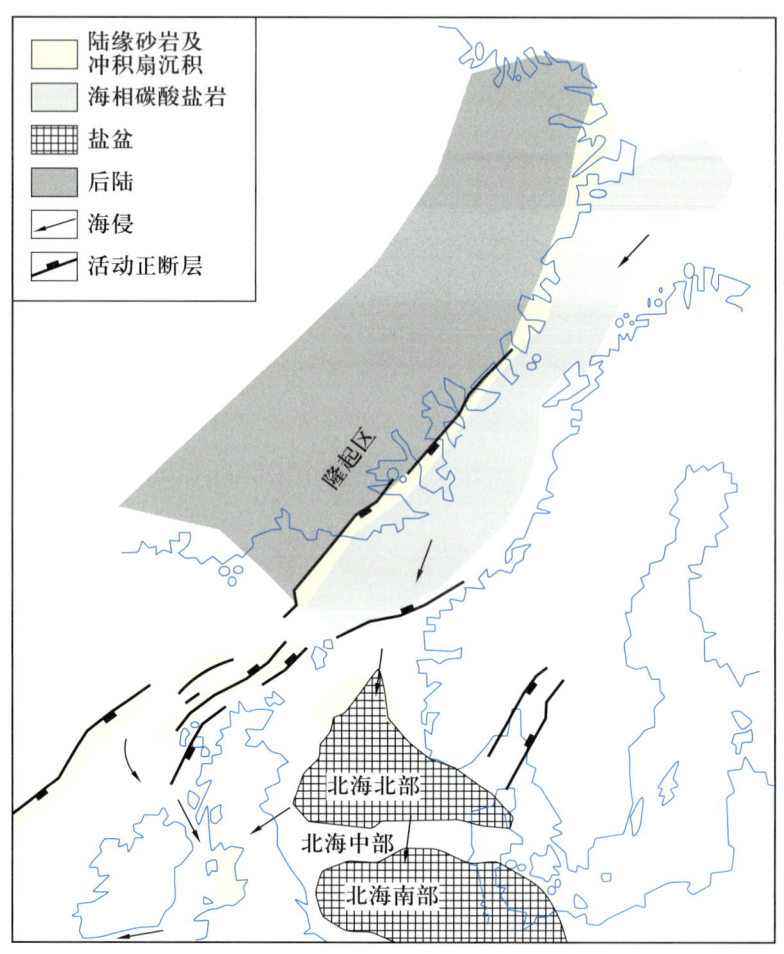

图2-29 二叠纪挪威中部陆架岩相古地理(据Swiecicki，1998)

挪威和格陵兰之间的二叠纪断层活动持续到三叠纪(Ziegler，1988；Seidler等，2004)。挪威格陵兰之间开始出现裂谷作用。在早三叠世，地壳拉张形成一些深海裂谷盆地。在早—中三叠世，裂谷带活动减少。

三叠纪，中挪威地区位于 Pangean 联合古陆中部，北纬 25°。设得兰群岛西部（Swiecicki 等，1995）和北海北部，三叠纪早期有断陷的证据。晚三叠世断裂活动减弱（Swiecicki，1998），主要为辫状河平原和盐湖泥滩沉积（图 2-30）。三叠纪早期，格陵兰东部断裂沿着前泥盆纪断层重新开始活动（Surlyk，1984，1990），一个短期的来自北极区的海相沉积发生，同时海岸平原沉积发生在设得兰西南部（Swiecicki 等，1995）。三叠纪，大陆碎屑沉积物堆积在盆地里（Clemmensen，1980；Stemmerik，1988）。

裂谷期后，中—晚三叠世沉积物主要为红色或灰色，这些已在挪威中部陆架的井中得到证明。然而，能成为优质储层的砂岩沉积很少，大多为干旱泥滩或湖泊环境沉积。但中三叠世海相沉积了两套厚约 400m 的盐岩，形成良好的储层（Bukovics 等，1984；Gabrielsen 等，1995）。

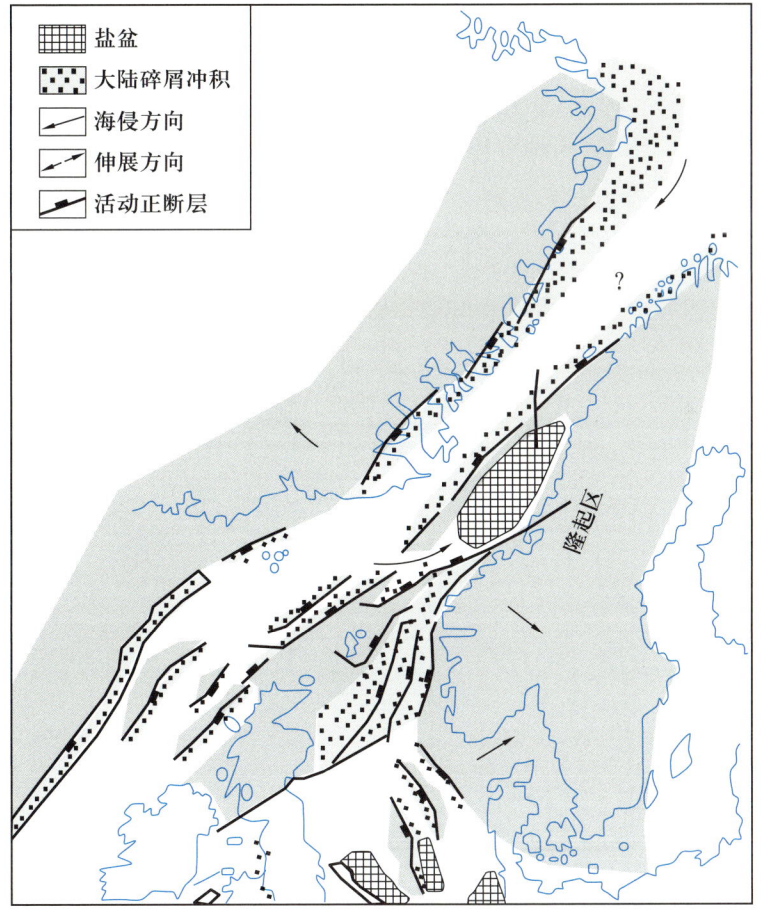

图 2-30 三叠纪挪威中部陆架岩相古地理（据 Swiecicki，1998）

2. 侏罗纪岩相古地理

格陵兰岛和挪威之间，中侏罗统裂谷结构分成挪威的 Halten-Dønna Terrace 和西部的格陵兰东部盆地（Surlyk 等，2003）。诺尔兰山脊向东北方向延伸形成 Halten-Dønna 台地。Trøndelag 台地位于裂谷的东部，与 Helgeland 和 Froan 盆地相连。在 Rås 盆地，裂谷轴部被埋在白垩系几千米沉积层之下，地震数据很难清楚描绘。东格陵兰北部 Wollaston Forland 地区，没有发生破裂且只有轻微的倾斜，而在东格陵兰南部 Jameson Land 台地却相反。

早侏罗世，挪威大陆架的沿海平原受到海侵，形成了由一套砂泥岩构成的厚约 700m 的 Båt 群（图 2-31），近海沉积物占主导（Swiecicki，1998；Gjelberg 等，1987；Johannessen 和 Nøttvedt，2006）。如在北海，沿岸三角洲砂岩增加，主要物源来自挪威和格陵兰东部大陆。北海和挪威海下侏罗统海盆非常浅，水深不超过 100m。然而，持续沉降的下伏的二叠纪—三叠纪断裂结构使沉积增厚，在断裂轴部达到 1000m。

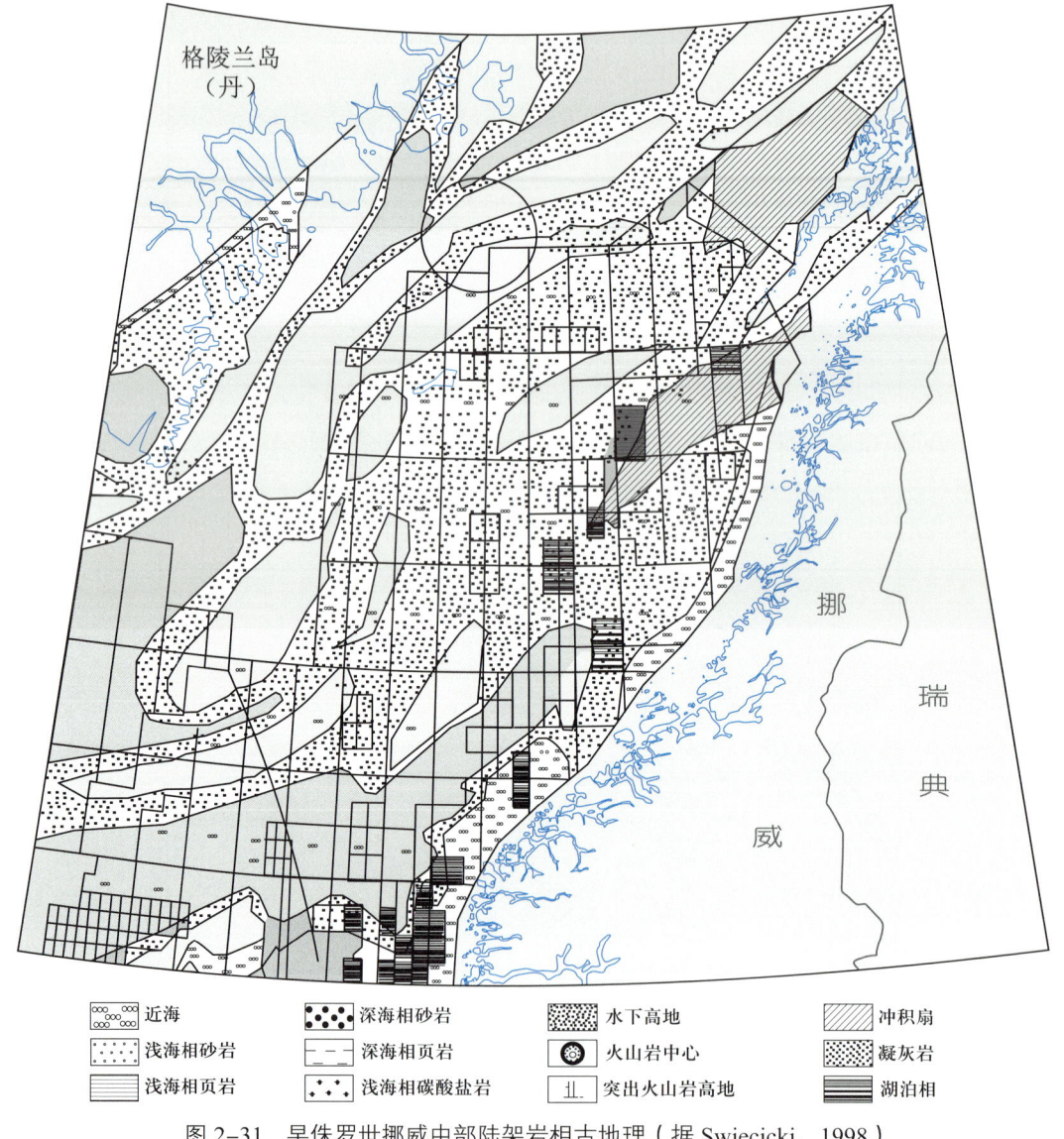

图 2-31　早侏罗世挪威中部陆架岩相古地理（据 Swiecicki，1998）

沿着挪威中部陆架边缘，中侏罗统沉积仅达到数百米厚（Swiecicki，1998），浅海粗粒沉积物占主导（图2-32）。挪威海和格陵兰东部中侏罗统沉积由于海岸平原的进积和大的三角洲系统的存在非常富砂，首先出现在挪威中部陆架，其次为格陵兰东部。和北海穹隆类似，轻微的抬升发生在格陵兰东部，浅海地区沉积了数量庞大的石英砂岩，形成港湾（Surlyk等，2003）。

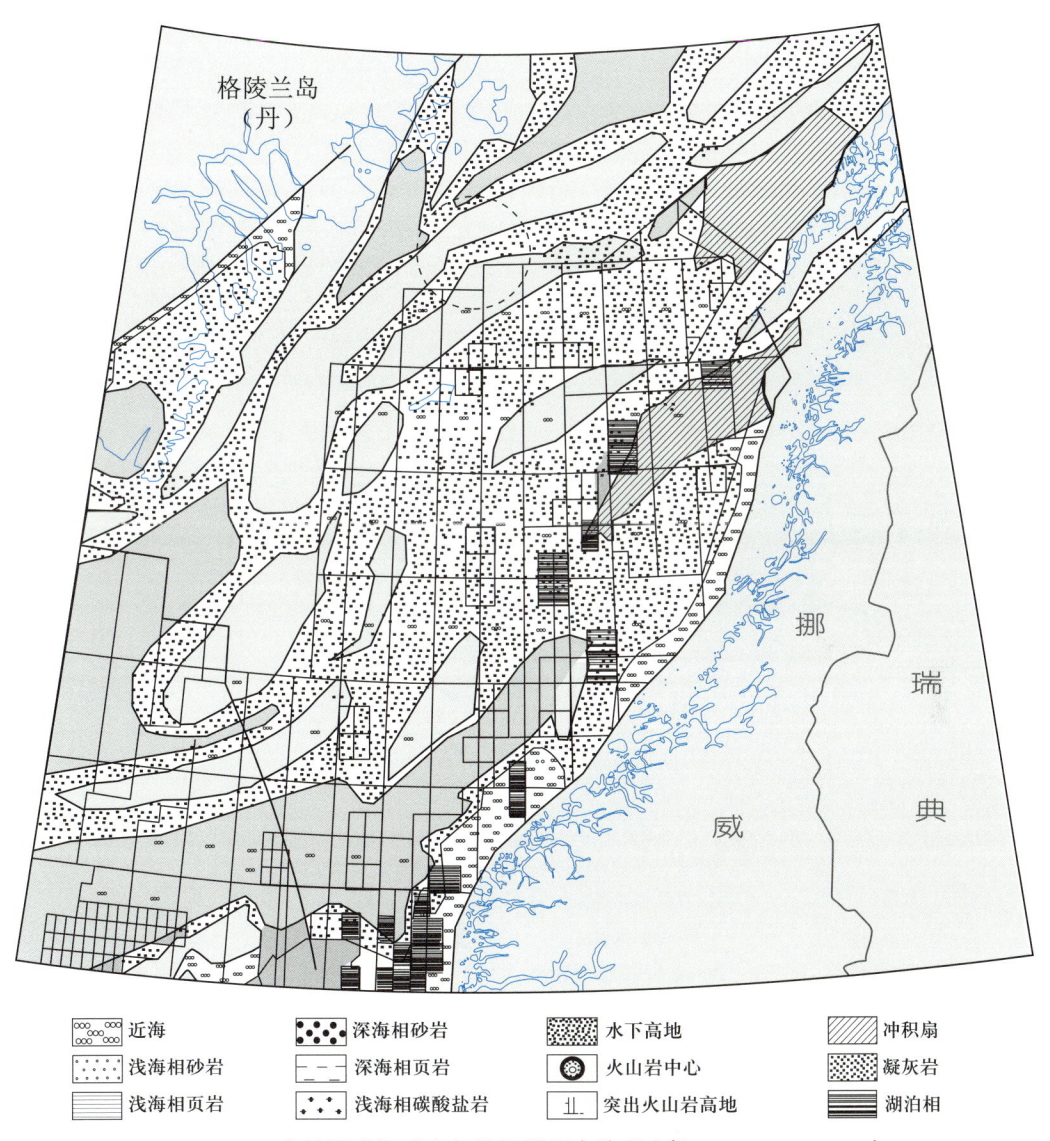

图2-32 中侏罗世挪威中部陆架岩相古地理（据Swiecicki，1998）

挪威中部陆架的晚侏罗世沉积地层达到1km厚，先前的高地被淹没，沉积了厚的海相泥页岩，形成Viking群富含有机质的烃源岩，但也有局部地区沉积了砂岩（图2-33），如Frøya高地（Swiecicki，1998）。东格陵兰的Wollaston Forland半地堑，充填了厚约3km深的砾岩、卵砂岩及泥岩，形成Wollaston Forland群。相比之下，Jameson Land地区在高角度斜坡带沉积了一套厚约 300m 的 Scoresby Sund 群的海相粗砂岩，上覆一套厚约 800m Hall Bredning 群的海相砂泥岩沉积。

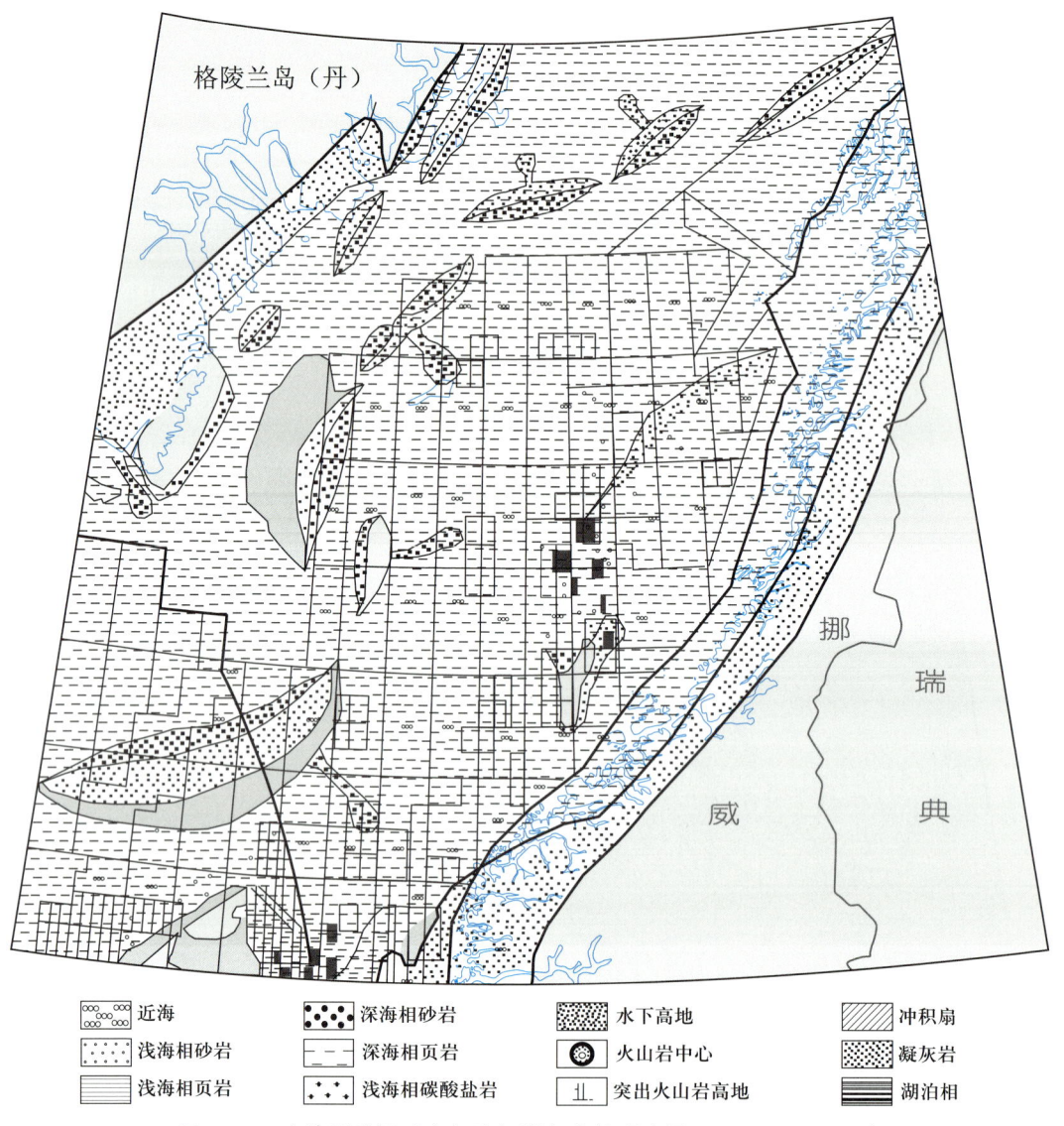

图 2-33　晚侏罗世挪威中部陆架岩相古地理（据 Swiecicki，1998）

图例：近海、浅海相砂岩、浅海相页岩、深海相砂岩、深海相页岩、浅海相碳酸盐岩、水下高地、火山岩中心、突出火山岩高地、冲积扇、凝灰岩、湖泊相

3. 白垩纪岩相古地理

挪威和格陵兰之间的区域断裂在早白垩世继续活动，沿罗科尔海槽延伸，中大西洋海底扩张开始。裂谷从 Halten-Dønna Terrace 转移到伏令盆地和默里盆地。这次裂谷作用非常巨大，在默里盆地下面的结晶地壳减薄到只有几千米，相当于 20%～25% 的原始厚度（Brekke，2000）。这表明该区域非常接近海底扩张的开始，形成新的洋壳。深的区域洼地（Vøring、Møre、Harstad、Tromsø 和 Sørvestsnaget 盆地）沿着主要的断裂轴部形成，

地壳受到较大规模的扩张和减薄。这些区域的地壳减薄使该区域在晚白垩世接受了巨厚的沉积物，盆地边缘的连续沉降和沉积物聚集保持同步。在格陵兰东部，数个断裂及断块在白垩纪开始活动，和粗的重力流沉积物联系在一起。这些重力流来自伏令盆地的深水砂岩块体（Surlyk 和 Noe-Nygaard，2001；Fjellanger 等，2004）。

在挪威中部陆架，早—晚白垩世沉积了一套厚 700m 左右的浅海相 Cronmer Knoll 群泥岩。在挪威海，伏令盆地和默里盆地的沉积厚度分别达到 6km 和 9km，类似的厚度还出现在 Harstad、Tromsø 和 Sørvestsnaget 盆地，或者更北的区域（Skogseid 等，2000；Brekke，2000；Færseth 和 Lien，2002）。白垩系贝里阿斯阶—巴雷姆阶海相泥页岩沉积（图 2-34），局部有砂岩沉积（Swiecicki，1998）。

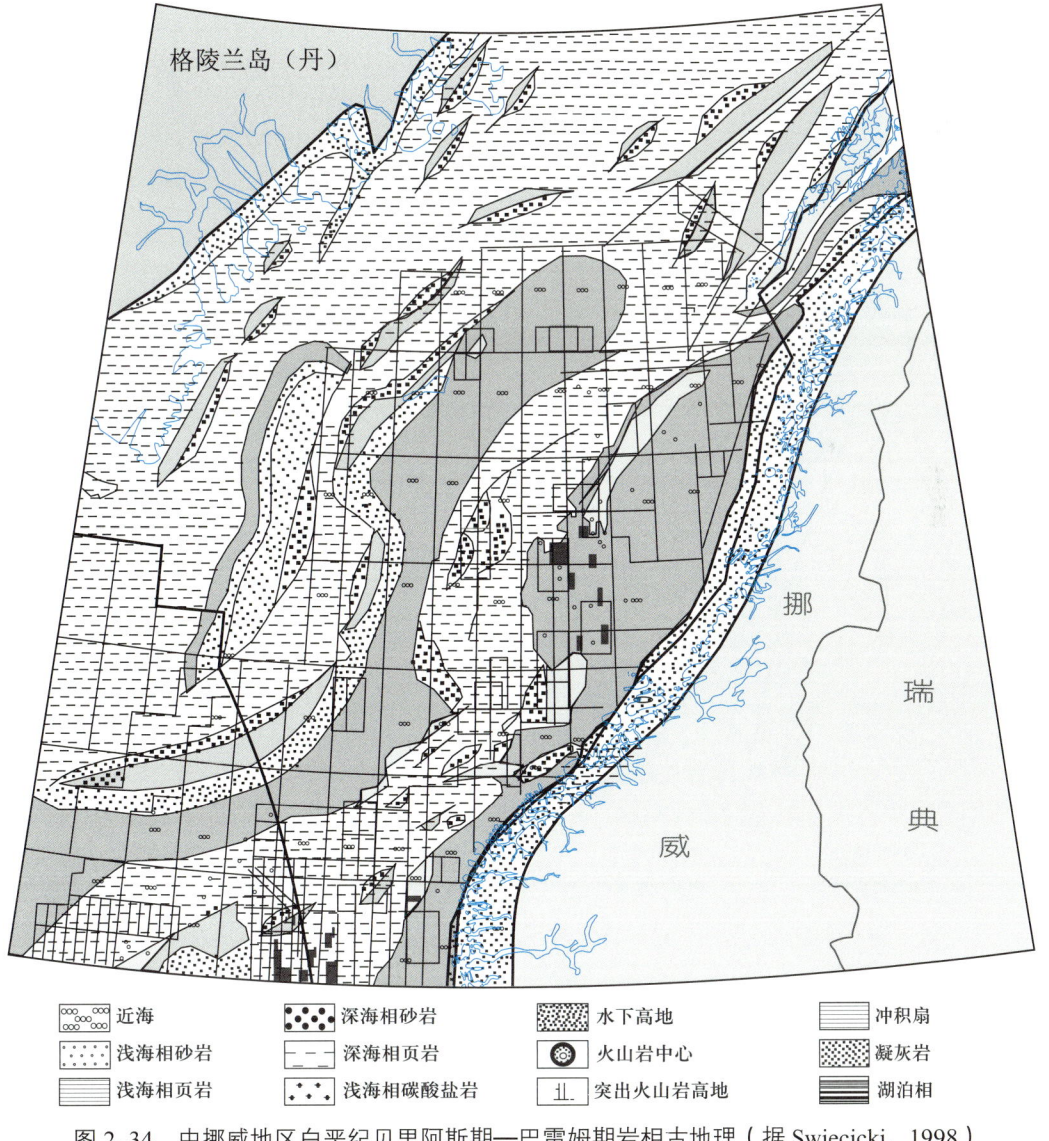

图 2-34 中挪威地区白垩纪贝里阿斯期—巴雷姆期岩相古地理（据 Swiecicki，1998）

在盆地深部晚白垩世沉积地层还没有钻井钻到，但富砂的三角洲和河流相沉积在盆地边缘出现。白垩系阿普特阶—土伦阶深海相页岩地层（图 2-35），东格陵兰是白垩纪挪威海盆的主要物源区（Swiecicki，1998），外侧的伏令盆地非常显著。

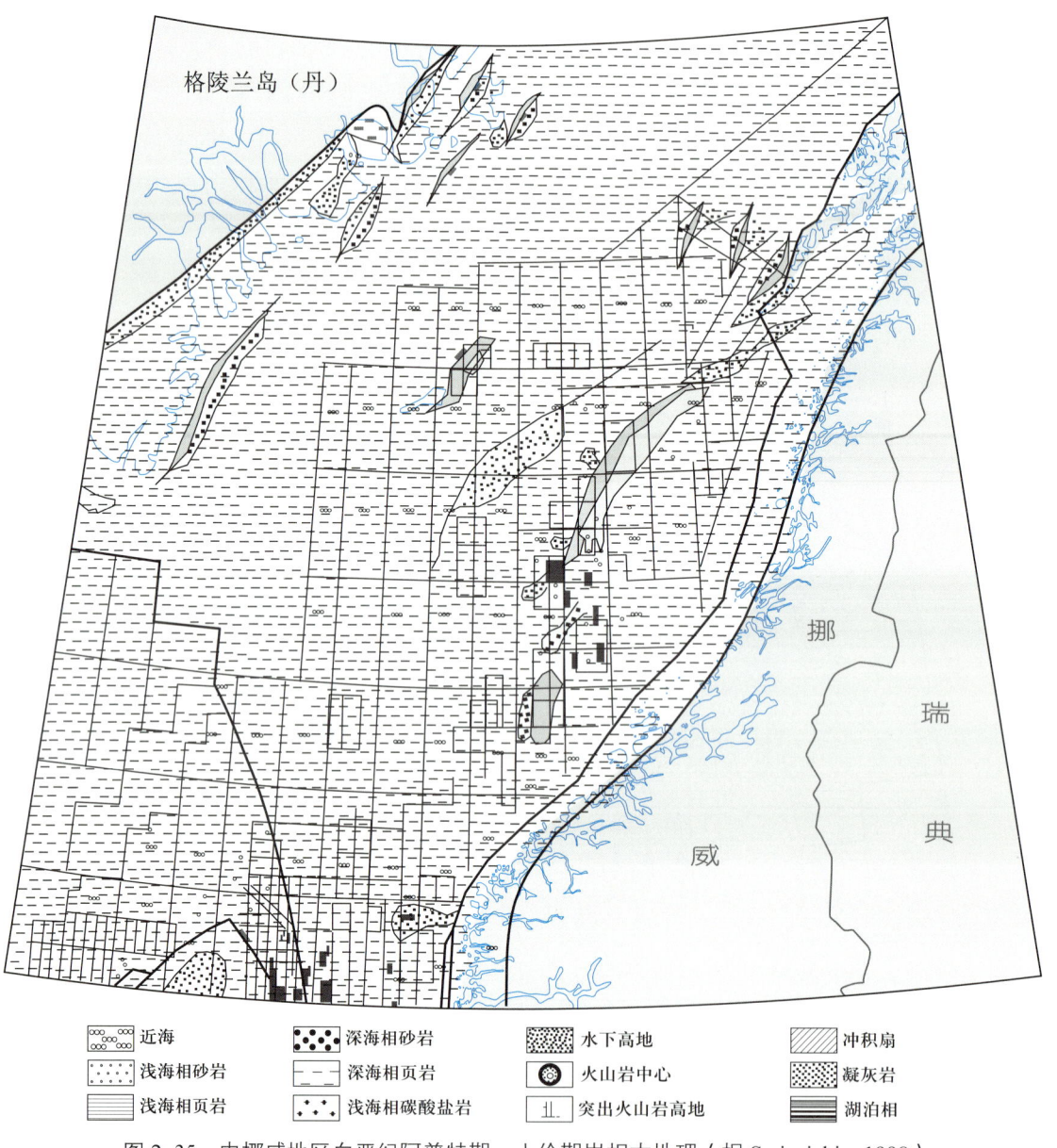

图 2-35 中挪威地区白垩纪阿普特期—土伦期岩相古地理（据 Swiecicki，1998）

晚白垩世，厚层海相泥岩沉积在默里盆地大部分区域和伏令盆地南部，在挪威海北部主要为深水砂岩沉积（Fjellanger 等，2004；Lien，2005）。在格陵兰东部沉积了一套厚度达 1300m 的 Traill Ø 群海相泥岩，在盆地边缘沉积了一套楔形砂体（Swiecicki，1998），白垩系土伦阶—坎潘阶局部地区发育冲积扇（图2-36）。温暖的白垩纪海洋时而缺氧，形成富有机质的泥岩和好的石灰岩。晚白垩世，厌氧环境减少。

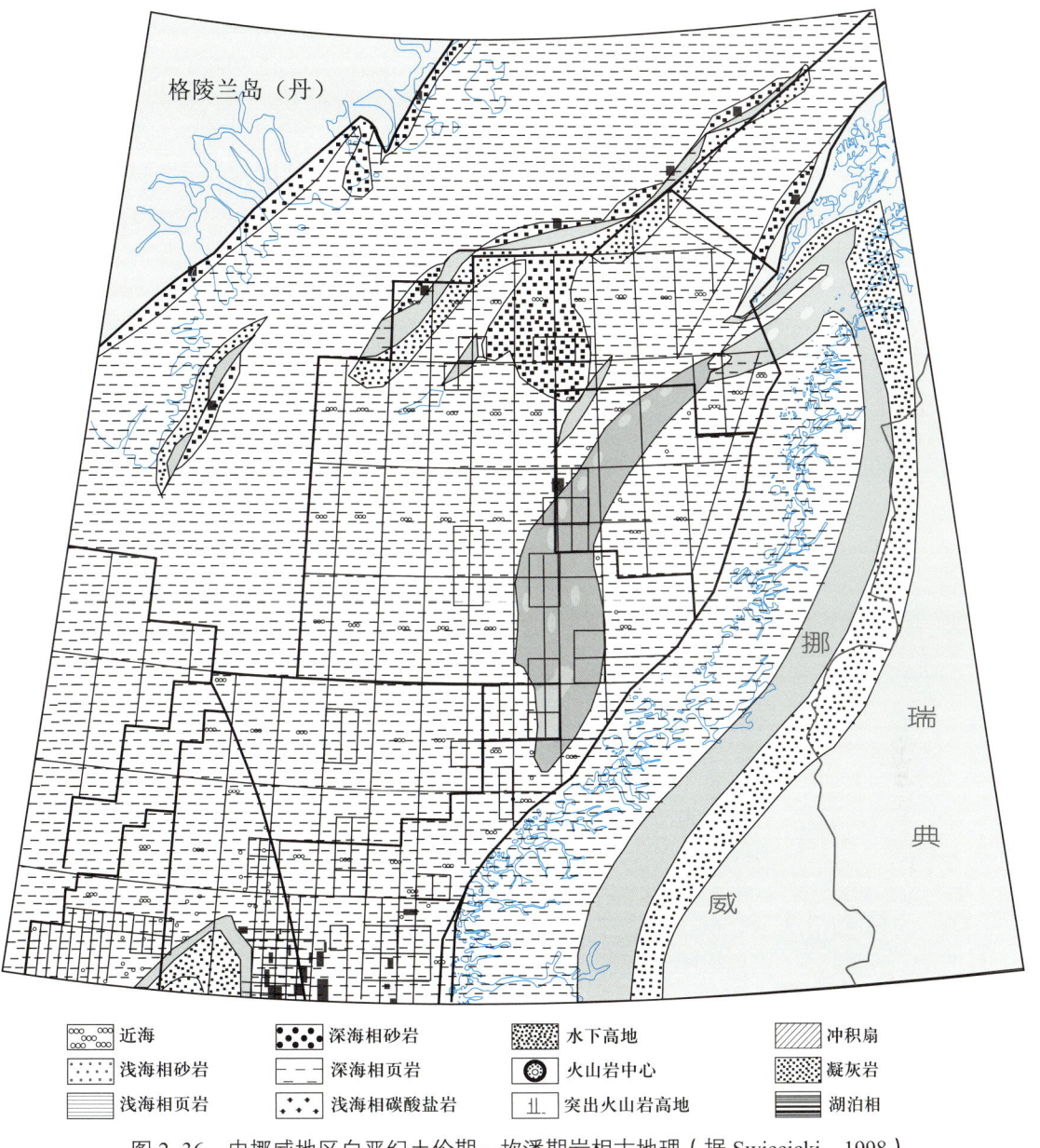

图2-36 中挪威地区白垩纪土伦期—坎潘期岩相古地理（据Swiecicki，1998）

4. 古近纪—新近纪岩相古地理

中挪威地区古近纪—新近纪岩相古地理可分为六段（Swiecicki，1998），年龄根据深海钻探和海上钻井平台确定（Talwani等，1976）。根据动植物化石进行生物地层学研究，可以划分地层厚度。

1)丹麦期—中古新世

第一个地层序列从 65—59Ma。相当于北海的 Maureen、Ty 和 Vale 组（Dalland 等，1988；Swiecicki，1998）。丹麦早期的沉积在中挪威地区没有钻遇。但是地震数据显示它存在于伏令盆地和默里盆地内部。

中古新世中挪威地区沉积为富有机质的 Skalmen 组和页岩为主的 Vale 组（Dalland 等，1988）。Møre 边缘 Skalmen 组沉积主要包含多层砂岩，厚度达 150m（图 2-37），可能为海底扇（Swiecicki，1998）。它被 Vale 组泥岩覆盖。第一个序列在 Trondelag 台地和诺尔兰山脊没有发现。

图 2-37 中挪威地区中古新世岩相古地理（据 Swiecicki，1998）

此序列等时线通常少于 100ms，超过 160ms 的地区如 Ytterskallen 穹隆。该地区在诺尔兰山脊和 Lofotens 之间有一个通道（图 2-37），可以使粗碎屑进入到伏令盆地（Swiecicki，1998）。

2）中古新世—始新世早期

第二个地层序列年龄从 59—53Ma，中挪威地区主要为 Tang 和 TÅre 组，相当于北海的 Lista（图 2-37）、Heimdal、Sele 和 Balder 组（Swiecicki，1998）。第二个地层序列横跨大西洋火山活动的高潮期，中挪威边缘和格陵兰/扬马延边缘之间出现海底扩张。海底扩张带为 Aegir Ridge—扬马延破裂带南部 Mohns Ridge（Gudlaugsson 等，1988；Knott 等，1993）。

沿中挪威西缘，中古新世—始新世早期主要为火山活动，其地层序列被深海钻探和钻井已经证实。Vøring 边缘高地 642 处，钻遇两个独立的层序（Eldholm 等，1989）。该序列下部为安山质流纹岩、熔灰岩及火山碎屑，可达 400m 厚，分成 13 个准层序。该序列显示正常磁极（Schonharting 和 Abrahamsen，1989），在 25n（55~56Ma）发生堆积。

该层序上部为拉斑玄武岩熔岩（Eldholm 等，1989），为喷出岩（Swiecicki，1998），在 642 区，厚度达 700m（图 2-38），只代表非常薄的沉积，在中挪威边缘高地沉积厚度可达 6km（Mutter 等，1984）。这些火山岩沉积构成了 Vøring 边缘高地。该序列在东部边缘的熔岩形成明显的 Vøring 和 Møre 高地。侵入流和溢出流混合体（Skogseid 等，1992a）被解释为包含东部边缘熔岩和沿着设得兰西部/法罗边缘的熔岩相似。

有证据显示，下地壳侵入的火山岩厚度达 4~8km（Skogseid，1994）。这些岩浆活动产生了大量的热量，加快了生烃速率。

3）始新世

这一沉积序列时间为 53-36Ma（图 2-38）。该序列时间与岩浆活动终止、挪威和格陵兰之间出现海底扩张的时间一致（Eldholm 等，1989；Swiecicki，1998），主要为被动陆缘热沉降沉积（图 2-39）。

该序列主要为海相超覆和被动陆缘充填。大洋钻探/钻井资料显示，该序列主要为海相页岩沉积。这一序列主要分布在 Møre 边缘、Trondelag 台地和诺尔兰。339、340 及 341 钻孔显示始新世—渐新世页岩存在于 Nyk 高地和 Naglfar 穹隆地区。

4）渐新世

该序列中沉积物年龄范围从 36—25Ma。该序列是有限的，当海底扩张从 Aegir Ridge 转移之后（Gudlaugsson 等，1988）沉积终结。此时，扬马延和格陵兰东部出现海底扩张（图 2-40）。这些沉积物主要分布在 Aegir-Kolbeinsey 大洋分隔转换带的侧面。这一时期发生了地层倒转事件，白垩系厚 2km 的沉积在 Ormen Lange、Helland-Hansen、Vema、Naglfar 和 Ytterskallen 穹隆发生反转。Wyville-Thomson 南部、Ymir 和设得兰西部也发生类似的反转。除此之外，中挪威边缘主要的反转穹及其他构造隆起都发生反转。该层序非常薄，而且一些地区出现缺失，一些地层出现穿时（Dore 等，1999）。来自东部的进积

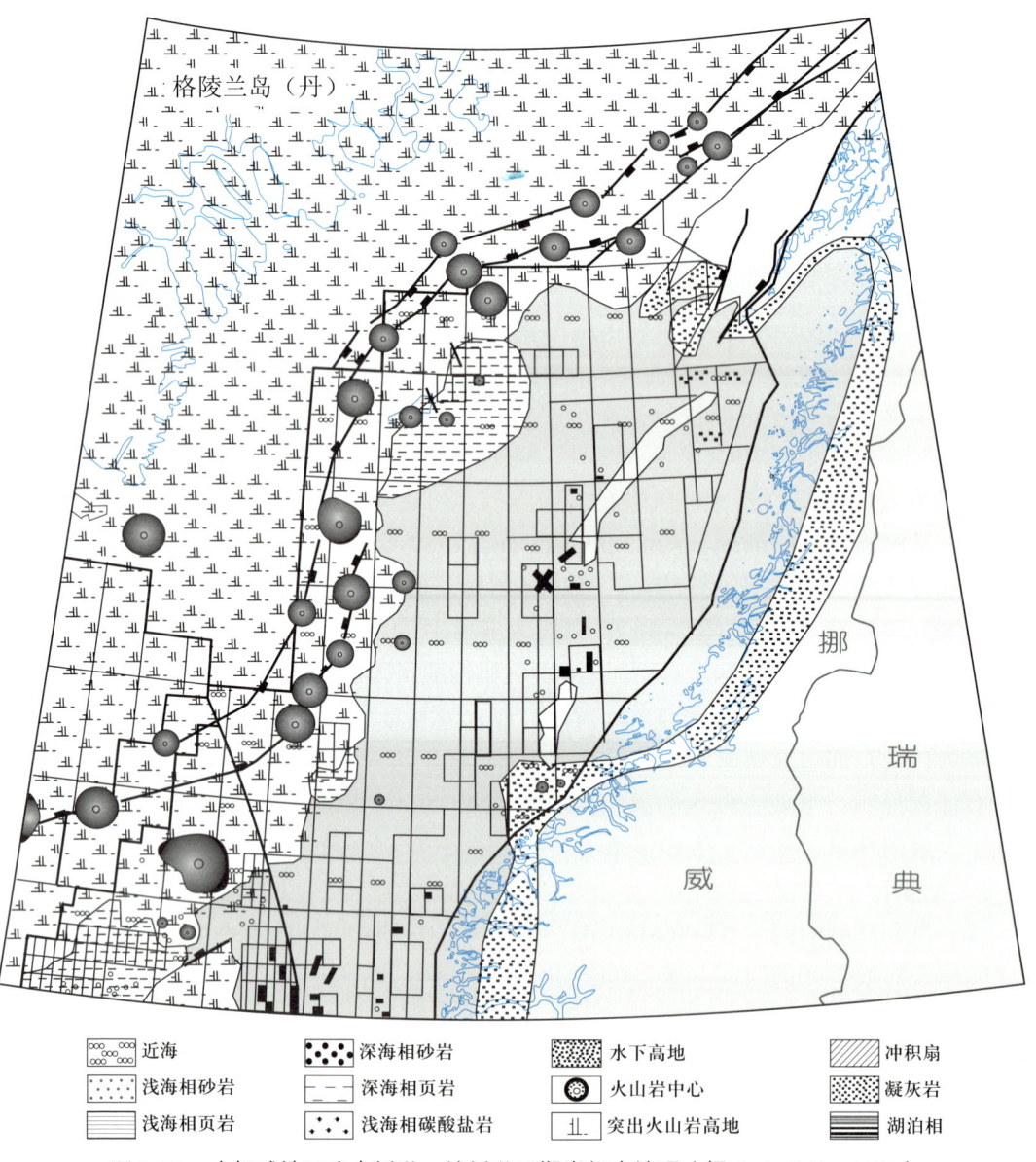

图 2-38 中挪威地区晚古新世—始新世早期岩相古地理（据 Swiecicki，1998）

在 Møre/Trøndelag 边缘被发现。钻井证据显示该层序主要为 Brygge 组页岩（Dalland 等，1988）。

5）中新世

中新世沉积从 25—7Ma。该层序从渐新世的构造反转逐渐过渡到充填（Swiecicki，1998）。中新世主要为页岩沉积，在 Vigrid 和 Ras 地区厚度达到 500m，同时构造反转顶部是裸露的。伏令盆地和默里盆地中新世和渐新世层序页岩遭受严重压裂和页岩底辟（Cartwright，1994）。

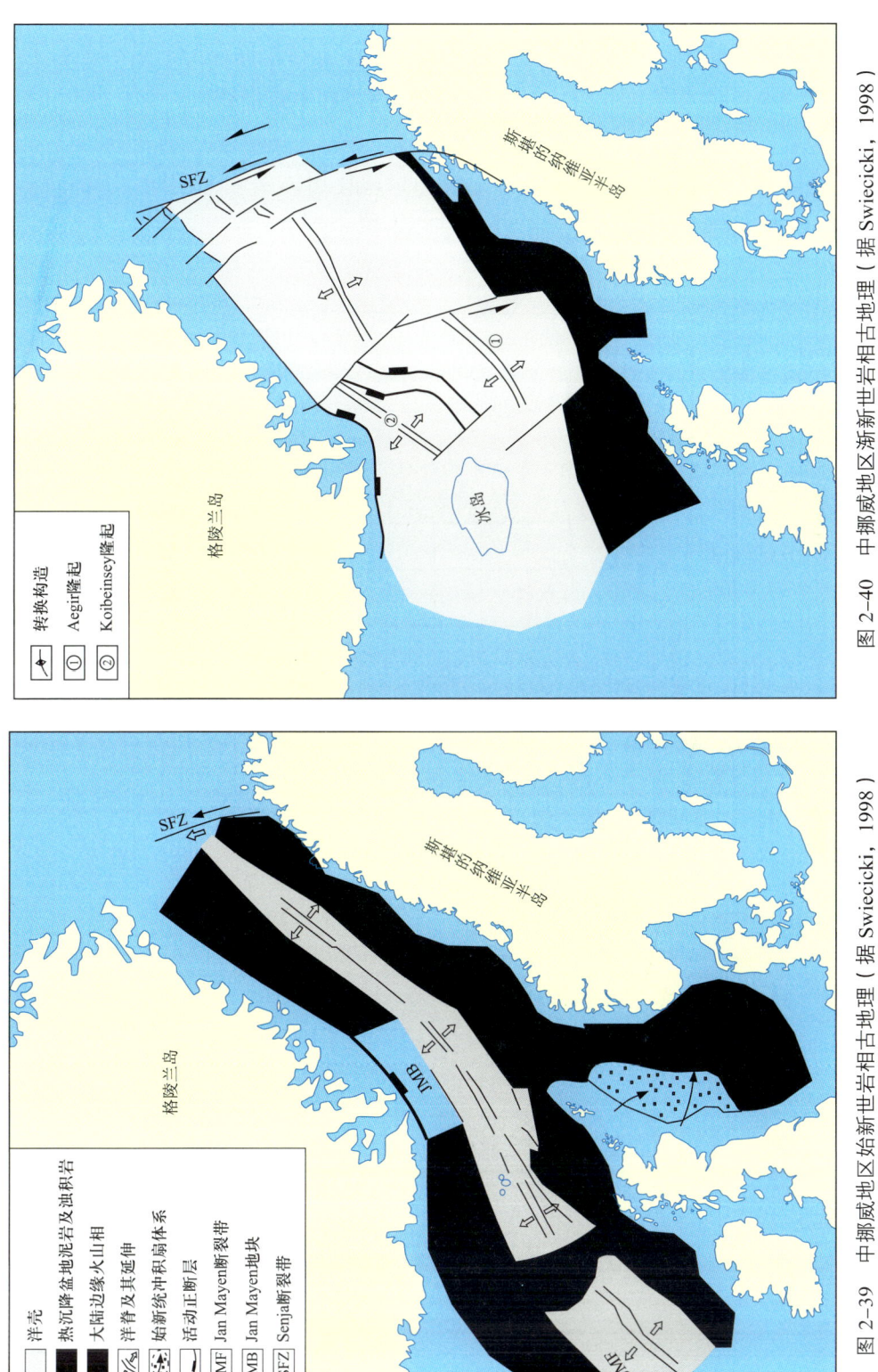

图 2-40 中挪威地区渐新世岩相古地理（据 Swiecicki，1998）

图 2-39 中挪威地区始新世岩相古地理（据 Swiecicki，1998）

6）上新世—更新世

上新世—更新世层序从 6Ma 至今。晚中新世—上新世早期的沉积物主要为冰川沉积（Swiecicki，1998），主要为 Kai 组，厚度小，沉积环境和中新世类似。晚上新世—更新世，地壳抬升挪威大陆和罗弗敦被冰川覆盖（Riis 等，1992）。644 地区钻井资料显示，伏令盆地在 2.6Ma 被冰川覆盖。在挪威大陆，冰川侵蚀作用运动了 1~2km（Riis 等，1992；Swiecicki，1998），此时主要为广泛的冰海沉积（图 2-41）。在默里盆地中心，沉积物厚度达到 2000m。

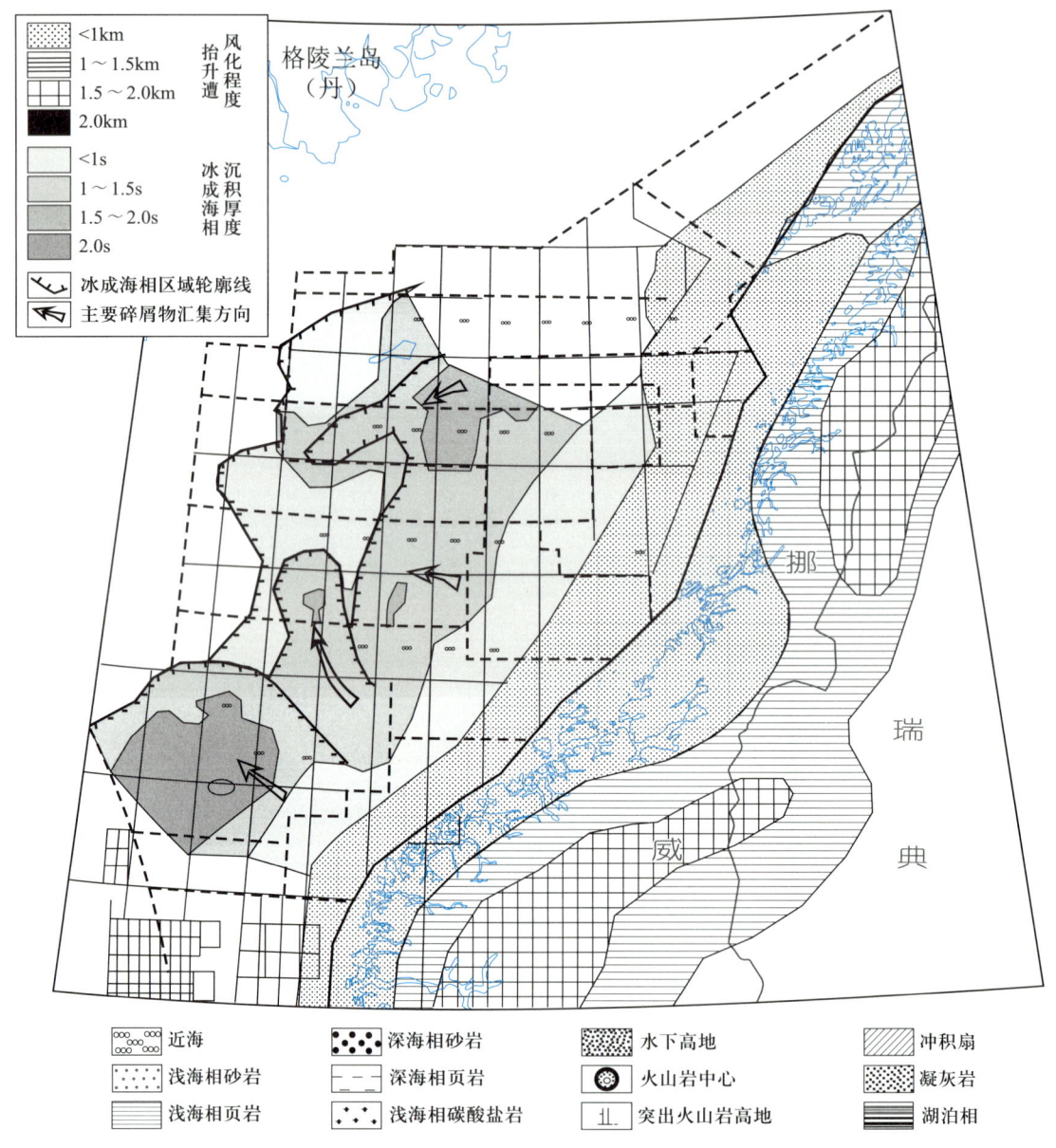

图 2-41　中挪威地区晚上新世—更新世岩相古地理（据 Swiecicki，1998）

第五节 石油地质特征

一、烃源岩

挪威中部陆架烃源岩主要有两套（表2-1）：一是下侏罗统三角洲平原相泥页岩及煤层（图2-42）；二是上侏罗统海相泥页岩（Karlsen等，1995）。

表2-1 挪威中部陆架主要烃源岩特征

地区	盆地	地层	构造背景	沉积相	类型及地球化学指标
挪威中部陆架	伏令和默里盆地	上侏罗统[①]	裂谷期	海相	高放射性泥页岩，Ⅱ型，TOC为5%~8%，HI达800mg HC/gTOC，生油气
		下侏罗统	裂谷期	海陆过渡相	煤及页岩，Ⅲ型，生凝析油

① 主力烃源岩。

1. 下侏罗统三角洲平原相泥页岩及煤层

下侏罗统三角洲平原相泥页岩及煤层，主要指下侏罗统Båt群的Åre组。上三叠统瑞替阶到下侏罗统普林斯巴赫阶Åre组为砂岩、页岩和煤层沉积，地层厚约490m（Ehrenberg等，1992），主要产凝析油，但也产石油、天然气和沼气。有机质类型主要为Ⅲ和Ⅳ型（Cohen等，1987；Hvoslef等，1988；Khorasani，1989；Odden等，1998）。烃源岩中煤层的镜质组反射率为0.65%时开始生烃，相当于3450m的埋深，近海页岩的镜质组反射率为0.85%时开始成熟。此套烃源岩生烃能力为10×10^6~$25\times10^6 m^3/km^2$的油和凝析油，并生成至少同等数量的天然气（Heum等，1986）。Åre组被认为是产烃数量最多的烃源岩。Mo等（1989）认为Åre组烃源岩远重要于Spekk组烃源岩，但还存在争论。

2. 上侏罗统海相泥页岩

上侏罗统海相泥页岩主要指Viking群的Melke组和Spekk组。Melke组和Spekk组为海相页岩沉积，从中侏罗世开始，一直持续到早白垩世。

Melke组包括117~282m的淤泥和黏土组成的冷页岩，夹一些细的砂岩和碳酸盐岩，它等同于北海地区的Heather组。沉积环境为广海相沉积。该组富含有机质，其TOC为1%~4%（Ehrenberg等，1992），但低的氢指数（HI）反映它不是一套好的烃源岩，而凹陷内的潜力可能更好。

上侏罗统挪威中部陆架海侵达到顶点，在厌氧环境下沉积了Spekk组（Whitley，1992）。Spekk组沉积从牛津阶到贝里阿斯阶，相当于北海的Kimmeridge Clay和

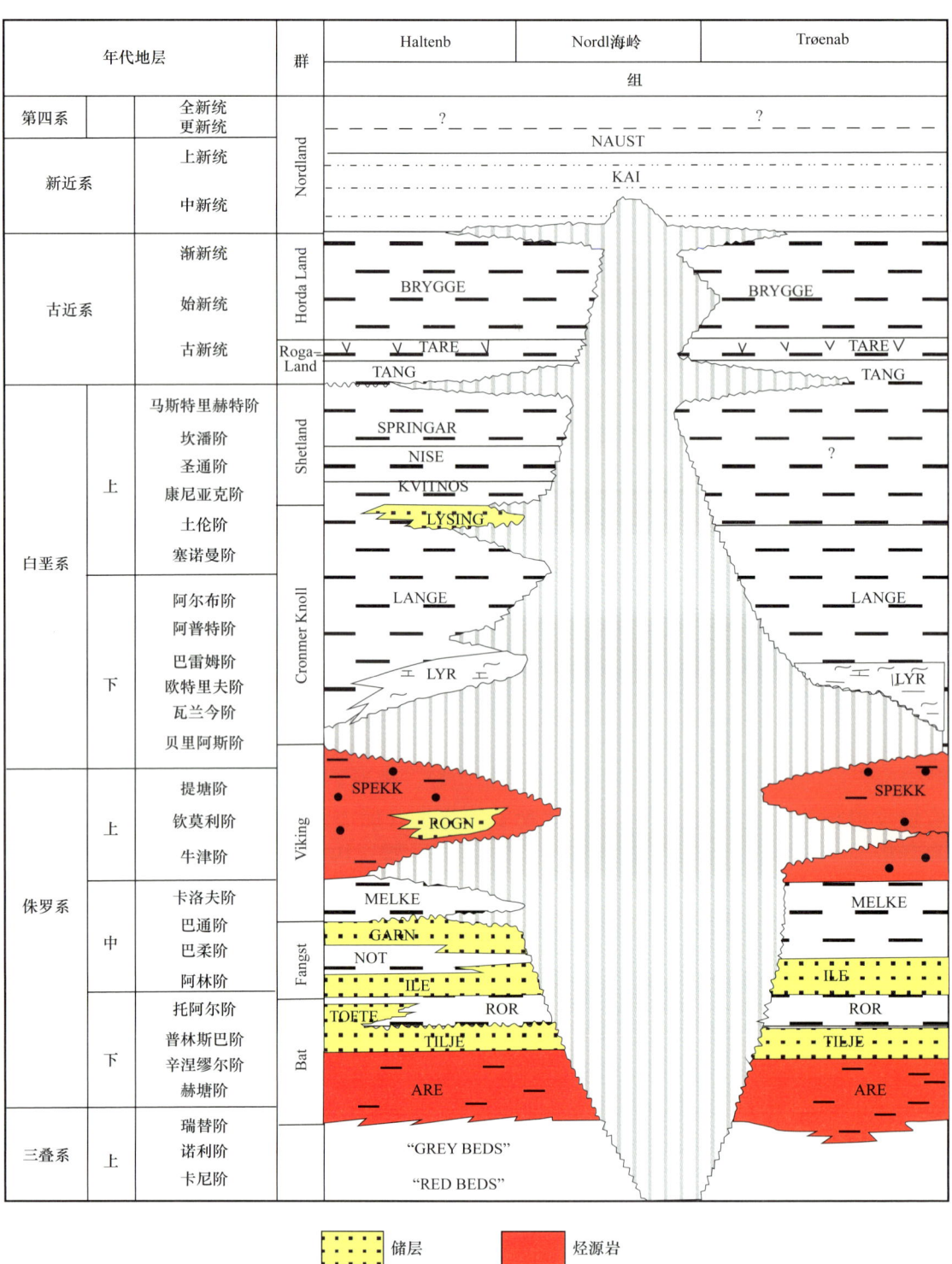

图 2-42 挪威中部陆架烃源岩剖面图（据 Carlson 等，1995）

Draupne 组。它是一套高放射性的泥页岩,有高的有机碳含量(5%~8%TOC)和氢指数(800mgHC/gTOC),是一套富生油的烃源岩(Heum 等,1986),为这一地区最主要的烃源岩(Heum 等,1986;Aidos Kazankapov,2019),干酪根类型为Ⅱ或Ⅲ型(Whitley,1992)。Karlsen 等(1995)认为这套烃源岩在伏令盆地的西部是过成熟的,而在东部的 Trondelag 台地是未成熟的。镜质组反射率达到 0.7%,相当于埋深达 3900m 时开始生烃(Heum 等,1986)。中挪威地区 Spekk 组的生烃能力为产轻质油 7×10^6~$20\times10^6 m^3/km^2$,这一层主要产 C_{15+} 碳烃化合物。

根据 6814/04-U-02 井和 6307/07-U-02 井钻井资料(图 2-43),可以很好地揭示 Spekk 组烃源岩的地球化学特征(Brekke,2000)。

图 2-43 挪威中部陆架地质剖面及 6814/04-U-02 井和 6307/07-U-02 井位置(据 Brekke,2000 修改)

Spekk组包含重要的未成熟—成熟的、具有高有机碳含量的烃源岩（Wedepohl，1991；Brekke等，1999；Smelror等，1994，2001；Aidos Kazankapov，2019），有机碳含量向上逐渐降低（图2-44），到Hekkingen组6814/04-U-02出现缺失，主要是因为海平面氧化作用增强，致使有机物被氧化（Langrock等，2003b；Mutterlose等，2003）。

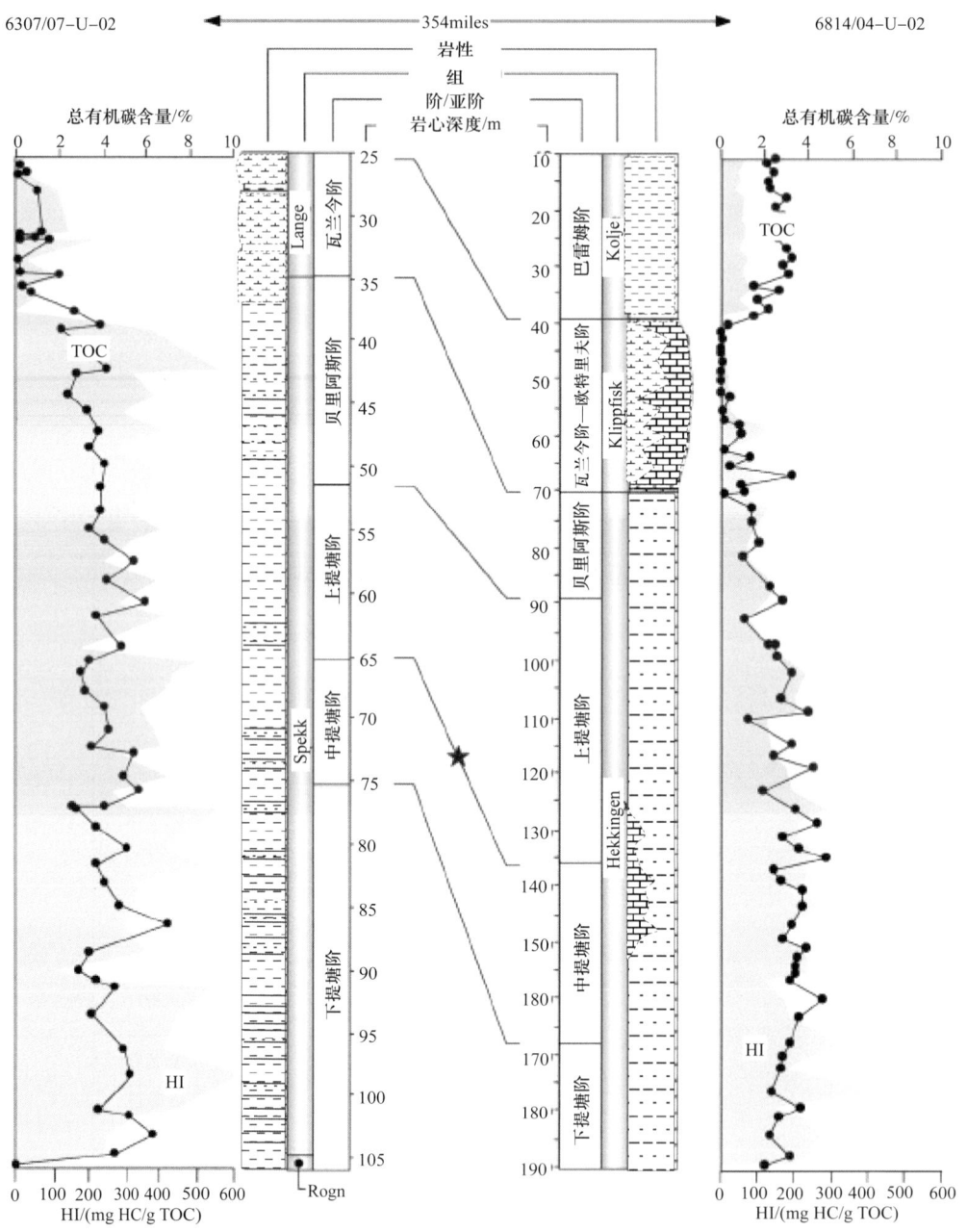

图2-44　挪威中部陆架6814/04-U-02井和6307/07-U-02井的时代、地层、岩相（Blake等，1999；Hansen等，1991；Smeler，1994，1998）以及有机碳含量（TOC）

Spekk 组烃源岩显微组分含量较高（Mutterlose 等，2003；Brekke 等，1999；Hansen 等，1991；Smelror 等，1994，1998），6814/04-U-02 井的显微组分高于 6307/07-U-02 井（图 2-45）。

Spekk 组有机碳含量、沉降速率、海相有机质、总有机碳含量的堆积速率和海相有机碳等指标（Langrock 等，2003b；Mutterlose 等，2003），在 6814/04-U-02 井、6307/07-U-02 井和 6307/07-U-02 井的资料中有很好的显示（图 2-46、图 2-47）。

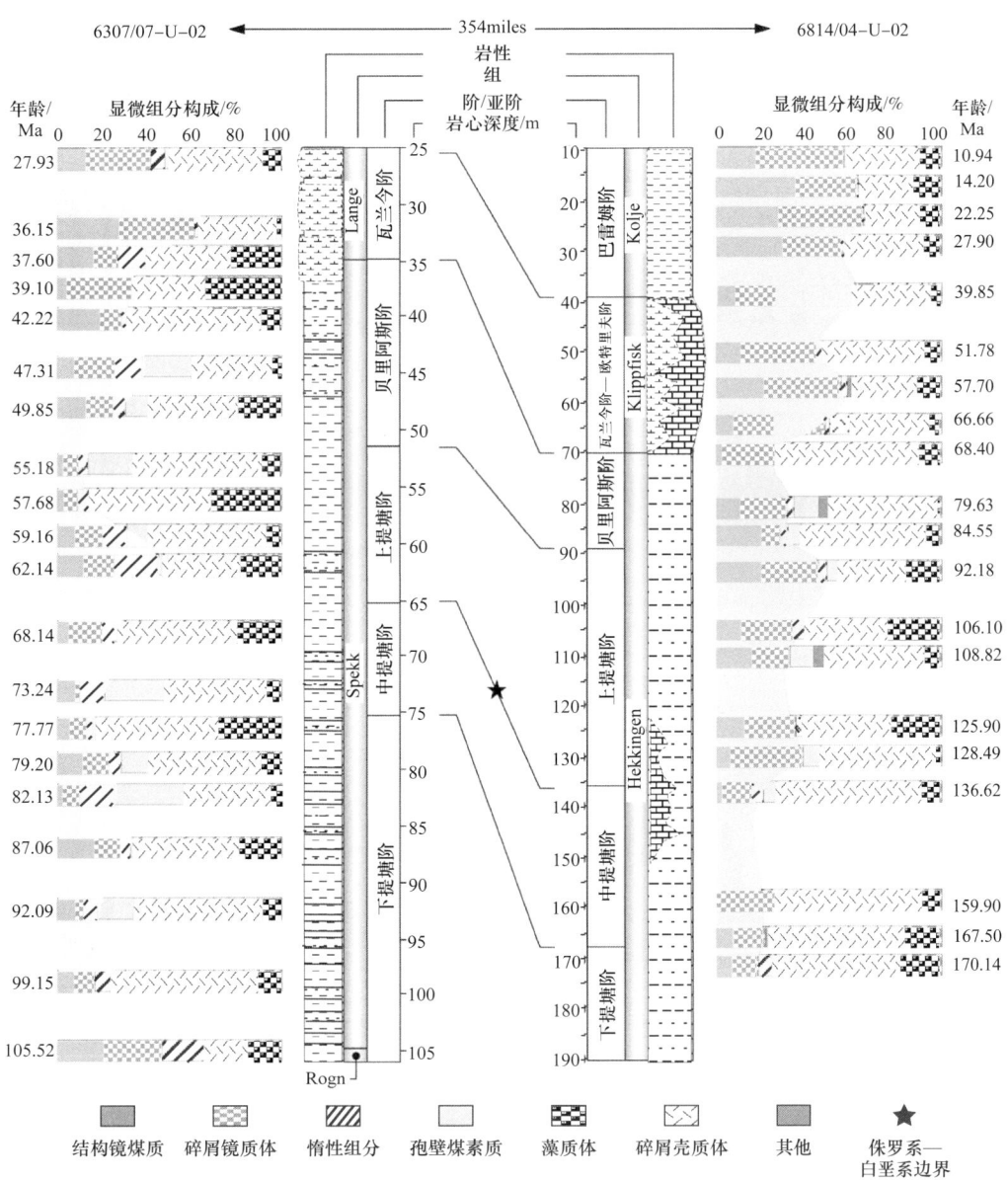

图 2-45　挪威中部陆架 6814/04-U-02 井和 6307/07-U-02 井时代、地层、岩相（Blake 等，1999；Hansen 等，1991；Smeler，1994，1998）及显微组分

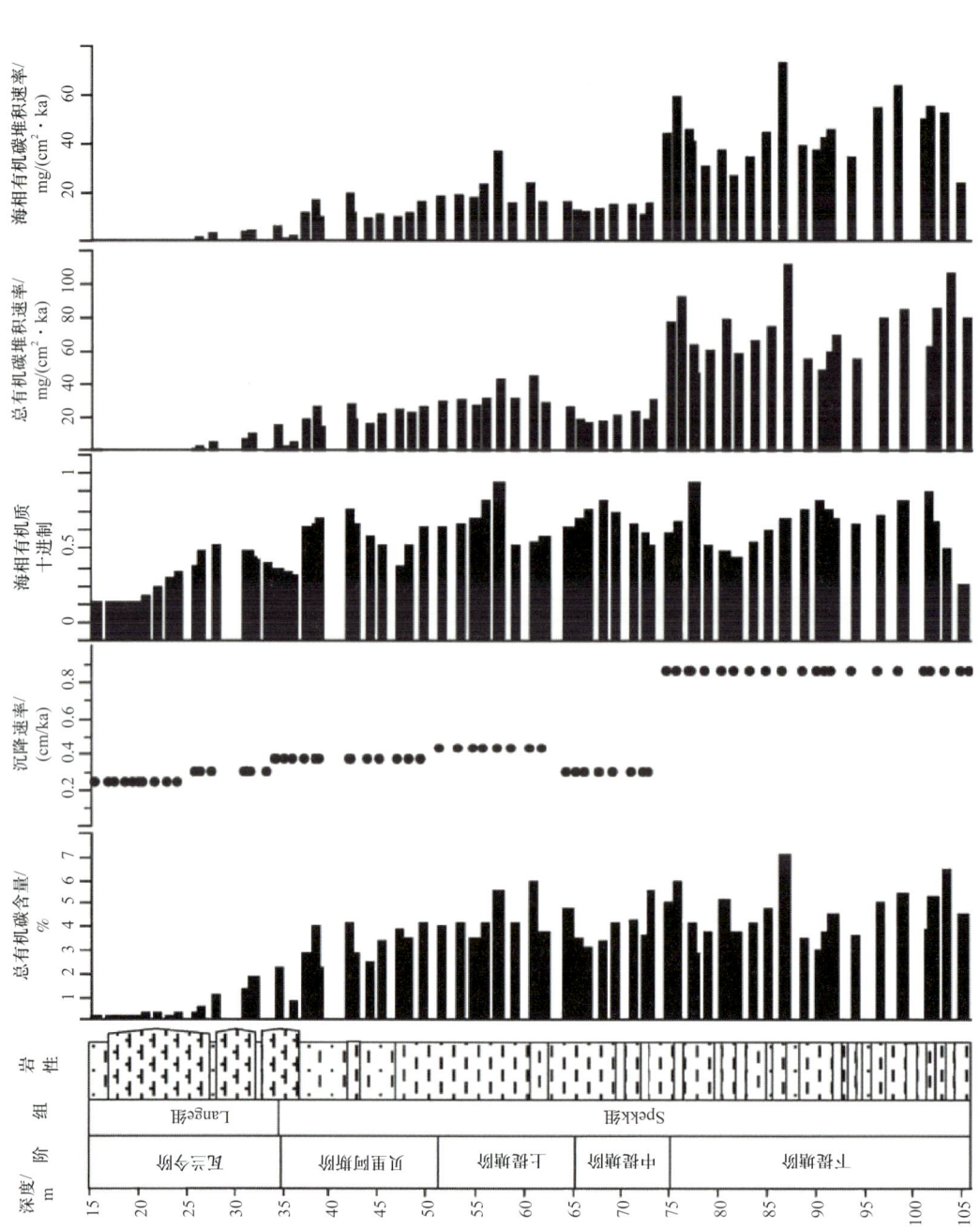

图 2-46 挪威中部陆架 6307/07-U-02 井的有机碳含量（Lonrock 等，2003）。沉降速率、海相有机质、总有机碳含量的堆积速率和海相有机碳

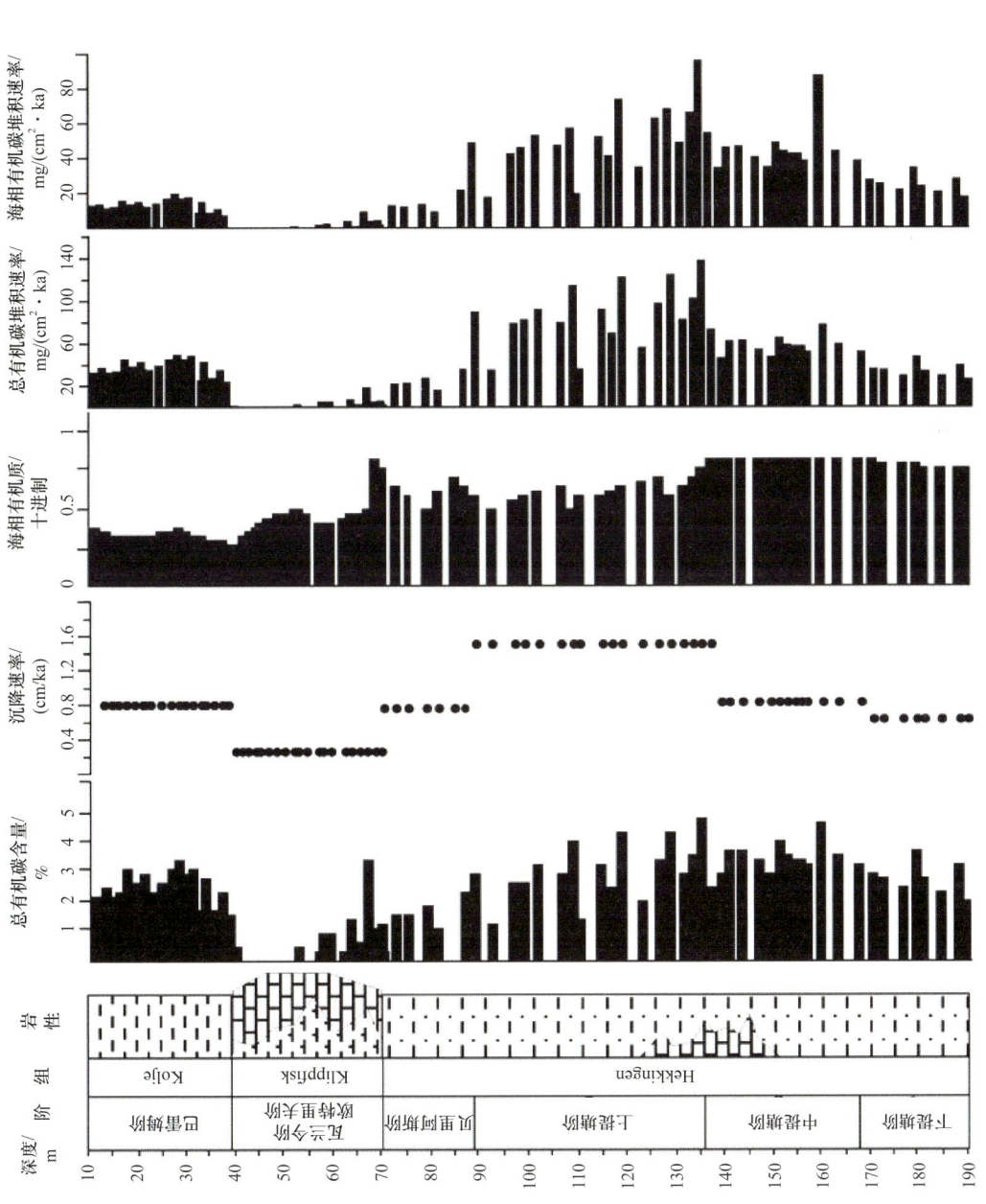

图2-47 挪威中部陆架6814/04-U-02井的有机碳含量（Lonrock等，2003）、沉降速率、海相有机质、总有机碳含量的堆积速率和海相有机碳

二、储层

挪威中部陆架的主要储层有两套（Færseth 等，2002）：（1）中侏罗统滨浅海相砂岩，特别是 Garn 组的砂岩孔隙度约为 22%，渗透率较好，埋深约为 4.7km，是被证实的良好储层；（2）白垩系—古近系—新近系海相浊积砂岩。次要储层也包括两套：（1）下侏罗统三角洲平原—前缘的砂岩；（2）上侏罗统海相砂岩（图 2-48）。

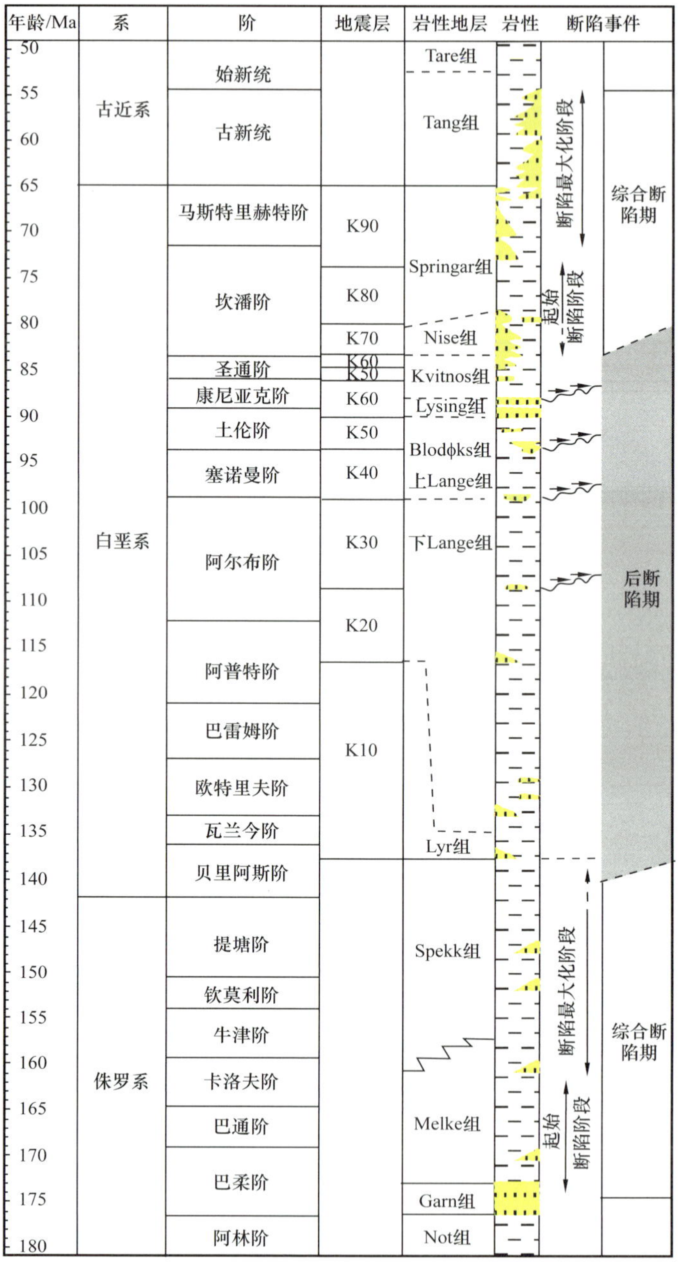

图 2-48　挪威中部陆架侏罗系—古近系储层（Færseth 等，2002）

1. 中侏罗统滨浅海相砂岩

中侏罗统滨浅海相砂岩是已经被证实的储层（Karlsen 等，1995），Blystad 等（1995）统计了挪威中部陆架几个油田的储层（表2-2）。

表2-2 挪威中部陆架油田储层及烃源岩（据 Blystad 等，1995）

油田	位置	主要储层	主要烃源岩
Trestakk	6406/3 区块	中侏罗统 Garn 组	上侏罗统 Spekk 组
Tyrihans	6407/1 区块	中侏罗统 Garn 组	上侏罗统 Spekk 组
Lavrans	6406/2 区块	中侏罗统 Ile 组	上侏罗统 Spekk 组
		下侏罗统 Tofte 组	
Njord	6407/7 和 6407/10 区块	下侏罗统 Tilje 组	上侏罗统 Spekk 组
Smørbukk	6506/12，6506/11，6406/3-3	下侏罗统 Tilje 组	下侏罗统 Åre 组
		中侏罗统 Garn 组	上侏罗统 Spekk 组

以沿海的 Fangst 群为主，包括 Ile、Not 和 Garn 组。砂质沉积物主要来自区域穹隆，等同于北海地区 Brent 群低水位期的砂岩（Ehrenberg 等，1992；Whitley，1992）。Fangst 群沉积物反映海平面的海进/海退周期。该周期通过大规模转换反映，Ile 组的边缘海地层—Not 组的深海相地层—Garn 组的浅海相地层。Ile 组厚度为 60～82m，为上托阿尔阶—下巴通阶一套近海岸的海相砂岩，薄的生物扰动页岩/粉砂岩夹层沉积（Ehrenberg 等，1992）。从底部 Ror 组转换明显，由广泛的碳酸盐岩沉积转变成硬石灰岩沉积（Karlsson，1984）。Ile 组的砂岩被认为是好的储层。Ile 组转变成 Not 组以 10m 厚的海侵砾岩为代表。Not 组沉积物从阿林阶到巴通阶，为海相陆架沉积，24～34m 厚。这个组从底部的页岩向上逐渐变粗，分阶段向上变为生物扰动粉砂岩，到顶部的细粒砂岩。Heum 等（1986）认为烃源岩潜力很小。

一个侵蚀面将 Not 组和 Garn 组分开。Garn 组厚度从 14～114m，反映不同的沉积厚度和局部侵蚀（Ehrenberg，1990）。西南部比较厚，向中心及北部变薄。这个组是一个重要的储层单元，有良好的孔隙度和渗透率值，例如孔隙度约为 22%，埋深约为 4.7km（Rønnevik，1998）。

以 Kristin 油气田为例，目前对于 Garn 组的研究主要集中在对其发育特征的研究，该组砂岩厚度约 100m，沉积特征显示潮汐作用强烈，并伴随有波浪作用。断层相关地势及早巴柔期相对海平面的下降使潮汐作用不断增强。作为挪威中部陆架部分油气田的优质储层，对 Garn 组的沉积相进行分析，以便更好地认识 Garn 组的成因、沉积非均质性和优质储层。

1）Halten 台地的 Garn 组特征

Halten 台地侏罗纪同裂谷期沉积基底最初认为位于 Fangst 群浅海砂岩和 Viking 群浅海泥岩之间（Koch 和 Heum，1995），但是后续研究表明，裂谷阶段开始的时间较早，一直持续到白垩纪早期。同沉积生长断层和断层派生褶皱形成于早侏罗世到中侏罗世（Marsh 等，2010），这种形变对盆地结构、上盘沉积中心、沉积搬运通道和 Garn 组可容空间的发育具有重要影响（Corfield 等，2001）。

Garn 组和 Ile 组硅质碎屑砂岩是 Kristin 油气田主要的烃源岩和储层（Helgesen 等，2000；Martinius 等，2005）。油气圈闭为构造圈闭，受控于往北延伸向东倾斜的地垒断块，这正是 Halten 台地油气田的特征。

Corfield 等（2001）针对 Garn 组提出了三个阶段的沉积方案：（1）同造山期强制性海退造成巴柔早期不同的剥蚀阶段，紧接着带状沉积中心低水位期的巨大沉积；（2）脉冲式进积作用的海侵阶段，滨岸带在隆起区以正常海退楔形体的形式逐步后退；（3）最后的水淹阶段，潮间砂岩被巴通早期的浅海泥岩所覆盖。

2）Garn 组沉积环境

对 Garn 组沉积环境的理解，Gjelberg 等（1987）原本提出了潮汐作用和高能波浪作用的临滨环境，向西消失于扇三角洲体系的坝口，但是 Dalland 等（1988）提出向东推进的辫状河三角洲朵叶体受河流和波浪作用的控制。后来的解释一般认为是三角洲、海岸沙嘴、临滨和陆架砂岩沉积的高能浅海环境（Elfenbein 等，2005；Quin 等，2010）。然而，没有河流或其他陆相沉积的记录。Corfield 等（2001）识别出了微小正突起的长条状砂岩，认为在平行于主要断层的带状砂质沉积中心，断层相关地貌和区域海平面下降可能源于潮汐作用。有人发现了潮控沙丘（Elfenbein 等，2005），有人提出了可能的潮控砂岩隆起（Corfield 等，2001），但是没人尝试去从岩心方面去识别砂岩体，并把它们计入储层模型。Quin 等（2010）把 Garn 组的沉积归因于构造控制的、往东过渡为海相环境或疑似潮控三角洲，但是值得注意的是，离 Grip 隆起古海岸线几千米远处，在 Kristin 油气田中心地带发育的相对粗粒、具有交错层理的砂岩在这种方案中难以解释。Corfield 等（2001）已指出，Garn 组简单的层状储层模型同样适用于 Smørbukk 油气田、Smørbukk 南部油气田、Heidrun 油气田、Kristin 油气田、Trestakk 油气田和 Tyrihans 油气田。

3）Garn 组相分析

基于 Kristin 油气田轴部六口井的岩心和地球物理数据。从北向南，六口井依次为 6506/11-N-3H、6506/11-6、6506/2-3T3、6506/2-R-4H、6406/2-5AT2 和 6406/2-5 井。其中，6406/2-5AT2 井、6506/2-R-4H 井和 6506/11-N-3H 井都不是直井，在这些井中 Garn 组的视厚度相应的做了校正。横向井距 1.9~5.1km。Garn 组在这些井中被完整取心，岩心总长度约 700m，且做过测井记录。Garn 组底部是一个区域剥蚀不整合面（Corfield 等，2001）。虽然通常变化急剧，但是横跨该边界，沉积相相变化未必显著。在 Kristin 油气田，上覆 Not 组的浅海泥岩逐步过渡为生物扰动异性岩类潮积物，被 Garn 组潮间带砂岩完全覆盖。Not 组最上部向上变浅的层序指示了正常的海退，由于剥蚀作用而间断，最后发育潮积物砂质沉积。在邻近的 Smørbukk 地区也有相似的地层关系，其地层边界是由幕式强制性海退形成（Corfield 等，2001）。

4）Garn 组微相划分

Garn 组砂岩层序几乎没有泥岩或更厚的夹层，是浅海成因的。零星的遗迹化石包括 *Trichichnus*、石针迹、曲管迹、蛇形迹、*Cylindrichnus*、*Planolites*、*Palaeophycus*、管枝迹、双壳类生物钻孔和停息迹（Quin 等，2010），是浅海环境有力证据。根据沉积学岩心描述划分了六种沉积微相。

S_{PS} 相：具有平行层理的砂岩——其成因是受到底部高速的波浪作用（Komar 和 Miller，1975），也可能是单向流动配合波浪作用或者是由于风暴作用和地形限制变为较高的流动状态（Harms 等，1975）。

S_{SS} 相：具有槽状交错层理的砂岩——其成因是风暴波浪幕式冲刷和充填作用，以及低沉积速率下单向水流作用（Arnott，1993）。

S_{HS} 相：具有丘状交错层理的砂岩——其成因是类似的风暴波浪幕式作用，以及高沉积速率下单向水流作用（Arnott，1993）。

S_{RL} 相：具有波状交错纹层的砂岩——其成因是近底部低速的波浪作用（Komar 和 Miller，1975），或者是在较低流动状态的较低范围里微弱的单向水流（Harms 等，1975）。

S_{CS} 相：具有平行交错层理的砂岩——其成因是在较低流动状态的较高范围内单向水流作用，形成长脊状的水下二维沙丘。

S_M 相：均匀构造砂岩——其成因是地震作用或风暴浪循环载荷导致的零星沙丘垮塌或局部海底熔融。

最富集的是 S_{CS} 相（28%~60%）和 S_{PS} 相（13%~60%）。S_M 相非常少（小于 0.1%），仅在 6506/11-N-3H 井出现（6.6%），但却有重要意义，其指示局部熔融，也可能是因为靠近地震引起的活动断层。

相范围表明由间歇性风暴事件引起的水控沉积和浪控沉积，其特征为具有足够的水动力能量搬运一定颗粒大小的沉积物，泥岩始终处于悬浮状态。这种条件是许多内部缓坡带的典型特征，特别是临滨带和其他沿海浅滩，以及沙坡、狭窄的陆架海道，增强了潮汐流。

5）Garn 组的相组合

在测井曲线及其横向对比进行沉积相组合的基础之上，认为 Halten 台地地区 Garn 组包含三种主要的相组合。

相组合 A 包括 S_{CS} 相（体积比 66%~92%），与下部 S_{RL} 相（体积比 3%~23%）和 S_{PS} 相（体积比 1%~15%），以及 S_M 相（体积比小于或等于 8%）、S_{SS} 相（体积比小于或等于 2.5%）和（或）S_{HS} 相（体积比小于或等于 0.5%）零星分布的岩层间互发育。沉积学测井曲线的对比关系表明，这些相在南北向上组合成隆起状、宽阔的砂岩透镜体条带，井中厚度测量最大达 12m，估算长度约 20km。这与 Corfield 等（2001）识别的正向突起上的条带状砂岩体是一致的。A 沉积相组合砂岩体占 Garn 组体积的 38%~68%，解释为组成潮控沙坝垂向累加的二维沙丘在波浪作用下重建的结果。巨厚层里大范围前积层的缺失表明直线流动的沙脊，而不是斜坡崩塌引起横向流动的沙浪。由于前期生长和倾斜横向迁移，该类型线状沙脊在大陆架、狭窄的陆架海道和海峡、滨岸海湾和大型河口湾均有发育。井中的证据结合倾角测井数据显示，潮汐系统是不平衡的，主要为往南迁移的沙丘，其次是回流形成的沙丘。半孤立的砂岩脊地层堆积叠瓦状模式。

B 相组合包括 S_{PS} 相（体积比 7%～83%）和 S_{RL} 相（体积比 12%～70%，主要为水成波痕交错层理），两者相互交替，中间穿插单个或多个 S_{CS} 相（体积比 5%～21%），以及 S_M 相（体积比小于或等于 7%）、S_{HS} 相（体积比小于或等于 2%）和（或）S_{SS} 相（体积比小于或等于 2%）孤立的岩层。该相组合与 Garn 组体积的 12%～65%，与 A 相组合砂岩体在横向上相互交错。B 相组合为潮汐流及波浪影响下脊内洼地的沉积。洼地近底部水流呈漏斗状，在潮汐流波峰处达到高流态，从而引起平坦河床运移，相当于向下的砂体支流。潮汐流中洼地狭窄的、螺旋形的层流波及沙脊附近侧面的沙体，在最弱的流动阶段，水流波动主导砂体搬运。

如果波浪形成的周围涡流持续时间长，在潮汐系统中不会或很少有泥沉积。洼地中，砂体易被潮汐波峰处的波浪波及，随后被潮汐流重新分配。根据原地水动力条件，脊内洼地可能形成潮控和浪控的不同岩性沉积或完全没有泥的砂岩，也有可能剥蚀或分流。

C 相组合包括 S_{PS} 相（体积比 54%～95%）和 S_{RL} 相（体积比 3%～32%，主要为浪成波痕交错层理），两者相互交替，中间穿插 S_{HS} 相（体积比小于或等于 11%）或 S_{SS} 相（体积比小于或等于 6%），以及 S_{CS} 相（体积比小于或等于 8%）孤立的小型交错沉积。该相组合占 Garn 组体积的 4%～26%，作为前两种相组合的沉积盖层重复出现，在两口井中地层最上部实际上占据优势地位。C 相组合解释为浪控和潮控沉积物剥蚀的代表，与许多陆架临滨和其他潮间浅滩的特征相似。现有条件下的这些沉积表明，与 A、B 相组合沉积条件相比，C 相组合沉积水体相对较浅，理由为间歇性风暴事件（S_{HS} 相和 S_{SS} 相）引发长期波浪作用（S_{PS} 相和 S_{RL} 相）的证据，以及潮控沙丘的缺失或保存不完整（波浪削蚀的 S_{CS} 相）。

6）沉积模型

区域古地理恢复表明，Halten 台地区域早侏罗世到中侏罗世沉积发生在从开放的北海向南延伸的狭窄海道北部边界内，其边界为砂体物源区 Grip 隆起以西，进入泥质沉积为主的 Trøndelag 地台以东。地台是海道的一部分，但是宽广的，从斯堪的纳维亚海岸接受少量砂岩。该地区从西部接受沉积，无论邻近 Halten 台地砂体储存空间何时达到最小，都会受风暴和潮汐流作用往外扩展延伸。海道伸出轴向部分将放大潮汐流，这种情况可能是循环的，本身是不平衡的，或 Boreal 风暴引起的南向流动比较多。南向古水流和潮控砂岩体在邻近的格陵兰东部海道也有发育。

Halten 台地水道可能包含一系列的早期浅地堑及半地堑，这些地堑和半地堑是由伸展断层或断层派生的相关褶皱形成的。Kristin 油气田 Garn 组包括浅海砂岩，并且厚度相当大。往东厚度增加，穿过 Trestakk–Smørbukk 断层后厚度突然减小，这意味着沉积发生在活动的、沉降的浅海地堑中。在油气田最西部（6506/11-3 井）发育的砾岩相也许是对半地堑西部边缘的反映，佐证了西部为沉积物源的观点。Grip 隆起地垒在当时可能是一个长条形的岛屿或带状岛屿，该区域水少，不可能形成大的河流三角洲。古海岸线没有保留，但是可能是浪控的，可能也包括小型砾岩河流三角洲或冲积扇。沉积系统曾经是一个砂质临滨，向东延伸穿过增强了潮汐流的、活动的浅海地堑，改造滞留砂岩为纵向的坝体。水下沙丘同潮控砂岩坝体一起发育，在许多现代和古代海洋地堑中都有过报道，在附近的 Smørbukk 油气田以北 Garn 组也有所发育。

Garn 组等厚图表明，砂岩沉积中心位于 Kristin 油气田中心地带，沿假设的地堑东部边缘发育。砂岩层序过渡至 Melke 组浅海泥岩之前，在单井中不同的层面达到最大厚度。这种关系意味着短距离的相穿时，表明在 Garn 组沉积期，沿地堑西部边缘发育不平坦的海底地形。与断层相关的海底地形也许可以解释砂质临滨环境不均匀地往东推进现象，以及向西不均匀的后退。地堑边缘可能是以反向断层为边界，该反向断层具有原地转换斜坡和转换破裂的横向背斜，其上的潮间沉积在海进情况下比在邻近低洼区域的持续时间长。

潮下带沙脊是沉积系统重要的地形动力学元素，显然与地势增强的潮汐流和相对海平面的上升有关。沙脊地层易发育在大陆架海侵时期，需要具有以下四个条件：（1）海底地势里先前存在的不规则性；（2）砂体的充足供应；（3）砂体搬运潮汐和（或）风暴引起的水流；（4）充足的时间使得砂体铸成单脊或脊状区域。据报道，脊发育的流水速度在 $0.5\sim2m/s$ 范围内，对于开放的大陆架，这也许意味着超过 3m 的潮汐柱，但是对许多现在的海峡，可能只超过 0.5m。在潮汐流动力学、海洋地貌学和沉积供应之间，沙脊的地貌特征和空间结构源于系统向平衡方向的演化。

由于潮下带沙脊体积变大和加积，沙丘垂向积累被风暴事件不停地打断，可容空间逐渐被填满，导致沙丘削截，沙脊顶部剥蚀，以及使砂岩向东南和更远的东部搬运的潮间波浪作用的暂时性优势。同时期的相组合 A 和 B 潮汐沉积被浪控的相组合 C 沉积所覆盖，相组合 C 本身易于被波浪作用原地剥蚀，成为可容空间限制内横向上的延伸。相对海平面的有效上升创造了新的可容空间，促进了新一代沙脊的发育，许多沙脊直接叠覆在先前被波浪削截的沙脊之上。相组合的地层结构说明了相对海平面变化的反复模式。海侵海退循环促进了构造沉降的发生，地质记录解释了 16 个可识别的以海平面为边界的准层序。Garn 组以底部被迫性海退剥蚀面为边界，包括准层序，代表主要区域层序的海侵系统区域。潮汐沙脊的发育用过测深法测量，只有当构造再生的地堑地形能够推动潮汐流和接受垂向沙丘累积的情况下，潮汐沙脊才能长时间反反复复。单个准层序的厚度在横向上是不同的，反映了洪水沉积前的地势和洪水沉积后沉积作用的综合影响，通常在海底地势方面得到补偿。

在一个储层中，交错层理扮演了一个各向同性的由高角度不整合和岩性渗透率阻碍分隔的小隔室。交错层理形成砂岩脊，组成 Garn 构造的主要部分，因此交错层组的体积对这些储层特征很重要。经测量过的交错层组厚度显示出很大的差异，因此对于未知交错层理，也能预测有一个相似的较大变化。在随后的一个工区，我们解释了如何应用交错层理厚度的频率分布，来在基础统计中估计交错层理的频率分布。

7）交错地层厚度的空间变化

学生 t 检验和无参数 RAM、RUD 检验，以及斯皮尔曼秩相关检验在交错地层厚度中无法揭示任何重要的空间趋势。在沙脊交错地层厚度中，均方差不同，在单井内和单井间也是如此，90% 以上认为是无意义的。这意味着在沙脊之间及沙脊中心和侧向部分之间，在交错地层厚度中缺少有意义的不同点。井钻遇了沙脊最厚的部分，显示不规则的沙丘向上变薄，可能反映了在加积的潮控沙丘中，波浪剥蚀作用的影响增强。在稍厚和稍薄层之前，结构上有点不同，这也佐证了剥蚀削截的见解。

潮控沙脊横向上延伸广泛，具有平缓的地势起伏，脊间沉积聚集于沙脊的生长协调一致。报道显示现代沙脊倾角大部分小于 1°（McBride，2003）。在沉积最大值区，因为波浪作用的增强，变得更加均一，横向测深的差距变小。后一种情况下，宽阔的海峡在超深水中发育潮控沙丘复合体，形成客观的横向地形，不受波浪的影响，沙丘厚度大于 20m，横向上可识别。显著的海底地势和波浪作用的缺失，在如潮控沙脊的水下区域，也许会成为沙丘高度的决定性因素。

针对 Kristin 油气田 Garn 组原始非均质性和渗透隔离问题改进的模型，解释了储层原始压力为何如此迅速下降，以及为什么采收率比其他气田和凝析油气田低得多。储层整体渗透率低。来源于渗透性好的储层区域的流体，其释放可能受到层内高非均质性的抑制和周围低渗透相的阻碍，减缓空间流体的搬运和储层压力的均衡。随着区域压力的下降和井中含水饱和度的上升，在早期开发阶段，由于毛细管压力的作用，可观数量的凝析油可能滞留在这些隔离区。因此应该利用现今研究提供的高质量模型，模拟和仔细评估采收率。另外，在储层次级隔离区，也应该考虑断层可能起到的作用。

Kristin 油田 Garn 组的分析表明，砂岩的沉积主要发生在初始沉降地堑的浅层。该地堑位于侏罗系狭窄的水道内，连接了 Boreal 和 Tethys 两个大洋。沉积物包括潮控—浪控的重复旋回沉积，成因认为是相对海平面的构造变动。这个海侵—海退旋回产生了一个 100m 厚的海侵准层序，终止于大的海洋洪泛和 Melke 组的泥质沉积，导致了侏罗纪裂陷作用达到最高潮，引起了大陆架垮塌。

2. 白垩系—古近系—新近系海相浊积砂岩

白垩系—古近系—新近系浊积砂岩储层是被证实了的砂岩储层，挪威中部陆架最大的气田 Ormen Lange 气田储层主要为上白垩统（马斯特里赫特阶上部）—下古新统（丹麦阶）浊积砂岩，主要为丹麦阶的 Tang 组（Dalland 等，1988），相当于北海的 Vale 组（Gjelberg 等，2001），这些浊积扇主要分布在靠近陆缘的区域，由于重力等作用最终形成浊积扇，成为有利的储层（图 2-49）。Ormen Lange 气田的储层就位于 Storegga 滑塌运动形成的浊积扇中（Petter 等，2005）。

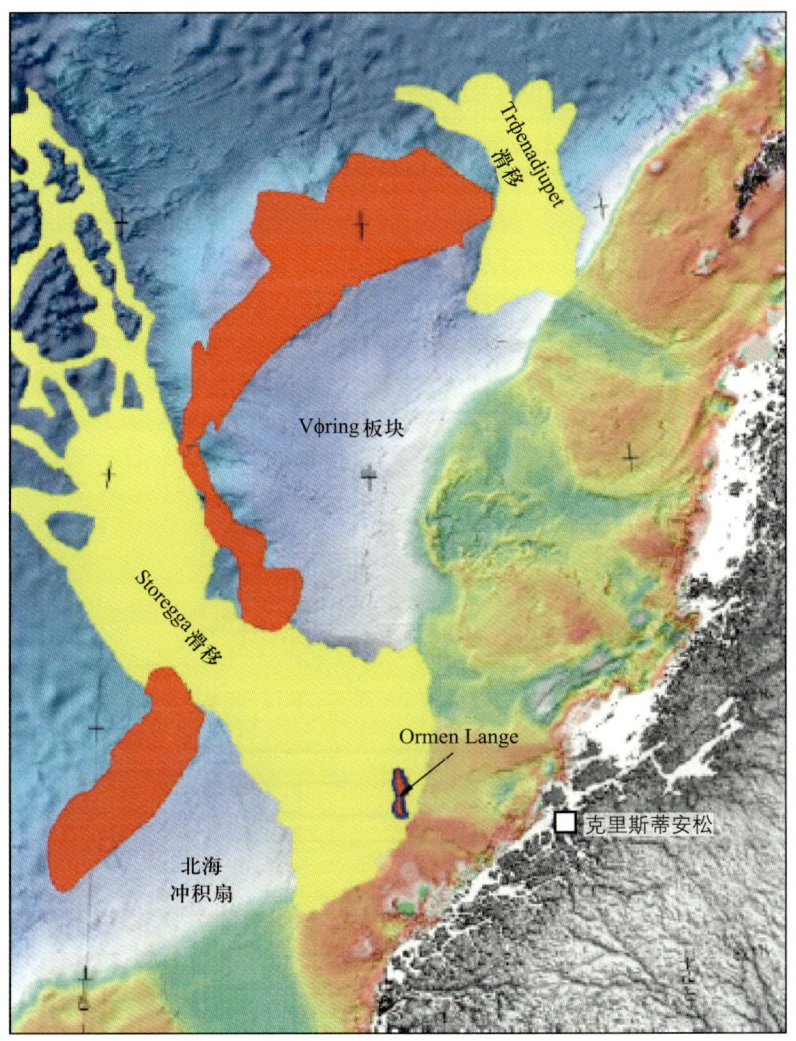

图 2-49　白垩系—古近系—新近系 Storegga 滑塌形成的浊积砂岩（据 Petter 等，2005）

下白垩统坎潘阶在裂谷活动作用下形成厚层浊积砂岩储层，在 Nyk 高地可达 800m 厚（Kittelsen 等，1999），200m 厚的砂泥序列沉积在伏令盆地和默里盆地东南部（图 2-50），在 Halten 阶地厚度小于 200m（Færseth 等，2002）。

3. 下侏罗统三角洲平原—前缘砂岩

在下侏罗统挪威中部陆架以海侵的 Båt 群沉积物为代表。Båt 群分成三个组，Åre、Tilje 及 Ror 组。上三叠统瑞替阶到下侏罗统普林斯巴阶 Åre 组为砂岩、页岩和煤，代表广泛的三角洲平原沉积（Ehrenberg 等，1992）。这套沉积物下部主要为河流相的沉积，上部有部分海相夹层。地层厚约 490m（Ehrenberg，1990），与沉积在下面的三叠系类似。Tilje 组厚约 75～150m，最大厚度在西部，向东慢慢变薄。沉积物主要为三角洲平原—三角洲前缘沉积（Dalland 等，1988），被认为是滨浅海条件下形成的储层（表 2-2）

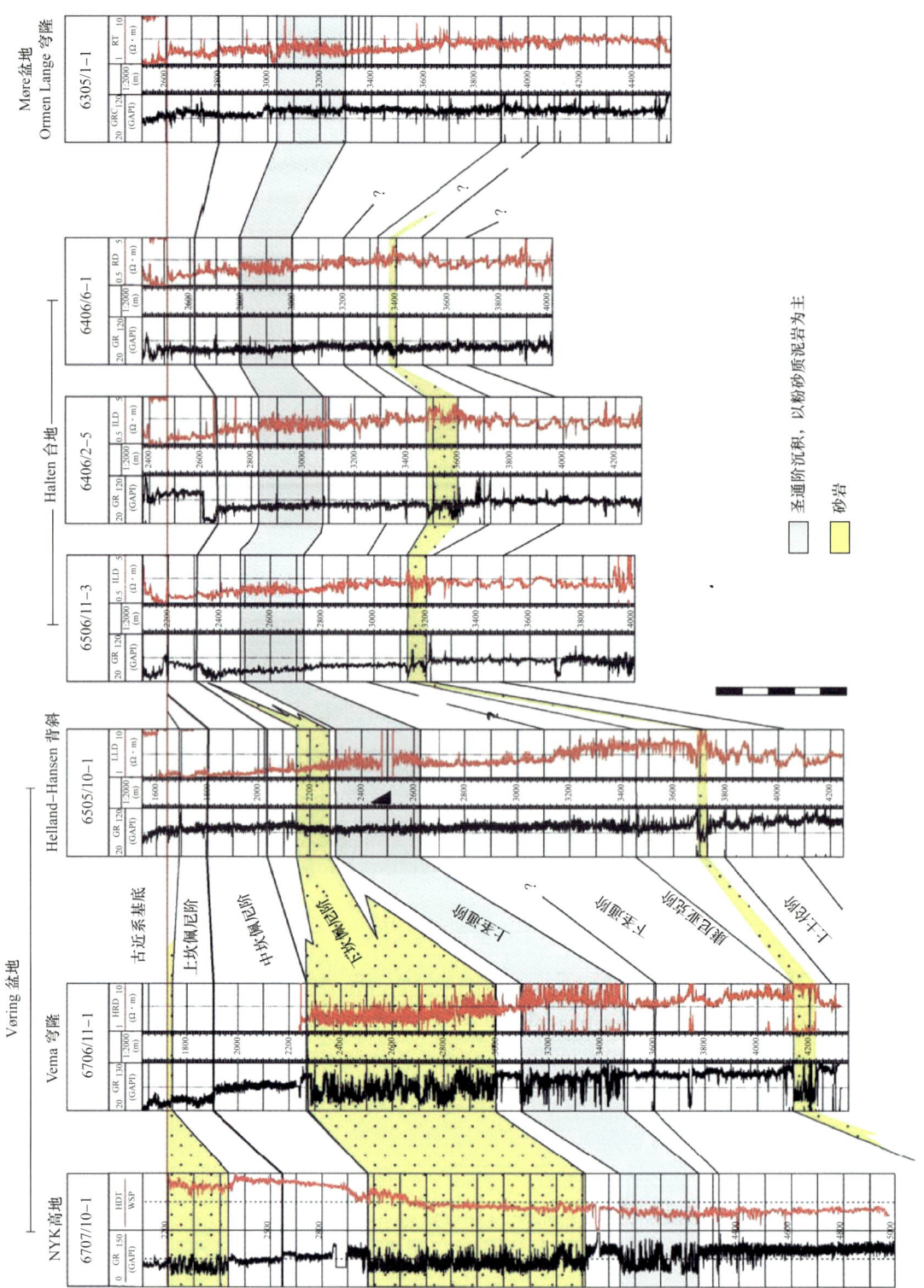

图 2-50 伏令盆地—Halten 台地—默里盆地白垩系连井剖面显示的浊积砂岩（据 Faerseth 等，2002）

（Blystad 等，1995）。由于横向分布广泛，Fagerland（1990）认为它们是普遍良好的储层。继 Tilje 组之后，强大的海侵和开放的海洋条件导致沉积形成 Ror 组，厚约 53～73m，向上变粗的单元由海相泥页岩到上部的风暴粗砂岩沉积构成（Ehrenberg 等，1992）。

4. 上侏罗统海相砂岩

晚侏罗世沉积时期，挪威中部陆架大部分为黏土质的沉积，广泛发育富有机质的页岩，是一套区域性烃源岩。大断层的连续活动以及半地堑的相伴发展，引起碎屑沉积的局部聚集。上侏罗统 Rogn 组为一个受限制的透镜体。这个单元为中侏罗统到上侏罗统受剥蚀的碎屑岩沉积，物源来自 Trøndelag 台地。它是一套浅海相 40～50m 厚的沉积（Ellenor 和 Mozetic，1986），为一个向上变粗的序列，底部为页岩和砂泥岩，过渡到顶部的砂岩，储层向上变好。因为含砂量增大（图 2-51），在默里盆地和北海的中央地堑接壤处的 Troll 气田（图 2-52），储层为上侏罗统海相砂岩。

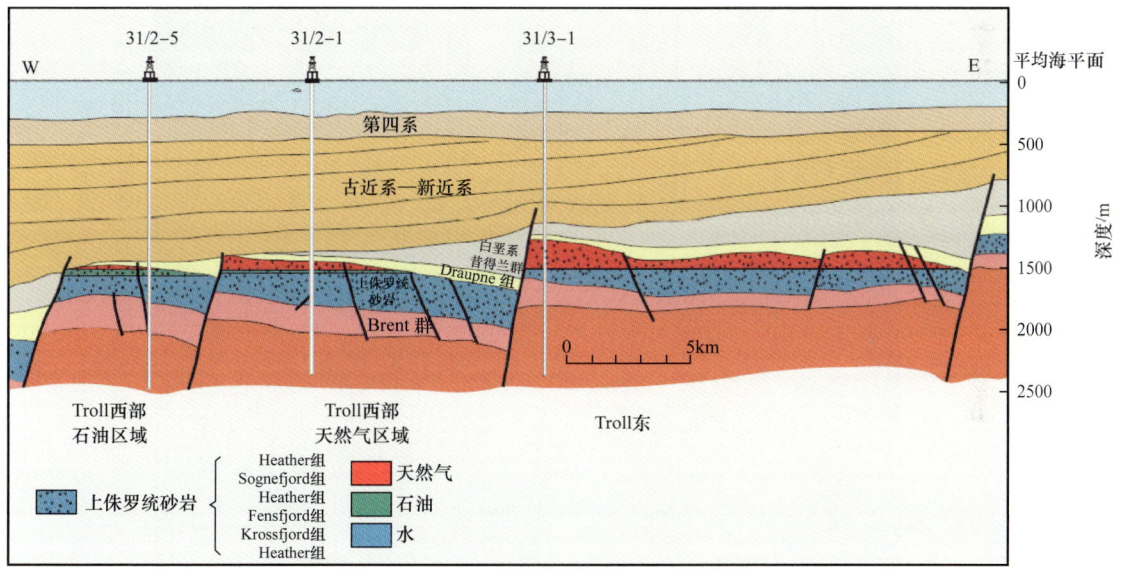

图 2-51　Troll 气田地质剖面显示储层为上侏罗统海相砂岩（据 Hadomaidis，2007）

三、生储盖组合

中挪威地区长期处于海相环境，盖层分布较好。烃源岩主要分布在上侏罗统下部，分别为下侏罗统 Båt 群 Åre 组的三角洲平原泥页岩及煤层和上侏罗统 Viking 群的 Melke、Spek 组海相泥页岩。储层主要为中侏罗统滨浅海相砂岩（特别是 Garn 组的砂岩）和白垩系—古近系—新近系海相浊积砂岩。这些烃源岩和储层都分布在裂谷期，所以组合类型主要为裂谷期生储盖组合。

挪威中部陆架裂谷期生储盖组合（Storvoll 等，2002）可分为下生上储（正常）和上生下储两种组合（图 2-53）。

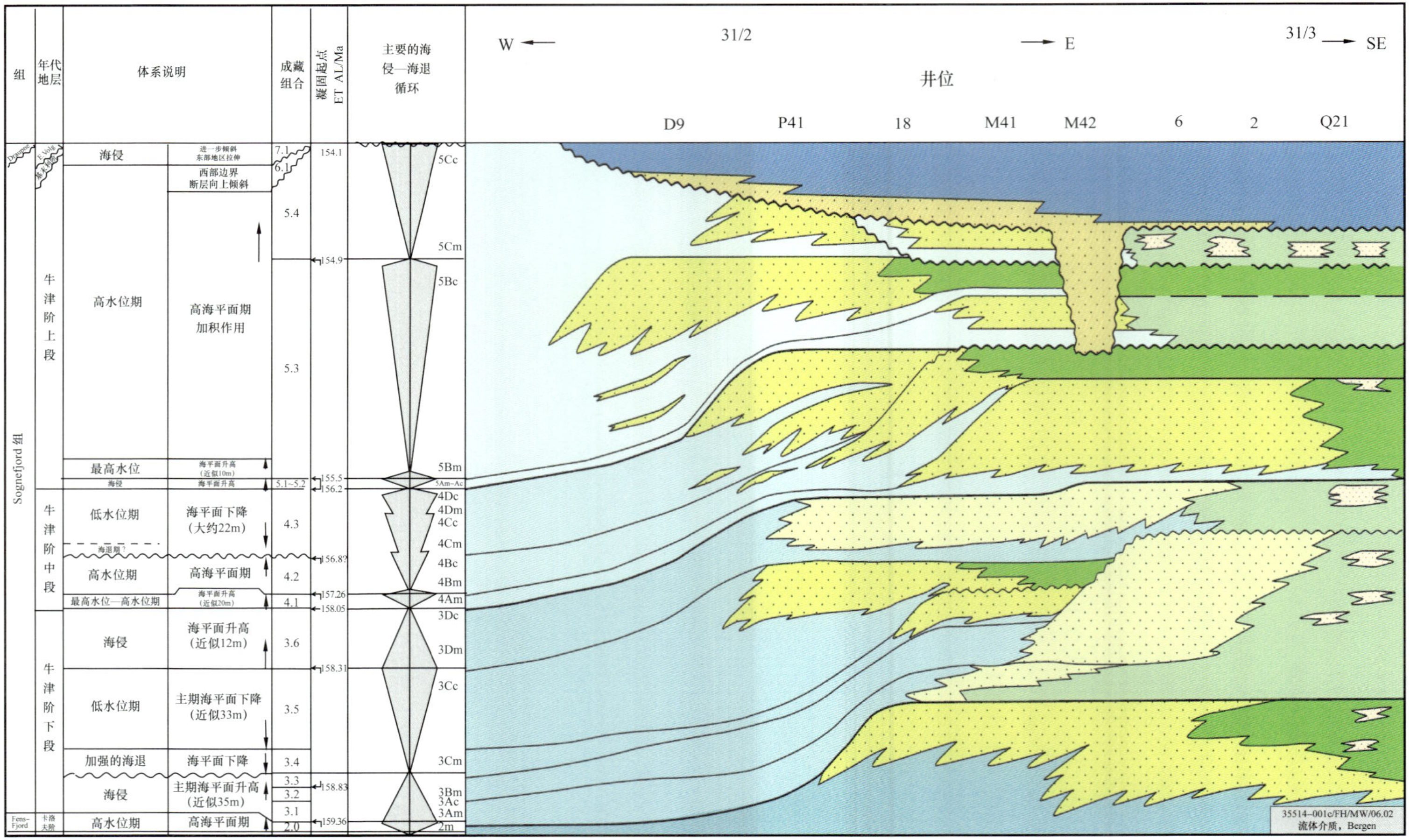

图 2-52 Troll 气田牛津阶体系域及砂体储层展布（据 Hadomaidis，2007）

黄色—砂岩；蓝色—泥岩（暗蓝色烃源岩）；米黄色—分流河道沉积；绿色—碎屑不一的沿海平原沉积（暗绿色孢粉数量增加）

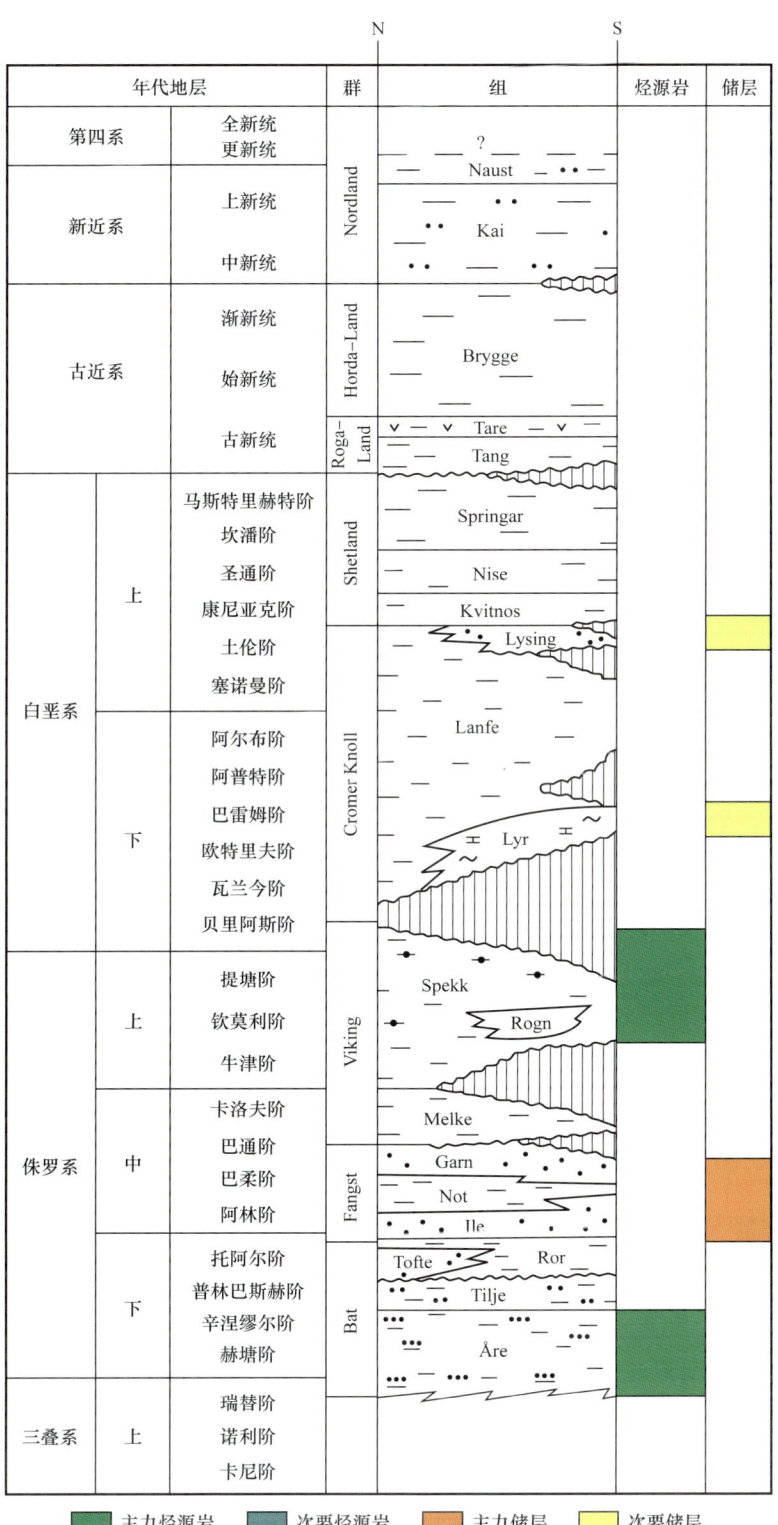

图 2-53 挪威中部陆架地层及主要生储盖组合（据 Storvoll 等，2002）

下生上储(正常)生储盖组合:(1)生油岩为下侏罗统 Båt 群 År 组的三角洲平原泥页岩及煤层,储层为中侏罗统三角洲相(平原—前缘)及海相砂体(特别是 Garn 组的砂岩),盖层为上侏罗统海相泥页岩;(2)生油岩为上侏罗统 Viking 群的 Melke、Spekk 组海相泥页岩,储层为白垩系—古近系—新近系海相浊积砂岩,盖层为其间沉积的海相泥页岩(Storvoll 等,2002)。

上生下储生储盖组合(Storvoll 等,2002):生油岩为上侏罗统 Viking 群的 Melke、Spekk 组海相泥页岩,储层为中侏罗统三角洲相(平原—前缘)及海相砂体(特别是 Garn 组的砂岩),盖层为上侏罗统海相泥页岩(图 2-53)。

四、油气运移

中挪威大陆架在上侏罗统沉积了两套有利的烃源岩,盆地边缘形成的陆缘碎屑堆积成为有利储层,构造活动非常强烈,形成大量的断裂及构造层之间的不整合面,所有这些都为油气运移提供了有利条件。

根据油气运移路径及距离的长短,挪威中部陆架运移模式有两种:(1)裂缝、输导层及断层等短距离汇聚模式;(2)地层不整合面或连通砂体长距离运移模式。

挪威中部陆架断层以陡倾为特征。大量的次级断层导致前白垩系侧向的不连续性,这就造成了不同区块具有不同的渗透率。中侏罗统 Garn 组的砂岩孔隙度约为 22%,渗透率较好,埋深约为 4.7km,是被证实的良好储层。下侏罗统 Båt 群 Åre 组的三角洲平原泥页岩及煤层和上侏罗统 Viking 群 Melke 和 Spekk 组海相泥页岩生成的油气通过切割侏罗系的断层及其 Garn 组连通砂体运移。Kristin 和 Lavrans 油田位于挪威中部陆架(Storvoll 等,2002),油气主要通过连通砂体和活动断层运移(图 2-54)。

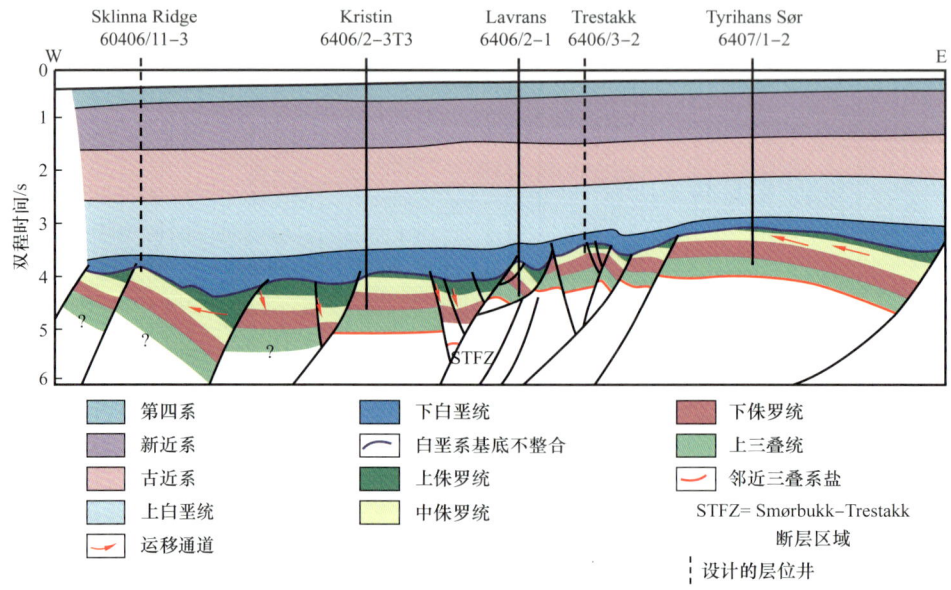

图 2-54 挪威中部陆架 Kristin 和 Lavrans 油田油气运移剖面图(据 Storvoll 等,2002)

中挪威边缘在形成洋壳之前经历了三次规模较大的构造运动：（1）晚古生代—早三叠世格陵兰岛、法罗—设得兰盆地、北海和挪威的边缘出现拉张作用；（2）中侏罗世—白垩纪早期裂谷大规模发育，伏令盆地和默里盆地开始快速沉降，Trøndelag 台地经历小的下沉，整个白垩纪都处在稳定沉降阶段；（3）晚白垩世—古近纪出现大规模的岩浆喷发，最终在始新世挪威和格陵兰之间出现洋壳。这三次构造运动形成了大量的断裂，侏罗纪烃源岩形成的油气（Storvoll 等，2002）通过这些断裂可以运移到上覆白垩系及古近系—新近系浊积扇砂体中（图 2-55），这些断裂通过 3 维地震剖面可以很好地表征。

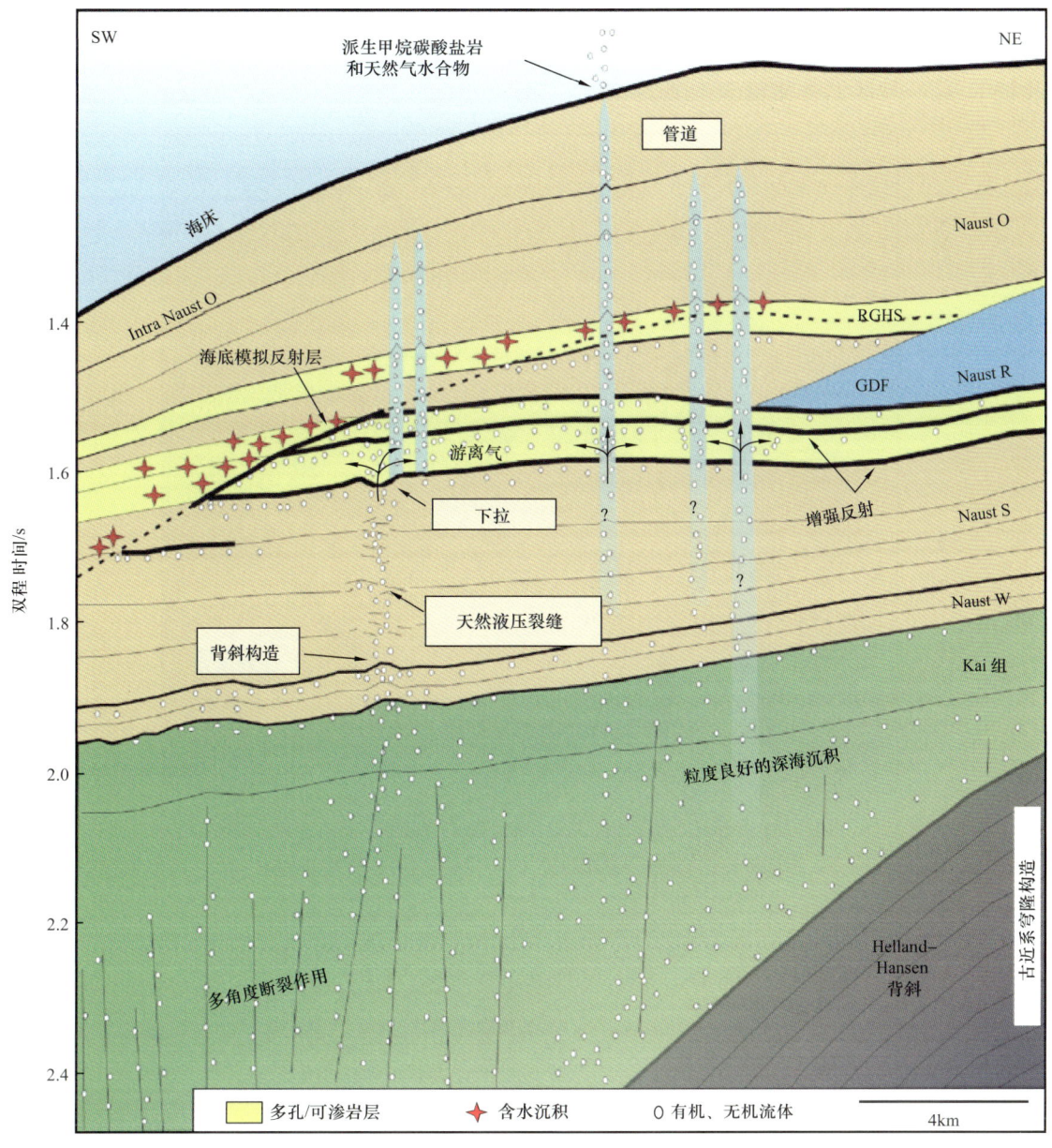

图 2-55　挪威中部陆架天然气和流体通过断裂运移图（据 Steiner Hustoft，2007）

第六节 油气田各论

一、概况

挪威中部陆架是挪威国家一个油气产区,占挪威整个国家油气产量的19%,规模比较大的气田主要为 Ormen Lange 气田,其他还有一些规模比较小的油田,如 Trestakk、Tyrihans、Lavrans、Njord、Smørbukk/Smørbukk 南油田和井 6407/4-1 等(Aidos Kazankapov,2019)。这一地区钻井比较多(图2-56)。

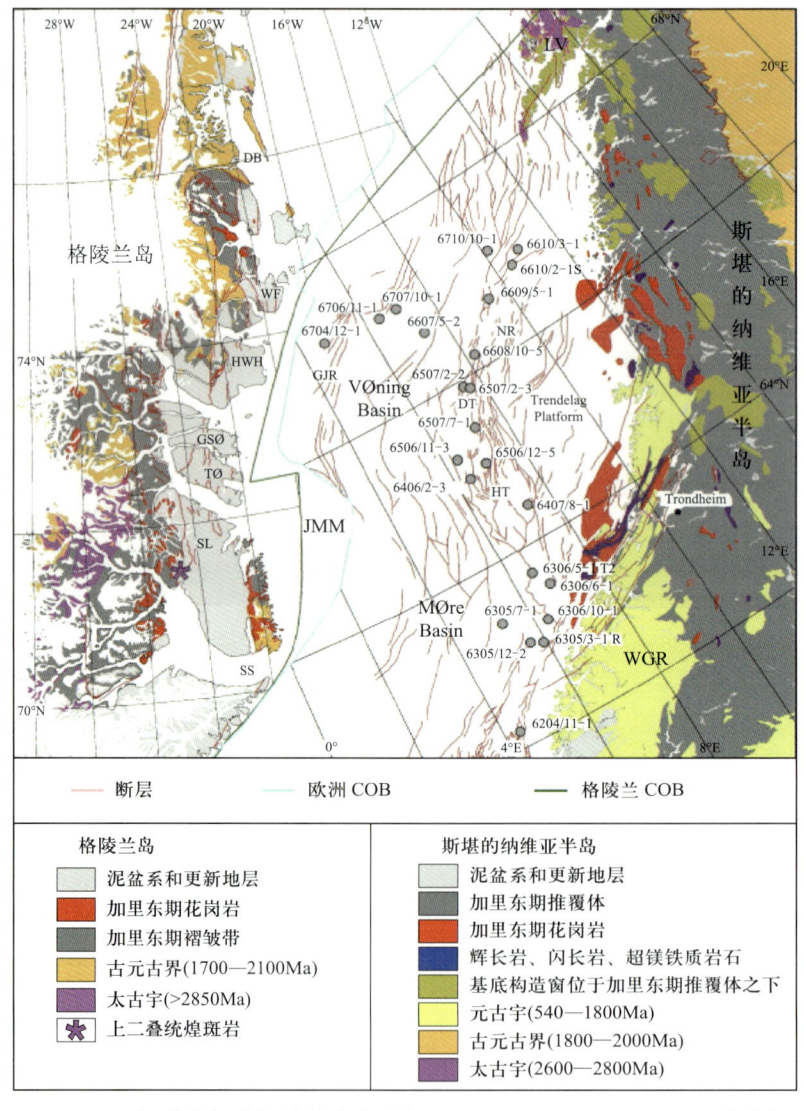

图2-56 挪威中部陆架钻井分布(据 Aidos Kazankapov,2019,修改)

二、Ormen Lange 气田

1. 概况

Ormen Lange 气田位于挪威近海 100km 左右（图 2-57），水深大约 700～1000m。该气田在 1997 年被 Norsk Hydro 石油公司发现，发现井为 6305/5-1 井，随后陆续钻了评价井 6305/7-1、6305/1-1 和 6305/8-1。这是挪威水域第二大天然气发现，也是伏令和默里盆地深水第一个商业油气发现。这个气田横跨三个区块，分别被 Norsk Hydro（PL209）、Norske Shell（PL250）和 BP（PL208）占有。Norsk Hydro 公司是该油田的经营者，而 Norske Shell 公司是该油田的作业者。海底地形高低起伏，受规模比较大的滑塌运动 Storegga Slide 影响。储层是马斯特里赫特阶—丹麦阶的深海相砂岩，数据来自取心井资料。

图 2-57　Ormen Lange 气田位置（据 Lu Smith 等，2003）

Ormen Lange 浊流体系形成于晚白垩世（马斯特里赫特晚期）—早古新世（丹麦期），于晚始新世挪威和格陵兰海底扩张之前。新生代之前的地层是整合接触，尽管生物地层学证明了马斯特里赫特阶下部有一段沉积间断。在 Slørebotn 盆地南部和 Frøya 高地东部发育一条不整合面。浊流靠近向盆地中心延伸的两个断裂带（图 2-58），第一个是 Møre-Trøndelag 断层系统和 Gossa 高地相关联，趋向于北东—南西向，第二个是 Klakk 断层系统趋向于南北向。厚的早古新世浊流砂岩沉积发生在高地坳陷（Slørebotn 盆地—Ormen Lange 南部）。这些高地坳陷位于 Gossa 西北和 Giske 高地。沿着坳陷轴部的地震剖面证实局部沉积充填呈透镜状。

Ormen Lange 油田构造单元和丹麦阶深海相砂岩分布图表明，该浊流沉积呈三角洲型（图 2-58），在很大程度上反映了上侏罗统/下白垩统盆地的结构。

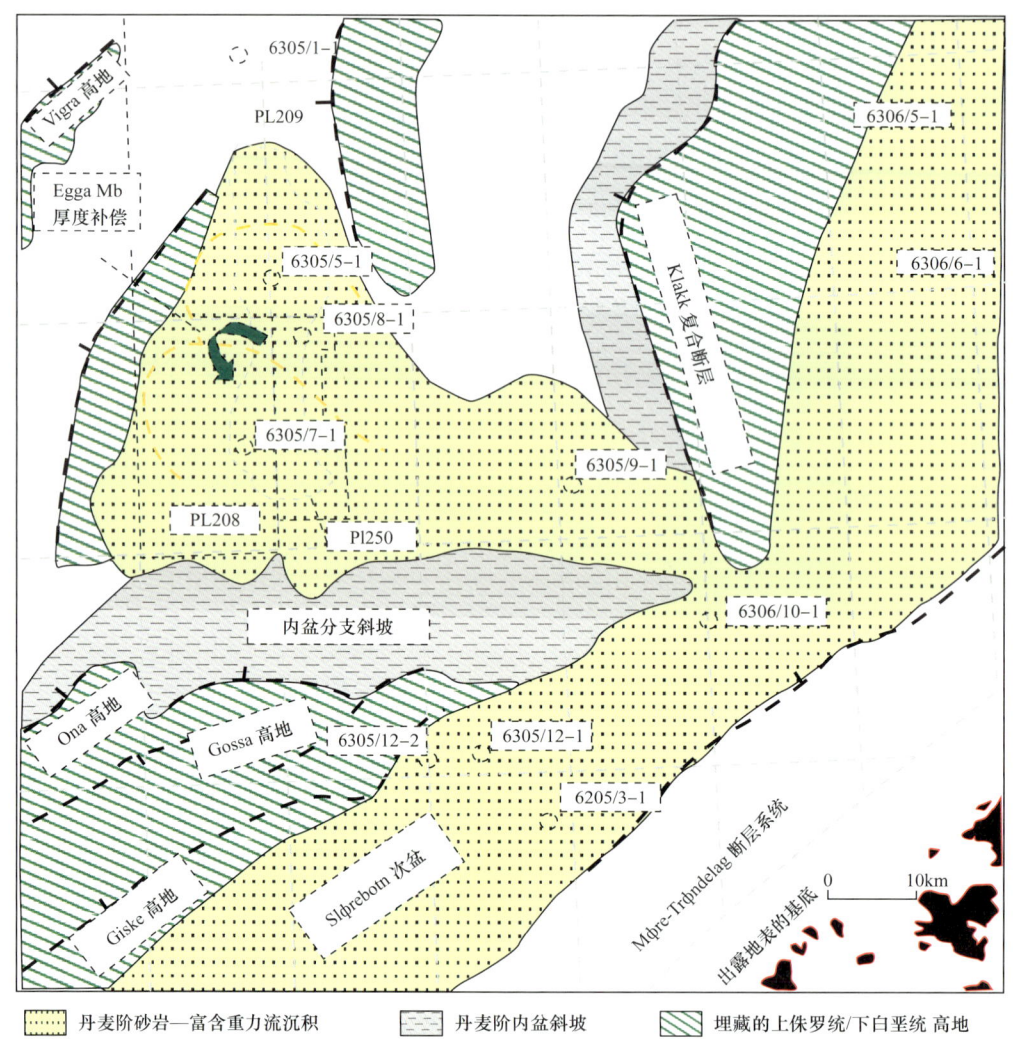

图 2-58 Ormen Lange 油田构造单元和丹麦阶深海相砂岩分布（据 Lu Smith 等，2003）

区域结构呈 Ormen Lange 穹隆，是一个南北狭长的新生代反转构造。反转开始于中始新世，可能是由于洋脊推进作用，伴随着海底扩张，反转构造一直持续到中新世，它的趋向和空间关联密切，东扬马延断裂的轮廓反映地下有一组左旋走滑断层存在。覆盖 Ormen Lange 油田的三维地震数据清晰地表明了含气储层的范围，但分辨率还不足以表明储层的结构样式。

2. 烃源岩

Ormen Lange 气田的烃源岩为上侏罗统 Spekk 组的高放射性泥页岩，有高的有机碳含量（5%~8%）和氢指数（800mgHCs/g TOC），是一套富生油的烃源岩，为该油田最主要的烃源岩（Aidos Kazankapov，2019），干酪根类型为Ⅱ型，生烃能力为产轻质油（$7×10^6$~$20×10^6 m^3/km^2$），这一层主要产 $C_{15}+$ 碳氢化合物。

3. 储层

储层主要为上白垩统（马斯特里赫特阶上部）—下古新统（丹麦阶）浊积砂岩（图 2-59），主要为丹麦阶的 Tang 组（Dalland 等，1988），相当于北海的 Vale 组。下伏的坎潘阶—马斯特里赫特阶 Springar 组（相当于北海的 JorsalfÅre 组）也包含浊积砂岩。

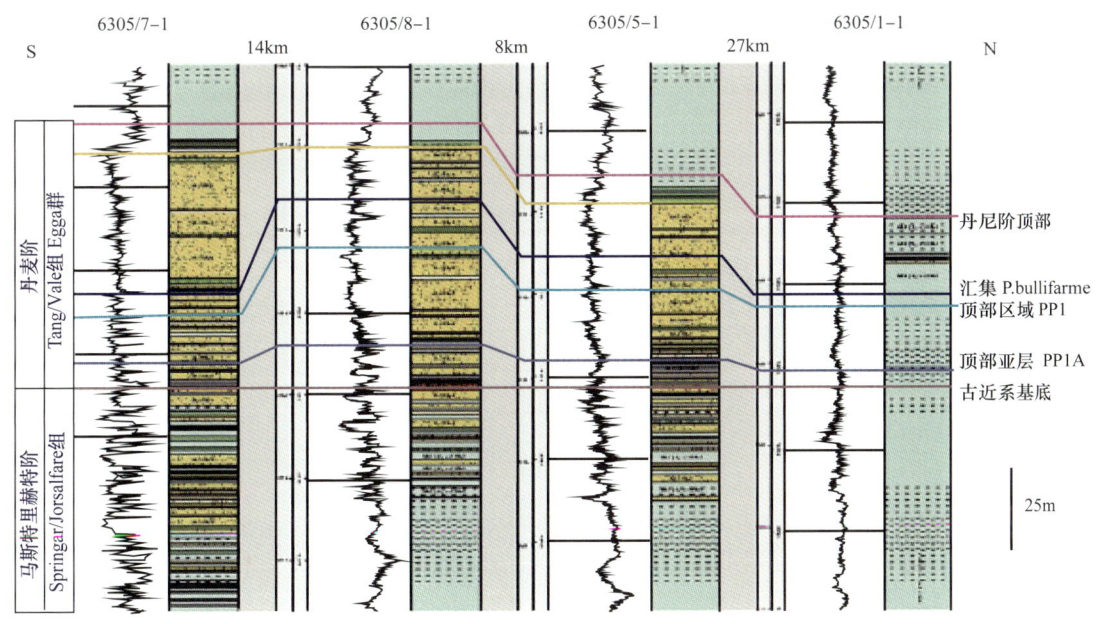

图 2-59　6305/7-1—6305/8-1—6305/5-1—6305/1-1 井连井剖面显示丹麦阶浊积砂岩图
（据 Lu Smith 等，2003）

三、挪威中部陆架 Haltenbanken 地区油田

Haltenbanken 地区位于挪威中部陆架（图 2-60），处于 62.5°N—66.3°N，包括伏令盆地和默里盆地大部分地区。Haltenbanken 地区已发现和开发 8 个油田，油田规模较小。

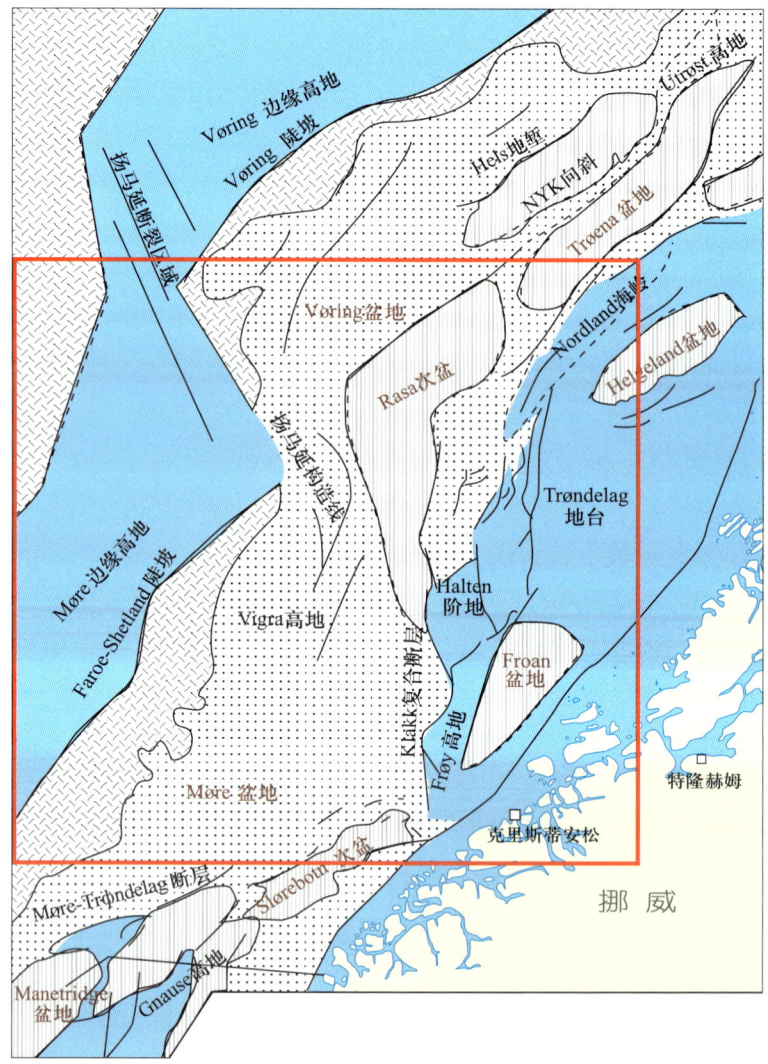

图 2-60 Halten banken 地区位置图

1. Trestakk 油田

Trestakk 油田是一个位于 Halten 台地西部 6406/3 区块的小油田（图 2-61），主要储层为北北东—南南西向的 Garn 组，但 Garn 组埋藏很深，所以储层质量较差。

2. Tyrihans 油田

Tyrihans 油田位于 6407/1 区块，包含 Tyrihans 北和 Tyrihans 南两个油田，最远到达 6406/3 区块。Tyrihans South 凹陷是一个背斜构造，向北转换变成一个地垒构造（TyrihansNorth）。储层来自中侏罗统下部 Garn 组砂岩。这个组沉积之后有一个海平面的下降，并且受潮汐影响变为滨海沉积环境。Tyrihans 油田砂岩储层质量为中等—好，可以再细分为 Garn1、Garn2、Garn3 和 Garn4 层，主要烃源岩为 Spekk 组的厌氧页岩，相当于北海的 Draupne 和 Kimmeridge Clay 组。Tyrihans North 凹陷与 Tyrihans South 凹陷相比，Spekk 组烃源岩含较多的碳酸盐岩，因此这两个凹陷属于不同盆地。油气发现 Tyrihans South 主要为气，而 Tyrihans North 主要为油。埋深历史和成熟度还不确定，但根据生物指标成熟度可达到低—中等的程度。

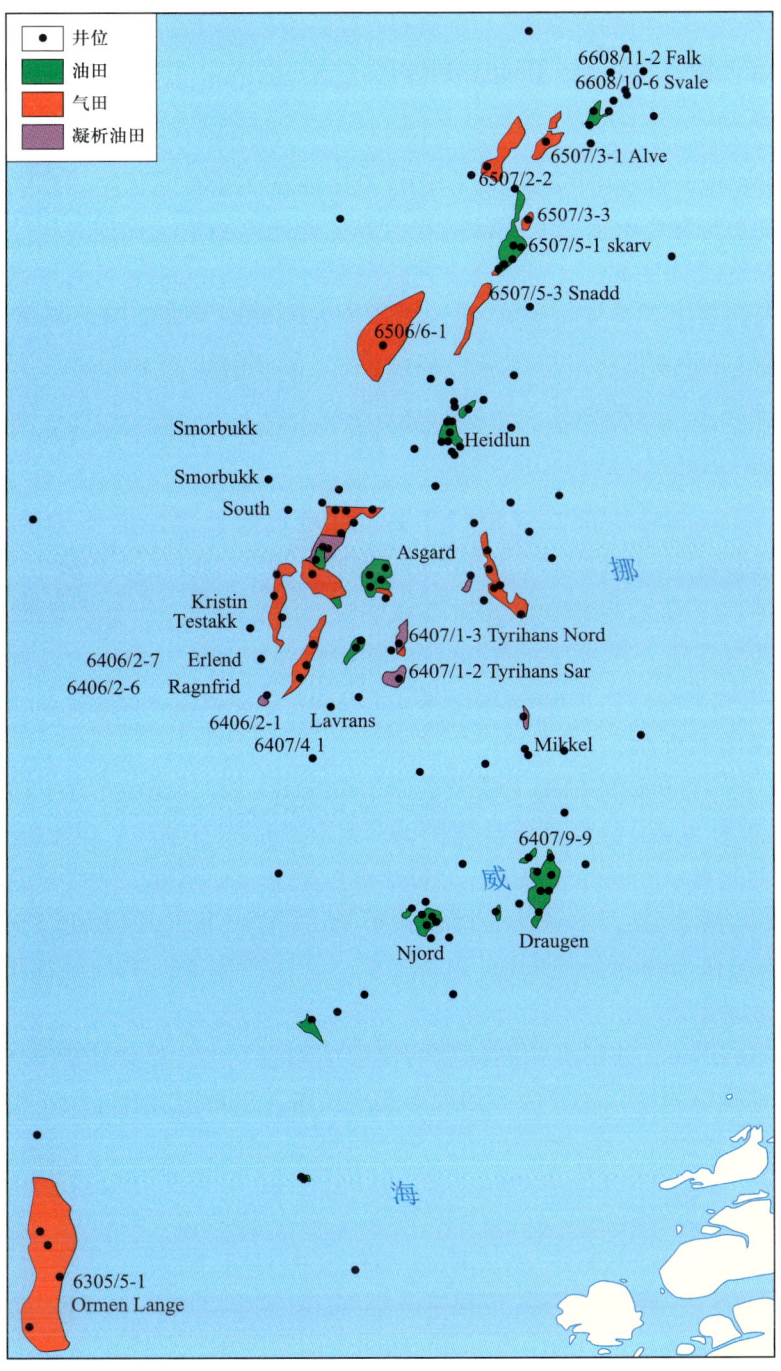

图 2-61　Halten banken 地区油田分布图

3. Lavrans 油田

Lavrans 油田位于 Haltenbanken 南部 6406/2 区块，油气主要位于旋转的断块，由东部的 Trestakk 断层及西部的地堑（Smørbukk-fault 的延伸）限制，主要储层为 Fangst 群的 Ile 组和 Båt 群的 Tofte 组，此外 Tilje 组可能成为潜在的储层。凝析天然气（平均 GOR 为 3000）主要来自 Spekk 组的烃源岩，但 Melke 组的页岩也产少量油气。油气主要从地堑运移，那里包含烃源岩和储层（Bang，1998）。

4. Njord 油田

Njord 油田发现于挪威中部陆架的 6407/7 及 6407/10 区块。

Njord 构造主要发育于上侏罗统断陷和沿着主要的铲状断层旋转的块体中。这些铲状断层属于使 Njord 结构从 Frøya 高地分离并向东南运动的 Vingereie 断层系统。

Njord 油田储层主要为 Tilje 组，潮汐通道为好的储层。Tilje 组上部更大的海侵导致 Spekk 组的出现。Njord 油田烃源岩来自多种类型，但 Spekk 组烃源岩为主要烃源岩。油田最西部烃源岩来自西部的油灶，而东部的烃源岩来源于东部的 Gimsan 盆地。

5. Smørbukk/Smørbukk South 油田

Smørbukk 和 Smørbukk 南油气田位于 Halten 阶地西北部，主要位于 6506/12 区块，但 Smørbukk 持续到 6506/11 区块，Smørbukk 南部分位于 6406/3-3 区块中。

油气聚集在一些被页岩相隔的砂岩透镜体中。储层为中—下侏罗统砂岩，埋深达到 4500m。多数油气位于下侏罗统的 Tilje 组。这个组厚约 119～151m，为滨海砂岩，夹有滨海页岩和生物扰动粉砂岩（Ehrenberg 等，1992）。中侏罗统 Garn 组为三角洲扇或三角洲前缘，含大量的凝析油。

Smørbukk 油田凝析油的油源主要来自 Åre 和 Spekk 组。Karlsen 等（1995）认为油气主要来源于生油的 Spekk 组而不是含煤的 Åre 组。北部没有油气，可能是因为超压的关系。储层中的油气显示不同的成熟度，北部成熟度较低，而南部成熟度较高。

Smørbukk 南油田位于 Smørbukk 油田东南部的 6506/12 和 6406/3-3 区块。分开 Smørbukk 南油田和 Smørbukk 油田的是北北东—南南西向的向斜。该油田为背斜构造，由三叠纪盐岩运动形成。

此油田和 Smørbukk 油田有相同深度的地层学和岩石学。石油主要在 Garn 组三角洲扇体和三角洲前缘沉积中，主要为石油而不是凝析油。Spekk、Melkeand 和 Åre 组被认为是主要的烃源岩。

6. Kristin 油气田

Garn 和 Ile 组硅质碎屑砂岩是 Kristin 油气田的主要储层（Helgesen 等，2000；Martinius 等，2005）。烃源岩为上覆 Åre 组的煤和碳质页岩（Helgesen 等，2000；Martinius 等，2005；Quin 等，2010）。油气圈闭为构造圈闭，受控于往北延伸向东倾斜地垒断块，这正是 Halten 台地油气田的特征。该油气田原始油气地质储量大约为 100GS 立方气和大约 100MS 立方凝析油，露点在 400bar 左右（Quin 等，2010）。储层深度 4600～5600m，170℃高温，911bar 高原始流体压力。该油气田是 Saga Petroleum 在 1996 年发现的，于 2005 年 11 月由挪威国家石油公司开发。

Halten 台地深层储层孔隙度由于石英的胶结作用而逐渐减小（Bjørlykke 等，1986；Ehrenberg，1990；Walderhaug，1994，1996）。然而，Kristin 油气田 4500～5000m 深的 Garn 组砂岩具有 18%～20% 的孔隙度，比区域预期的一般孔隙度和深度比值高出两倍（Ehrenberg，1993；Chuhan 等，2001）。原始孔隙度保存的相对较好，有利于含伊利石和混合伊利石—绿泥石砂岩的早期成岩作用（Storvoll 等，2002）。

在 Kristin 油气田研究井中，Garn 组厚 95～120m，往北和南逐渐变薄（Quin 等，2010）。在 Halten 台地的地垒中，Garn 组的厚度也变薄，也可能是经过原地剥蚀。Garn 组主要包含细粒到中粒亚长石砂岩质的净砂岩，含粗至特粗砂岩夹层。底部为巴柔阶最早期区域剥蚀不整合，断块翘倾，伴随相对海平面的下降。从邻近的 Smørbukk 和 Smørbukk 南部区域生物地层学数据来看，尽管在地震剖面上显示底部具有低角度不整合伴随超覆，但是仍可大致认为是等时的。上覆 Not 组的剥蚀削截程度有限，可能不超过 5～10m，甚至尽在构造高点上。

Garn 组相对低部位砂岩最大沉积区位于向斜轴部，主要为以断层或隐伏断层褶皱为边界的早期地堑和（或）半地堑。相反，最上部砂岩以进积楔形体的形式逐步进入邻近构造高点，与 Melke 组泥质沉积指状交叉互层。砂质沉积潮间带从沉降区逐渐过渡成 Melke 组浅海环境。

Garn 组上部边界标志性的局部穿时是由 Gjelberg 等（1987）首次发现的。他们指出，Garn 组与 Melke 组指状交叉互层，在横向范围内收缩。前人研究都忽略了这一解释，直到 Corfield 等（2001）利用 Smørbukk 地区的地震剖面、测井曲线和生物地层学数据证实了这种解释，也证明了横向上几千米的范围内强烈的穿时。这一证据对 Garn 组的古地理学和地层学发展具有重要意义。

第三章 北海盆地

第一节 概　况

一、自然地理概况

大西洋的陆缘海——北海位于欧洲大不列颠岛、挪威和欧洲大陆之间，所出产的石油为沿岸的英国、挪威、丹麦和荷兰等国所享有，也是布伦特原油指数主要标的。北海盆地是世界著名的石油产区，每日生产大约 600×10^4 bbl 原油。位于英国和欧洲大陆之间的北海海域，大部分是英国和挪威的专属经济区，东南部为丹麦、德国和荷兰专属经济区。英国与挪威在北海海域接壤部分最大。

1. 历史

1970 年之前，以波斯湾为核心的亚洲中东地区，一直是西方工业国家石油能源的主要供应者。随着第二次世界大战后西方国家经济的恢复和繁荣，石油需求量逐年上增，亚洲石油国提高价格。

1973 年第四次中东战争爆发，阿拉伯产油国以不满美国为首的西方国家支持以色列的立场为由，以能源为武器，宣布"石油禁运"，导致欧美油价暴涨，并相继波及各个经济领域，部分导致 70 年代全球经济大衰退。因此，以英国为首的北海沿岸国家将目标转向沉寂多年的北海。

在此之前，北海是欧洲航运要道，且海底地形复杂，海上气候恶劣，一直未有大规模地质勘探活动进行。北海于 1959 年首先在荷兰近海发现格罗宁根气田（荷兰语：Groningen），此后更进入大规模开发阶段，于 1969 年发现埃克非思科油田（英语：Artsennon-Cisco），1971 年发现布伦特油田（英语：Brent），大油田的相继发现，不仅缓解了英国与挪威等西欧国家的能源短缺，而且更使挪威成为除加拿大和俄罗斯之外的第三大非 OPEC 石油出口国。

2. 影响

北海石油的发掘，使得正处于疲软时期的英国、荷兰与丹麦等工业国家的经济获得帮助，也使得英国经济在"油荒"年代在西欧一枝独秀。

北海原油因其品质高，产量稳定，所以迅速成为欧洲重要的能源供应地，因此欧洲原油交易市场多以每桶北海布伦特石油（约 159L）作为市场参考价格。世界石油市场约

6.4% 的供货来源于此。

北海（North Sea）是大西洋东部的一个海湾，西面以英格兰、苏格兰为界，东面与挪威、丹麦、德国、荷兰、比利时和法国相邻，南面从法国海岸的沃尔德灯塔，越过多佛尔海峡到英国海岸的皮衣角的连线为界；北面从苏格兰的邓尼特角，经奥克尼和设得兰群岛，然后沿西经 0°53′ 经线到北纬 61°，再沿北纬 61° 纬线往东到挪威海岸的连线为界。北海南部经多佛尔海峡与大西洋相通；北部，经苏格兰与挪威间的缺口，与大西洋及挪威海相接；东部，经挪威、瑞典、丹麦之间的斯卡格拉克海峡和卡特加特海峡，与波罗的海相通。

因为北海位居高纬度地区，常年盛行西风，又有北大西洋暖流调节，冬季不结冰，夏季气温不高。2 月平均气温为 0～5℃，8 月平均气温为 15～17℃。年降水量比较多，北部达 1000mm，南部为 600～700mm，季节分配均匀。属温带海洋性气候。同时北海又处于极锋南北徘徊位置，气旋活动频繁，尤其冬季（11 月—次年 3 月）经常发生风暴。北海表层水温 2 月最低，8 月最高。受洋流特别是北大西洋暖流影响，冬季西北海区水温为 7.5℃，而东南海区为 2℃；夏季则相反，西北海区为 13℃，东南海区为 18℃。

北海长约 970km 以上，宽约 580km，面积约 $57.5×10^4km^2$。北海边缘包括设得兰、奥克尼和弗里西亚群岛在内的许多岛屿和群岛。北海从许多欧洲大陆分水岭以及不列颠群岛接收淡水。欧洲流域的大部分流入北海，包括来自波罗的海的水。流入北海的最大和最重要的河流是易北河（Elbe）和莱茵—梅斯河（Rhine-Meuse）流域。

二、勘探概况

北海是 20 世纪中期开始发展起来的最活跃的海上油气勘探开发区之一，尤其是在 20 世纪 70 年代，由于其良好的石油地质条件，丰富的石油储量，高的油气勘探成功率，吸引了大批石油公司来此进行油气勘探开发，陆续发现了一系列大型油气田，使北海发展成为世界海洋的主要产油气区之一。1995 年海上石油产量 $10.5×10^8t$，2004 年则增至 $13.4×10^8t$。其中，北海海域石油产量及其增长速率一直居各海域之首，2000 年产量达到峰值，即 $3.2×10^8t$，随后逐渐下降（潘继平，2006）。但最近几年，北海四国（英国、挪威、荷兰、丹麦）海域油田出现了日益成熟的迹象，石油产量下降，油气发现越来越少。

2010 年，四国的石油产量首次低于 $40×10^4bbl/d$，平均为 $36.98×10^4bbl/d$，仅为 2000 年高峰期产量（$63.21×10^4bbl/d$）的 59%。近几年，北海地区钻井总数下降，主要是因为挪威水域的油气勘探开采活动大幅减少所致，挪威在北海地区的油气勘探和评价井数量由 45 口下降至 13 口，其中 12 口在挪威海，1 口在巴伦支海。在英国海域，北海中部仍是关注的焦点，共有 62 口勘探井和 24 口评价井；其次是北海北部，吸引了 16 口；再次是北海南部，吸引了 14 口（宋玉春，2011）。

三、勘探历程

1959 年荷兰巨大的格罗宁根气田的发现，揭开了北海石油勘探的序幕。由于北纬62°以北的海域是挪威与苏联有直接关系的地区，且苏联海军潜艇基地就在摩尔曼斯克。因害怕苏联疑心挪威是在利用在北海勘探的机会监测其海军的动向，故挪威一直不敢贸然提出在北海进行海域划分与石油勘探。因此，在划分北海油田的过程中，挪威政府总是以各种理由刁难，意欲拖延北海石油的开发。这种情况之下，缺油的英国政府坐不住了，在进行了一定程度上的妥协之后便受了35%的北海控制权的划分方法。解决完海域划分的棘手问题后，从20世纪70年代起，在大力开发下，北海油田就逐渐成为欧洲主要的能源供应地，并使曾经石油需要99%进口的英国一跃成为世界第五大油气出口国。

1964年6月在日内瓦条约认可了北海的划界以后，勘探工作开始顺利进行。

1. 1964—1970年大规模勘探时期

英国于1964年开始勘探，1965年BP公司在林肯郡海域48/6海区发现了第一个滨外有工业价值的气田——西索尔（West Sole）气田，并于1967年3月将该气田天然气经海底管线输送至岸上。随后在诺福克（Norfolk）沿海发现了累曼—班克（Leman-Bank）、西威特（Hewett）、维京（Viking）及因迪法蒂加布尔（Indefatigable）4个气田。这一时期，在西德、丹麦和挪威沿海也进行了勘探，但获得的具有工业价值的气田不多。1967-1970年间，天然气勘探最为成功的是北海的英国海域，其次是挪威海域。在这里发现了弗里格（Frigg）、奥汀（Odin）和海姆达耳（Heimdal）等气田。

2. 1971—1976年全面勘探和大发现阶段

1970年以后，又相继发现了许多油田，最重要的有英国海域福蒂斯（Forties）、布伦特（Brent）等油田和挪威的埃科菲斯克（Ekofisk）、斯坦特福约德（Stafjord）等油田。埃科菲斯克（Ekofisk）和福蒂斯（Forties）油田的发现，促使在中央地堑区内的白垩系储层中发现了一系列的油田。1971年发现的巨大的布伦特（Brent）油田，对英属海区以至整个北海北部的开发产生了深远影响。以后的几年中，在北海北部已证明有商业价值的大油田有8个，它们都属于布伦特（Brent）类型的"潜伏高断块"圈闭。到1975年底，整个北海共钻井1000多口，发现油田63个，气田59个；其中英国670口，油田45个，气田25个；挪威180口，油田14个，气田9个；荷兰119口，油田1个，气田21个；丹麦26口，油田3个，气田4个；西德20口；法国3口（叶德燎等，2004）。

3. 1977—2009年时期的勘探

1977年以来，勘探开发活动仍然较活跃，在北海北部地区的主要勘探目标仍然是中—上侏罗统，局部地区取得了可观的勘探效果。但这个阶段已经经过一段大型油气田集中发现期以后，所以发现的油气田相对较小。

回顾整个北海的勘探历程，北海地区的勘探高峰期在1970—1979年，这期间，发现的大油气田数目共29个，大致为整个区域大油气田数目的一半（图3-1）。1980—1989年和1990—1999年分别发现了6个和8个（宋芊等，2000）。

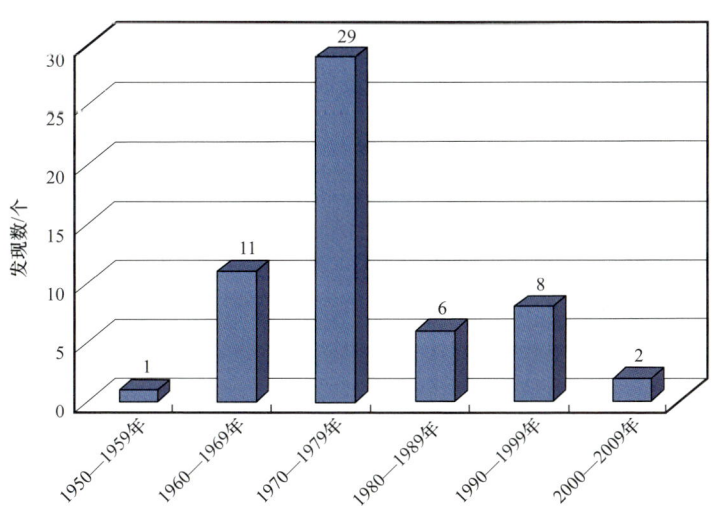

图 3-1 北海不同时期发现的大油气田数

4. 2010—2020 年的勘探情况

21 世纪以来，北海天然气产量一直较为稳定，这主要是因为荷兰的天然气产量没有实质性突破，荷兰格罗宁根气田的天然气产量峰值为 $425×10^8m^3$。2010 年，荷兰天然气产量大增 15.8%，增至 $857×10^8m^3$，其中 $536×10^8m^3$ 的天然气来自格罗宁根气田。荷兰天然气产量异军突起也拉动了北海地区天然气产量增至 $2536×10^8m^3$，比 2009 年之前上升了 4.8%。

虽然北海地区油气勘探开发日益成熟，但近年来吸引的勘探投资依然达到了相当高的水平。2009 年以来，尽管钻机租金下降，但钻探行动还是有所减少。2010 年，四国共钻探了 118 口勘探和评价井，低于 2009 年的 141 口和 2008 年的 179 口。但这种趋势有望能扭转，2011 年 10 月底和二季度，英国和挪威这两个北海油气大国分别进行油气开发招标（宋玉春，2011）。集优越地理位置、高标准原油品质于一体的北海油田，逐渐发展成为世界著名的巨型油气产区，并深刻影响着国际的石油交易市场。

2010—2020 年，在英国、挪威、荷兰和丹麦北海四国不间断的开采下（宋玉春，2013），北海油田的产量越来越低。即使采用了最新的开采技术，其原油日产量还是从高峰的 $600×10^4$bbl 跌至了 200 多万桶。为了保持石油产量，石油公司不得不加大对北海的勘探力度以发现新的油田。然而，新发现的油田不仅无法与 20 世纪七八十年代发现的大油田相提并论，甚至连补上老油田下滑的产量缺口都做不到。以传奇油田——布伦特油田来说（王昆，2012；朱昌海等，2017），曾经产量高达 $40×10^4$bbl/d 的布伦特油田，产量在 20 世纪 90 年代后就开始急剧下跌。到了 2015 年，布伦特油田 3 个在运行的平台中，就有两个平台停产（朱昌海等，2017），唯一剩余的一个平台日产量也不足 1000bbl。

不仅如此，英国油气新发现的数量也在锐减。按照英国能源和气候变化部的标准，英国在 2010 年仅发现 4 个大型油气田（刑之国，2017），不仅比 2009 年的 13 个大幅减少，同时也跌至多年来的谷底。与邻居英国的情况类似，挪威新探明的油气资源也是连年走低，近十年几乎没有大型油气田被发现。根据挪威石油理事会的统计，2010年挪威的石油新发现仅为16个，大大低于2009年的28个。

而且，海底油田的开发历时漫长，从粗略的地震波物理勘探到细致的钻井取心样本勘探，再到安装设备、成本核算、申请开发许可等，往往耗时五至十年以上。除了日渐枯寂的石油储量，高税收与高环保要求也是打击北海油田的一大原因。

由于整体经济不景气，油气行业向英国政府上缴的大量税收愈发重要，为了弥补财政收入的不足，英国政府加大了对油气行业的征税力度。在越发严苛的环保条约规定下，北海的石油开发企业也不得不增加成本来满足环保规定。2011年，英国政府改变了英国大陆架石油生产活动的税收结构和税率，税收新政大幅增加了英国油气行业的税率，因而导致英国北海地区的油气产业越发缺乏竞争力。

再加上美国低成本页岩油和国际低油价的冲击，开采成本原本就高的北海油田更是陷入了开采一桶亏损一桶的无解境地。若不能加大石油勘探力度并发现新油田，步入暮年的北海油田将难逃枯竭的命运。届时，有着50年历史的北海石油工业可能在不久的将来退出历史舞台，而西欧国家自身的能源保障，可能又要从俄罗斯和中东就近进口了。

在世界海洋石油产量中，北海海域石油产量及其增长速率，一直居各海域之首。2000年产量达到峰值，即 $3.2×10^8t$，随后逐渐下降。波斯湾石油产量缓慢增长，年产量保持在 $2.1×10^8～2.3×10^8t$，而墨西哥湾、巴西、西非等海域石油产量增长较快，年均增长超过5.0%，其中，墨西哥湾可能在未来数年（2020年以后）超过北海，成为世界最大产油海域。

第二节　构　　造

一、大地构造位置

北海盆地是一个克拉通内盆地，位于大不列颠群岛、欧洲大陆和斯堪的纳维亚半岛之间的一个海，为大西洋东北部的边缘海，周围的国家包括：英国、挪威、丹麦、荷兰和德国等，海域面积约为 $54×10^4km^2$。盆地的基底主要为志留系和更老的变质岩，它们形成于志留纪末期的加里东造山运动。一些变质岩的露头组成了盆地的北部边界，它们出露于北爱尔兰、苏格兰高地、设得兰群岛和波罗的地盾。其南面以海西运动为界，它是晚石炭世后期构造幕的产物。东面由波罗的地盾前寒武系组成。北海北邻挪威海，西北以设得兰群岛为界，南至伦敦布拉班特隆起，东面以波罗的地盾为界。盆地北部基底为加里东褶皱、南部是海西褶皱带前缘。

二、构造演化特征

整个北海盆地以中北海隆起（Mid North Sea High）和林克宾—芬隆起（Ringkobing-

Fyn High）为界，将其划分为北北海盆地与南北海盆地。南北海盆地主要包括英—荷盆地、西北德国盆地；北北海盆地内构造相对复杂，包括一系列的地堑系统与台地及盆地结构（图3-2），主要有：中央地堑、维京地堑、默里湾地堑，福斯—阿普罗切斯盆地（Forth Approaches Basin）、挪威—丹麦盆地，霍达台地、东设得兰台地。通常把北海盆地划分出一系列正、负向构造单元（表3-1）。

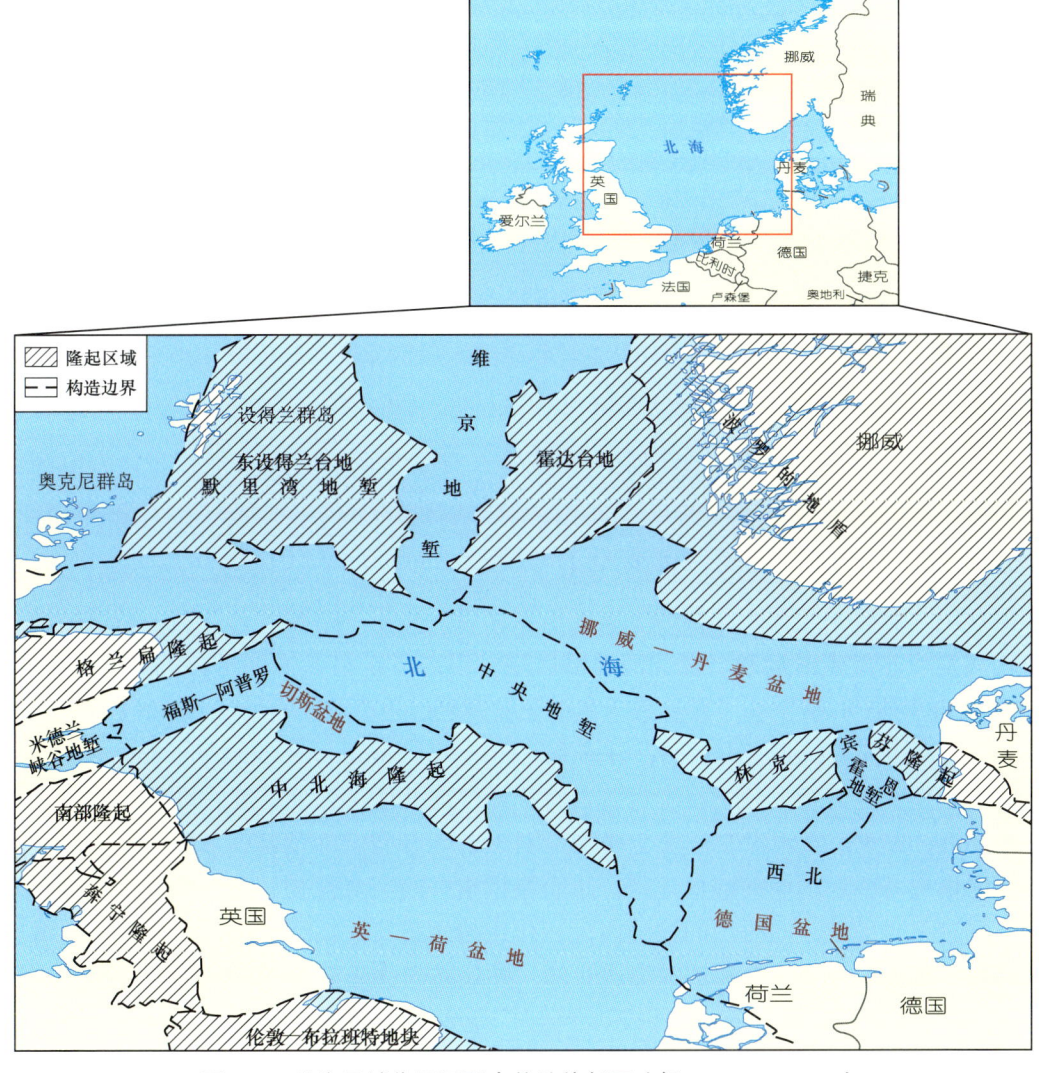

图 3-2　北海区域位置及现今构造格架图（据 Glennie，1990）

寒武纪以来，北海盆地经历了8个演化阶段。北海盆地不同区域沉积演化的叠加，形成了以维京地堑、中央地堑、默里湾地堑与英—荷盆地为富含油气的地质省。

北海中生代断裂是北极—北大西洋断裂系的一部分，它的形成演化与北大西洋及特提斯洋的构造演化密切相关。北海盆地的断裂活动始于三叠纪初期，至晚侏罗世—白垩纪初期达到高潮，随后逐渐减弱，并最终在古新世停止活动；其间在中侏罗世早期，中部发生了一次大规模区域性隆起活动。因此，可以将北海演化过程细分为 8 个主要演化阶段（Glennie，1990）。

表 3-1　北海盆地的构造单元

正向单元	负向单元
中北海隆起	中央地堑
林克宾—芬隆起	维京地堑
霍达台地	默里湾地堑
伦敦—布拉班特隆起	福斯—阿普罗切斯盆地
东设得兰台地	英—荷盆地
奔宁隆起	西北德国盆地
	挪威—丹麦盆地
	霍恩地堑

1. 加里东运动期（寒武纪—志留纪）

晚寒武世到晚志留世加里东构造运动使劳亚古陆与波罗的海古陆相接，大范围的加里东变质岩构成了盆地主要基底。

2. 海西运动期（泥盆纪—石炭纪）

泥盆纪，北极—北大西洋在加里东造山运动后，劳亚—格陵兰与芬诺—斯堪的纳维亚地盾之间发生左旋走滑运动。在北海北部区域，引起了走滑盆地的迅速沉降（Midland 峡谷、Orcadian 坳陷），并沉积了厚达数千米的泥盆系老红色砂岩（Ziegler，1985）。到石炭纪，大不列颠群岛主要受拉张应力控制，许多东北向地堑（Northumberland 和 Midland 峡谷）向北海中部延伸。泥盆纪末—早石炭世，古特提斯洋向北俯冲，使劳亚古陆和冈瓦纳古陆逐渐相互靠近，并于早石炭世末期发生碰撞（图 3-3），使得北海南部区域拉张作用终止，在这些带内形成海西运动期前陆盆地带。早石炭世末—晚石炭世初，苏台德造山运动导致海西山系更进一步固结，同时山间盆地内沉积作用持续进行。纳缪尔期，海侵作用从海西前渊带开始，淹没了波罗的海和德国陆架北部，并最终到达北英格兰和苏格兰地区（Ziegler，1975）。威斯特伐利亚期，近海沉积环境已经广泛发育于海西前渊的大部分区域并向北延伸，海西造山运动于威斯特伐利亚后期逐渐减弱（Ziegler，1986）。

3. 陆内克拉通期（二叠纪）

晚石炭世斯蒂芬期—奥顿期，北海区域性隆升，北部泥盆系—石炭系遭受大量剥蚀。奥顿期末，西北欧地区走滑断层作用与火山活动逐渐减弱。萨克森期，北海盆地北部与南部开始沉降。北部二叠纪盆地延伸方向约为东西向，斯蒂芬期—奥顿期就已存在的中北海隆起与林克宾—芬隆起，将其与南部二叠纪盆地隔开。晚二叠世，干旱的赤底

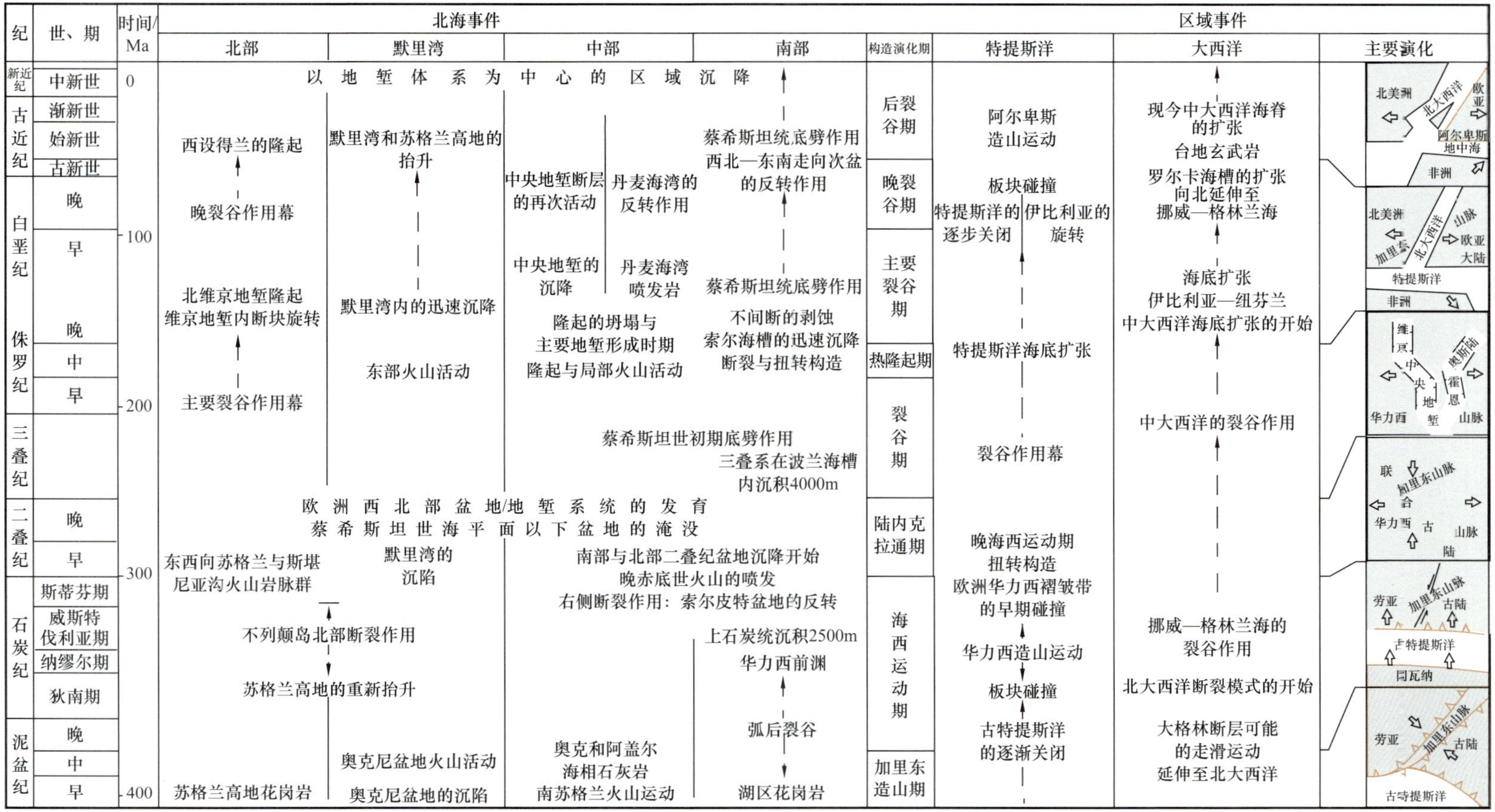

图 3-3 北海盆地及特提斯洋和大西洋加里东运动后的构造事件及演化（据 Granny，1990，修改）

统盆地持续沉降，最终导致大范围海侵。由此，在经过北大西洋的格陵兰及斯匹茨卑尔根和西北欧陆内克拉通二叠纪盆地之间建立了连通水道（Maync，1961；Harland，1961；Donovan 等，1972）。

4. 裂谷期（三叠纪—早侏罗世）

二叠纪到三叠纪的转变表现为挪威—格陵兰海区域及特提斯域断裂活动的加强。到早三叠世，欧洲西北部和中部作为一个整体，经历了区域拉张应力作用，形成了一套复杂的多方向性地堑体系和海槽，维京与中央地堑，即为这一时期新形成的（Ziegler，1985）。地层记录表明，三叠纪初期，挪威—格陵兰海断裂作用迅速转入北海区域，导致了维京地堑、中央地堑、霍达—埃格桑（Egersund）半地堑和默里湾地堑体系的差异沉降。这些地堑体系与北部二叠纪盆地轴线和中北海隆起及林克宾—芬隆起走向近垂直。这一时期，北海盆地南、北部均持续接受沉降，且裂谷作用发生时，不伴随有岩石圈的热异常现象。晚三叠世瑞替期到早侏罗世赫塘期，北海南、中部区域为开阔海相沉积环境。来源于芬诺—斯堪的纳维亚地盾、苏格兰高地和设得兰台地的陆相含煤砂岩（Statfjord 砂岩），聚集于霍达台地上及下沉的维京地堑内（Bowen，1975；Spencer 等，1987）。Dunlin 群开阔海相页岩的沉积，充分说明辛涅缪尔晚期，北极洋和特提斯洋通过维京地堑及霍达台地相连。侏罗纪早期北海盆地内火山活动较弱，断裂活动未引发热隆起作用。

5. 热隆起期（中侏罗世）

中侏罗世表现为北海盆地中部区域性的抬升，形成被中央地堑横切的广阔穹隆，隔断了北极洋与特提斯洋的连通（Ziegler，1985），使得维京、中央和默里湾地堑三者接触区域火山活动加剧，同时在维京地堑南部、埃格桑坳陷、挪威沿岸和中央地堑区域，也局部伴随火山活动。阿林期到巴通期，维京地堑北部仍为持续沉降作用；而中央地堑的轴部发生上隆，并遭受剥蚀，阿林期到巴柔早期尤为明显。巴柔中期到巴通期，中央地堑内为陆相到湖相沉积环境，初期仅局限于盆地内，后期范围较广。巴通期，维京地堑与中央地堑沉降速率加大，中央地堑遭受海侵，表明北海裂谷穹隆作用已终止。

6. 主要裂谷期（晚侏罗世—早白垩世）

卡洛夫期到牛津期，北海中部穹隆区域持续沉降，伴随着地壳的大幅度伸展。牛津期到钦莫利期，中央地堑裂谷肩部逐渐被海水淹没，钦莫利晚期之后，北海中部区域与英格兰南部之间形成了开阔海。同时北海裂谷系部位的地壳伸展速率明显加快，构造活动多集中于维京和中央地堑以及默里湾地堑。晚侏罗世到早白垩世，中央地堑内局部有右旋汇聚走滑变形，地壳的拉张作用在其南部逐渐减弱并终止，转变为一系列受右行走滑断层控制的沉积盆地（Ziegler，1985）。

7. 晚裂谷期（晚白垩世—古新世）

晚白垩世，区内的裂谷活动进一步减弱，但挪威—格陵兰海和法罗—西设得兰裂谷系仍在活动（Bukovics 等，1985；Ziegler，1985；Duindam 等，1987）。裂谷晚期的演化主要受控于区域性的热沉降。晚白垩世全球海平面的上升，造成盆地边缘超覆沉积及碎屑岩注入的迅速减少。塞诺曼期，在中部开始沉积白垩，这一沉积模式一直持续到丹麦期，逐渐填平了中部高低起伏的地貌。而在维京地堑及以北，则主要沉积深海相泥灰岩。到古新世，整个西北欧受到板块内部挤压应力的影响，这与非洲板块和欧洲板块碰撞作用有关（Ziegler，1985，1987）。古新世到始新世，板块内部挤压应力逐渐消失。

8. 后裂谷期（始新世至今）

始新世早期挪威—格陵兰海地壳分离之后，北海盆地变为构造稳定区，其后的演化主要为持续稳定的沉积作用。在碟型盆地中心区域，新生代沉积厚度达到3.5km（Darby等，1997）；盆地沉积中心平行于维京和中央地堑轴线方向。这一漫长时期内，北海中生代地堑系统未发生再次活动，仅在南部与中部出现局部异常沉降及断层活动，这些现象均由二叠系盐岩的底辟作用引起。

第三节 地 层

北海的基底为加里东造山运动形成，由志留系和更老的地层组成。在志留系之上沉积了巨厚的泥盆系老红色陆相砂岩。上石炭统主要有煤、页岩和砂岩组成，可以认为上石炭统的煤是上覆二叠系赤底统砂岩中天然气的主要来源。表3-2对这一区域的地层做了简单的表述。

表3-2 北海区域地层简表（据叶德燎等，2004）

地层		岩性	油气层位	厚度/m
第四系		泥岩夹砂岩		
新近系	上新统	以泥岩为主夹有粉砂岩、钙质和藻白云质灰岩		600~1500
	中新统			
古近系	渐新统			
	始新统	泥岩夹厚层砂岩	区域良好储层	300~880
	古新统	泥岩、砂岩为主	区域良好储层	200~600
白垩系	上统	白垩沉积为主夹有泥岩	区域良好储层	500~1200
	下统	泥岩、页岩夹碳酸盐岩	良好生油层	0~1000
侏罗系	上统	主要为泥岩夹少量砂岩	区域性生油层	0~700
	中统	以砂岩为主，局部夹泥岩	区域重要储层	0~310
	下统	上部泥岩为主，下部以砂岩为主	良好区域储层	0~580
三叠系		上部以杂色陆相泥岩夹粉砂岩为主，下部以厚层砂岩为主	局部为良好储层	0~2100

续表

地层		岩性	油气层位	厚度/m
二叠系	蔡希斯坦统	蒸发岩、碳酸盐岩及页岩沉积为主	已知油气层，具有一定分布范围	0～1010
	赤底统	风成砂岩为主，到盆地中央则以泥岩为主		1～490
石炭系		砂岩、页岩夹煤层，局部见石灰岩	南部北海盆地主要气层，局部见气显示	0～580
泥盆系		老红色砂岩	局部为油层	0～1006
加里东运动形成基底				

一、下二叠统（赤底统）

在北海地区早二叠世地层称为"赤底统"（Rottiegeudes）。典型的赤底统沉积序列充填在以英国东部到苏—波边界延伸约1500km的华力西晚期盆地中，这个盆地被称为南部二叠系盆地。赤底统可分为两个有显著差异的单位，即上赤底统和下赤底统。下赤底统以火山岩的存在为特征，且含一些沉积层的岩石组合。尤其在德国，主要是处于潮湿和干燥气候交替的河流和湖泊环境中。风成砂岩也有产出，且在部分地区具有良好的储集性。上赤底统由4个不同的相组合而成。这4个相为河流（河道）环境、风成环境、萨布哈环境和湖泊环境的沉积物。在不对称的南部二叠系盆地广泛分布，而且研究较详细，在北部北海盆地分布不广泛。

二、上二叠统（蔡希斯坦统）

蔡希斯坦统是蒸发岩和碳酸盐岩的复合体，该地层在北海和欧洲西北地区广泛发育，在不同地区有所差别（表3-3）。很明显，它与美国特拉华（DelawÅre）盆地的奥霍（Ochoan）和瓜达卢普（Guadalupian）两地层为同期沉积，它们的特征甚为相似。由于该统造就了世界上"巨型盐体"之一，故有人把该统的沉积范围也称为蔡希斯坦盆地。蔡希斯坦统由于受潮风带的影响气候热而干旱，因而，在当时大陆区，形成了5个蒸发岩旋回。这种旋回系列反映了受蒸发作用使盐度增加，接着又为海水的再次入侵，所以每一旋回都是从薄层碎屑岩开始，向上依次为石灰岩、白云岩、硬石膏和岩盐，最后沉积的是高浓度的含镁、钾（卤水）的盐类，这种相互叠置的旋回可能是由于全球性海平面变化的影响造成的（可能有大的冰川作用）。

三、三叠系

三叠系在北海地区广泛发育，在不同地区有所差别（表3-4）。三叠系的沉积主要是堆积于陆相盆地的碎屑质红层。在中北海—林克—宾芬隆起以南，沉积层序展现了相当稳定的侧向一致性，并含厚的盐岩。在该隆起以北，以断层为边界的各个沉积盆地则缺乏稳定的盐岩，并且也没有岩性地层上的一致性。到三叠纪末，准平原化已经形成。早侏罗世海进迅速侵袭了广袤的大陆泛滥平原和北海各盆地的潮坪，从而在北海盆地重新形成了陆缘海相条件。

表 3-3　蔡希斯坦统地层名称及对比

旋回	群	英国			南北海 法国、荷兰、丹麦、波兰	旋回
		的克群区	达拉汉区			
Ez5	Eskdale		含泥灰泥岩组 顶部硬石膏组		Zechsteinletten Grenzanhydrit	Z5
			Sleights粉砂岩组			
Ez4	Stainton- dale	含盐灰泥 （二叠系上部泥灰岩）	Sneiton岩盐组 Sherburn硬石膏组 Upgang组		Aller Halit Fegmatitanhydrit	Z4
			光卤石灰泥岩组		Roter Salzton	
Ez3	Teesside		Boulby岩盐组 Billingham主要硬石膏组		Leine盐岩 Hauptanhydrit Plattendolomit	Z3
		Brotherton组 （上Magncsian石灰岩）		Seaham组	Grauer Salzton	
Ez2	Aislaby	Edling组 （二叠系中部灰泥岩）	Fordon蒸发岩和Seaham残积层		Stassfurt蒸发岩 Basalanhydrit Hauptdolomit Stinkdolomit Stinkkalk Stinkschiefer	Z2
			Kirkham Abbey组	Hartlepool和Roker组		
Ez1	Don	Cadeby组 （下Magnesian石灰岩）	Hayton硬石膏 Sprotbrough段 Wetherby段 灰泥岩页岩段	Hartlepool硬石膏 Ford组 （中Magnesian石灰岩） Raisby组 （下magnesian石灰岩） 灰泥岩页岩段	Werraanhydrit Werradolomit 和 Zechsteinkalk Kupferschiefer	Z1

四、侏罗系

侏罗系是北海盆地最重要的地层单元系统。在北海的中部和北部，上侏罗统钦莫利阶黏土岩组（Kimmeridgian Clay Formation）中富含有机质的海相页岩，是区域性的主要生油岩。侏罗系绝大部分发育于断陷盆地中，这些断陷盆地和二叠纪开始活动的复杂地堑系统的演化有关。侏罗纪是断层的活动时期。断裂控制着差异沉降与沉积作用，对地层的厚度和岩相有明显影响，在晚侏罗世尤其明显。除了构造作用（断裂作用）外，影响侏罗纪沉积作用和地层的另一个重要因素是海平面的变动。侏罗纪的特点是海平面直至钦莫利期都是全面的上升。

表 3-4 北海盆地三叠纪地层对比表

统	阶	南部北海中部	中部北海中部	中部北海东部	北部北海	默里湾（岸上）
上三叠统	瑞替阶	温特顿组 砂岩段			斯太佛组	赛果布丁砂岩
上三叠统	诺利阶	特利顿石膏组			斯太佛组	洛赛茅斯砂岩
上三叠统	卡尼阶	杜吉昂含盐组			斯太佛组	洛赛茅斯砂岩
中三叠统	拉丁阶	海斯堡路群	斯密斯班克组（约瑟芬段）	斯卡古瑞克组	柯莫朗特组	博格海得砂岩
中三叠统	安尼阶	海斯堡路群 杜辛白云岩	斯密斯班克组	斯卡古瑞克组	柯莫朗特组	博格海得砂岩
下三叠统	斯派斯阶	贝克顿群	斯密斯班克组	斯卡古瑞克组	柯莫朗特组	
下三叠统	斯密斯阶	贝克顿群 邦特砂岩组				霍普曼砂岩
下三叠统	茅纳尔阶格瑞斯群	贝克顿群 邦特页岩组				

下侏罗统主要由广泛海进沉积的泥岩组成，在北部北海盆地侏罗系 3 个统中分布范围最小，它的分布与中部北海区域隆起和在中侏罗世时被广泛剥蚀有关。下侏罗统与下伏三叠系呈整合接触，和上覆中侏罗统一般呈不整合接触，但在不同地区不整合的强度有所不同。

由陆相到滨海的中侏罗统，是砂质岩为主的地层并且也是重要的油气储层。中侏罗统在维京地堑的北部厚度约为 300m，在默里湾盆地西部厚 150m，在中央地堑、维京地堑和默里湾地堑的交叉处，中侏罗世的玄武质熔岩堆积超过了 750m。

上侏罗统由海相黑色泥岩和富含有机质的页岩组成。但大部分地区还是存在着重要的砂岩储层，上侏罗统沉积稳定，岩相侧向变化不大，纵向没有明显的地层间断。

五、白垩系

白垩系在北海地区广泛发育，在不同地区有所差别（表 3-5）。在北海北部地区从早白垩世起由构造控制的沉积作用，转变成为以地堑系统为中心的区域性下沉为主的平静广海环境，后者为晚白垩世和古近纪的特征。白垩纪构造背景很大程度上是侏罗纪时构造背景的延续。老块体保持稳定，并被动地接受海侵。受断层控制的大、中型盆地进一步沉降。在白垩纪早期，即钦莫利晚期运动，这种作用最为显著。

表 3-5 北海地区白垩纪地层对比表

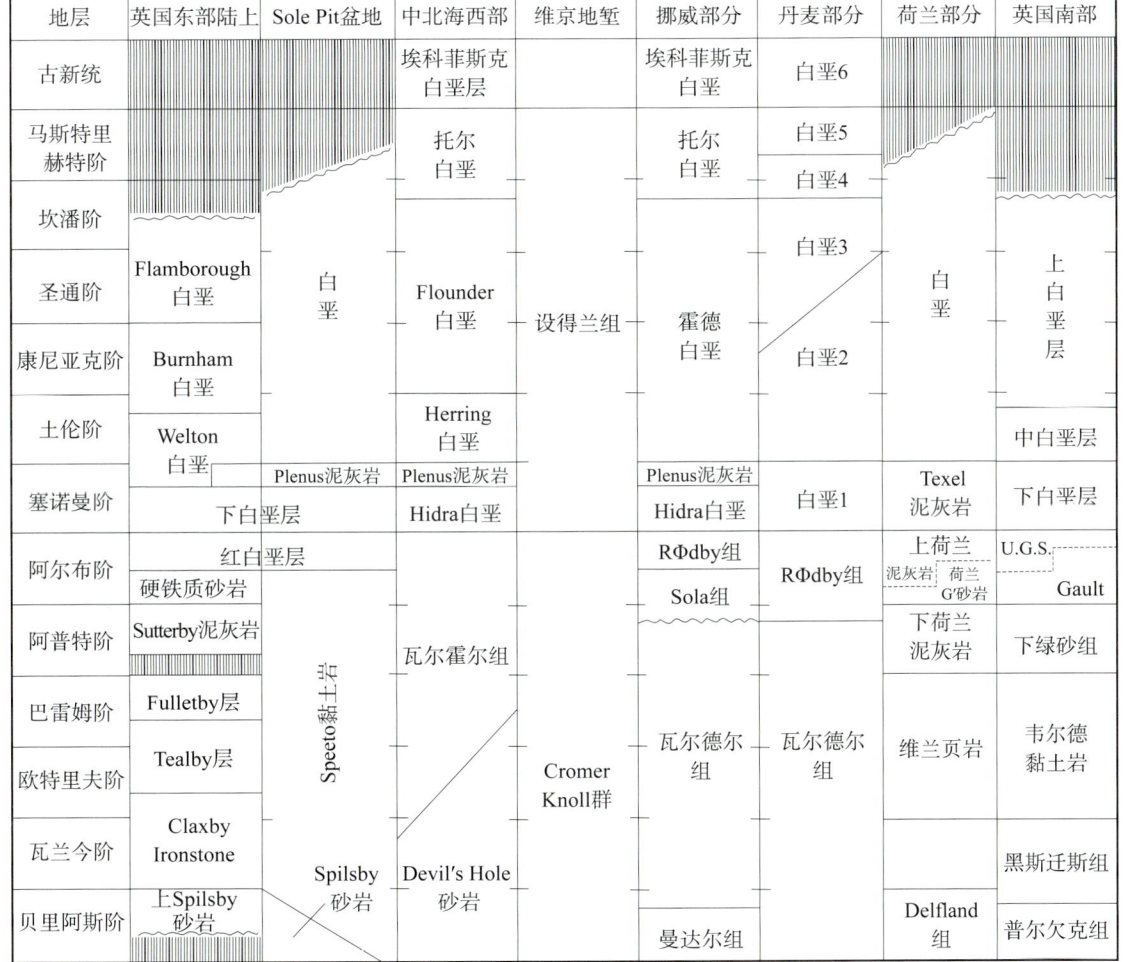

六、新生界

北海盆地古近系主要由厚约 3.5km 的细粒碎屑岩组成。以泥岩为主的地层集中于局部封闭的、水深约 1000m 的海相盆地前三角洲、斜坡和盆地边缘沉积环境。重力流砂岩在地层下部很普遍，且广泛发育于盆地西北斜坡和盆地轴部。在这些地区它们形成了储层，占有北海相当大部分的已发现石油储量。大多数前积复合体发育于盆地西北和东部边缘，区域上连续的含水层仅出现于两个三角洲沉积中心。泥质沉积物的沉积速率在新生代发生变化，但在始新世和渐新世变化最大。

第四节　石油地质特征

一、英—荷盆地

1. 盆地位置

英—荷盆地位于北海南部西半边。南北海盆地主要以产气为主，上石炭统威斯特伐利亚阶煤系地层构成主要气源岩，上覆的赤底统砂岩为主要储层，二叠系发育的盐岩形成有效盖层。英—荷盆地为一大型北西—南东走向沉积盆地，从英国陆上部分的约克郡（Yorkshire）和东密德兰（East Midland）地区，穿过南北海到达荷兰西南区域，同时有少部分位于德国与比利时（李国玉，2006）。盆地的大部分面积均被海水淹没，其深度一般小于50m。盆地北部以中北海隆起为界，东北面为中央地堑，东邻西北德国盆地，西面为奔宁隆起，南面以伦敦—布拉班特地块为界（图3-4）。

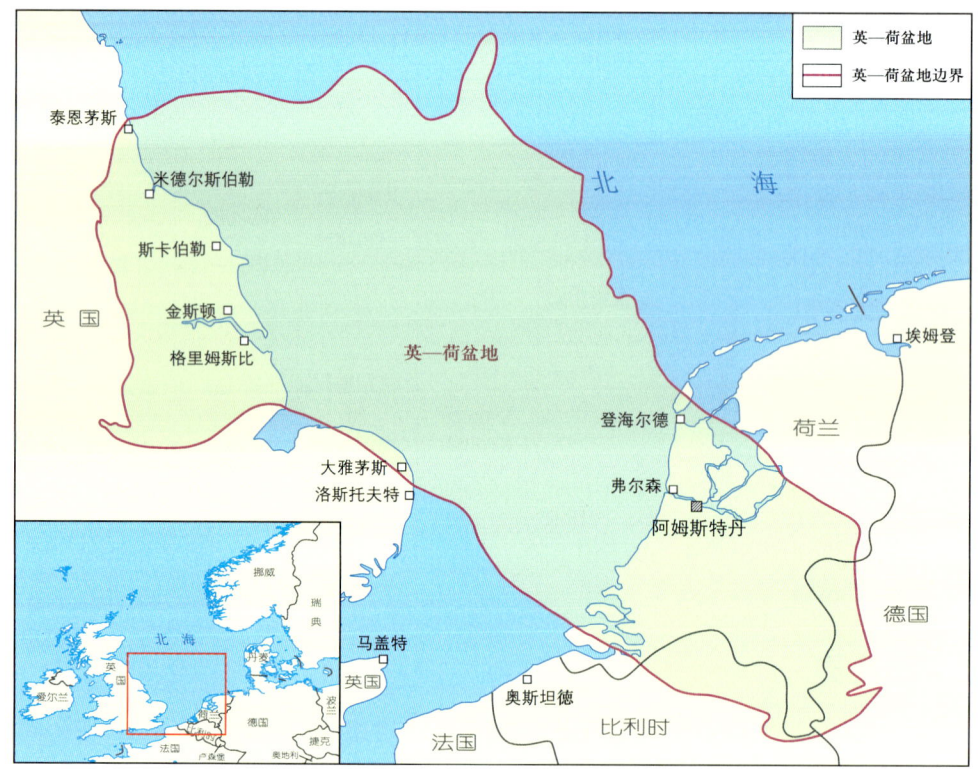

图3-4　英—荷盆地位置图（据李国玉，2006）

2. 有利的生储盖组合

在早石炭世，以北西—南东向断裂为主，形成典型的半地堑盆地，同时被深水相泥岩填充。晚石炭世威斯特伐利亚期沉积了厚的煤系地层（图3-5），其主要为三角洲相碳

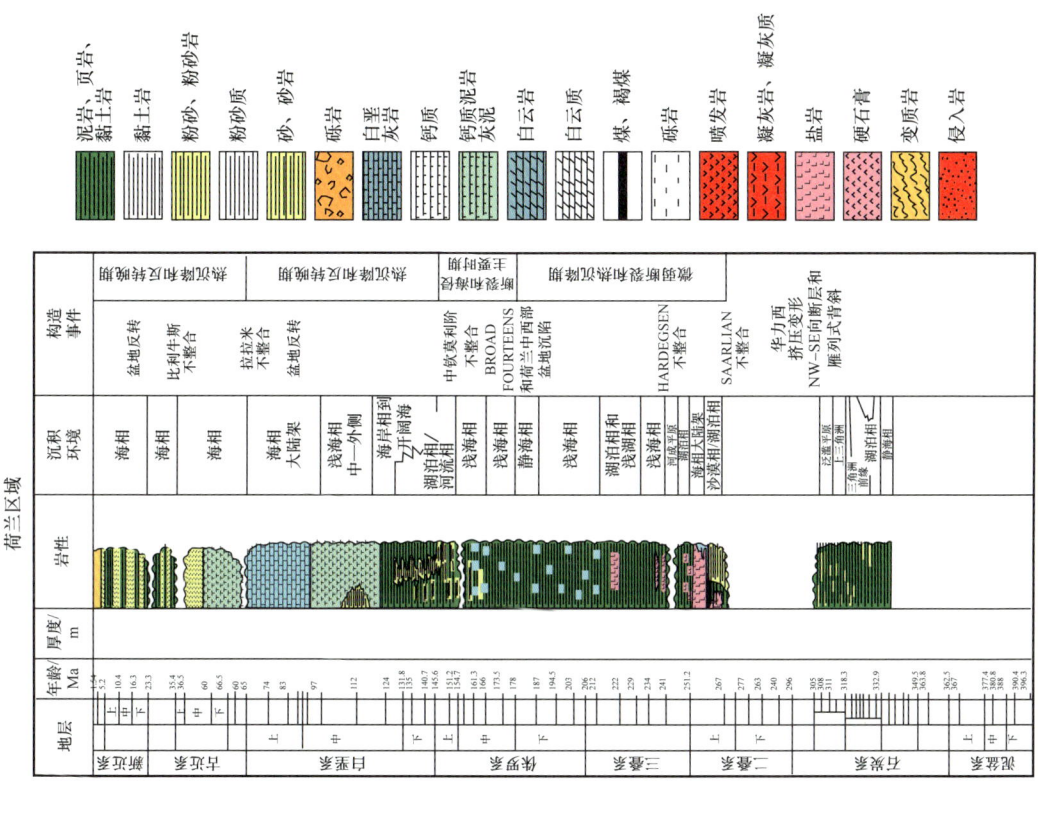

图 3-5 英—荷盆地地层综合柱状图（据李国玉，2006）

质页岩和煤,为易于生气的Ⅲ型干酪根,沉积总厚度达60m(李国玉,2006),总有机碳含量(TOC)为75%。它构成了盆地内所有大气田的烃源岩,如Leman、Indefatigable等的大气田。

石炭纪末期由于华力西造山运动,盆地抬升同时遭受强烈的剥蚀。晚二叠世,海西造山运动后期,赤底统(Rotliegendes)砂岩上覆于上石炭统煤系呈不整合关系,构成南北海盆地内重要的储层。赤底统砂岩储层由互层的风成相、河流相、萨布哈相以及水淹作用引起的再沉积砂岩组成,以风成相砂岩储集物性最好。如盆地内Leman大气田储层厚度为500～900ft(152～274m),其中储集性最好的砂岩段为风成相砂岩,在区块49/26与49/27内风成砂的平均渗透率分别为6.03mD和15.6mD,且其孔隙度明显高于平均孔隙度。对Viking大气田内各个沉积环境下形成的赤底统砂岩进行横向渗透率测量,同样可以得出风成砂岩储集物性最好(图3-6)。

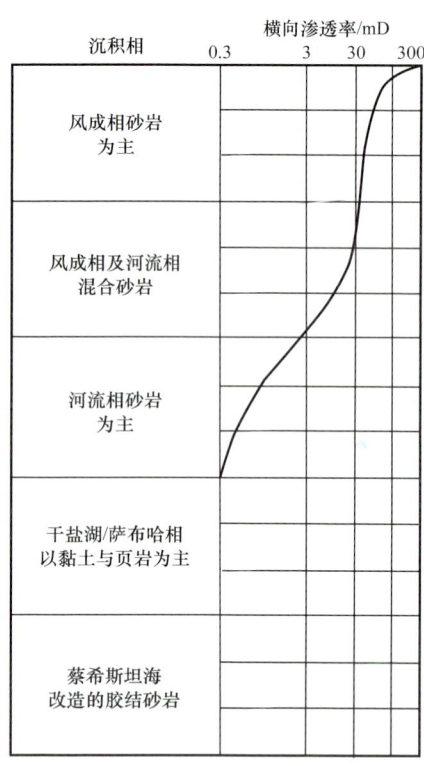

图3-6 Viking大气田内不同沉积相环境下砂岩渗透率值变化曲线图
(据Granny,1990)

下二叠统赤底统砂岩的沉积终止于蔡希斯坦统的海侵作用。天然气比油轻、活动性又很强,除非受到了封堵性优越的区域盖层,特别是膏盐或盐岩盖层的封堵,否则天然气将趋于向上运移,逃逸出圈闭。在海进环境下沉积的蔡希斯坦统盐岩为区域性盖层,其厚度约450m。厚层的蔡希斯坦统盐岩对下伏赤底统砂岩内天然气形成有效封盖,避免了天然气的散失。同时,由于盐岩表现出的塑性,当发生挤压或拉张断裂作用时,盐岩发生塑性流动形成盐相关构造,有效地减弱断层对盖层的破坏,而盐下部分构造运动产生的断裂与裂缝系统,又为煤系地层中产生的天然气提供了良好的运移通道,有利于天然气的聚集成藏。

3. 油气田例析——Leman大气田

Leman是北海南部英—荷盆地内最大的气田,位于英国的49/26和49/27断块,距英国海岸45km(图3-7)。其天然气原始储量达$13.86×10^{12}ft^3$,预计最终可采量达83%。天然气主要储集在Rotliegend群Leman砂岩组风成沙丘砂岩中。

1)构造特征

Leman气田位于Sole Pit盆地东南方向的末端,该盆地为北西西—南东东向二叠系盆地的一个次级盆地,由英国向波兰北部扩展。这个后华力西前陆盆地中沉积了较厚的二叠系—侏罗系层序(Glennie等,1990)。钦莫利期(晚侏罗世—早白垩世)断裂作用使得较早时期形成的北北西—南南东向断层再次活动,使得盆地内局部区域发生反转。晚白垩世和古新世时期，伴随阿尔卑斯造山运动产生的压扭构造应力，使得 Sole Pit 盆地在西北—东南方向再次经历更强烈的反转作用，并导致 Leman 区域遭受剥蚀（Hillier，1990）。Leman 圈闭是由钦莫利和阿尔卑斯造山运动共同作用导致 Sole Pit 盆地发生反转，形成的大范围、低起伏、断裂的背斜构造。由于后期的反转作用，该气田内断层非常发育，断距较小，其上被蔡希斯坦统蒸发岩所封盖，而下伏的上石炭统煤系地层为该气田提供了充足的气源（图 3-8）。

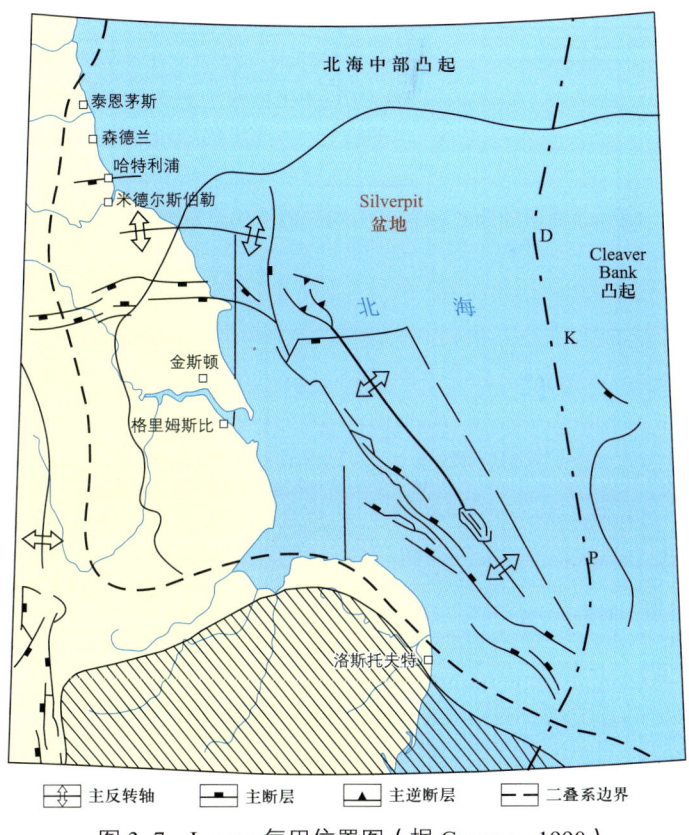

图 3-7　Leman 气田位置图（据 Granny，1990）

2）生储盖特征

Leman 气田的烃源岩为石炭系威斯特伐利亚阶的含煤层系，其主要由三角洲碳质页岩和煤组成，为具生气潜力的Ⅲ型干酪根，沉积厚度达到 250～325ft。在许多盆地内，它们至今仍处在生气窗内。产生的气体由盆地中心向边缘运移（Cornford，1998）。气体主要储集于 Leman 组砂岩当中，其可分为 A、B、C 三段。A 与 B 段为细到中粒风成砂岩，C 段为分选较差的片流砂岩。其中 B 段砂岩具有最好的储集物性，在区块 49/26 和 49/27 内，其相对渗透率分别达到 6.03mD 和 15.6mD（Hillier 等，1991）。而 A 段在这两个区块内的渗透率分别为 1.02mD 和 2.45mD。整个砂岩层的平均孔隙度为 12.9%，其中又以 B 段孔隙度最高。虽然晚白垩世到古新世盆地遭受反转作用，但由于上覆蔡希斯坦统盐岩优良盖层的发育（图 3-9），使得这些大气田至今仍然完好保存。

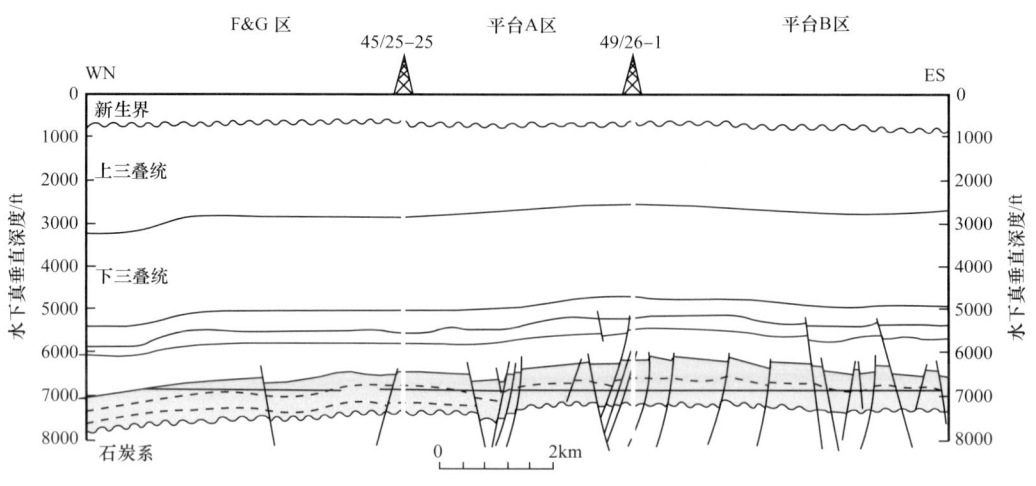

图 3-8　Leman 油田的西北—东南向构造横剖面示意图（据 Hillier，1990）

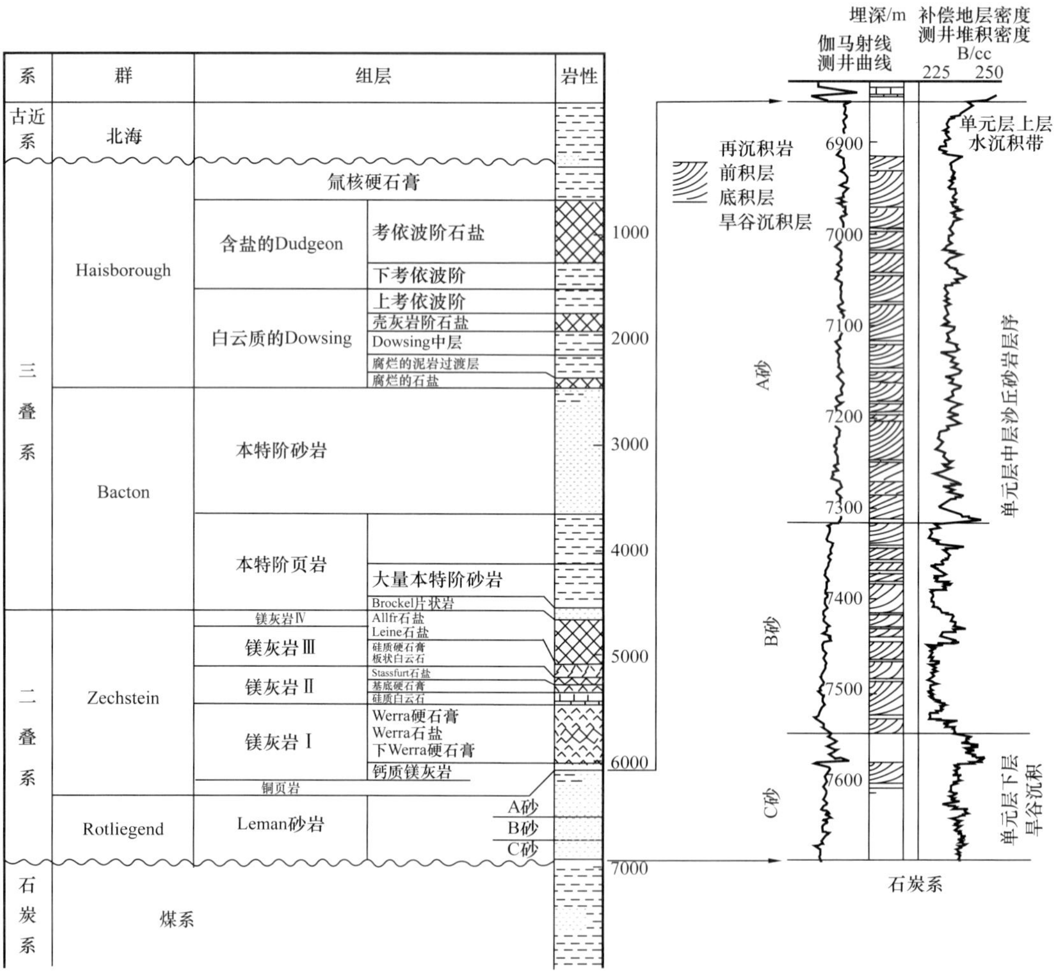

图 3-9　Leman 油田地层柱状图（据 Hillier 等，1991）

二、北北海盆地

1. 地质结构

北北海盆地地质结构相对南北海盆地复杂，裂谷地堑系统非常发育。形成于晚侏罗世到白垩纪初期的 Kimmeridge Clay 组/Draupne 组为区域广泛发育的烃源岩，储层以砂岩和白垩为主，区域性的盖层为超压泥岩和泥灰岩。

1971 年 Ekofisk 油田投产时，中央地堑才开始油气的生产。到 2009 年 6 月，发现的油田数目超过了 240 个，其油气当量为 27000MMbbl，其最终可采储量约为 19000MMbbl 石油和超过 $48000\times10^9 ft^3$ 的天然气，估计剩余可采储量约为 6000MMbbl 石油和 $18000\times10^9 ft^3$ 天然气。目前该区共有 2060 口生产井，其中产油井超过 1501 口，产气井超过 385 口。

2. 盆地位置

具北西—南东和南—北走向的中央地堑被海水淹没，北部走向为北西—南东，而南部为南—北走向，水深 50～200m，分别被英国、挪威、丹麦、德国和荷兰等海域所分割，北部最大宽度为 190km。相对于其相邻的默里湾和维京地堑，中央地堑往东南方延伸了约 480km。中央地堑西临福斯—阿普罗切斯盆地、中北海隆起和英—荷盆地，东面以挪威—丹麦盆地和林克宾—芬隆起为界（图 3-10）。选取了图 3-10 中 A-A'、B-B'、C-C'、D-D' 等四条剖面线，从北向南展示了中央地堑深部构造。图 3-11 给出了中央地堑各个区域的地层对比图。

3. 有利生储盖组合

1）烃源岩

中央地堑储层内的油气来自不同的烃源岩。荷兰南部侏罗系砂岩储层内，发现了含氮量高达 5% 的干气，这些干气来自下伏上石炭统 Limburg 群煤层。而荷兰境内石油则部分来自托阿尔阶 Posidonia 页岩，虽然烃源岩沉积厚度较薄，但其平均总有机碳含量较高，为 10%。

中央地堑沉积中心埋藏深、压力大的天然气和凝析油，部分来自中侏罗统 Pentland 组（英国）和 Bryne 组（丹麦和挪威）页岩。牛津阶到钦莫利阶沉积巨厚、有机碳含量相对较低的 Heather 组（英国）、Haugesund 组（挪威）和 Lola 组（丹麦）页岩，为部分天然气和凝析油的烃源岩。它们埋藏深、具超压与微裂缝。中央地堑内绝大部分石油、凝析油和天然气则主要来自钦莫利阶黏土组（英国），其 TOC 平均值为 5%；Farsund 组（挪威和丹麦），其 TOC 值达 4%，为腐泥质 II 型干酪根；Mandal 组（挪威）高放射黑色泥岩，TOC 值高达 4%～9%。

在荷兰境内 Step 地堑西部边缘，发现了 6 处埋深非常浅的气田。其砂岩储层年代为上新世至更新世，而且这些天然气中甲烷含量高达 99%，氮含量非常低，为生物成因气。

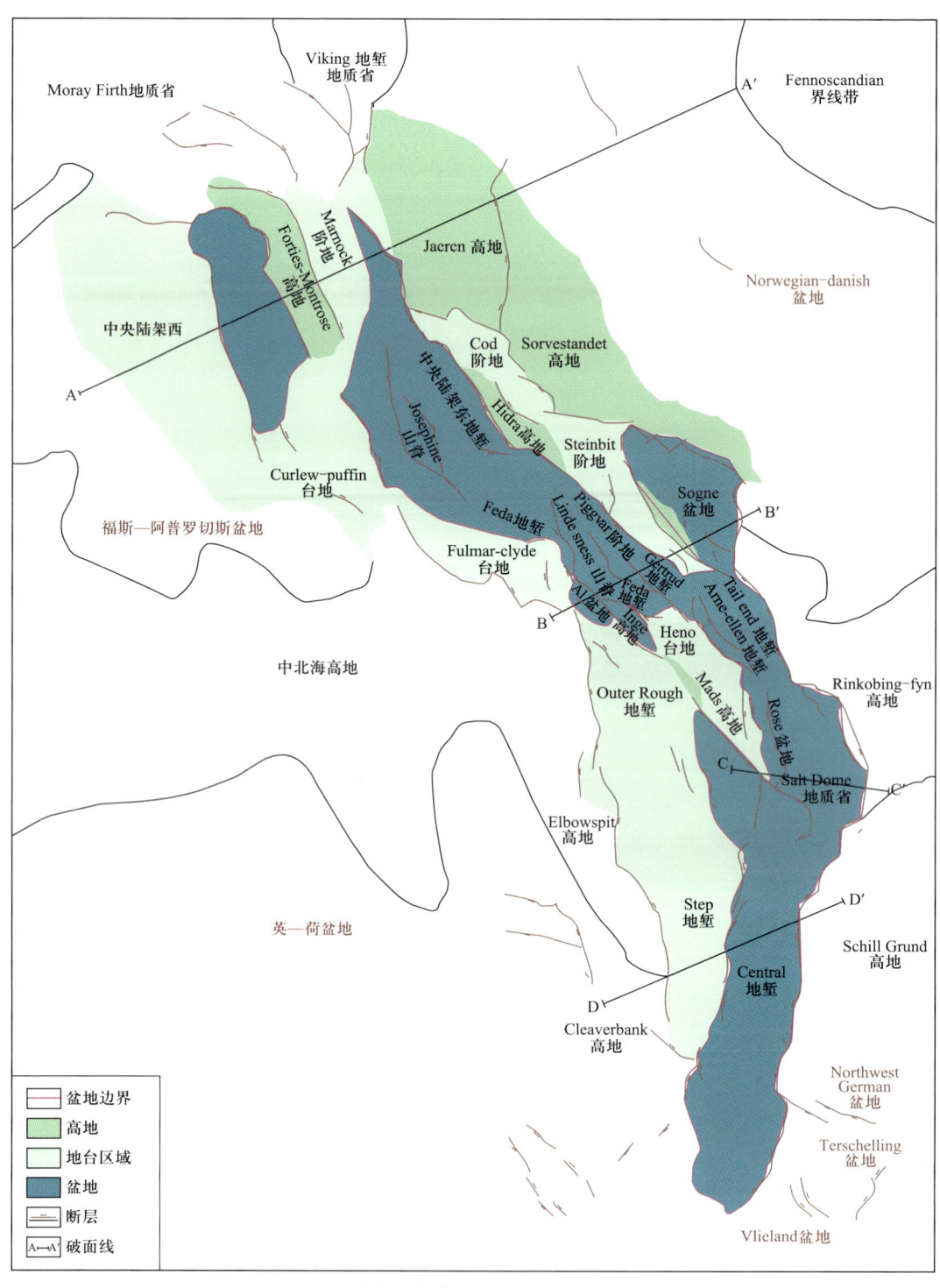

图 3-10 中央地堑位置图（据李国玉，2006）

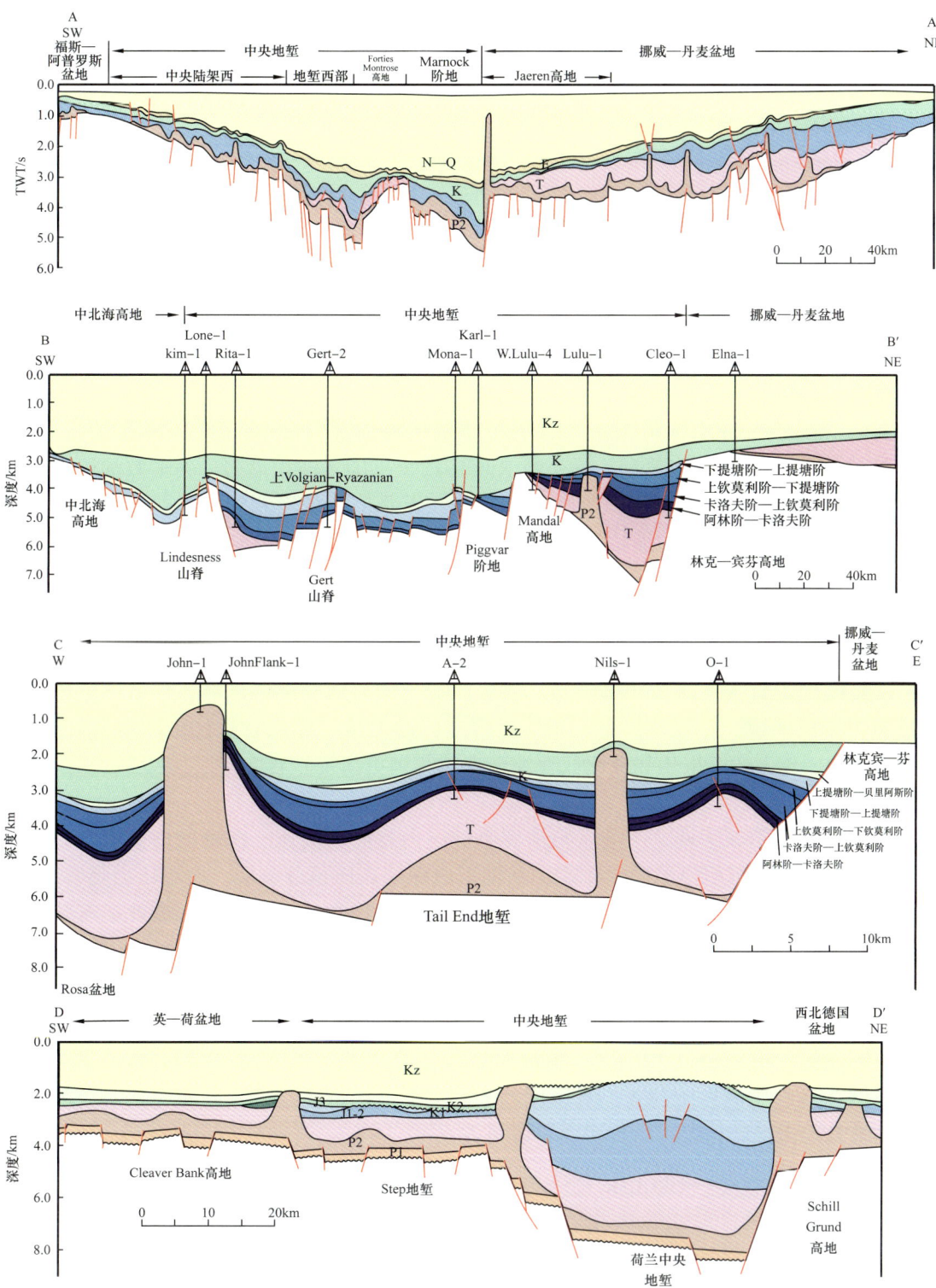

图 3-11 维京地堑剖面 A—A′、B—B′、C—C′、D—D′（据李国玉，2006）

剖面线位置如图 3-10

到早白垩世中央地堑沉积中心区域的中侏罗统煤层已经成熟达到生油期，晚白垩世生成轻质油与凝析油，始新世中期开始产气。钦莫利阶黏土组、Farsund 和 Mandal 组泥岩，大致在古新世时达到大量生油成熟期，而沉积中心部位，到渐新世早期达到大量生气与凝析油成熟期。

2）储层

中央地堑内的储层范围从 Embla 油田上泥盆统河流相砂岩到上新统至更新统浅部砂岩，其中大油气田的储层主要集中于上白垩统至古新统孔隙内（图 3-11）。

泥盆系 Buchan 组河流相砂岩、赤底统风成沙丘和蔡希施坦统淋滤碳酸盐岩均为盆地边缘产层。荷兰海域内，下三叠统 Buntsandstein 群和 Volpriehausen 组河流相与风成相砂岩，同上侏罗统 Skagerrak 组河流相与漫流相砂岩一样，它们都为盆地深部天然气（高温、高压）与凝析油重要的储层。

上侏罗统 Fulmar 组（英国）、Ula 组（挪威）浅海相砂岩和钦莫利阶到瓦兰今阶，Poul 与 Vyl 组（丹麦）、钦莫利阶黏土组 Ribble 段（英国）浊积砂岩，为多数油田的主要储层。砂岩储层的物性取决于其原始沉积环境。上临滨和滨岸相细到中粒砂岩，与下临滨和陆棚相黏土质含量高的细粒砂岩相比，孔渗性较好。

上白垩统白垩为挪威、丹麦和英国区域的重要储层（图 3-12）。其中比较典型的为马斯特里赫特阶 Tor 组和丹麦阶 Ekofisk 组，虽然后者的渗透率相对低些，但是由于裂缝的存在，使其成为有效储层。

古新统到始新统下部浊积扇砂岩，大多沉积于中央地堑英国区域，仅有部分砂岩向东延伸至挪威区域。一般情形下，扇体近源端的净毛比与储层物性比远源端要好得多。在荷兰境内，较多的浅层生物成因气存在于上新统到更新统砂岩中。

3）盖层

在中央地堑最深区域，三叠系与侏罗系储层内具异常高压。深埋的白垩通常具有较低渗透率，能抑制沉积物的脱水作用，从而形成深部高压顶部盖层。而当压力足够大时，盖层将产生裂缝，具裂缝的顶部盖层会使先前储集的烃类逃逸出圈闭，因此，有效盖层成为深部地堑区域圈闭的重要因素。

三叠系河流相砂岩的有效盖层为层内泥岩夹层。上侏罗统浅海与深海相砂岩均夹有厚层海相泥岩，构成良好的直接盖层。孔隙发育的 Tor 组白垩，被上覆 Ekofisk 组底部钙质泥岩所隔开。而 Ekofisk 组白垩，则被上覆的古新统泥岩，即古新统 Rogaland 群内深海环境下沉积的超压泥岩所封盖，其厚度约 50m，形成区域盖层。古新统与始新统浊积扇砂岩，被其层内深海相泥岩与页岩夹层所封盖。

4. 油气田例析——Ekofisk 大油田

Ekofisk 油田位于北海中央地堑水下 230ft。它拥有 $69×10^8$ bbl 原油的石油原始地质储量，到 2003 年可采储量达 $32×10^8$ bbl 原油及 $6×10^{12}$ ft^3 天然气，原油采收率达 46%，至少能持续生产至 2028 年。两套白垩储层孔隙度较高（平均达 40%），其保持这么高的孔隙度得力于储层内早期油饱和与超压的存在（0.69psi/ft）。基质渗透性初始值非常低

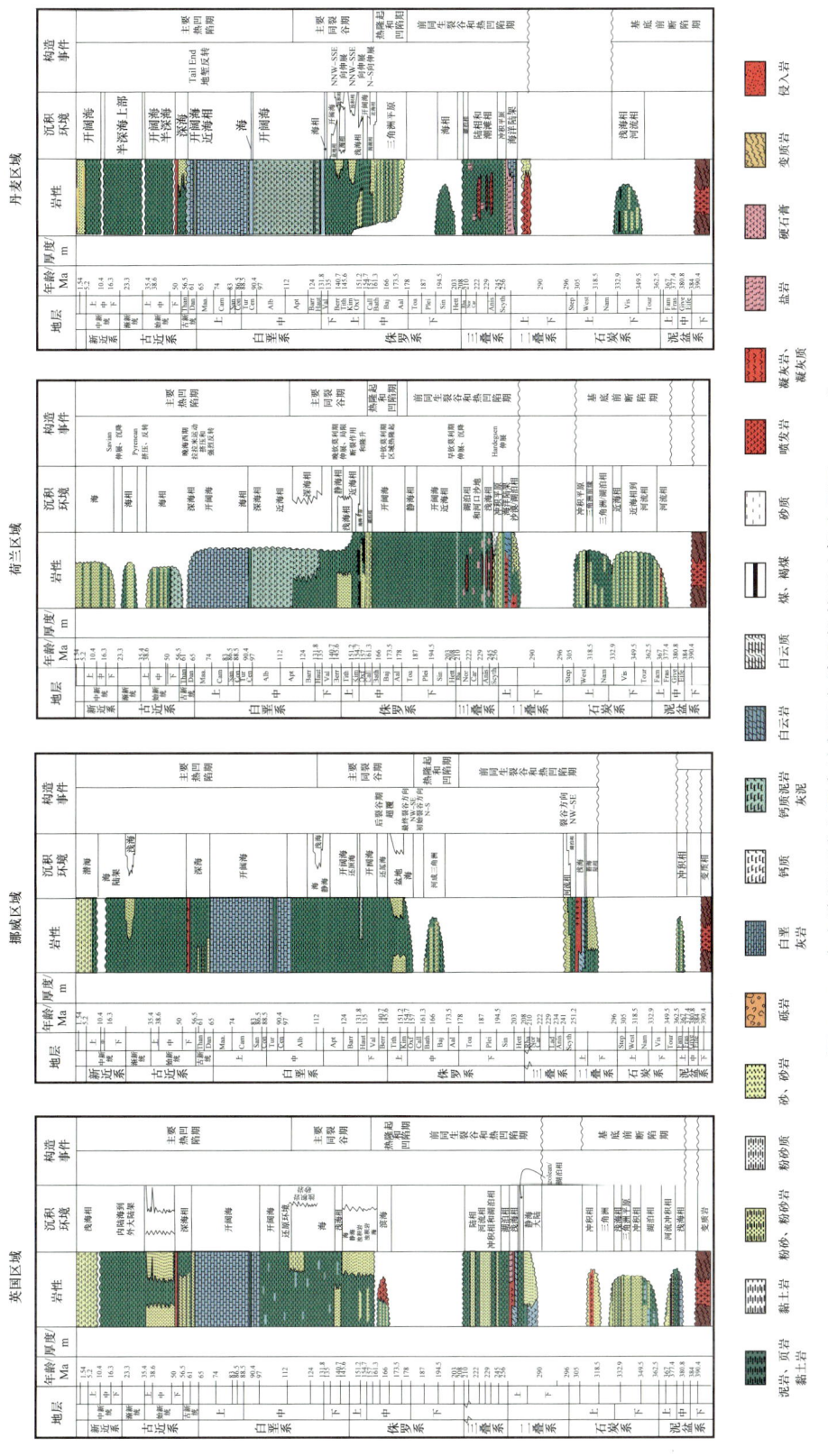

图 3-12 中央地堑区域主要含油气国家地层柱状图（据李国玉，2006）

（1~2mD），但是由于自然条件下裂缝的发育使其渗透率得到提高（最大150mD）。油为轻质油（36°API），黏度低且气油比高，为不饱和油。

1）构造特征

Ekofisk 结构为一个盐心穹顶（图 3-13a），是始新世—中新世中央地堑受挤压运动形成的最终形态，但其晚白垩世早期的生长对储层发育影响显著。石油储集在由低渗透率、不具封闭能力的白垩带分开的马斯特里赫特阶—古新统两套储层中。顶部盖层由上古新统超压泥岩组成。上白垩统白垩储层主要受中新世挤压构造和三种不同走向断层（北、南东东和南南东向断层）的影响（图 3-13b）。利用应力椭圆分析，这些断层可能与区域上的南南东—北北西向右行走滑运动相关（图 3-13c）。由于盐岩穹隆作用，使得确定断层的性质变得相当复杂。

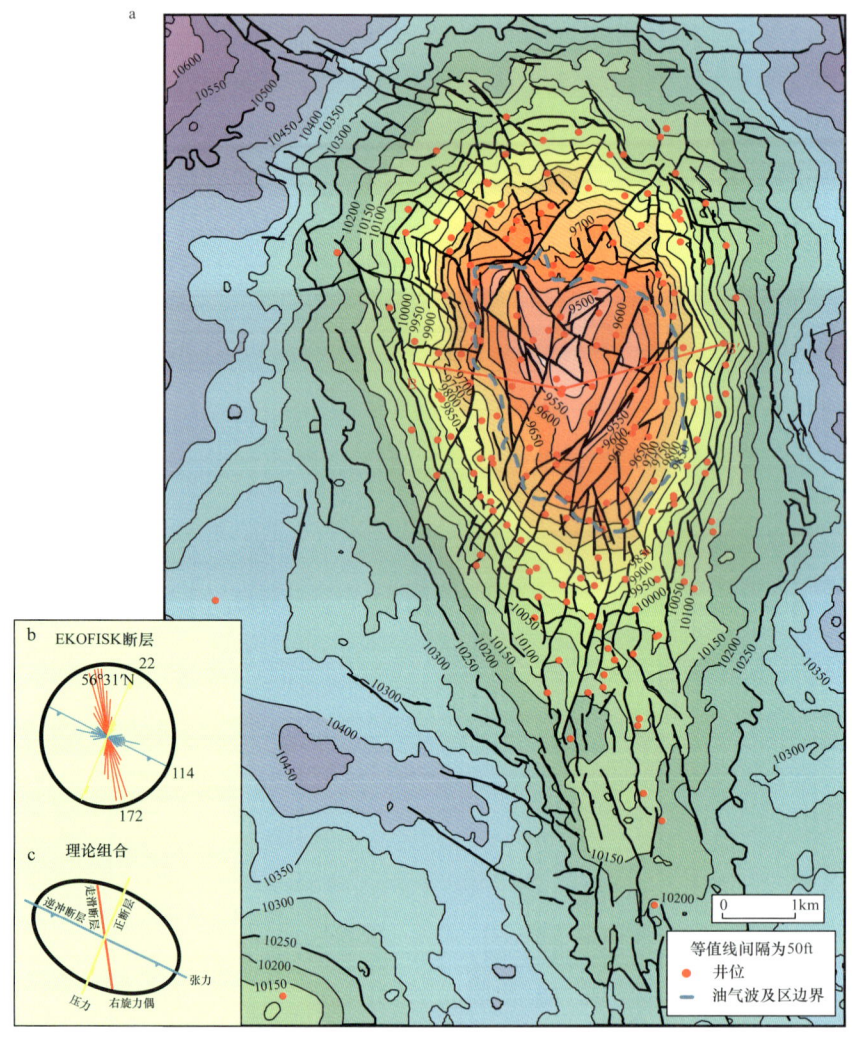

图 3-13 Ekofisk 油田白垩顶层深部构造（据 Feizel 等，2003）
b—根据三维地震确定的三个主要方向和错断类型的断层方位角；c—理论应力莫尔圆

大致南北向延伸的 Ekofisk 穹隆构造平均倾角小于 4°。油田覆盖面积为 49km²。顶端深度为 9480ft（水下真垂直深度），油水界面深度约为 10700ft（水下真垂直深度），但是由于高压的存在，及非常低且变化很大的渗透率的影响，使得油水界面变化非常大（Sylte 等，1999）。油柱高度平均为 1200ft，超出上部储层构造闭合度 400ft（图 3-13 B）。

2）Ekofisk 油田的生储盖

Ekofisk 油田的烃源岩是上侏罗统的 Mandal 组泥岩，在中央地堑内有上万英尺厚。从 Ekofisk 地区中一口井取样分析，已成熟烃源岩的 TOC 仍为 1.25%～2.9%（Pekot 等 1987）。来自地堑边界未成熟样品的平均 TOC 高达 4%～9%，并含丰富的 II 型干酪根。始新世—全新世的快速埋藏，使得早中新世以来达到生油高峰期，这些低渗透率泥岩中存在的超压，致使烃类物质以垂向运移为主，沿破碎断裂带向 Ekofisk 圈闭运移（图 3-14）。

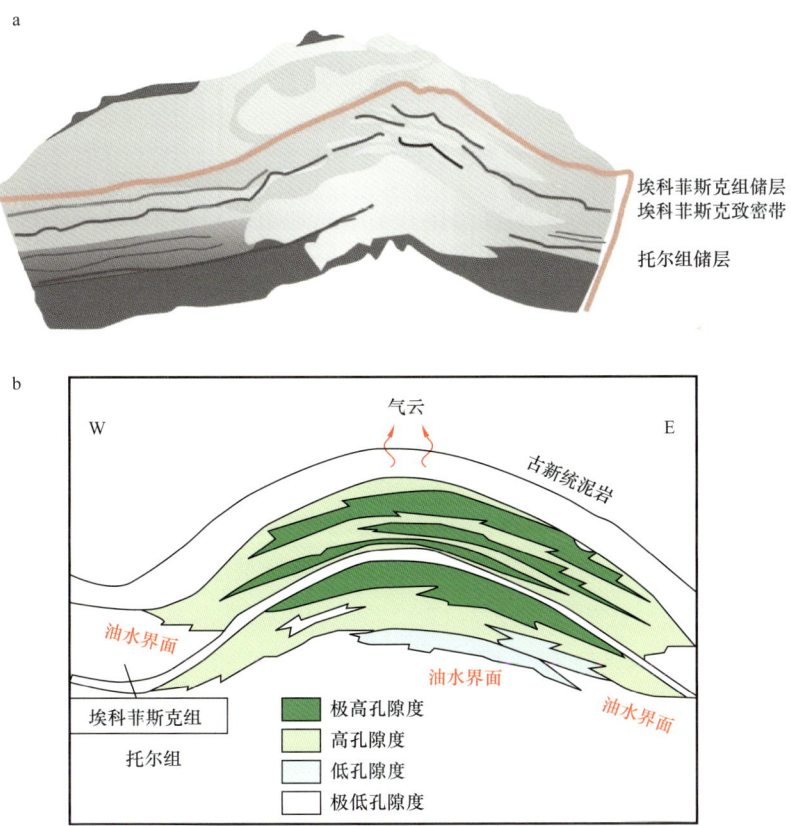

图 3-14 Ekofisk 油田北部顶部储层孔隙模型 a.（据 Feizel 等，2003）及东—西向剖面储集物性对油水界面的影响 b.（据 Carrit 等，1998）

a—从孔隙度模型的横剖面和储层的顶界面透视埃科菲斯克油田北部浅色区域孔隙度较高，大部分白色区域为油充填。埃科菲斯克致密带把埃科菲斯克组储层与托尔组储层分割开，但由于断层错位和裂缝影响并未完全封闭；b—东西向示意性剖面展示储层质量对埃科菲斯克油田油水界面的控制作用主要储层为马斯特里赫特期—晚古新世的 Tor 组与 Ekofisk 组，位于厚度为 2600ft 的 Shetland 群上部（图 3-15）。Tor 组可分为 3 段，30TA（上）、30TB（中）与 30TC（下），其中 Tor 组上部含有该组大部分石油。Ekofisk 组由上到下则可分为 5 个单元，上部孔隙带 25EA、Tommeliten 致密带 25EB、再沉积 Danian 带 25EC、再沉积 Maastrichtian 带 25ED 和 Ekofisk 致密带 25EE（图 3-15）。Ekofisk 致密带是一将 Tor 和 Ekofisk 储层分隔开的大型无油藏单元，但由于断层位移和裂缝使其不具很好封盖性。Shetland 群下部的 Hidra 和 Hod 组平均厚度分别为 500ft 和 800ft。它们由一分布较广的薄层泥岩（20ft）隔开。Plenus 泥灰岩/Blodøks 组为塞诺曼阶—土伦阶分界面（图 3-16）。TOR 组横跨油田约 10km，向北厚度增大，从 500ft 变化到 1000ft，平均约 600ft。Ekofisk 组厚度变化范围为 350～500ft，平均为 400ft，造成这种差异的主要原因为差异压实作用。

再沉积白垩比远洋白垩具有较高的初始孔隙度。Tor 组主要为岩屑流作用经历剥蚀作用和再沉积作用形成的白垩，因此形成了具有良好储层物性的产油区。Tor 组储层的平均孔隙度为 30%，最大可达 41%，同时孔隙度最好的几乎全沉积在 Tor 单元（30TA）上，平均孔隙度为 40%。Ekofisk 组白垩的平均孔隙度为 32%，最大达 48%。

三、维京地堑

1976 年 6 月 10 日，Beryl 油田的投产拉开了维京地堑的石油生产序幕。到 2005 年 4 月，该区发现的油田数目共 217 个，发现石油储量 25320MMbbl，天然气储量 63783Bcf。目前该区共有 1589 口生产井，其中产油井数为 1265 口，产气井 270 口，产油气井 54 口。

1. 地堑位置

南北走向的维京地堑被海水淹没，平均水深约 100m。它被英国和挪威两个国家所分割，国界线经过维京地堑中部和南部中心。其南北向延伸大致约 500km，北部末端较宽为 180km，而最南端宽度仅为 10km。其西面为东设得兰台地，北临默里盆地，东北方以 Oygarten 断层带为界，东面的南北向断裂将维京地堑与霍达台地和 Utsira 隆起隔开，南部与中央地堑也以断层的形式相隔（图 3-17）。图 3-18 和图 3-19 分别展示了 A-A′、B-B′、C-C′、D-D′ 四条剖面及维京地堑不同区域的地层对比图。

2. 有利生储盖组合

1）烃源岩

维京地堑烃源岩分布相对比较简单。绝大多数油与部分气及凝析油来源于富有机质热页岩，即"上"钦莫利阶黏土组/Draupne 组，而"下"部冷页岩具生气与凝析油潜力。Statfjord、Pentland、Hugin 和 Sleipner 组内煤层，具生气与凝析油潜力。开阔海相的 Heather 与 Drake 组页岩，当埋藏较深、压力足够大时，具大量成气潜力。

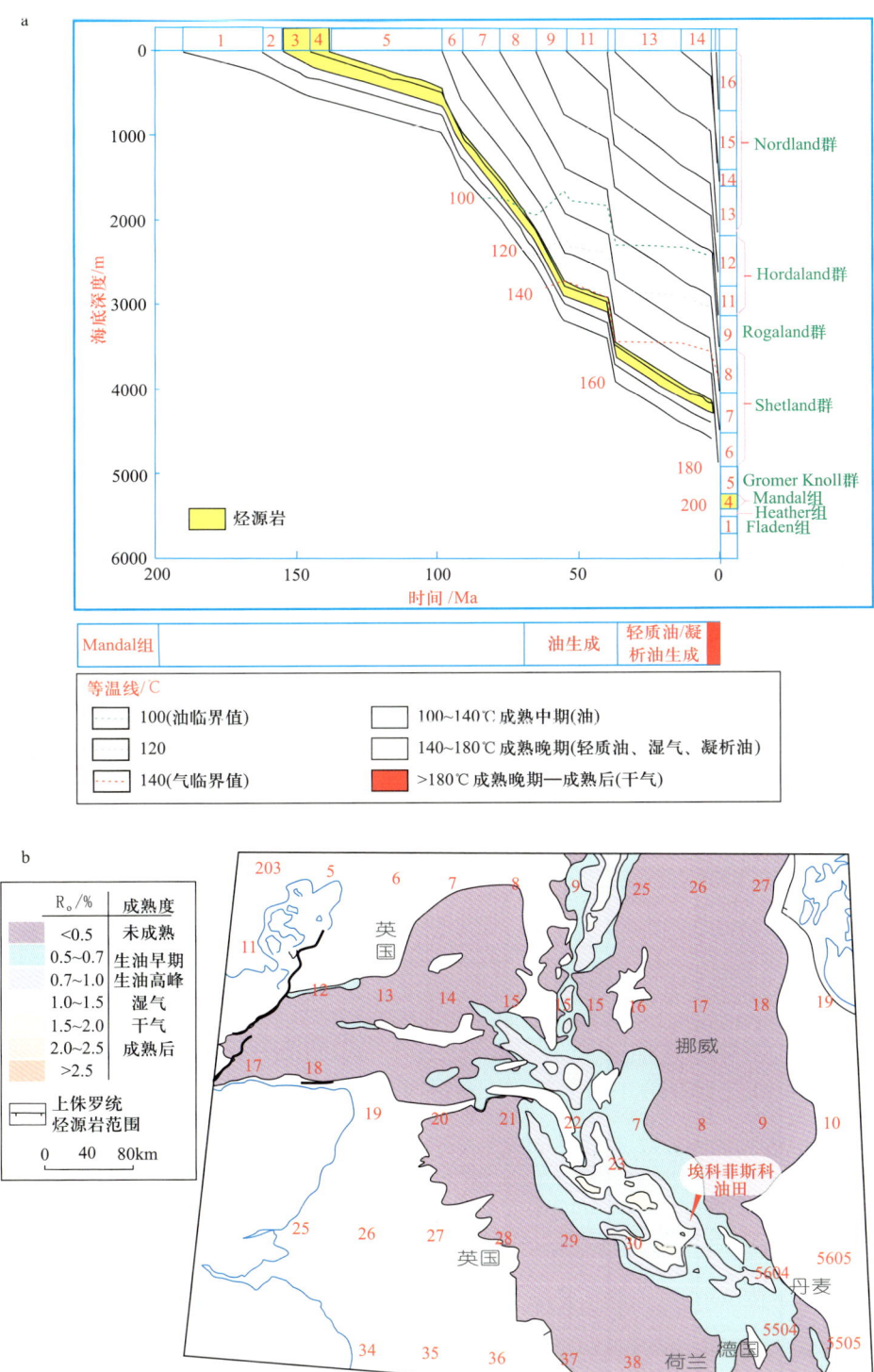

图 3-15　Ekofisk 区域埋藏史曲线及上侏罗统烃源岩热成熟度分布图（据 Kubala 等，2003）

a—大埃科菲斯克地区埋藏史（显示了上侏罗统烃源岩的热模拟结果和成熟度）；b—模拟的现今上侏罗统烃源岩热成熟度 $R_o/\%$

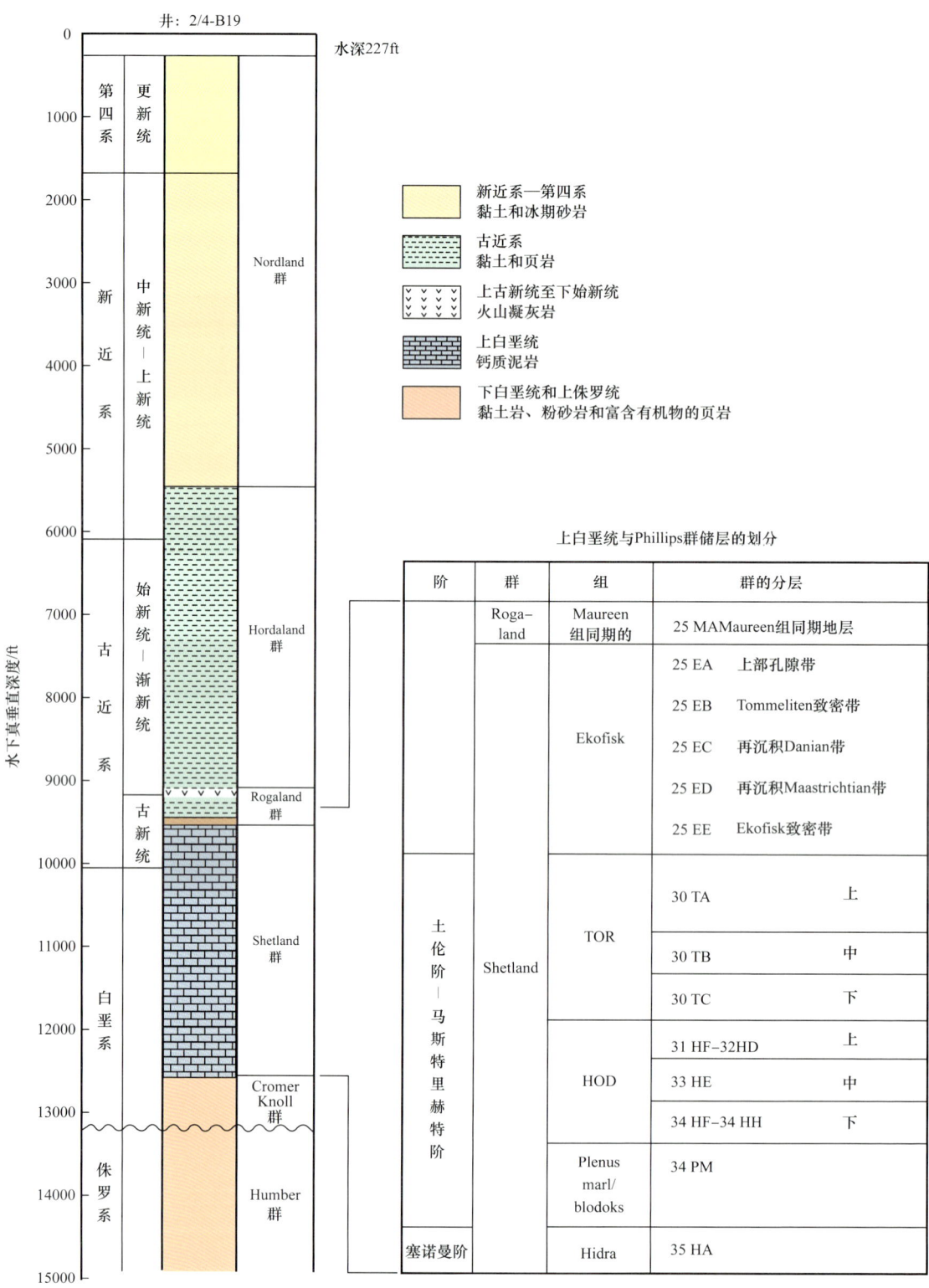

图 3-16 基于 2/4-B19 井的 Ekofisk 油田地层图（据 Feizel 等，1990）

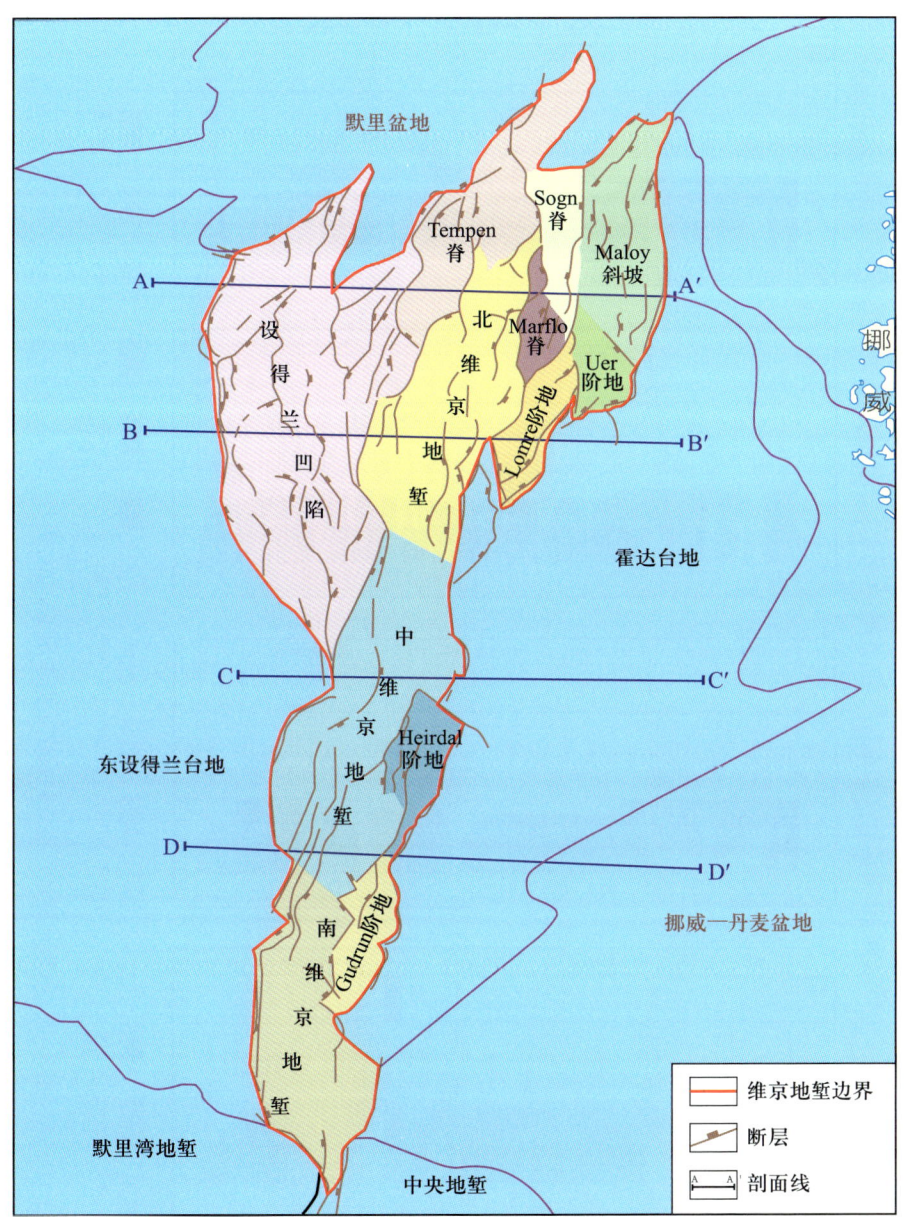

图 3-17 维京地堑位置及内部次级构造图（据李国玉，2006）

北维京地堑在始新世早期达到生油高峰期，在中新世中期进入生气窗。对于东设得兰盆地，生烃高峰始于渐新世晚期，而且一直持续到现今。在南维京地堑，生烃高峰为马斯特里赫特期，始新世晚期为成气与凝析油高峰期（图 3-20）。

2）储层

维京地堑储层从基底裂缝到始新统 Frigg 组海底扇砂岩均有发育。砂岩为盆地内重要的储层，这些砂岩层多为河流/三角洲相、浅海相与深海相。在这三种环境下形成的砂岩各有其特点，孔渗性受到原始沉积环境与后期成岩的共同影响。

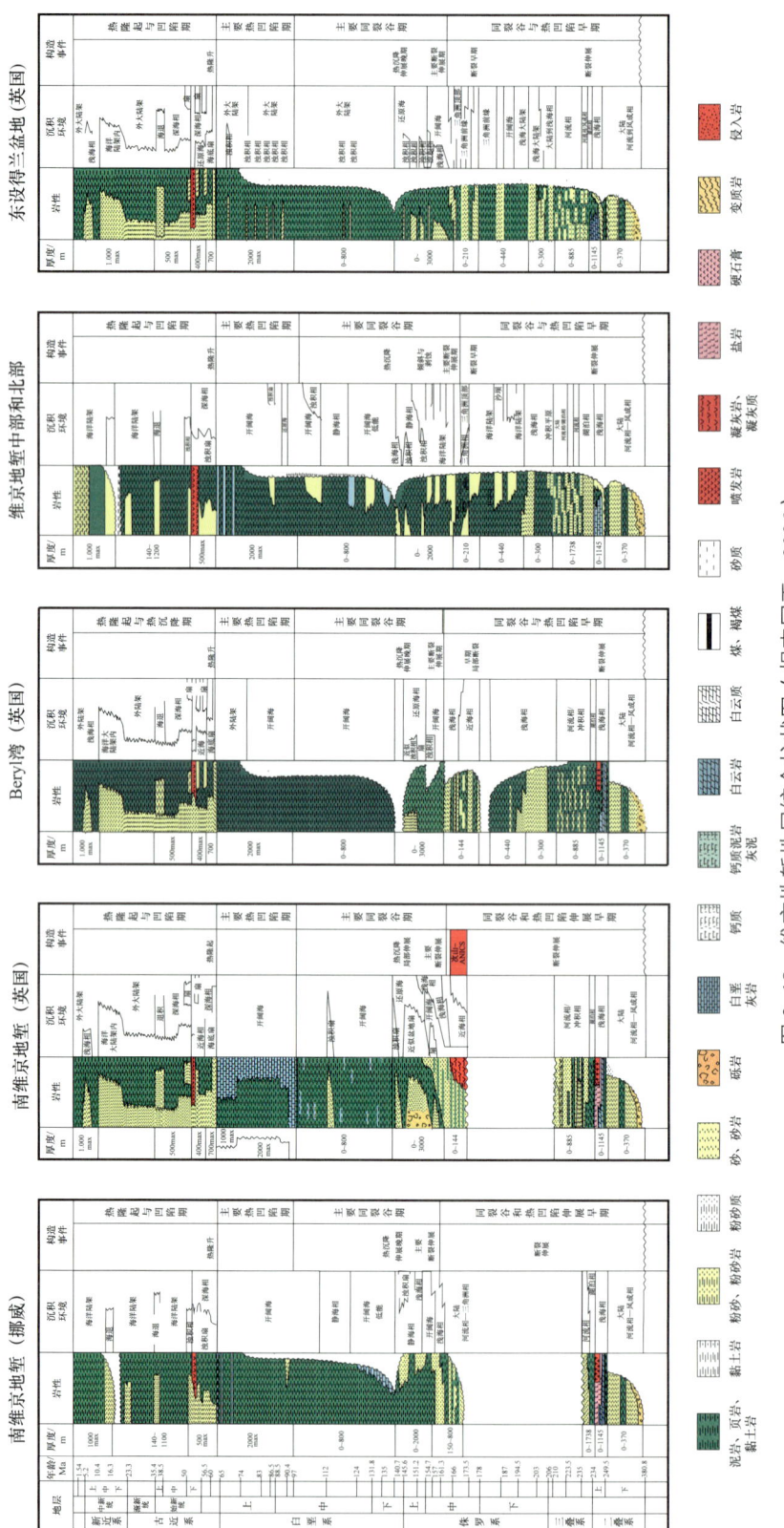

图 3-18 维京地堑地层综合柱状图（据李国玉，2006）

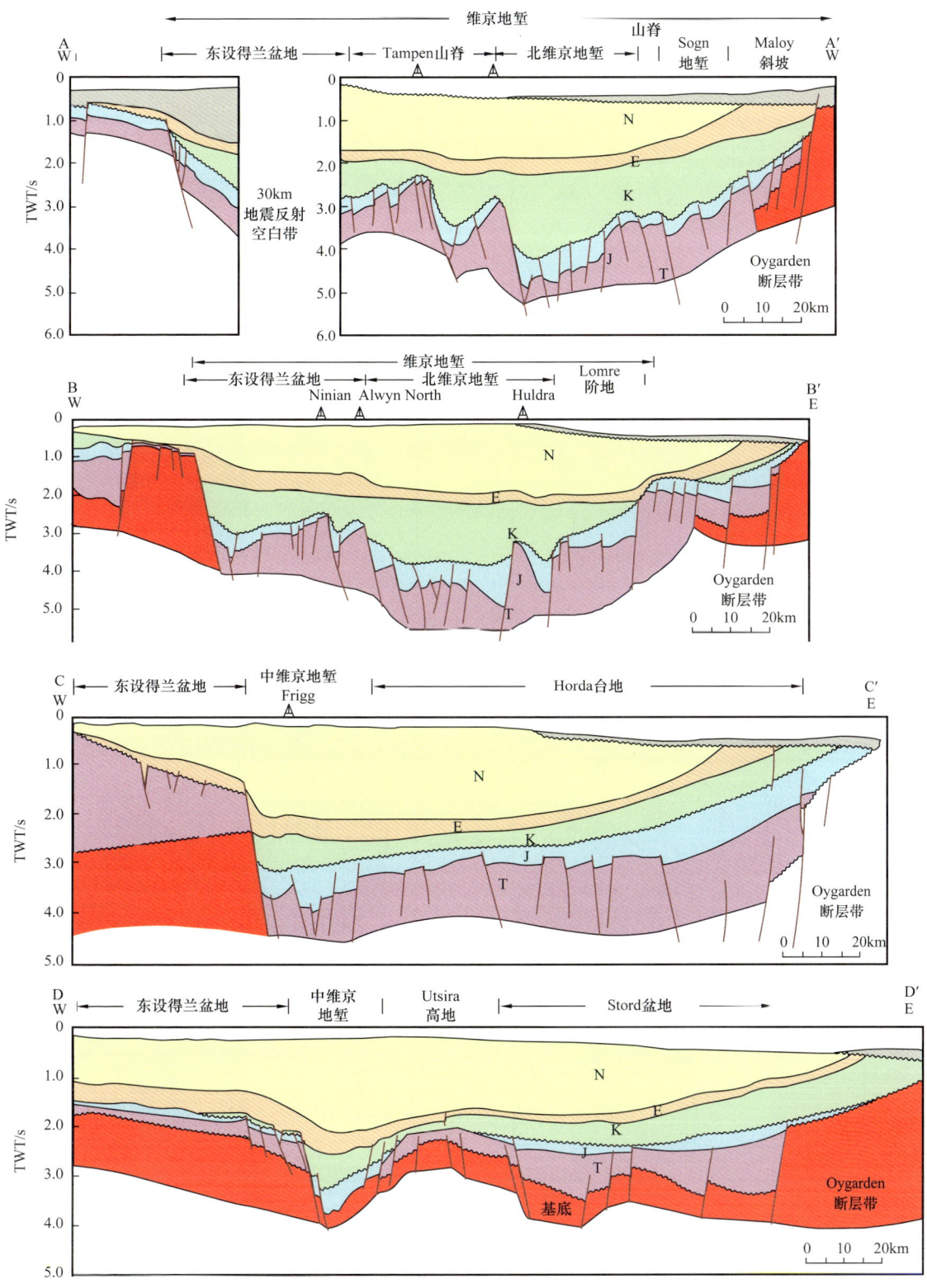

图 3-19 维京地堑剖面图（剖面位置如图 3-17）

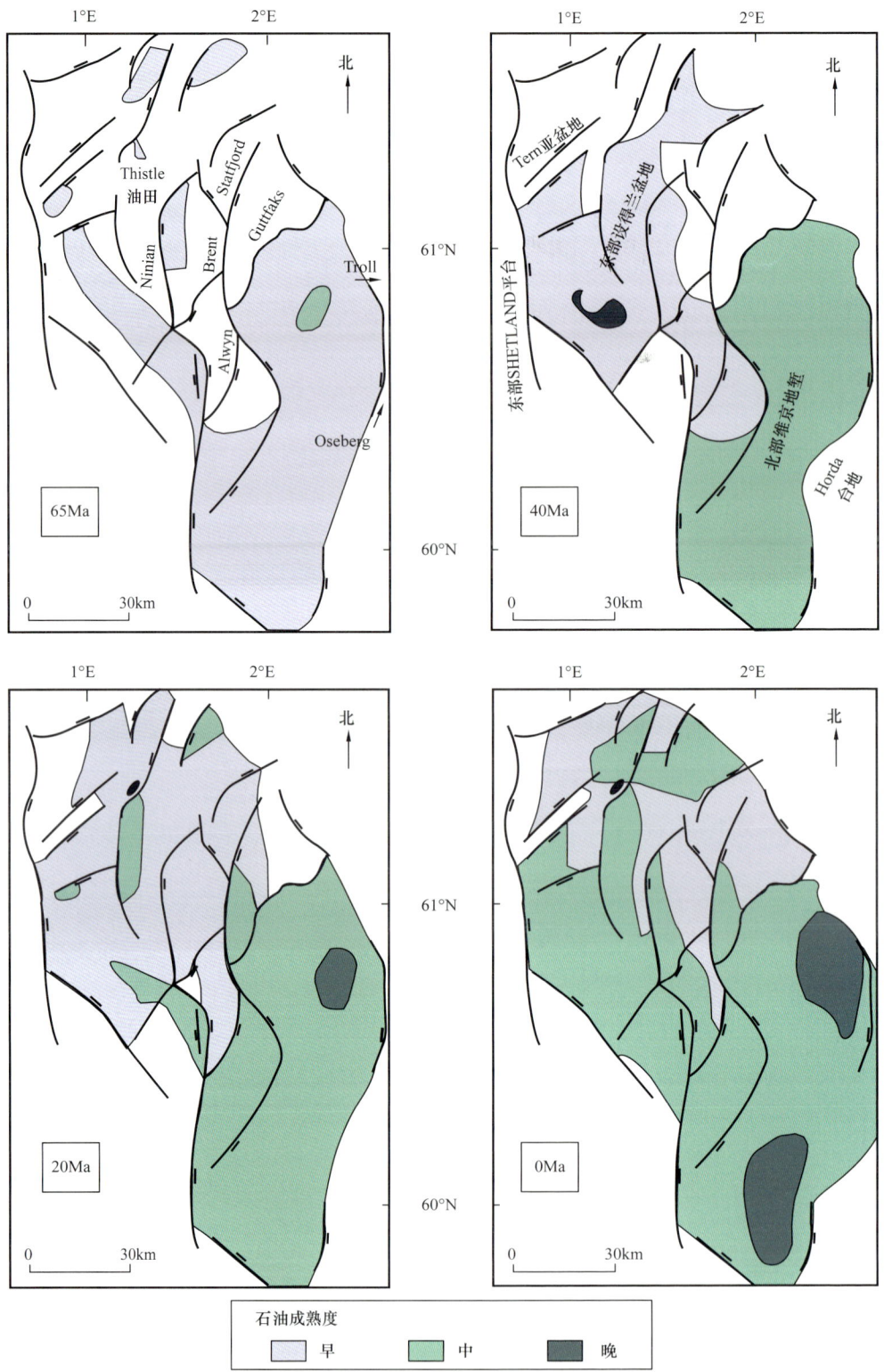

图 3-20　维京地堑不同坳陷内 Kimmeridge Clay 组烃源岩成熟时间（据 Kubala 等，2003）

三叠系 Cormorant 组、Lunde 组与 Statfjord 组砂岩及中侏罗统 Ness 组、Pentland 组和 Sleipner 组砂岩，均为河流相沉积。在这一沉积环境下，远端砂表现出良好的储集物性。下侏罗统 Nansen 组和 Cook 组，中侏罗统 Rannoch 组、Etive 组、Tarbert 组及 Hugin 组与上侏罗统 Emerald 组、Krossfjord 组、Fensfjord 组、Munin 组、上 Draupne 组和 Fulmar/Ula 组均为浅海相砂岩。中侏罗统 Brent 群为北维京地堑主要储层，属于三角洲沉积。除了 Dornoch 组外，上侏罗统 Brae 组、Heather 组内砂岩，Magnus、Ptarmigan 和 Home 砂岩段，Draupne 组内砂岩以及所有的古新统与始新统砂岩，均为深海相砂岩。

3）盖层

储层为中侏罗统砂岩的油田，部分以 Heather 组或 Kimmeridge Clay/Draupne 组为顶部盖层，Alwyn North、Strathspey、Brent、Statfjord、Vigdis 与 Gullfaks 等油田除外。这些油田的顶部构造遭受大范围剥蚀，有的甚至剥蚀到三叠系，如 Snorre 油田整个中侏罗统被完全剥蚀掉。在这些油田中，中侏罗统与更早的储层被 Cromer Knoll 群和 Shetland 群黏土岩封盖。

Heather 组内砂岩、Krossfjord 组、Sognefjord 组与 Emerald 组砂岩与 Heather 组页岩互层并被其封盖。Magnus 组、Ptarmigan 组与 Draupne 组内砂岩与 Kimmeridge Clay/Draupne 组页岩互层并被其封盖，同时 Kimmeridge Clay/Draupne 组页岩还是 Brae 组的顶部盖层。在古新统，堆叠的浊积扇砂岩层内，夹有深海相泥岩，但泥岩不能形成有效封盖，因而在其顶部砂岩层内发现烃类。Balder 组凝灰岩往往能形成有效盖层。Frigg 组砂岩被上覆页岩封盖。

3. 油气田例析——Statfjord 大油田

Statfjord 油田是欧洲西部最大的产油区。它坐落在北海北部，距卑而根（Bergen）西北约 210km 处，横跨挪威—英国边界（图 3-21）。该油田的石油可采储量达 $5.85×10^8 m^3$。75% 的原始地质储量存储于中侏罗统 Brent 群，1% 存储于下侏罗统 Dunlin 群，24% 存储于上三叠统—下侏罗统的 Statfjord 组。Brent 群和 Statfjord 组储层预计采收率分别为 55% 和 60%。

1）构造特征

Statfjord 油田位于北维京地堑边缘西部的东设得兰盆地。该油田为西倾断块，且其顶部在上侏罗统和白垩系底部不整合面处尖灭，形成构造—地层复合圈闭。其断裂作用始于中侏罗世，并在晚侏罗世到早白垩世时期最剧烈（图 3-22）。

Statfjord 油田长约 24km，平均宽度约 4km，发育的三套储层均在同一构造圈闭内，该构造倾向北西西、倾角 6°～8°，东面由一大断层隔开（图 3-22）。在构造顶部到大边界断层之间为一系列北北东向弓形铲式正断层，而油田的西侧相对无断裂发育。晚侏罗世—早白垩世，区域性的拉张作用形成了北西—南东走向、较油田东北和西南相对高的中部构造（Roberts 等，1987）。

2）储层

Statfjord 油田最老的地层为三叠系 Hegre 群陆相红层；其上覆上三叠统—下侏罗统

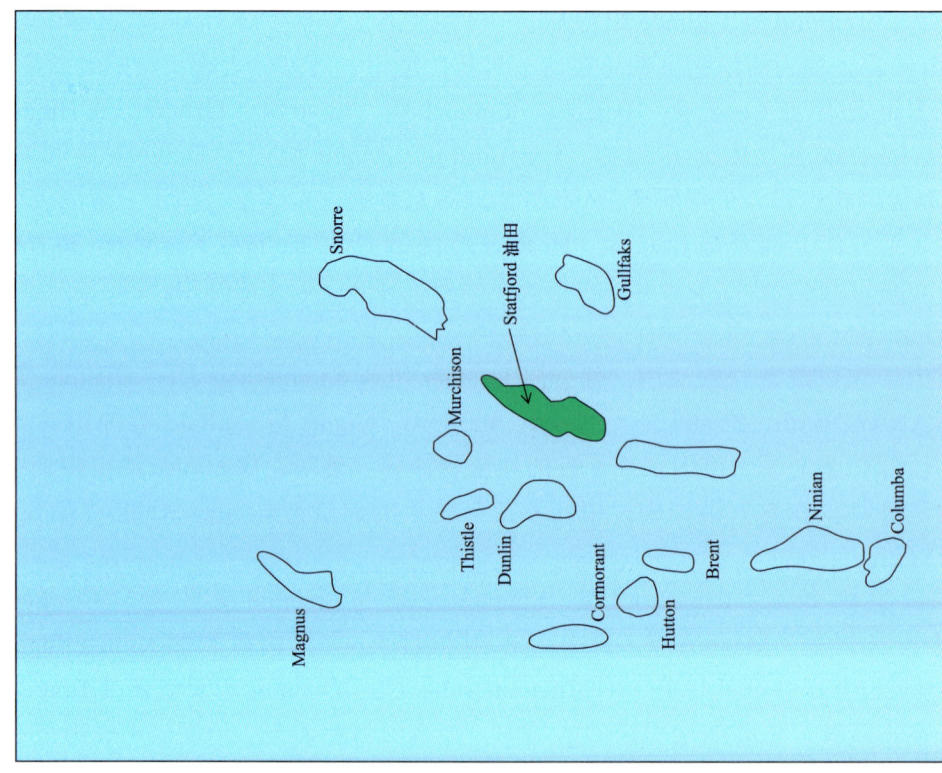

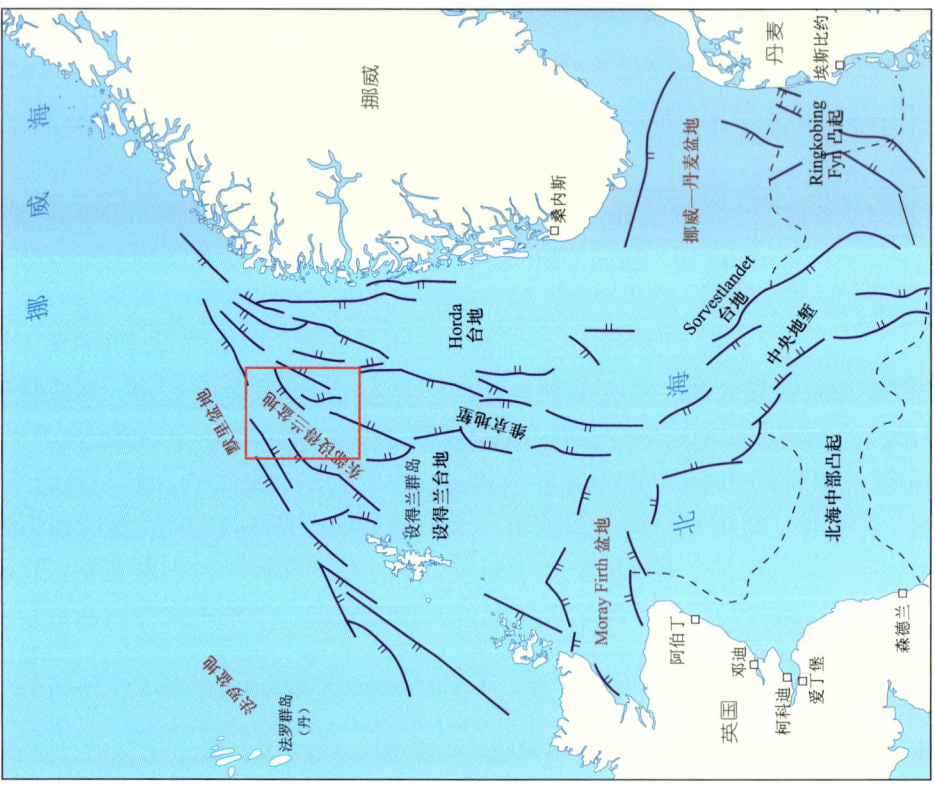

图 3-21 Statfjord 油田位置（据 Roberts 等，1987）

Statfjord 组呈不整合关系；下侏罗统以泥岩为主，同时包含少量 Cook 组砂岩储层的 Dunlin 群覆于其上；在 Dunlin 群之上则为占该油田储量最大的 Brent 群。在侧翼区域整合覆盖，而顶部区域遭受剥蚀形成不整合的 Heater 组位于 Brent 群之上。该油田富有机质的主要烃源岩上侏罗统黏土岩 Draupne 组（相当于 Kimmeridge Clay 组）沉积于断块发生掀斜与抬升之后，因此与下伏老地层呈不整合关系，其 TOC 值约为 10% 左右。下白垩统薄层存在于油田的下倾区域内（图 3-23），其与上覆上白垩统和新生界不整合接触（图 3-24）。

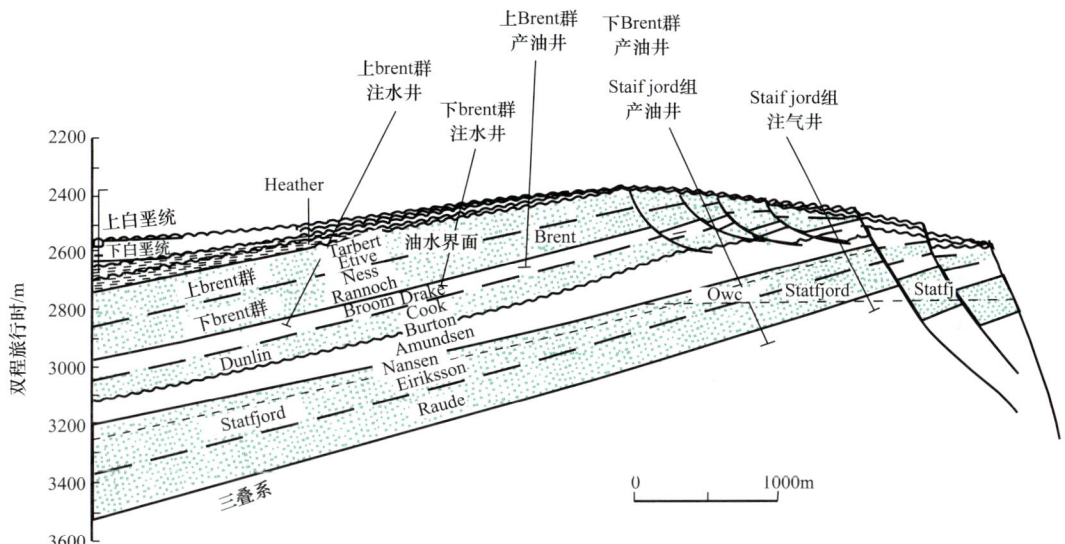

图 3-22　Statfjord 油田中部区域近西北—东南向横剖面与部分生产井位置（据 Roberts 等，1987）

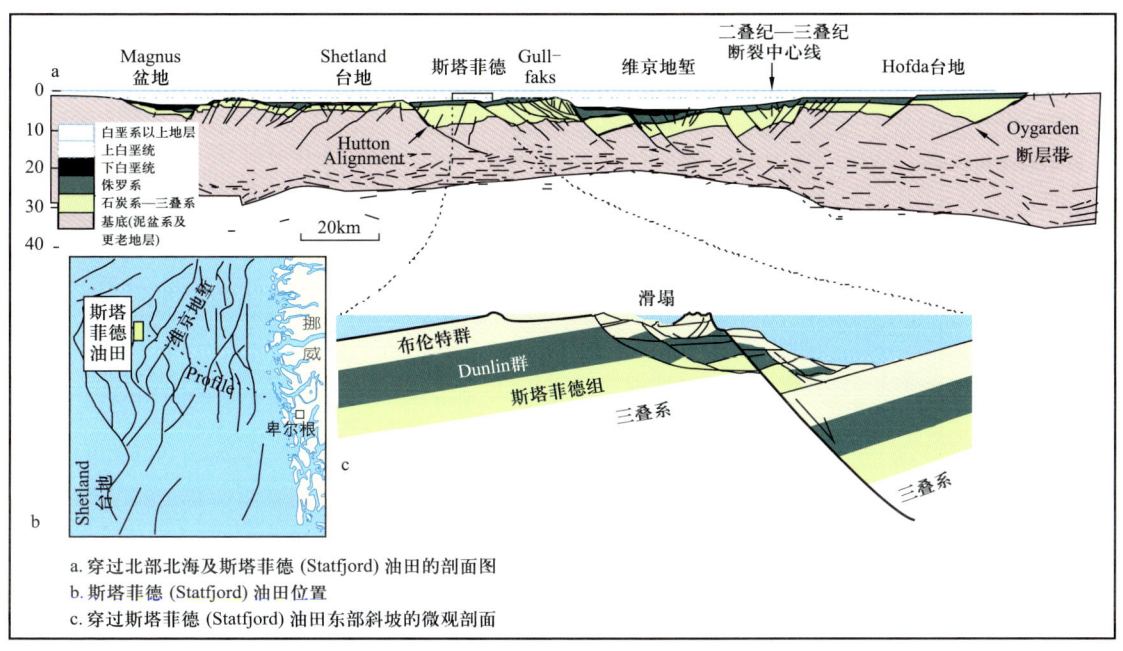

a. 穿过北部北海及斯塔菲德 (Statfjord) 油田的剖面图
b. 斯塔菲德 (Statfjord) 油田位置
c. 穿过斯塔菲德 (Statfjord) 油田东部斜坡的微观剖面

图 3-23　斯塔菲德油田剖面图（据 Roberts 等，1987）

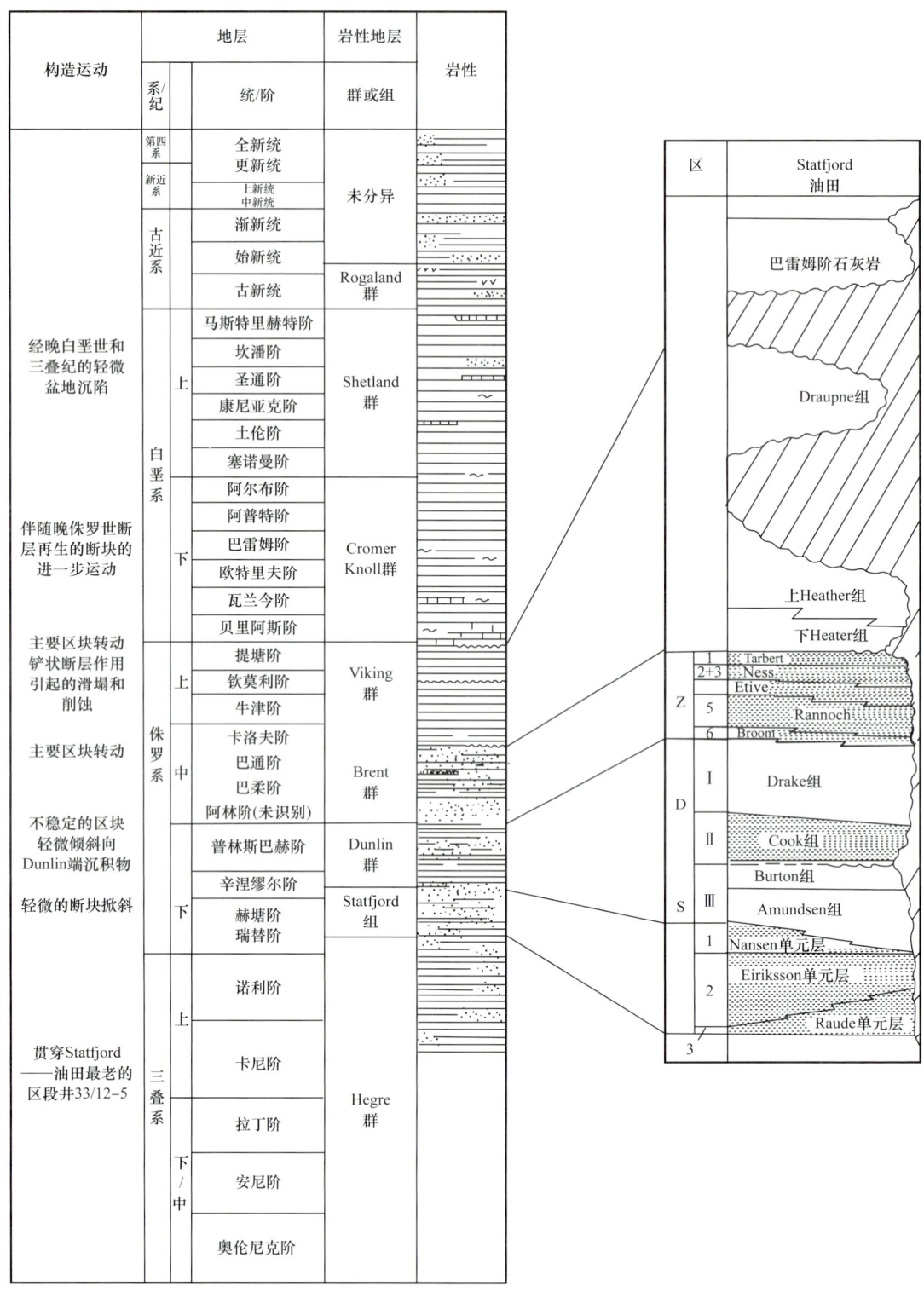

图 3-24 Statfjord 油田地层综合柱状图（据 Roberts 等，1987，修改）

Statfjord 组占到了原始地质储量的 24%，厚度范围 150～250m，平均为 125m，向西南方向增厚，相对 Brent 群储集物性较差，其平均渗透率为 470mD。它尖灭于构造顶部的晚侏罗世与早白垩世不整合面之下。可将 Statfjord 组分为三段：Nansen、Eiriksson 和 Raude 段。Nansen 段平均渗透率可以达到 4D，局部区域超过 6D；Eiriksson 段平均渗透率为 800mD；Raude 段则从顶部 500mD 变化到底部 50mD。其孔隙度变化相对较小，平均约 20%～22%，仅在 Nansen 段内最高达到 32%。整个 Statfjord 组主要沉积于两种环境之下：（1）河流相；（2）浅海相。下部两段主要为河流相，Nansen 段为浅海相，表现较好的储集物性。

Dunlin 群包含了 1% 的原始地质储量，可分为四组：Amundsen 组、Burton 组、Cook 组和 Drake 组，以泥岩为主，仅在 Amundsen 组底部有限区域与上部的 Cook 组内发育部分砂岩，而油气只储集于 Cook 组内。Dunlin 群岩性变化较大，在油田东北区域物性最好。平均孔隙度还算较高，为 19%，但渗透率却非常的低，仅为 10～300mD。

Brent 群储层储集了该油田 75% 的原始地质储量。其平均厚度为 155m，主要为三角洲沉积相，可分为 5 个组：Broom 组、Rannoch 组、Etive 组、Ness 组和 Tarbert 组。由于 Ness 组内页岩单元充当着有效压力阻隔层，使得 Brent 群整体上分为两个带：下 Brent 带（Broom 组、Rannoch 组和 Etive 组）与上 Brent 带（Ness 组和 Tarbert 组）。这两个带的平均厚度均为 75m。Brent 群平均孔隙度为 27%，平均渗透率为 2500mD。储集物性最差的部分位于 Rannoch 组下部（平均渗透率为 10mD）。Ness 组下部薄层砂岩的物性相对也不好，平均孔隙度为 23%。储集物性最好的层段为：Etive 组和 Tarbert 组，它们的平均渗透率分别达到 5D 和 3D，平均孔隙度分别达到 31% 和 30%。

四、默里湾地堑

默里湾地堑的油气生产始于 1976 年 12 月 7 日，1985 年产油达到高峰期。到 2004 年 4 月，共探明的石油可采储量为 5614MMbbl，天然气可采储量为 $7387\times10^9\text{ft}^3$。

1. 地堑位置

默里湾地堑位于苏格兰东北面。地堑形状大致为椭圆形，其长度大约为 310km，最大宽度约为 130km。地堑向东延伸与中央地堑和维京地堑相接，西面以 Grampian 高地为界，北面与设得兰和奥克尼—设得兰台地（Orkney-Shetland Platform）相邻。地堑的总面积约为 $2.4\times10^4\text{km}^2$，99% 的部分被海水覆盖（图 3-25）。

2. 有利生储盖组合

1）烃源岩

深海盆地相钦莫利阶黏土组（Kimmeridge Clay Formation）为主要的烃源岩（图 3-26），从晚白垩世开始，这些烃源岩逐渐达到成熟并生成石油。古近纪，默里湾地堑内部的隆升，导致生烃作用终止。而默里湾外缘仍持续接受沉积,使得其内部一直到现在仍进行着生烃作用。默里湾内部泥盆系红色砂岩内有湖相烃源岩,可能在晚侏罗世以后达到主生烃期。中侏罗统 Brora Coal 组也达到了主生烃期,并在默里湾内部持续生烃。

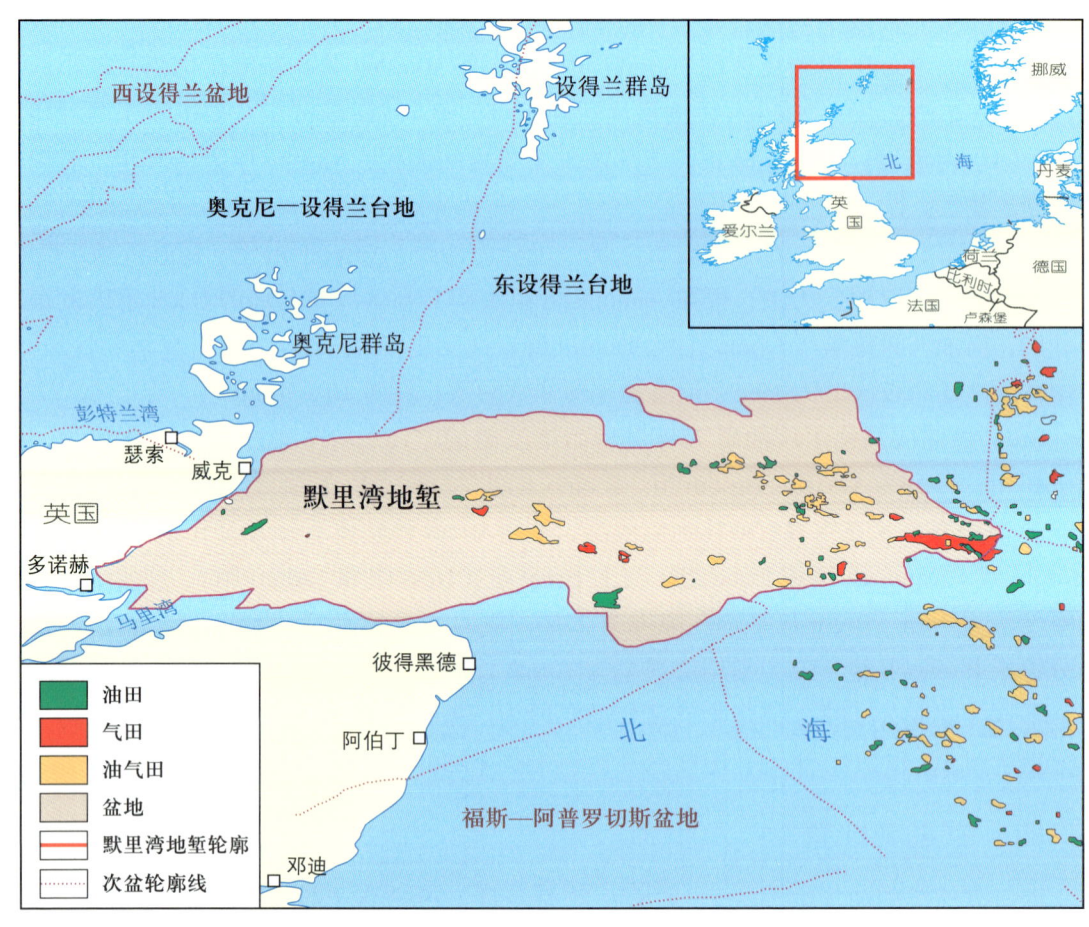

图 3-25 默里湾地堑位置图(据 Roberts 等,1987)

2)储层

上侏罗统 Piper 组浅海相砂岩,上侏罗统海底扇 Burns 砂岩段(钦莫利阶黏土组),下白垩统 Cromer Knoll 群 Vahall 组、Wick 组与 Britannia 组浊积砂岩,与古新统 Montrose 群和 Moray 群砂岩,为盆地内主要的储层(图 3-26)。上侏罗统浅海相砂岩主要在默里湾外缘沉积。下—中侏罗统浅海相到陆相砂岩组成了 Beatrice 油田的储层。在 ClayMØRE 油田,石炭系和二叠系也为产层。

3)盖层

默里湾地堑储层的盖层主要为区域、半区域、层内夹层与局部泥岩与凝灰岩盖层。这些盖层在晚侏罗世到古近纪地层中均有发育。最主要的盖层为中—上侏罗统、下白垩统、上白垩统及古新统到始新统层序。局部盖层出现于石炭系与下三叠统中。

第三章 北海盆地

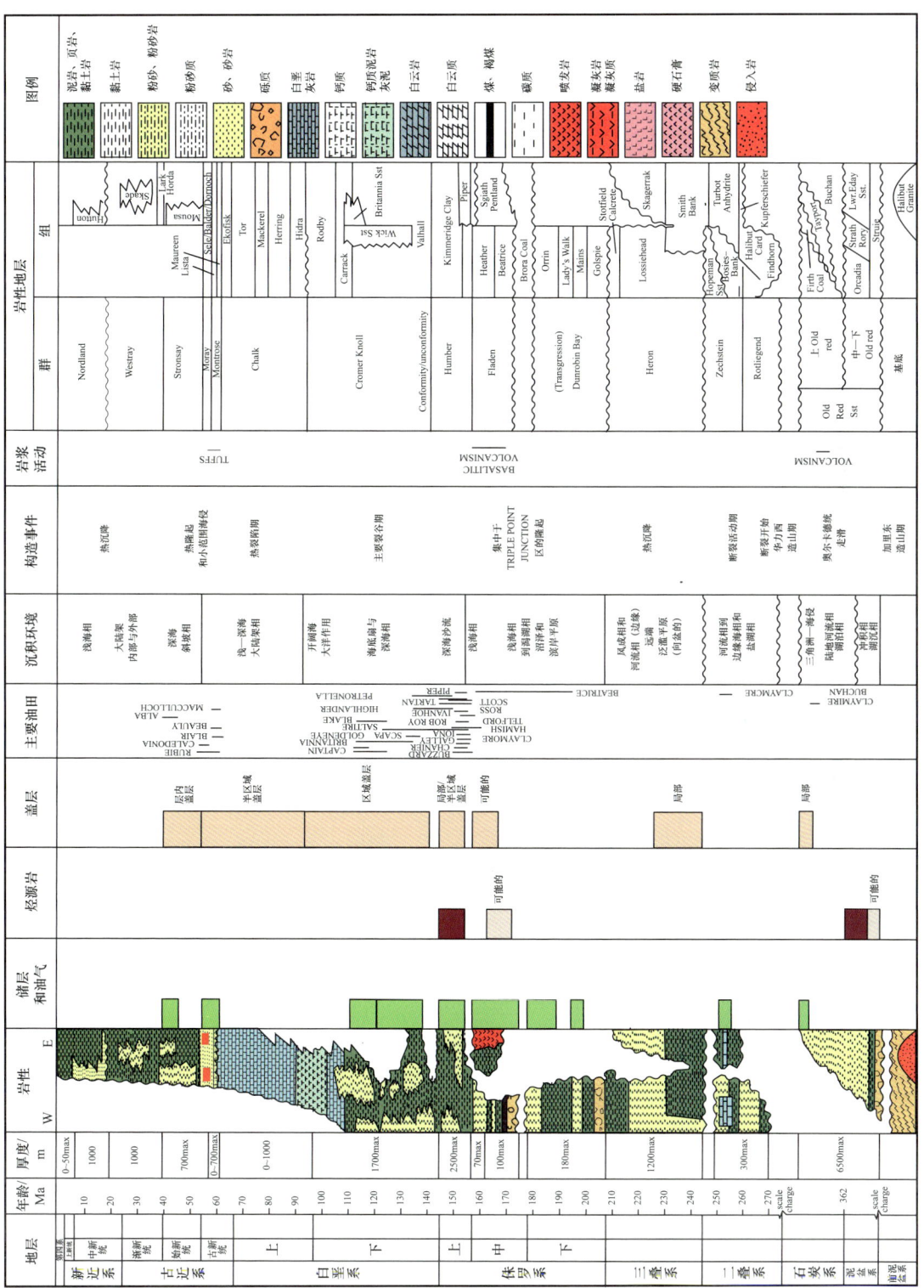

图 3-26 默里湾地层柱状图（据 Roberts 等，1987）

第五节 大油气田分布

北海海域拥有57个大油气田，其中大油田31个，大气田26个，其分布位置如图3-27，可以明显看出油气集中分布于由北支维京地堑（大油田14个，大气田3个）、南支中央地堑（大油田8个，大气田3个）与西支默里湾地堑（大油田3个，大气田2个）组成的三叉裂谷系带内，以及形成于三叠纪至白垩纪由北大西洋早期开启扩张形成的挪威被动边缘的伏令盆地（大油田3个，大气田5个），而气田相对集中的盆地以北海南部的英—荷盆地（大气田8个）为典型。石炭纪晚期煤系烃源岩及海进环境下蔡希斯坦统盐岩的沉积，决定了北海盆地南部为气田的分布特性。

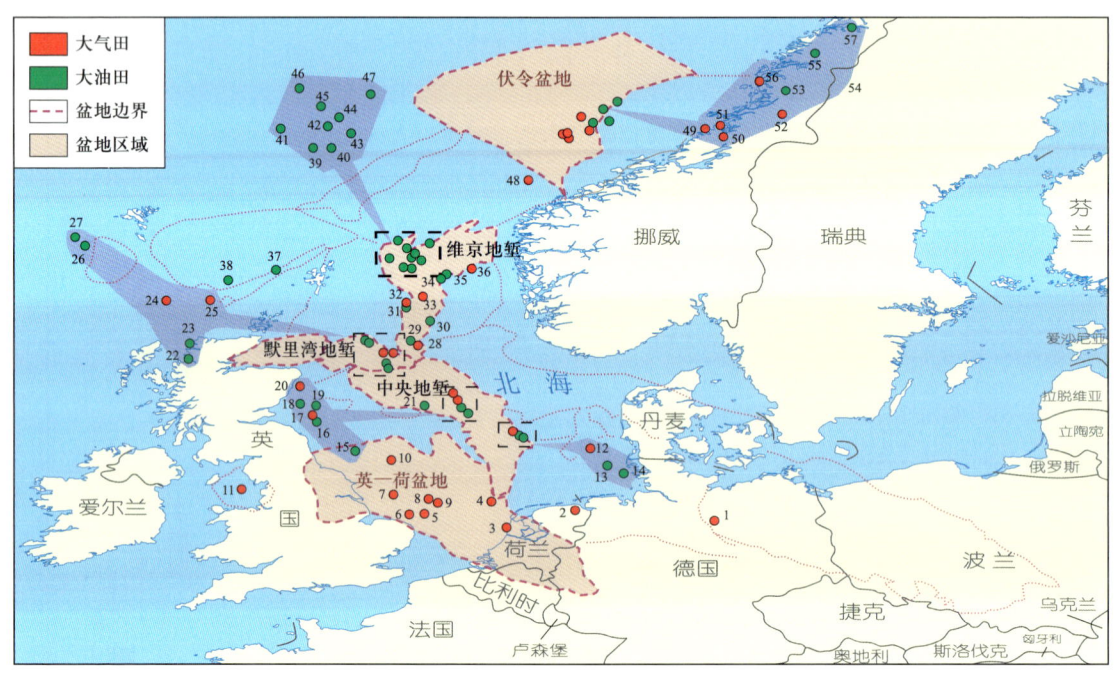

图3-27 北海大油气田分布图（据李国玉，2006）

1—Salzwedel；2—Groningen；3—Bergen；4—Placid；5—Leman；6—Hewett；7—Audrey；8—Viking；9—Indefatigable；10—West Sole；11—MØREcambe；12—Tyra；13—Halfdan；14—Dan；15—Valhall；16—Eldkfisk；17—Edda；18—West Ekofisk；19—Ekofisk；20—Albuskjell；21—Fulmar；22—Forties；23—Buzzard；24—Britannia；25—Block 16/26；26—ClayMØRE；27—Piper；28—Sleipner Øst；29—Sleipner Vest；30—Grane；31—Beryl；32—Bruce；33—Frigg；34—Block 30/3；35—Oseberg；36—Troll；37—Clair；38—Schiehallion；39—Ninian；40—Alwyn North；41—Cormorant；42—Brent；43—Gullfaks；44—Statfjord；45—Thistle；46—Magnus；47—Snorre；48—Ormen Lange；49—Kristin；50—Lavrans；51—Smoerbukk；52—Midgard；53—Heidrun；54—Draugen；55—Skarv-Idun；56—Block 6506/06-01；57—Norne

北部油气主要来源于钦莫利阶到贝里阿斯阶的Kimmeridge Clay组烃源岩，且其间部分夹有砂岩段，因此，不论是在中央地堑、维京地堑还是默里湾地堑内都存在着自生自储自盖的聚集特征。但是由于蔡希斯坦统盐岩在中央地堑内沉积较厚，以及北海中央地堑与维京地堑不同的构造活动差异，使得中央地堑与维京地堑内油气的分布特征上有很大的差异。

北海盆地内圈闭有构造圈闭及构造—地层复合圈闭，以构造因素为主。南部英—荷盆地内大气田多为断背斜圈闭，而且表现为一系列小的垒—堑结构特征；北部大油气田圈闭样式相对南部要复杂些，比较典型的主要有中央地堑内的盐构造背斜圈闭与断裂背斜圈闭及维京地堑断块掀斜构造圈闭（图3-28）。中央地堑多表现为下生上储型，而维京地堑主要为上生下储型。古新世前北海中部中央地堑断层的再次活动，引起了盐岩的塑性流动，局部区域发育形成盐枕与盐墙，形成了许多与盐构造相关的背斜构造，上部岩层亦发生破裂，产生相关小的断层（图3-28），同时由于烃源岩的大量生烃作用，使得侏罗系内存在异常高压，这一部分高压也促使油气运移至上白垩统储层内，如Eldkfisk、Ekofisk、Edda、Valhall等大油田，同时烃源岩在中央地堑中部已达到大量生烃期，因此中央地堑内大油田多集中分布于中央地堑中部。而维京地堑内圈闭大都为断块掀斜圈闭，部分掀斜断块由于早白垩世的隆起作用，顶部遭受剥蚀。由于不整合面的发育与断层的垂向输导作用，油气的二次运移多发生侧向到垂向的运移，优势通道与圈闭的位置关系是控制油气分布的重要因素。维京地堑内大油气田大都集中于维京地堑内的东设得兰盆地，如Alwyn North、Cormorant、Statfjord等（图3-29），这与在中侏罗世到晚侏罗世早

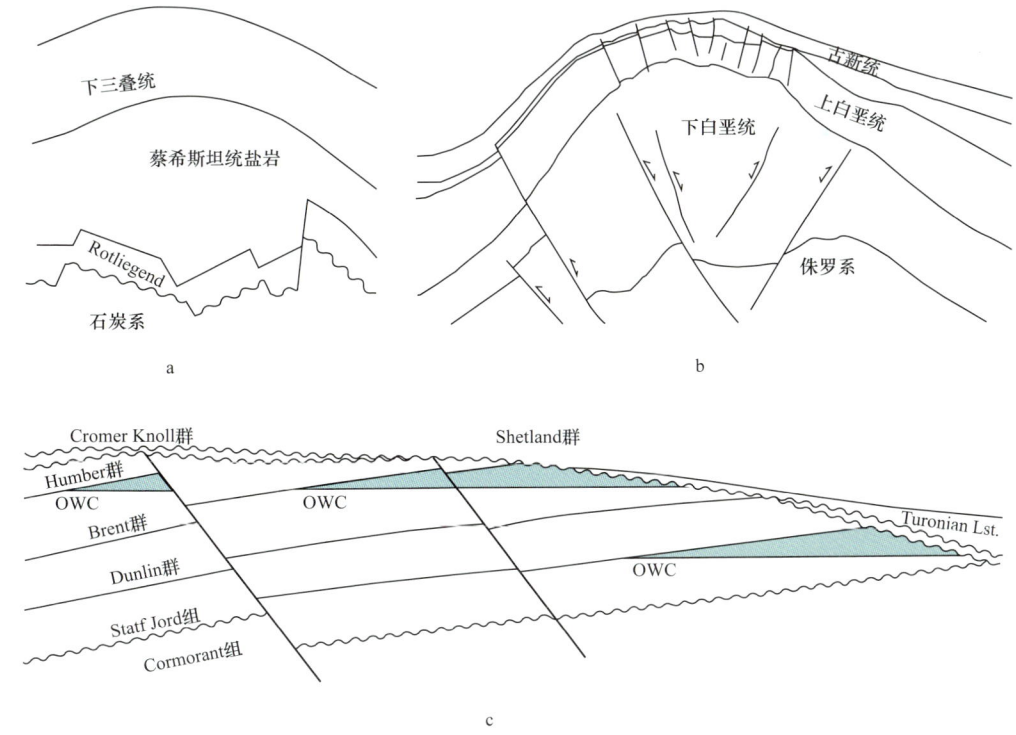

图3-28 北海主要圈闭类型示意图（据Kubala等，2003）

a—英—荷盆地——断背斜并具垒堑构造（Viking大气田）；b—中央地堑——盐构造背斜（Valhall大油田）；c—维京地堑——掀斜断块（Alwyn North大油田）

期，东设得兰台地陆表广泛遭受剥蚀作用有密切关系。大量源自东设得兰台地的沉积物形成了扇三角洲与海底扇砂岩，并且它们向东厚度逐渐减少（Gary等，2001），形成了良好的储层，同时东设得兰盆地烃源岩成熟生油较晚，在漫长的稳定沉积环境下形成了有效盖层，保证对烃类的大量封盖。

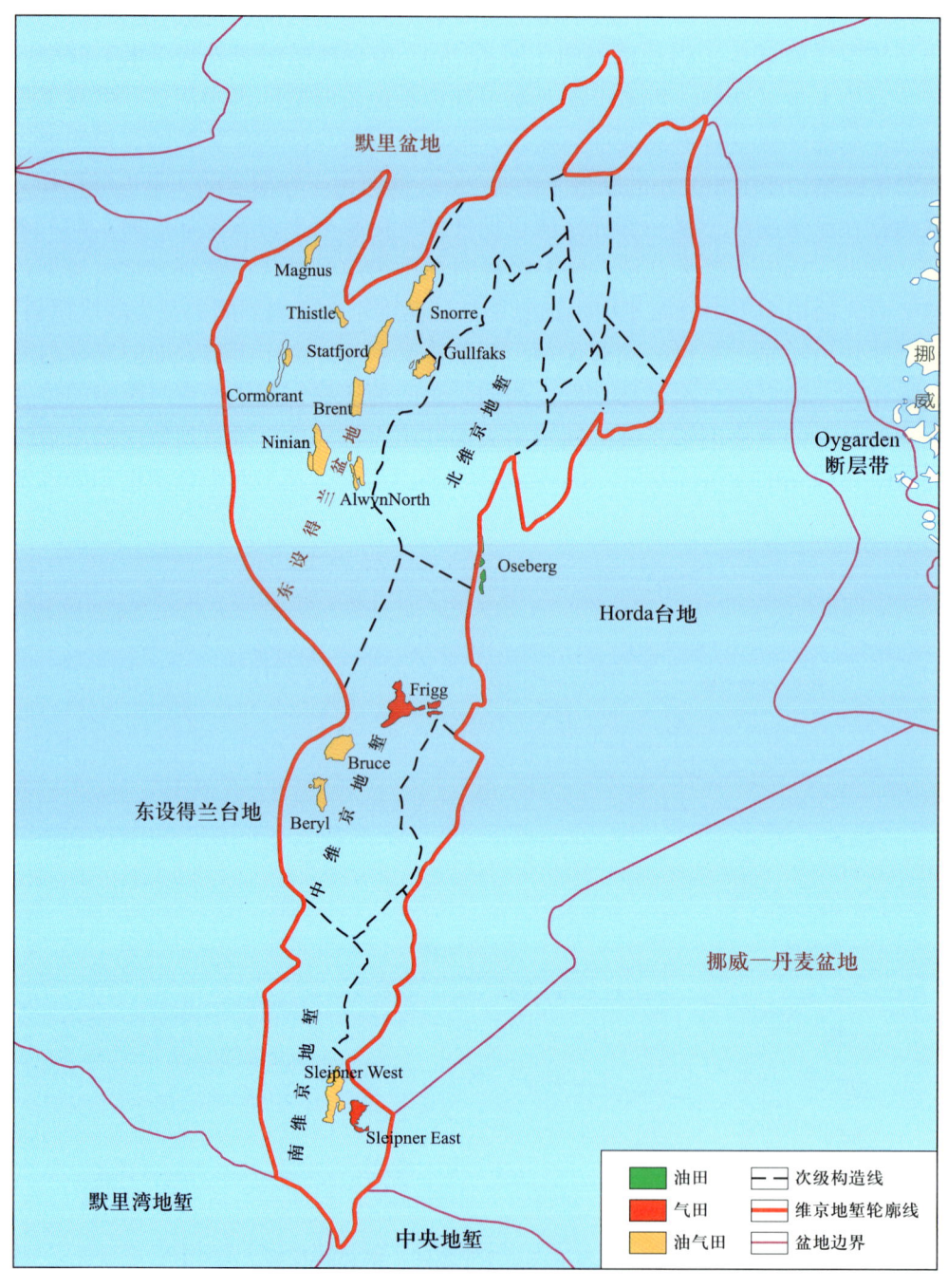

图 3-29　维京地堑内大油气田的分布（据 Kubala 等，2003）

第四章 伏令盆地

第一节 概　　况

挪威海是北大西洋的一部分，位于挪威西北部和格陵兰岛东南部。伏令（Vøring）盆地位于挪威中西部海岸西侧，北纬62°和68°之间（图4-1）。水深从东部的250m到最西端的2500m不等，伏令盆地的沉积物最厚处为13km。

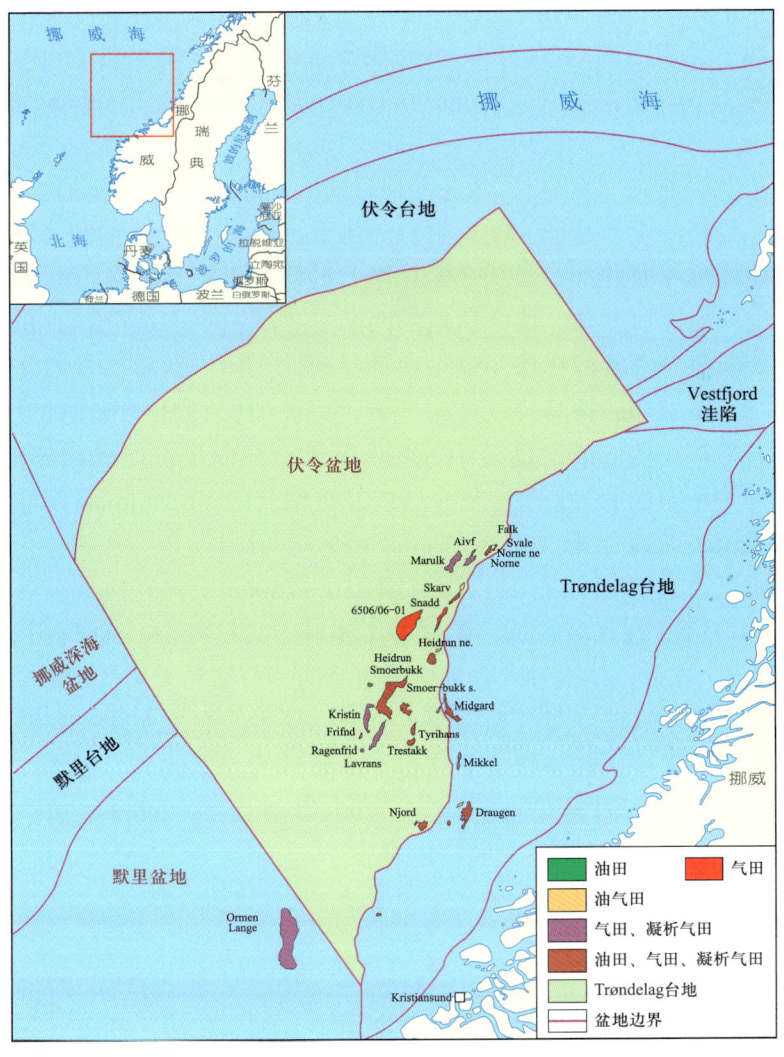

图4-1　伏令盆地区域位置

伏令盆地西北以伏令断崖（Vøring Escarpment）为界，将伏令盆地与伏令台地隔开。在东南部，伏令盆地与 Trøndelag 台地被北东—南西走向的 Vingleia 断层复合体、南北走向的 Bremstein 断层复合体和东北—西南和东西走向的 Revfallet 断层复合体隔开。西部边界是北西—南东走向的扬马延（JanMayen）线性构造带，将伏令盆地与默里盆地分隔开。东部边界是北西—南东走向的 Bivrost 线性构造带，将伏令盆地与东部的 Vestfjorden 和 Vøring Plateauto 分开。位于伏令盆地北部的 Surt 线性构造带是另一个北西—南东走向的线性构造带，与 JanMayen 和 Bivrost 线性构造带平行，是一个重要的内部构造边界。伏令盆地最浅、勘探程度最高的部分是白垩系深度在 2500～4200m 的 Halten 和 Donna 阶地，这些阶地被南北向和北北东—南南西走向的复杂断层所穿过。Halten 和 Donna Terraces 与东面的 Trøndelag 台地被西向的 Klakk、Vingleia、Bremstein 和 Revfallet 断层复合体隔开。

在 Halten Terrace 的西侧，南北走向、西倾且向下的断层复合体将其与深 Rās-Vøring 次盆隔开。南西—北东走向的 Ytrehomen 断层复合体形成了 Donna Terrace 的北部边界，将其与北部的深 Traena 次盆隔开。Donna 和 Halten 阶地最初是 Trøndelag 台地的一部分，具有共同的构造和沉积历史，直到 Cenomanian/Turonian 阶地沿着 Vingleia、Bremstein 和 Revfallet 断层复合体沉降；这确立了伏令盆地目前的东部边界。伏令盆地的其余部分是水非常深的地区。基底白垩系是最深的反射层，主要沉积中心位于 9000～13000m 的深度。由于在伏令盆地北部和西北部，与伏令断崖平行的区域中存在许多古新统至始新统的厚熔岩，这使情况变得更加复杂。伏令盆地的两个主要沉积中心是东部的 Ras-Voring 次盆和西部的 Vigrid 向斜。两者都在伏令盆地南部呈南北走向，然后在盆地北部呈东北—西南向摆动，都终止于南部的扬马延线性构造带，并被细长的 Helland Hansen Arch 和 Fles 断层复合体隔开。Rās-Vøring 次盆是中—晚侏罗世至早白垩世伸展和随后沉降的结果。Rās-Vøring 次盆的东侧是 Klakk 断层复合体以及更偏北的 Ytreholmen 断层复合体，将盆地与 Donna 和 Halten 阶地分开。

伏令盆地面积约为 $10 \times 10^4 km^2$，水深范围 250～2500m，具有西深东浅的特点。据相关资料，截至 2017 年，在伏令盆地完钻探井 175 口，共发现 56 个油气田（藏），总可采储量约 $12.7 \times 10^8 m^3$，在欧洲的含油气盆地中排名第四。石油和天然气是挪威海的重要自然资源，伏令盆地的油气发现主要分布在深水砂岩储层中。靠近大陆—海洋过渡的广大地区，从格陵兰和扬马延地块在分裂之前获得了高质量的近端砂岩。挪威国家石油公司于 1993 年开始在挪威海进行海底石油生产，于 2001 年开发了 Huldra 气田。挪威海的深度和恶劣的水域给海上钻井带来了极大的技术挑战。

一、自然地理概况

挪威海覆盖了挪威近海的大部分大陆边缘。挪威地处北欧斯堪的纳维亚半岛西部，东邻瑞典，东北与芬兰和俄罗斯接壤，南同丹麦隔海相望，西濒挪威海。海岸线长 $2.1 \times 10^4 km$（包括峡湾），多天然良港，是南北狭长的山国，斯堪的纳维亚山脉纵贯全境，高原、山地、冰川约占全境 2/3 以上。南部小丘、湖泊、沼泽广布。大部分地区属温带海洋性气候，内部山区气候寒冷。挪威是世界重要的海事国之一，其海岸线曲折，近海岛屿达 15 万多个，既是优良港口，又是风景优美的游览区。

二、勘探概况

挪威于 20 世纪 90 年代起油气产量超过英国，成为一个新兴的油气生产国。挪威中部大陆架深水区伏令盆地和北海油田生产的油、气，除满足本国自身消费外，还大量出口。在挪威中部大陆架深水区伏令盆地和北海的主要油田集中海域，新建了许多新输油管道、石油接收站和油港。

位于挪威中部大陆架上的伏令盆地，整体处于从陆架延伸到深达 2000m 的水域。1970—2000 年的大多数勘探都集中在盆地大陆架地区下侏罗统至中侏罗统的砂岩层序上，从 1995 年开始进行深度超过 500 m 的钻探，只有少数深水气田得到商业开发。目前最重要的项目是 Ormen Lange 气田，水深从 800m 到 1100m，于 2007 年开始生产天然气；2000 年以后，超过一半勘探井的开采都部署在深水油气区，深海采油技术发展很快。

三、勘探历程

1972 年，挪威成立了最大的油气公司——挪威国家石油公司（Statoil），总部设在挪威斯塔万格市。20 世纪 90 年代初因取消石油生产限额，收入剧增，外贸顺差大幅度增加。受西方经济衰退影响和欧洲货币危机冲击，挪威克朗于 1992 年实行自由浮动。1993 年金融形势开始好转，外贸及对外收支继续呈顺差。

21 世纪初，挪威原国家石油公司逐渐加大了对伏令盆地深水区油气的勘探。2002 年钻探了位于挪威中部最外的伏令盆地深水井，揭示了对晚白垩世盆地两个扇形体广泛存在的新见解（Fjellanger 等，2005）。BP 公司在 Nyk 高地上针对该扇形体的沉积物，钻了第一口深 1km 的勘探井，并在优质砂岩储层中发现了天然气。Nyk 高地和 Vema 穹顶间相距 25km 钻井的两个岩心对比、测井曲线和反射地震剖面之间的相关性，显示出由泥岩分隔的叠层浊积砂岩间隔的显著连续性。Nyk 高地的钻井也揭示了一个马斯特里赫特期深水储层段，并在 Gjallar 山脊上的一口井中进行了取心，其古地理重建和物源研究表明，在挪威—格陵兰海打开之前，这两个扇形体的沉积物最有可能来自格陵兰克拉通及其古陆架。在白垩纪晚期，外部的伏令盆地是活跃的裂谷盆地。由裂谷盆地的主要边界断层和转换带控制沉积特征，对沉积物分布有很大的影响。挪威—格陵兰海为深水碎屑系统的逐步演化提供了典型的例子。阿尔布期—塞诺曼期的特征是继承的侏罗纪地形被侵蚀，并在先前存在的盆地中形成了小的未成熟碎屑系统。在土伦期—康尼亚克期，海底地形变得较为光滑，在构造事件期间出现了更大的区域性沉陷和大型诺德兰山脊的侵蚀。深水相仍然是非均质的，但沉积是较大的系统，在单周期储层中具有较高的连通性和储层质量。在坎潘期—马斯特里赫特期，格陵兰东部大陆的腹部地区开始遭受侵蚀，并获得了厚达 1km 的盆底扇。

2007年10月,挪威政府将海德鲁公司的油气业务并入原国家石油公司,成立了国家石油海德鲁公司(StatoilHydro),成为世界最大的海上石油开发商。2009年平均日产为 $196×10^4$ bbl 油当量,到2014年,平均日产为 $192.7×10^4$ bbl 油当量。该公司在纽约和奥斯陆上市,市值约1000亿美元。挪威政府"石油基金"在2008年底总额达3253亿美元。挪威经济仍然存在过分依赖石油收入和福利开支过大等结构性问题,高科技产业投入与产出不足。2009年11月,国家石油海德鲁公司更名为国家石油公司,挪威政府持股67%。2012年,公司将其燃料及零售两个下游业务以15亿美元出售,以集中精力加强油气勘探与生产工作。国家石油公司2015年的经营收入为1095亿挪威克朗(约合174亿美元),净利润220亿挪威克朗(约合35亿美元)。2016年以来,该公司是欧洲第二大天然气供应商,全球最大的海上油气深海作业公司,拥有先进的能源技术和40多年海洋开采油气经验,目前已在世界40多个国家开展业务。北海石油则为石化工业提供原料,从上述挪威经济发展和挪威国家石油公司的历史沿革,显示出挪威政府对海上深水油气开采的重视程度和逐渐加强对深水油气开采的历程。

挪威国家石油公司是挪威大陆架油气主导运营公司,也是欧洲天然气大型供应商。目前,国家石油公司的气田开采已沿挪威大陆架北移,同时实施扩大海外石油及天然气开采和生产战略。

伏令盆地的登娜(Dønna)和哈尔滕台地(Halten Terraces)区域,具有很高的油气潜力。虽然它仍然没有被开发,但是自2002年以来,逐渐发现了一些油气。其中,大部分是天然气,少部分是石油。该地区油气勘探的一个重要风险因素,是有效烃源岩的存在与否。

第二节 构 造

一、大地构造位置

位于伏令盆地西部和北部的伏令陡坡带,将伏令盆地和伏令台地分隔开来。而伏令盆地东南部则有北东—南西向的 Vingleia 断裂带,南北走向的 Bremstein 断裂带,以及北东—南西走向和东西走向的 Revfallet 断裂带将其与 Trøndelag 洼陷分开。作为西部边界的是北西—南东走向的扬马延线性构造带,将伏令盆地与其西南部的默里盆地分隔开。而作为东部边界北西—南东走向的 Bivrost 线性构造带将伏令盆地与 Vestfjord 洼陷分隔开。

二、构造演化特征

1. 演化旋回

伏令盆地的基底形成于前寒武纪—晚奥陶世,位于 Halten 洼陷、北东—南西走向的伸展断层及 Trøndelag 洼陷。证明后期存在的伸展作用,主要沿着加里东期的线性构造带活动。伏令盆地经历了 3 期裂谷—坳陷—热沉降期旋回：二叠纪—中侏罗世裂谷—坳陷—热沉降期旋回、中侏罗世—晚白垩世裂谷—坳陷—热沉降期旋回，以及古新世至今的裂谷—坳陷—热沉降期旋回。

1）二叠纪—中侏罗世裂谷—坳陷—热沉降演化旋回

二叠纪进入了同裂谷Ⅰ期，尽管在 Donna 洼陷或 Halten 洼陷没有发现构造活动的迹象，但 Surlyk 等（1984）在 Halten 洼陷的东部、Trondelag 洼陷发现这一期深部的地震活动，证明了确实存在该期构造活动。

晚二叠世—中侏罗世末期（256.1—163.5Ma），伏令盆地进入坳陷Ⅰ期，该期构造活动影响了整个伏令盆地。其中，在 Trondelag 洼陷北北东—南南西走向的残余叠合断陷盆地中，沉积了 2000～3000m 的沉积物。在 Nordland 凸起的 6609/7-1 井钻遇了 35m 厚的二叠纪晚期白云岩，其横向延伸可以与东格陵兰的 WegenerHalvo 组相当。在 Trondelag 洼陷东北部连续钻孔中（Bugge 等，2002），发现二叠纪晚期沉积了 356m 厚的海洋泥岩和浊积砂岩，其上被硬石膏和浅海相砂岩覆盖，分析认为这些沉积物与东格陵兰 Rannefjeld 组、Karstryggen 组和 Huledal 组相当，其上被下三叠统厚 270 多米的海相砂岩、泥岩与浊积砂岩复合体所覆盖。6507/6-1 井的钻探，证实该区中—晚三叠世发育近 2km^2 的冲积相泥岩和萤石砂岩。

中三叠世—中侏罗世（235—166.1Ma），伏令盆地进入热沉降Ⅰ期，因热松弛和区域沉降导致沉积了厚约 900～1000m 的沉积物。其中在 Trøndelag、Halten、Donna 洼陷的地层厚度变化不大，在 Nordland 凸起和 Froya 凸起处缺失；Vingleia 和 Bremstein 断层系的部分区域有显著的同沉积断层活动，未见其他构造活动；Donna 和 Halten 洼陷中大多数钻井均未钻遇上三叠统，只有 6507/12-2 井钻遇了 2181m 的三叠系沉积物，证实卡尼阶发育两套厚膏盐岩层（上层 386m，下层 423m）。这些沉积与硬石膏泥岩、潟湖相及萨勃哈相沉积，呈互层状产出，其上被冲积相泥岩及砂岩覆盖。中侏罗统的勘探前景更好，而且钻探程度较高。下侏罗统 Åre 组是由曲流河相砂岩组成的，这些砂岩沉积向南切穿了以泥岩、煤层为主的三角洲平原相沉积。

2）中侏罗世—晚白垩世裂谷—坳陷—热沉降演化旋回

在中侏罗世—早白垩世（166.1—131.8Ma），伏令盆地进入了同裂谷Ⅱ期。该时期包括巴通期—卡洛夫期、钦莫利期和贝利阿姆期—欧特里夫期三个紧密相连的裂解事件。在巴通期—卡洛夫晚期，沿着 Vingleia、Bremstein 和 Revfallet 断层带发生同沉积活动，在其上盘的 Melke 组沉积了厚层的泥岩，而在 Halten 洼陷的中部沉积厚度相对较薄，且下盘隆升伴随着局部的侵蚀，断层的活动造成了 Trøndelag 洼陷与 Halten 和 Donna 洼陷的分离。

在钦莫利期，Vingleia、Bremstein 和 Revfallet 断层系统的上盘开始活动，在 Froya 凸起和 Nordland 凸起表现为隆升和深部的侵蚀构造运动。Jongepier 等（1996）对默里盆地东北缘的研究发现，该区域与 Spekk 组页岩沉积发生了广泛的断层反转作用。在断层上盘，厚层的深海浊流扇沉积物在断坡上大量堆积；在邻近的 Vingleia 洼陷东南缘 Vingleia

断层系的上盘，6406/12-1、6407/10-1 和 6407/10-2 井中均钻遇了类似的深水 Ras 组砂岩沉积，都证实该时期存在断层反转活动。

除此之外，该时期 Fles 断裂带开始形成，主要为一个东倾北东—南西走向、南部南北走向的正断层体系。Rås 和 Treana 坳陷夹持在西部的 Fles 断层系统与东部的 Halten 和 Donna 洼陷之间，以至于 Fles 断层系统的西部区域形成一个独立的具有较大范围的、且比 Ras 和 Traena 坳陷稍浅的早白垩世盆地。贝里阿斯期—欧特里夫期裂谷作用造成沿着 Trondelag 洼陷边界断层发生同沉积活动，沉积了厚层的 Lange 组泥岩。

早白垩世—晚白垩世（131.8—66Ma），伏令盆地进入坳陷 II 期，该时期包括大部分 Cromer Knoll 群沉积，其地层自东向西逐渐加厚，在 Halten 和 Donna 洼陷东部沉积厚度达 100~200m，而在其西翼则超过 1300m，而在 Gjallar 凸起的南部该地层变薄并超覆于时代更老的地层之上。在阿普特期—阿尔布期，沿 Bremstein 和 Revfallet 断层系都发生了同沉积断裂活动。

在塞诺曼晚期到土伦早期，Gjallar 凸起向东掀斜，Trøndelag 洼陷南部向西掀斜，沿着 Bremstein、Revfallet 和 Vingleia 断层系的主断裂发生了新的构造活动，其中下盘断坡和 Nordland 凸起的隆升和侵蚀作用导致了上 Lange 组和 Lysing 组大量浊积扇相砂岩沉积在 Donna 和 Halten 洼陷上。

晚白垩世（88.5~66Ma），伏令盆地进入热沉降 II 期。对应于 Shetland 组的构造层，其沉积从土伦期的海侵开始，在坎潘期达到了沉降高峰，并伴随着区域性沉降作用。这一沉降可能不完全是因为热，同时还有构造应力的驱动。马斯特里赫特期，伏令盆地内已经被沉积物完全充填。Shetland 组在该区的平均厚度约为 800m，在 Halten 洼陷中最大厚度可达到 1200m 以上；在 Rås 和 Traena 坳陷，其厚度超过 2000m；在 Vigrid 向斜中则相对较薄；在 Sirt 线性构造带以北的 Hel 地堑、Vema 凸起、Nyk 凸起和 Nagrind 向斜，可增厚到 2500~5000m。该时期 Sirt 线性构造带已经变成了一个构造枢纽带，在坎潘后期和马斯特里赫特期，发生了广泛的区域性褶皱作用。

在 Sirt 线性构造带的南部，伏令盆地沿着 Fles 断层带由于区域性的褶皱作用而转变为中央背斜；西翼是 Vigrid 向斜，东翼为 Rås 坳陷。此时，Fles 断层系统发生了挤压运动。Sirt 线性构造带的北部，伏令盆地经历褶皱作用形成了三个北东—南西走向的向斜，Traena 坳陷、Nagrind 向斜和 Hel 地堑，它们被 Utgard 和 Nyk 两个凸起分开。与 Utgard 和 Nyk 凸起相关的断层可能属于马斯特里赫特期。Brekke（2000）认为，以 Gjallar 凸起为代表的北东—南西走向的反转断块属于塞诺曼阶—坎潘阶。

6704/12-1 井在 Gjallar 凸起上发现马斯特里赫特阶—坎潘阶厚 1545m 的沉积物。Shetland 组比预期的要厚，断层可能产生于马斯特里赫特阶。这个沉积单元是一个分布广泛的侵蚀不整合，横跨整个伏令盆地和 Trøndelag 洼陷。Rogaland 组古新世沉积物沉积之前，即在白垩纪末期，整个盆地就已抬升。这次区域性的隆升，与欧亚大陆和格陵兰岛之间的陆间裂谷作用有关。本次裂谷作用可能从坎潘期—马斯特里赫特期一直持续到古新世末—始新世初。

3）古新世至今裂谷—坳陷—热沉降演化旋回

在古新世（65—56.5Ma），伏令盆地进入了同裂谷Ⅲ期。欧亚人陆与格陵兰岛之间的陆间裂谷作用，可能从坎潘期—马斯特里赫特期一直持续到古新世末—始新世初。裂谷作用的中心位于Møre和Vøring断陷的西边。Rogaland组的厚度范围在Donna洼陷上是82~201m，向南加厚，在Halten洼陷的中部为125~150m，向南可以达到192~295m。地震数据显示，在Vigrid向斜北部和Nagrind向斜该套地层发育较厚，在Gjallar凸起和Fenris地堑缺失。

在古新世晚期的溢流玄武岩覆盖了Vign边缘隆起延伸到Fenris地堑的部分及Gjallar凸起。这些溢流玄武岩的东部，白垩纪盆地填充物被许多古新世晚期—始新世的岩浆侵入，它们可能起源于盆地中部的基性岩墙，切穿Gjallar凸起的近水平侵入体可能源于Fenris地堑内的岩墙。

在始新世（56.5Ma），伏令盆地进入了坳陷Ⅲ期，其对应于Hordaland群，包括Brygg组、早中新世至上新世的Kai组及上新世末至今的Naust组。Hordaland群在Gjallar凸起、Fenris地堑和Vigrid向斜中厚度较大，在Nyk凸起，Utgard凸起和Vema凸起处缺失。早始新世，北东—南西走向的Vøring地区受断层作用，形成了Vign边缘凸起与伏令盆地之间的陡坡带。Kai组在Halten和Donna洼陷的厚度变化不大，平均厚度范围是350~400m。这套地层在Gjallar凸起和Utgard凸起发育，但在Vema凸起、Nyk凸起、HellandHansen背斜、Modgunn背斜和Ngalfar凸起处缺失。

2. 剖面演化分析

挪威中部陆架不同地区构造演化阶段差异性较大。伏令盆地为北东—南西走向的断陷盆地，但其东侧以断裂带为界紧邻Trondelag洼陷。该洼陷内部发育Helgeland中央洼陷，其结构与伏令盆地差别非常大，底部发育厚层的盐层；上覆沉积也与其不同，而且周边及内部断裂的发育，将其分割为多个次一级的小盆地或者次一级的构造单元，造成其结构复杂，油气分布也非常复杂。

沿着伏令盆地主体走向（北东—南西）的垂向上，分别选取了五条剖面（A—A′、B—B′、D—D′、F—F′、G—G′，剖面位置见图4-2），其中，前三条剖面（A—A′、B—B′和D—D′）在伏令盆地，后两条剖面（F—F′和G—G′）在默里盆地；D—D′剖面呈北东—南西向展布，其余四条剖面呈北西—南东向展布。根据模拟的二维剖面（刘怡君，2017），通过分析前三条剖面，进一步阐述伏令盆地的构造演化特征。

1）A—A′剖面构造演化分析

A—A′剖面呈北西向展布，横切伏令盆地展布的北东走向，剖面由西到东依次横穿Utrost凸起和Ribban洼陷，构造位置处于伏令盆地的东北边缘。

该剖面地层与伏令盆地主体部位相比存在较大差别，裂谷发育早期构造活动显示得较为清楚。在剖面上可以清楚地看到早期形成的切穿基底及侏罗系与下白垩统的断裂，而且与其他剖面类似,根据断裂发育的部位及成因,显示出中生代构造层与新生代构造层,都属于截然不同的两个构造体系。C—C′剖面构造演化类似于B—B′剖面的,其位置比B—B′剖面偏西南,在此不再赘述。

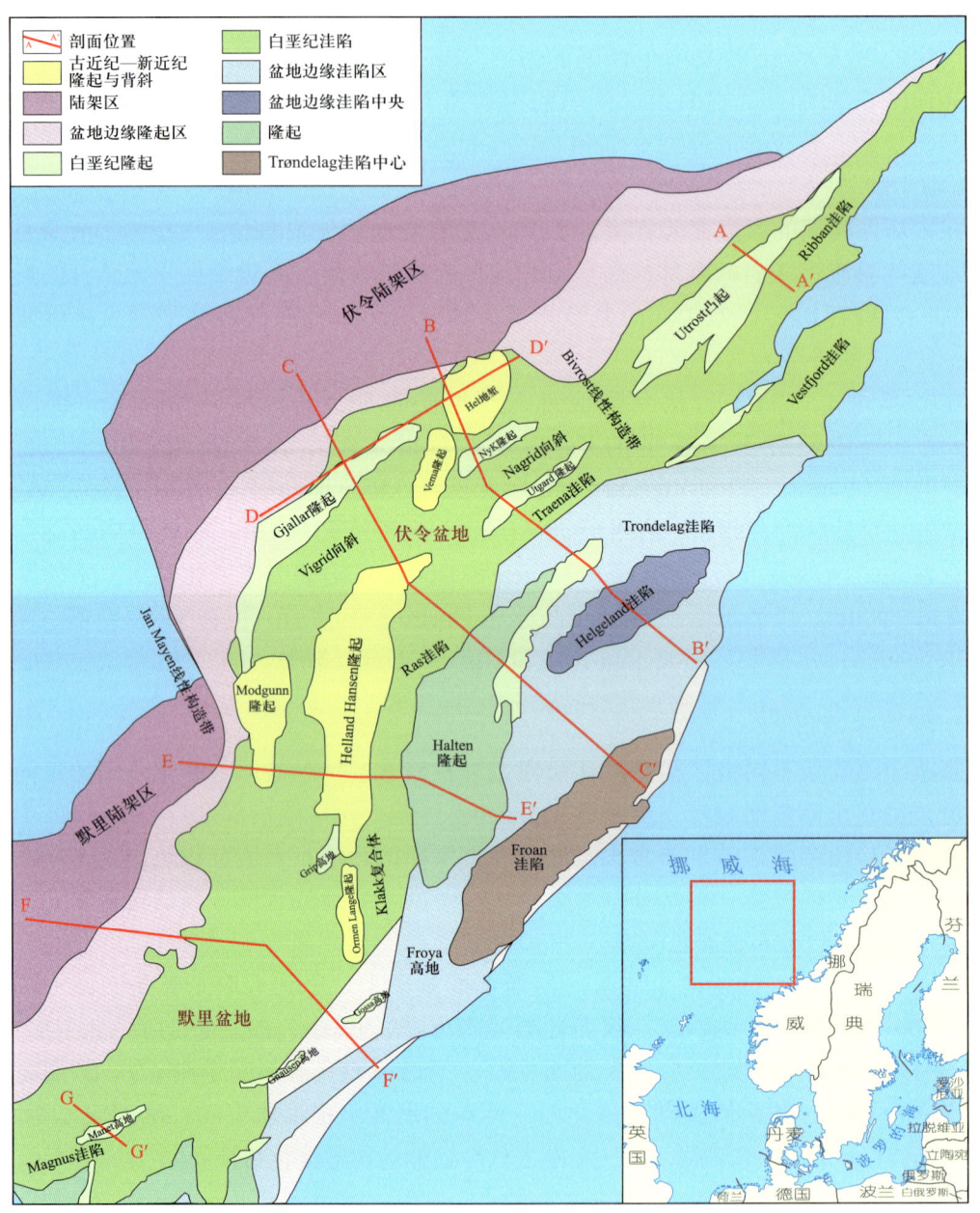

图4-2 挪威中部陆架伏令盆地和默里盆地剖面分布图(据Wangen等,2010修改)

2)B—B′剖面构造演化分析

B—B′剖面呈北北西向展布,横切伏令盆地的走向。剖面由西到东依次横穿Vøring边界凸起、伏令盆地以及Trøndelag洼陷(图4-2)。

二叠纪早—中期，该剖面东西的差异非常明显，伏令盆地主体随着裂陷作用的开始而开始沉降，其东侧的沉降作用则相对开始较晚，造成了这一时期的沉积层具有东厚西薄的特点；而晚二叠世之后，东侧的断陷作用逐渐加强，以 Helgeland 洼陷中央为代表，沉积了一系列厚层膏盐岩，这种断陷作用一直持续到早白垩世。

从中白垩世开始，随着拉张裂陷作用开始进入高峰期，大量北东—南西走向的正断层开始活动，并造成伏令盆地主体开始较大规模的沉降。这一时期的沉降中心，也处于该盆地中；沉积层厚度具有以伏令盆地中部的沉降中心向东西两侧逐渐变薄的趋势，这一强烈的裂陷沉降作用一直持续到古新世，并伴随基性岩浆的侵入作用，显示裂谷作用达到顶峰；其后，逐渐进入裂谷后期演化阶段，裂陷作用逐渐减弱，沉积厚度逐渐变小，伏令盆地主要的沉积格架也基本形成，其上被近现代的海洋沉积物覆盖。

3）D—D′剖面构造演化分析

D—D′剖面构造位置处于伏令盆地的西部边缘（图 4-2），呈北东向展布，平行于伏令盆地的走向，主要穿过伏令盆地内的 Fenris 地堑、Gjallar 凸起和 Hel 地堑。

D—D′剖面的结构，除了基底之外，明显存在两大构造层，下部构造层以白垩纪裂谷断陷盆地沉积为代表，除了厚层的泥页岩及浊积砂岩等之外，还发育一系列主要为北东—南西走向的断裂系统，但这些断裂均未切穿新生代地层，显示这期构造活动在新生代沉积前已经基本结束。上部构造层，即新生代以来的海洋沉积物，整体沉积环境变化不大，但是由于早期断裂在区域应力作用下重新活动，由于局部隆升与沉降的差异造成沉积厚度沿走向存在薄厚变化，同时，仅有局部发育小的断裂，整体构造环境较为稳定。

第三节 地　　层

一、基底

伏令盆地的基底，形成于前寒武纪—晚奥陶世。在 Donna 和 Halten 洼陷中，没有钻井钻达基底，但是在 Nordland 凸起上的 6609/7-1 井，钻穿了 35m 厚的上二叠统白云岩所覆盖的变质基底。位于 Halten 洼陷的北东—南西走向的伸展断层和 Trøndelag 洼陷，证明后期伸展作用主要沿着加里东期构造带活动。使用洋底地震仪（OBS）对伏令盆地深部进行的区域调查表明，这套结晶基底的分布可以从整个伏令盆地一直延伸到 Vøring 陆缘隆起。

二、侏罗系

伏令盆地的侏罗系为一套以砂岩、浊积砂岩与泥页岩为主的滨岸三角洲相向深水斜坡相逐渐过渡的沉积体系。地层单元自下而上依次为下侏罗统 Bat 群，包括 Åre 组、Tilje 组、Tofte 组及 Ror 组，中侏罗统 Fangst 群，包括 Ile 组、Not 组及 Garn 组，及上侏罗统

Viking 群，包括 Melke 组、Rogn 组及 Spekk 组。

位于 Draugen 洼陷的 Rogn 组，发育横向连片分布的浅海相砂岩，最终在 Spekk 组中逐渐尖灭并相变为页岩。Rogn 组中的浅海相砂岩仅见于 Trondelag 洼陷，但是位于 Halten 洼陷的 Vingleia 推覆体的上盘，在 6406/12-1 井、6407/10-1 井和 6407/10-2 井中，发现 Rogn 组的浊积砂岩与 Spekk 组的页岩呈互层状发育，在 Donna 洼陷的 6608/10-1 井也发现了类似的砂岩地层。

在 Donna 洼陷中，在位于 Revfallet 推覆体上盘的三口钻井中均发现了 Melke 组浊积扇相的砂岩。该套地层在 Svale 油田中属于含油层位。在 Norne 油田东南部，该套地层相对致密但含油，而在 Falk 组中则属于较差的储层。Falk 和 Svale 地区的盖层，主要为 Melke 组的海侵层序地层、Not 组和 Ror 组的泥页岩地层；在 Heidrun 北部地区的 Halten 洼陷，Shetland 群泥岩覆盖于遭受侵蚀的 Åre 组储层之上，是一套生油岩。

三、白垩系

伏令盆地的白垩系为一套以泥岩、泥灰岩、泥页岩夹浊积砂岩的开阔陆棚相向斜坡相、盆地相逐渐过渡的沉积体系。地层单元自下而上依次为中—下白垩统 Cromer 群，包括 Lange 组和 Lyr 组，及上白垩统 Shetland 群，包括 Kvitnos 组、Nise 组及 Springar 组。

在 Donna 洼陷，Marulk 油田从 Lange 组上部砂岩和 Lysing 组砂岩的斜坡扇浊积砂岩中都见到了凝析油。Skarv 油田从 Lange 组上部砂岩中发现了油和凝析油，并在 Snadd 油田的 Lysing 组砂岩中发现了天然气。

在 Smorbukk 南部的 Halten 洼陷 Lysing 组砂岩里检测出了油、天然气及凝析油。Lysing 组砂岩中的构造可能是披覆构造。它处于一个复杂的穹隆构造中，位于 Fangst 群储层段上部约 700m。

第四节 石油地质特征

一、烃源岩

1. 烃源岩层位

伏令盆地的烃源岩主要有两套，包括下侏罗统三角洲平原相泥页岩及煤层和上侏罗统海相泥页岩。其中，上侏罗统海相泥页岩是主力烃源岩，下侏罗统三角洲平原相泥页岩及煤层是次要烃源岩。上侏罗统海相泥页岩主要指 Viking 群的 Spekk 组，为 Kimmeridge 页岩，部分地区也称为热页岩，平均 TOC 达 8%，氢指数大于 500mg HC/g TOC，干酪根类型为 Ⅱ—Ⅲ 型，是该区最主要的烃源岩（Aidos Kazankapov，2019）。Spekk 组处于生油成熟期，以产轻质油为主，产能为 $10\times10^6 \sim 25\times10^6 m^3/km^2$。下侏罗统三角洲平原相泥页岩及煤层主要指下侏罗统 Bat 群 Åre 组,其岩性为砂岩、页岩和煤层,地层厚约 490m,主要产凝析油,有机质类型为Ⅲ和Ⅳ型。Åre 组现今仍处于生气与生凝析油的成熟期,被认为是产烃量最大的烃源岩,生油能力为 $7×10^6 \sim 20×10^6 m^3/km^2$。Donna 及 Halten 台地内油田的油、凝析油和天然气均来自这两套烃源岩。

在伏令盆地 DonnaTerrace 地区的 6507/2-1 井和 UtgardHigh 地区的 6607/5-1 井坎潘阶泥岩 TOC 含量增加,可能是伏令盆地主要沉积中心的重要烃源岩。

2. 烃源岩评价

Inthorn 等(2003)收集了 28 口井的数据,其中包括 1077 个 Spekk 组样品,主要分布在东、西侏罗纪裂谷带,位于 Halten Terrace、Dønna Terrace、Trøndelag Platform 和 East Greenland 地区。数据分析表明,这些烃源岩具有高的生烃潜力,有机碳为 0.5%～14.62%,平均为 6.18%(图 4-3、图 4-4);氢指数为 46.50～682.36mg/g,平均为 283mg/g(图 4-3、图 4-4),二者趋于正态分布。

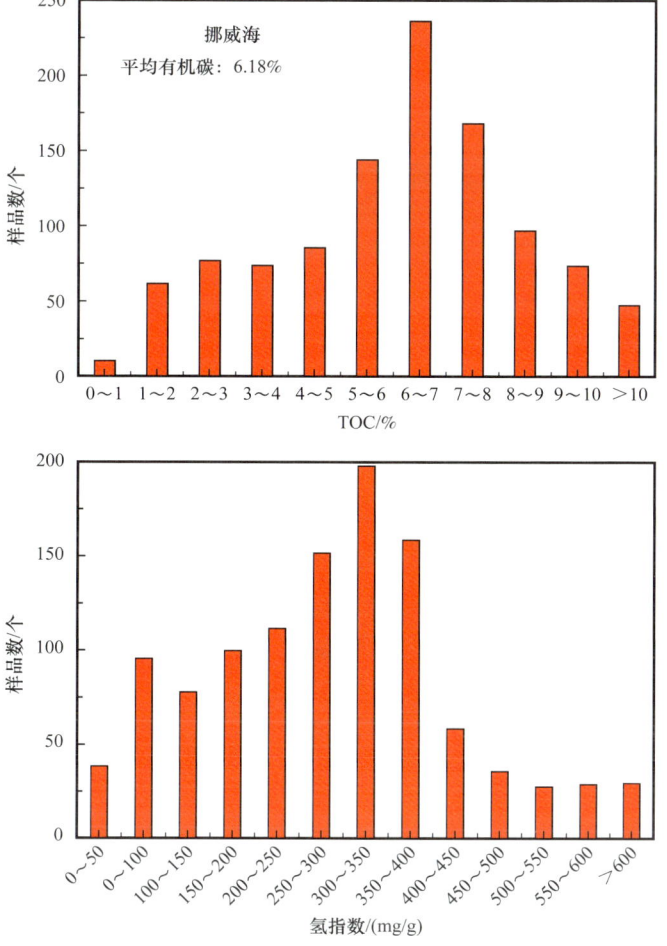

图 4-3 伏令盆地有机碳和氢指数柱状图(据 Inthorn 等,2003)

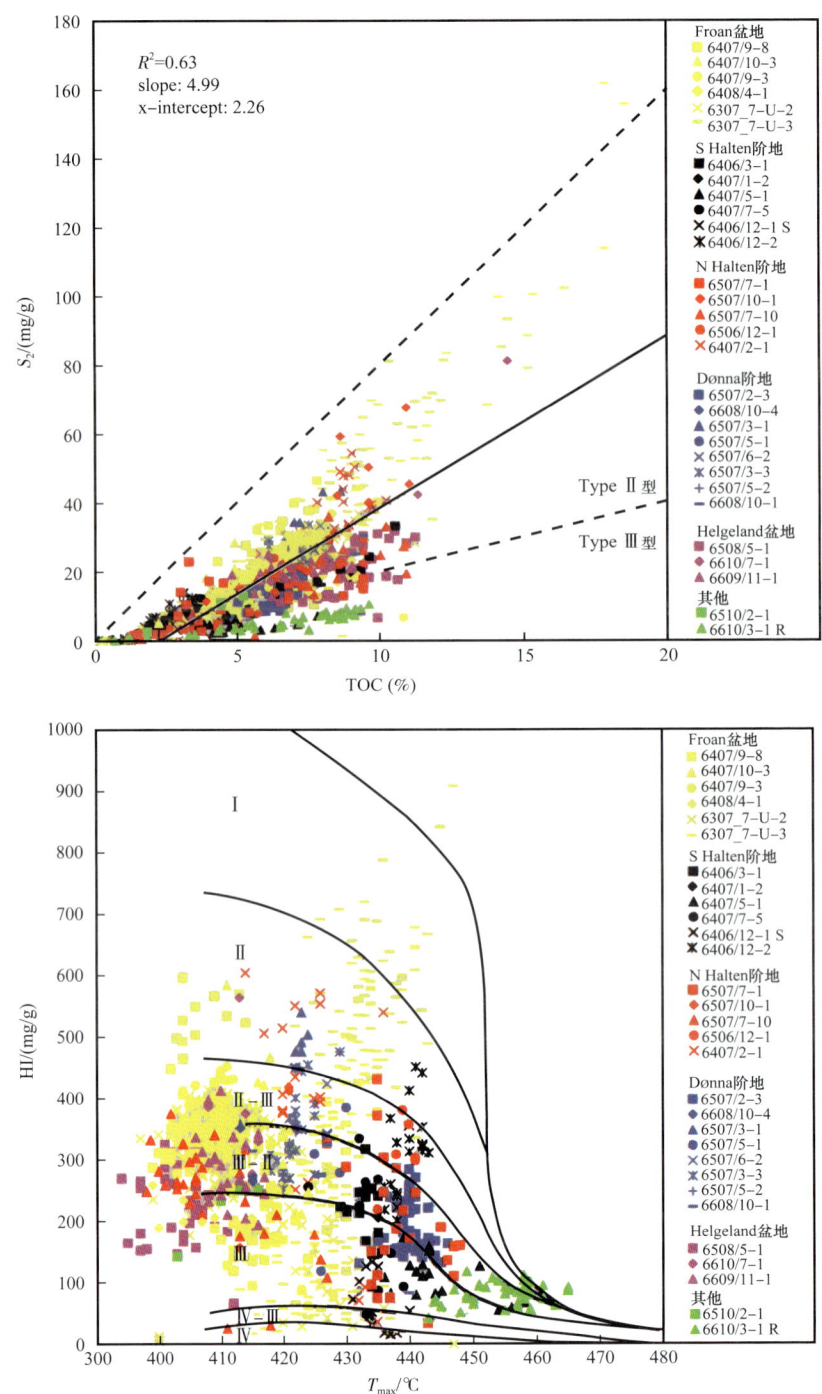

图 4-4 伏令盆地 S_2 与 TOC 和氢指数与 T_{max} 的关系图（据 Inthorn 等，2003）

Inthorn 等（2003）认为挪威和格陵兰之间的侏罗纪晚期裂谷带是一个沉积了缺氧深水和富含有机质黏土的海盆；如大量有机物、化学物质和生物标志物数据所示，陆源有机物的输入量很大；大多数样品来自 Spekk 组，以 II 型和 III 型干酪根为主，干酪根成分以惰质组为主，且干酪根成分和生油潜力在短距离内变化很大。结果表明，挪威海东部为深水陆架环境。

Spekk组的烃源岩潜力很大。在伏令盆地的局部地区，其有机碳含量为5%～7%，氢指数为250～300mg/g，烃源岩的分布和质量在很大程度上取决于古水深。在该盆地中，海洋源性有机物占主导地位，总体数量较高。由于初级生产力和沉积速率低，优质烃源岩受到限制。在侏罗纪地层中已经存在的形态学高点上，因为陆源有机质含量高，有机碳含量会降低（2%～4%，氢指数为100～200mg/g）。海洋流和水的波动作用提供良好的氧化作用，减少了有机物的保存。分布在挪威大陆与当地的高点，且靠近海岸的特殊局部地区和沉积物输入（河），导致较小横向距离上烃源岩的质量变化很大。在海底缺氧的海水条件下，海洋初级生产量虽然相对较低（50～100g/m^2·a），但足以支持高有机物含量和碳氢化合物沉积物的保存，生烃潜力是相当好的。

3. 烃源岩演化模拟

挪威中部陆架深水盆地包括伏令盆地和默里盆地。其油气勘探的一个重要风险因素是有效烃源岩的存在与否及有效烃源岩是否成熟，因此，有必要对有效烃源岩的演化进行模拟。

1）油气盆地模拟技术

以石油地质机理等理论为建模基础，将复杂的石油地质形成过程，通过模型化、定量化的方式展现，并实现盆地二维动态模拟分析的一种方法（张庆春，2001）。油气盆地数值模拟是在石油地质机理的基础上，定量模拟研究区地史、热史、生排烃史的技术。该技术广泛应用在模拟盆地的沉积演化、古地温、成熟度、油气生成过程等方面。为了能够较好地模拟出挪威西部海域陆架的地史、热史、生烃史、排烃史、运移聚集史等，刘怡君（2017）利用由德国IES公司研制并开发的含油气系统模拟软件PetroMod，对该区盆地的地史、热史、生烃史、排烃史和运移聚集史等进行模拟。其研究重点是盆地剖面中烃源岩与油气成藏之间的成因关系，即烃类在什么时间、什么地方生成，又是什么因素控制其运移、聚集和散失，并通过其模拟结果预测该地区的成藏潜力和勘探前景。

2）模拟参数分析

PetroMod含油气系统模拟软件以基础资料解释成果和岩石物性参数为基础数据，结合压力、温度和有机地球化学等多项参数，在二维剖面内正演模拟该研究区的埋藏史、有机质热演化史、生烃史以及油气运移、聚集史等一系列过程。通过应用该软件系统进行数值模拟时，一般需要5种基础数据，具体为：（1）基础沉积状况和沉积环境的地质数据，例如该盆地中的烃源岩厚度、剥蚀厚度和时间；（2）岩石性质参数，包括各种岩性、岩石密度、孔隙度、渗透率、热导率、热容和热膨胀系数、生烃指数等；（3）地质界面参数，包括沉积界面的年龄、水深、地表温度、大地热流等数据资料；（4）烃源岩有机地球化学参数，包括有机质的丰度、类型和成熟度等；（5）边界条件参数，包括古地表温度、古水深特征以及古大地热流等，用来减少软件在计算过程或成果中出现偏差。

挪威中部陆架深水盆地（包括伏令盆地和默里盆地），地层自下而上依次为中—下侏罗系、上侏罗系、下白垩统、塞诺曼阶、坎潘阶、古新统、始新统、中新统、上新统。其中Bat组与Fangst组在208—178Ma期间沉积，Viking组在178—154.55Ma期间沉积，CromerKnoll群在154.55—145.6Ma期间沉积，Shetland组在145.6—97Ma期间沉积，Rogaland组在97—45.95Ma期间沉积，Hordaland组在45.95—16.5Ma期间沉积，Nordland组Kai层在16.5—10.4Ma期间沉积，Nordland组Naust层在10.4Ma至今持续沉积。

3）岩性特征

挪威中部陆架深水盆地（包括伏令盆地和默里盆地）各组岩性的组成及其参数正确选取，是合理进行地层压实校正和客观恢复沉降埋藏史的关键。为了准确获得研究区各组的岩性组成资料，分别通过6506/06-01井、6305/04-01井、6201/11-01井测井资料和地层岩性厚度资料，计算出研究区中各组的砂岩、泥岩、页岩、黑页岩及煤含量百分比。通过PetroMod软件岩性混合器将符合标准的岩性按照不同比例混合，获取不同地层岩性特征，而混合岩性的压实系数、初始孔隙度等数据则依据系统默认值设定得出。

挪威中部陆架深水盆地（包括伏令盆地和默里盆地）自下而上地层岩性分别为：中下侏罗统主要以页岩和砂岩为主，其中掺杂着泥岩和煤（表4-1）；上侏罗统主要以黑页岩和页岩为主，并含有少量砂岩；阿普特阶主要以页岩为主，砂岩为辅；塞诺曼页岩与砂岩比例为3:2，坎潘阶页岩为主要岩性，含有少量泥岩和砂岩；始新统页岩与砂岩比例为4:1，中新统是典型的页岩为主，泥岩与砂岩为辅。

表4-1 挪威中部陆架深水盆地岩性组成表

地层		岩性百分比/%	备注
新近系	上新统	页岩80%，泥岩10%，砂岩10%	岩性数据根据6506/06-01井、6305/04-01井、6201/11-01井测井曲线和地层岩石厚度资料计算得出
	中新统	页岩80%，泥岩10%，砂岩10%	
古近系	始新统	页岩80%，砂岩20%	
	古新统	页岩80%，凝灰岩10%，砂岩10%	
白垩系	坎潘阶	页岩60%，砂岩40%	
	塞诺曼阶	页岩60%，砂岩40%	
	阿普特阶	页岩77.5%，砂岩22.5%	
侏罗系	上侏罗统	页岩45%，砂岩5%，黑页岩50%	
	中侏罗统	页岩42.5%，泥岩5%，砂岩38.75%，煤13.75%	
	下侏罗统	页岩42.5%，泥岩5%，砂岩38.75%，煤13.75%	

4）边界条件参数分析

（1）古水深。

古水深参数是沉积盆地模拟中一个重要的边界条件参数，这个参数的准确性也直接关系到地层埋藏史和地温场的模拟精度。古水深主要受构造作用之后形成的沉积环境影响。一般认为陆相环境水深为0~20m，滨海0~50m，浅海50~200m，半深海200~2000m，深海大于2000m（Friedman等，1978）。

挪威中部陆架深水盆地（包括伏令盆地和默里盆地）早侏罗世处于三角洲平原环境，古水深0~20m，平均10m，则设定古水深为10m；中侏罗世处于滨浅海环境，古水深0~50m，平均25m，则设定古水深为25m；晚侏罗世处于半深海环境，古水深200~2000m，平均1100m，则设定古水深为1100m；白垩纪至古近纪处于滨浅海环境，古水深0~50m，平均25m，则设定古水深为25m；古近纪至现今处于半深海环境，古水深200~2000m，平均1100m，则设定古水深为1100m。

（2）古大地热流值。

热史模拟最重要的参数是大地热流值。大地热流是表征区域地热状态的综合性热参数，是指单位时间内地球表面单位面积上向外散发的热量，是沉积盆地模拟中至关重要的边界条件参数。各个时期大地热流值我们称之为古大地热流值。大地热流值最主要受大地构造背景影响。在地史发展过程中，大地构造背景的变化必然会引起大地热流值的变化。在实际的数值模拟过程中，往往根据大地构造背景大致确定研究区所需要的大地热流值，或以现今热流特征及古温标参数为基础，正反演模拟综合确定所需要的古热流参数。大地热流值选取的合理性，直接对盆地模拟结果准确性起着决定性作用。

挪威中部陆架深水盆地（包括伏令盆地和默里盆地）古热流值的选取主要参考Thomsen等（2008）。取得该模型数值，即第四纪大地热流值平均为52mW/m^2；古近纪—新近纪大地热流值平均为53mW/m^2；晚巴雷姆期大地热流值平均为56mW/m^2；贝里阿斯期大地热流值平均为57mW/m^2；晚侏罗世大地热流值平均为92mW/m^2；晚三叠世大地热流值平均为64mW/m^2。

（3）烃源岩现今热演化程度评价标准。

有机质成熟度是烃源岩研究重要的参数之一。采用的有机质成熟度划分标准是：R_o小于0.5%为未成熟阶段，R_o在0.5%~0.7%为低成熟阶段，R_o在0.7%~1.0%为成熟阶段，R_o在1.0%~1.3%为高成熟阶段，R_o在1.3%~2.0%为生湿气阶段，R_o在2.0%~4.0%为生干气阶段，R_o大于4.0%为过成熟阶段。

（4）模拟结果。

主要沿着挪威中部陆架深水盆地伏令盆地和默里盆地的主体走向，刘怡君（2017）分别选取了七条剖面（A—A′、B—B′、C—C′、D—D′、E—E′、F—F′、G—G′剖面位置见图4-2）。其中，前五条剖面（A—A′、B—B′、C—C′、D—D′和E—E′）在伏令盆地，D—D′剖面呈北东向展布，其余四条剖面呈北西向展布；后两条剖面（F—F′和G—G′）在默里盆地。

① A—A′剖面烃源岩有机质成熟度史。

A—A′剖面位于挪威西部海域陆架伏令盆地东北部，呈北西向展布，剖面由西到东依次横穿 Utrost 凸起和 Ribban 洼陷。该剖面主要存在侏罗系 BTr 组泥页岩和上白垩统 Cromer Knoll 群泥页岩两套烃源岩，刘怡君（2017）根据模拟的二维剖面有机质成熟度热演化史结果（图 4-5）如下所述。

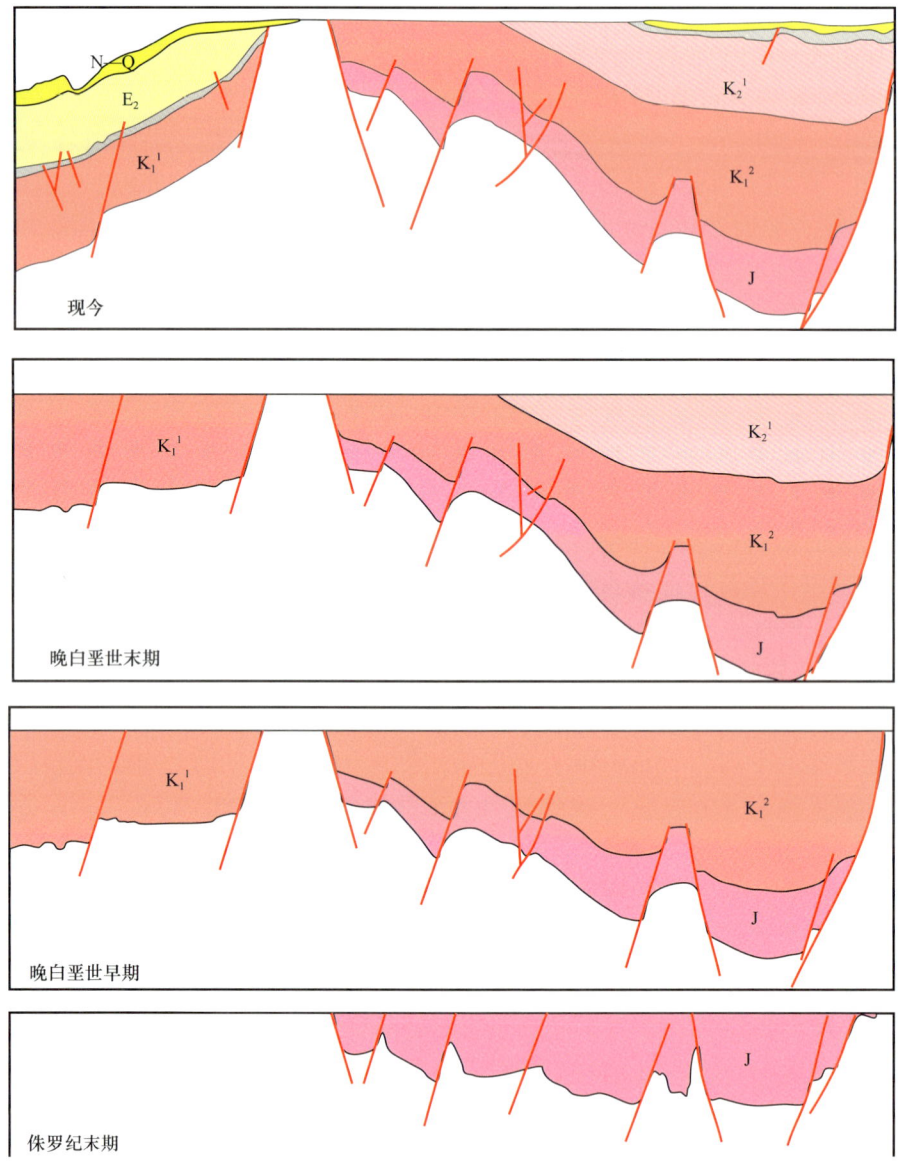

图 4-5　伏令盆地 A-A′ 剖面构造演化史

a. 侏罗系 BTr 组烃源岩成熟度演化。

侏罗纪末期（145.6Ma），处于伏令盆地 Ribban 洼陷内的侏罗系 BTr 组烃源岩底部已处成熟生油阶段（$0.5\%<R_o<1\%$），中上部处于未成熟阶段（$R_o<0.5\%$）；至晚白垩世早

期（97Ma），该组烃源岩进入快速成熟阶段，除 Ribban 洼陷西侧该组烃源岩仍处于生油阶段（$0.5\%<R_o<1.3\%$）外，其余均已进入生气阶段（$1.3\%<R_o<4\%$），其中，洼陷东侧该组烃源岩底部进入过成熟阶段（$R_o>4\%$）；至晚白垩世末期（65Ma），BTr 组烃源岩全部进入成熟阶段，其中处于 Ribban 洼陷东部的该组烃源岩已经进入过成熟阶段，中部该组烃源岩进入生气阶段（包括生湿气和生干气），西部该组烃源岩仍处于生油阶段；截至目前，洼陷深部侏罗系 BTr 组烃源岩进入过成熟阶段，中部处于生气阶段，仅断陷西侧边部处于生油阶段。

b. 上白垩统 Cromer Knoll 群烃源岩成熟度演化。

晚白垩世末期（65Ma），处于 Ribban 洼陷内的上白垩统 Cromer Knoll 群烃源岩底部 R_o 达到 0.5%，开始进入生烃门限，中上部处于未成熟阶段（$R_o<0.5\%$）；截至现今（0Ma），Ribban 洼陷内的该组烃源岩中下部均进入成熟生油阶段，底部烃源岩 R_o 可达到 1%，整体进入大量生油期。

② B—B′ 剖面烃源岩有机质成熟度史。

B—B′ 剖面位于挪威西部海域陆架伏令盆地中部，呈北北西向展布，剖面由西到东依次横穿 Vøring 边缘隆起、伏令盆地以及 Trondelag 洼陷。该剖面主要存在下侏罗统 Åre 组三角洲平原相泥页岩、上侏罗统 Speek 组海相泥页岩和上白垩统 Cromer Knoll 群泥页岩三套烃源岩。根据模拟的二维有机质成熟度热演化史结果如下所述。

a. 下侏罗统 Åre 组烃源岩成熟度演化。

晚侏罗世（145.6Ma），Trondelag 洼陷 Åre 组烃源岩下部 R_o 达到 0.5%，进入生烃门限，上部处于未成熟阶段（$R_o<0.5\%$）；至早白垩世早期（138.7Ma），Trondelag 洼陷处埋深相对较深的该组烃源岩进入生油高峰期（$0.7\%<R_o<1\%$），周缘埋藏较浅处进入生烃门限，还有少部分埋藏浅的区域仍处于未成熟阶段；至中新世（97Ma），Trondelag 洼陷处 Åre 组烃源岩埋深较深处底部开始进入生湿气阶段（$1.3\%<R_o<2\%$），周缘部分烃源岩依然处于生油阶段（$0.5\%<R_o<1.3\%$）；至中新世（16.5Ma），Trondelag 洼陷处 Åre 组烃源岩快速热演化，几乎所有该组烃源岩均处于成熟期；截至目前（0Ma），该组烃源岩除埋深较深处底部已经达到生气阶段（$2\%<R_o<4\%$），其他区域均处于生油阶段。

b. 上侏罗统 Spekk 组烃源岩成熟度演化。

晚侏罗世（145.6Ma），上侏罗统 Spekk 组烃源岩均处于未成熟阶段；至早白垩世早期（138.7Ma），该组烃源岩在埋深较深处下部进入生烃门限，埋藏较浅处仍处未成熟阶段；至晚白垩世早期（78.5Ma），Trondelag 洼陷处埋藏较深处的 Åre 组烃源岩处于成熟生油阶段；至晚白垩世末期（65Ma），Trondelag 洼陷处该组烃源岩埋深较深处 R_o 达到 0.7%，进入生烃高峰期，埋藏较浅的区域仍处于未成熟阶段；至中新世（16.5Ma），该组烃源岩埋藏较深处 R_o 达到 1%，处于生高成熟油阶段，其他区域基本都处于成熟生油阶段；截至现今，该组烃源岩底部已进入生湿气阶段（$1.3\%<R_o<2\%$），周缘区域均处于生油阶段。

c. 上白垩统 Cromer Knoll 群烃源岩成熟度演化。

至晚白垩世早期（78.5Ma），伏令盆地东部坳陷区上白垩统 Cromer Knoll 群底部烃源岩已经处于生湿气阶段（$1.3\%<R_o<2\%$），伏令盆地内其他埋藏较深处该组烃源岩底部 R_o 达到 0.5%，进入生烃门限，剩下绝大多数都处于未成熟阶段（$R_o<0.5\%$）；至晚白垩世末期（65Ma），这段时间内 Cromer Knoll 群烃源岩成熟度变化范围较大，处于伏令盆地内部三个洼陷处底部该组烃源岩均处于生湿气阶段（$1.3\%<R_o<2\%$），对应的中部和上部该组烃源岩均处于成熟生油阶段（$0.5\%<R_o<1.3\%$），伏令盆地上部该组烃源岩和 Trøndelag 洼陷处烃源岩均处于未成熟阶段；至始新世中期（16.5Ma），伏令盆地西部两个洼陷处的 Cromer Knoll 群烃源岩全部处于成熟阶段，其中底部 R_o 已经达到生干气阶段（$2\%<R_o<4\%$），中部烃源岩则处于生湿气阶段（$1.3\%<R_o<2\%$），上部烃源岩处于生油阶段，而伏令盆地东部洼陷带内烃源岩处于不同程度的演化阶段，但是其上部和 Trøndelag 洼陷处该组烃源岩仍处于未成熟阶段；截至现今，处于伏令盆地内的该组烃源岩全部达到成熟，而处于 Trøndelag 洼陷西部该组烃源岩进入生烃门限，东部处于未成熟阶段。

③ C—C′ 剖面烃源岩有机质成熟度史。

C—C′ 剖面位于挪威西部海域陆架伏令盆地西南部，呈北西向展布，剖面由西到东依次横穿 Vøring 边缘隆起、Gjallar 隆起、Vigrid 向斜、Ras 洼陷、Donna 洼陷以及 Trøndelag 洼陷。该剖面主要存在下侏罗统 Åre 组三角洲平原相泥页岩、上侏罗统 Spekk 组海相泥页岩和上白垩统 Cromer Knoll 群泥页岩三套烃源岩，根据模拟的二维剖面有机质成熟度热演化史结果如下所述。

a. 下侏罗统 Åre 组烃源岩成熟度演化。

早侏罗世末期（178Ma），下侏罗统 Åre 组烃源岩全部处于未成熟阶段（$R_o<0.5\%$）；至晚侏罗世末期（145.6Ma），处于 Trøndelag 洼陷的 Åre 组烃源岩下部 R_o 达到 0.5%，开始进入生烃门限，而 Donna 洼陷处的该组烃源岩大部分都处于成熟阶段（$R_o>0.5\%$），其中，下部 R_o 达到 0.7%，进入生油高峰期（$0.7\%<R_o<1\%$），开始大量生油；至早白垩世末期（97Ma），Trøndelag 洼陷内该组烃源岩中部和下部处于成熟阶段，上部进入生烃门限，而 Donna 洼陷处的该组烃源岩下部进入生湿气阶段（$1.3\%<R_o<2\%$），中上部处于成熟生油阶段；至晚白垩世早期（78.5Ma），Trøndelag 洼陷处的该组烃源岩进入快速成熟阶段，一半都已进入生烃门限，而 Donna 洼陷处该组烃源岩在埋深较深处已处于生干气阶段（$2\%<R_o<4\%$），而 Trøndelag 洼陷西侧的该组烃源岩进入生湿气阶段（$1.3\%<R_o<2\%$）；至古新世早期（60Ma），处于 Trøndelag 洼陷的 Åre 组烃源岩大部分已经达到成熟，其中，下部已进入生油高峰期（$0.7\%<R_o<1\%$），而处于 Donna 洼陷处该组烃源岩大多数进入生干气阶段（$2\%<R_o<4.0\%$），只有上部少部分还处于高成熟生湿气阶段（$1.3\%<R_o<2\%$）；截至目前，Trøndelag 洼陷处的 Åre 组烃源岩大多数都已处于成熟阶段，而 Donna 洼陷处的该组烃源岩在埋藏较深处，已经处于过成熟阶段（$R_o>4.0\%$），埋藏相对较浅处，处于生干气阶段（$2\%<R_o<4.0\%$）。

b. 上侏罗统 Spekk 组烃源岩成熟度演化。

晚侏罗世末期（145.6Ma），上侏罗统 Spekk 组烃源岩均处于未成熟阶段（R_o<0.5%）；至早白垩世末期（97Ma），Trondelag 洼陷的 Spekk 组烃源岩仍处于未成熟阶段，而 Donna 洼陷处埋藏较深的该组烃源岩已达到生油高峰期，而埋藏相对较浅的区域也已进入生烃门限；至晚白垩世早期（78.5Ma），Donna 洼陷处的该组烃源岩全部处于成熟阶段，其中，埋藏较浅的烃源岩进入生烃门限，而埋藏较深的该组烃源岩达到生油高峰期，有少部分处于生湿气阶段（1.3%<R_o<2%）；至古新世早期（60Ma），Donna 洼陷处的该组烃源岩全部达到成熟，埋深较深处的该组烃源岩已经进入生干气阶段（2%<R_o<4.0%），而其余的部分，随着埋深变浅，成熟度逐渐降低，但基本都处于成熟阶段（R_o>0.5%）；截至现今，Donna 洼陷处的该组烃源岩大部分都处于生干气阶段，少量埋藏浅的烃源岩处于生湿气阶段。

c. 上白垩统 Cromer Knoll 群烃源岩成熟度演化。

至晚白垩世早期（78.5Ma），Donna 洼陷处埋藏较深区域的底部上白垩统 Cromer Knoll 群烃源岩 R_o 达到 0.5%，开始进入生烃门限，剩余的全部处于未成熟阶段（R_o<0.5%）；至古新世早期（60Ma），由于构造作用，该组地层大幅度沉降，地层埋藏变深，大部分烃源岩处于成熟阶段，其中，处于 Ras 洼陷的该组烃源岩下部已进入生湿气阶段，而中上部均已达到成熟生油阶段；截至目前，Cromer Knoll 群烃源岩全部处于成熟阶段，其中在 Vigrid 向斜核部和 Rås 洼陷中部，该组烃源岩已处于生干气阶段，而在这两个区域边缘，Cromer Knoll 群烃源岩 R_o 处于 1.3%～2% 之间，以生湿气为主；该区域的该组烃源岩上部全部处于成熟阶段，主要产物以生液态石油为主。

④ D—D′ 剖面烃源岩有机质成熟度史。

D—D′ 剖面位于挪威西部海域陆架伏令盆地西北部，呈南西向展布，剖面主要穿过伏令盆地地内的 Fenris 地堑、Gjallar 隆起和 Hel 地堑。该剖面内主要发育上白垩统 Cromer Knoll 群泥页岩一套烃源岩。根据模拟的二维有机质成熟度热演化史结果如下所述。

晚白垩世早期（78.5Ma），剖面内上白垩统 Cromer Knoll 群烃源岩处于未成熟阶段（R_o<0.5%）；晚白垩世末期（65Ma），Cromer Knoll 群烃源岩成熟度变化较大，其中，Hel 地堑东部该组烃源岩处于成熟生油阶段，剖面东部的该组烃源岩底部处于生湿气阶段（1.3%<R_o<2%），其余区域烃源岩均处于未成熟阶段（R_o<0.5%）；至古新世中期（45.95Ma），处于 Gjallar 隆起埋藏较深处 Cromer Knoll 群烃源岩下部 R_o 达到 0.5%，进入生烃门限，中上部均处于未成熟阶段，而 Hel 地堑内的该组烃源岩全部处于成熟阶段，其中位于该地堑东部的该组下部烃源岩已处于生干气阶段（2%<R_o<4%）；截至目前，该组烃源岩全部进入成熟阶段，其中剖面东部埋藏较深的区域烃源岩已处于生干气阶段。

⑤ E—E′ 剖面烃源岩有机质成熟度史。

E—E′ 剖面位于挪威西部海域陆架伏令盆地南部，呈东西向展布，剖面由西到东依次横穿伏令盆地边缘隆起区、Rås 洼陷以及 Halten 洼陷。该剖面主要存在下侏罗统 Åre 组三角洲平原相泥页岩、上侏罗统 Spekk 组海相泥页岩和上白垩统 Cromer Knoll 群泥页三套烃源岩。根据模拟的二维有机质成熟度热演化史结果如下所述。

a. 下侏罗统 Åre 组烃源岩成熟度演化。

早侏罗世末期（178Ma），Halten 洼陷处的下侏罗统 Åre 组烃源岩下部处于成熟阶段，中上部处于未成熟阶段（$R_o<0.5\%$）；至晚侏罗世末期（145.6Ma），Halten 洼陷的 Åre 组烃源岩处于生油高峰期（$0.7\%<R_o<1\%$），下部埋藏较深处的该组烃源岩 R_o 大于 1.3%，处于生湿气阶段；至晚白垩世早期（97Ma），Åre 组烃源岩基本全处于成熟阶段（$R_o>0.5\%$），其中烃源岩上部都处于生油高峰期，烃源岩下部处于生湿气阶段（$1.3\%<R_o<2\%$）；至晚白垩世晚期（78.5Ma），除了剖面东部边界区域处于成熟生油阶段外，Halten 洼陷处的该组烃源岩绝大多数处于生气阶段，其中，烃源岩上部主要处于高成熟生湿气阶段，下部处于过成熟生干气阶段（$R_o>2\%$）；至晚白垩世末期（65Ma），处于 Halten 洼陷处的该组烃源岩全部处于生干气阶段（$2\%<R_o<4\%$），其中埋藏较深处处于过成熟阶段（$R_o>4\%$），边界部分仍然处于成熟生油阶段；至中新世（16.5Ma），该组烃源岩 R_o 全部大于 1.3%，处于 Halten 洼陷处烃源岩，除了上部小部分处于生湿气外，其余的均处于生干气阶段，处于剖面东部边界处该组烃源岩上部处于生湿气阶段，下部是生干气阶段；截至现今，处于 Halten 洼陷的该组烃源岩处于过成熟阶段（$R_o>4\%$），位于剖面东部该组上部烃源岩处于生湿气阶段，下部处于生干气阶段。

b. 上侏罗统 Spekk 组烃源岩成熟度演化。

至晚侏罗世末期（145.6Ma），上侏罗统 Spekk 组烃源岩均处于未成熟阶段；至晚白垩世早期（97Ma），埋深较深处该组烃源岩下部进入生烃门限（R_o 为 0.5%），上部处于未成熟阶段；至晚白垩世晚期（78.5Ma），Spekk 组烃源岩上部进入生烃高峰期（$0.7\%<R_o<1\%$），下部烃源岩进入成熟生油阶段（$1\%<R_o<1.3\%$）；至晚白垩世末期（65Ma），处于 Halten 洼陷的该组烃源岩底部进入生湿气阶段（$1.3\%<R_o<2\%$），上部烃源岩处于成熟生油阶段（$1\%<R_o<1.3\%$）；至始新世中期（16.5Ma），该组烃源岩全部处于生干气阶段，而埋藏较深处该组烃源岩底达到过成熟阶段；截至目前，该组烃源岩绝大多数都进入过成熟阶段，只有少部分处于生干气阶段。

c. 上白垩统 Cromer Knoll 群烃源岩成熟度演化。

晚白垩世晚期（78.5Ma），Rås 洼陷西部上白垩统 Cromer Knoll 群烃源岩底部 R_o 达到 0.5%，进入生烃门限，其余均处于未成熟阶段；至晚白垩世末期（65Ma），处于伏令盆地沉降中心内该组烃源岩底部 R_o 达到 1.3%，进入生湿气阶段（$1.3\%<R_o<2\%$），中部和上部均处于成熟生油阶段，但 Halten 洼陷处的该组烃源岩仍处于成熟阶段；截至现今，Cromer Knoll 群烃源岩全部处于成熟阶段，其中伏令盆地沉降中心内底部该组烃源岩已经进入过成熟阶段（$R_o>4\%$），其余的基本都处于生气阶段（$R_o>1.3\%$），只有 Møre 边缘隆起区少部分仍处于生油阶段。

⑥ 成藏演化。

根据伏令盆地模拟的二维剖面有机质成熟度热演化史结果表明，伏令盆地内发育下侏罗统 Åre 组和上侏罗统 Spekk 组两套烃源岩，主要分布在伏令盆地东部的洼陷。

a. Åre 组烃源岩成熟度演化。

晚侏罗世末期，该组烃源岩进入成熟生油阶段（$0.5\%<R_o<1.3\%$）；早白垩世末期，进入生气阶段（$1.3\%<R_o<4\%$）；古新世中期，处于过成熟演化阶段（$R_o>4\%$）。目前，该组烃源岩全部进入生气阶段，其中埋藏较深处已处于过成熟演化阶段。

b. Spekk 组烃源岩成熟度演化。

早白垩世末期，该组烃源岩进入成熟生油阶段；晚白垩世末期，进入生气阶段；始新世中期，烃源岩达到过成熟演化阶段。目前，该组烃源岩上部处于生干气阶段，下部处于过成熟演化阶段。

二、储层

下—中侏罗统在 Donna 和 Halten 阶地内分布有巨厚的 Åre 组、Tilje 组、Ile 组与 Garn 组砂岩（图 4-5）。Åre 组砂岩为河流相沉积，其他砂岩均为浅海相到三角洲相砂岩。当深度超过 4000m 时，由于次生石英与伊利石的生长，较纯的 Garn 组砂岩表现出较差的孔渗性。而黏土质含量略多点的 Tilje 组和 Ile 组砂岩仍然表现出较好的孔渗性。

该区的储层从侏罗系—古近系都有分布，主要储层有两套：中侏罗统裂谷期滨浅海相砂岩和白垩系—古近系浊积砂岩，其中中侏罗统裂谷期滨浅海相砂岩是主力储集层段。

1. 中侏罗统滨浅海相砂岩

是已经被证实的储层，以沿海的 Fangst 群为主，包括 Ile 组、Not 组和 Garn 组。Ile 组厚度为 60~82m，为一套近海岸的海相砂岩夹薄页岩或粉砂岩夹层沉积，Ile 组的砂岩为良好储层。Not 组为海相陆架沉积，厚 24~34m，底部为页岩，向上变为生物扰动的粉砂岩，顶部为细粒砂岩。Garn 组变化从 14~114m，是一个重要的储层单元，有良好的孔隙度和渗透率值，孔隙度约为 22%，埋深约为 4.7km，反映不同的沉积厚度和局部侵蚀，西南部比较厚，向中心及北部变薄。

2. 白垩系—古近系浊积砂岩

是被证实的砂岩储层，挪威西部海域陆架最大的气田 Ormen Lange 气田，储层为上白垩统—下古新统丹麦阶 Tang 组浊积砂岩，相当于北海的 Vale 组，这些浊积扇由于重力等作用最终形成，并分布在靠近陆缘的区域，成为有利储层（图 4-6）。

Vingleia 与 Revfallet 断层群的上盘内，Rogn 组及 Melke 组浊积扇砂岩内夹有厚层页岩。Donna 阶地内 Svale 油田即产自 Melke 组砂岩。但在 Rogn 组砂岩内至今仍未有所发现，其为潜在有利区带。

上 Lange 组（中到上塞诺曼阶）与 Lysing 组斜坡浊积扇砂岩，在 Donna 和 Halten 阶地内广泛发育。同时，在盆地浊积相的 Utgard 高地、Helland Hansen 背斜和 Vema 穹隆等地也钻遇 Lysing 组砂岩。在 Nyk 高地、Vema 穹隆、Utgard 高地和 Gjallar 洋脊等地，出现了两套厚层的 Nise 组砂岩，分别形成于晚圣通期与晚坎潘期。

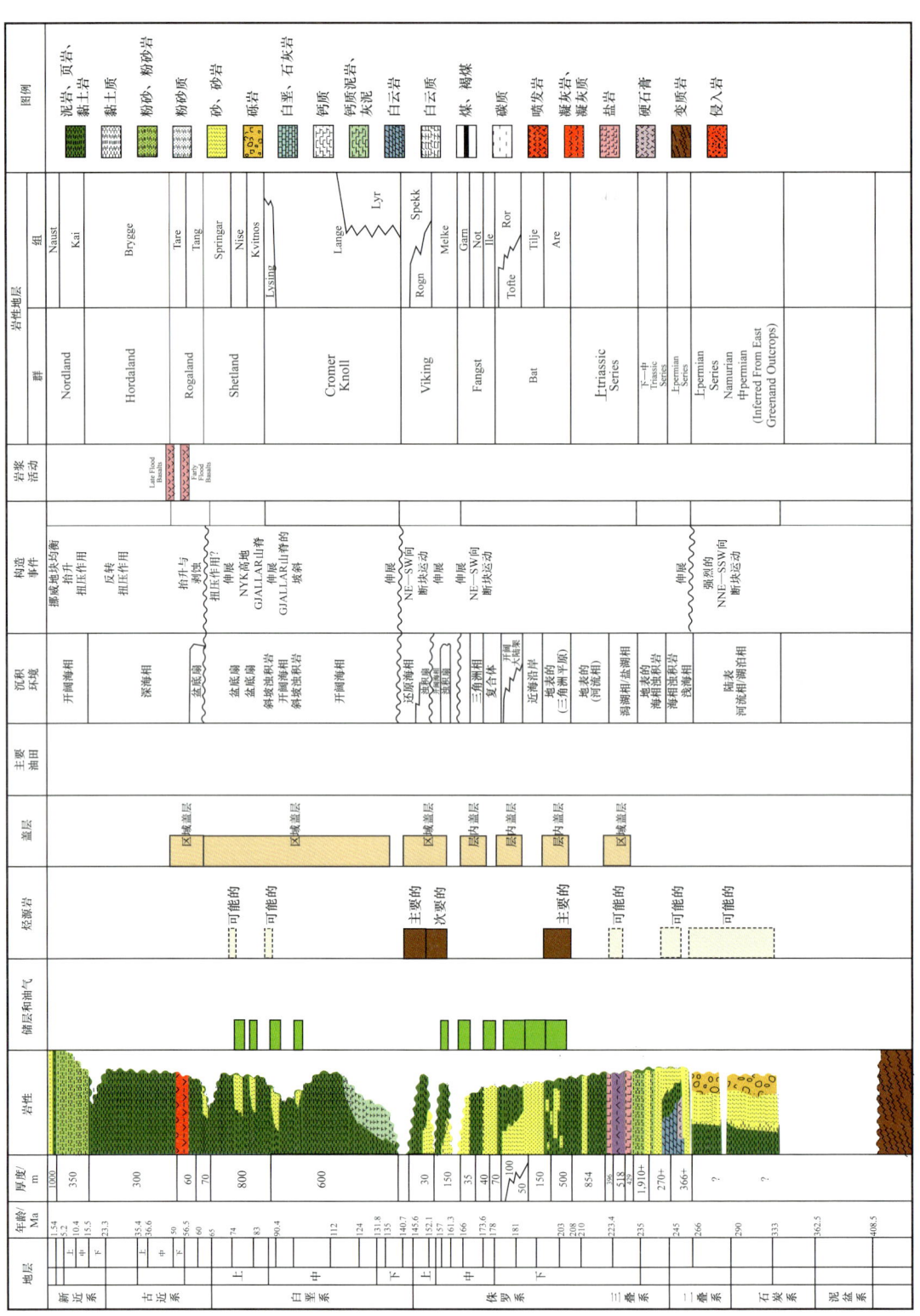

图 4-6 伏今盆地地层综合柱状图

三、盖层

伏令盆地的盖层主要为上侏罗统海相泥页岩。Åre 组储层由页岩、煤质页岩和煤相互叠加，同时作为砂岩的垂向和侧向封堵。在 Spekk 组及 Draupne 组页岩为普遍存在的区域盖层。Rogn 组和 Intra Heather 的浊积岩均被期间的泥页岩夹层所封盖。Ror 组泥岩遍布 Halten、Donna 洼陷和 Trøndelag 洼陷，Donna 洼陷的最大厚度超过 188m，Halten 洼陷有 174m。

在 Halten 与 Donna 阶地内的大多数油、气及凝析油，被海进期 Viking 和 Cromer Knoll 群海相页岩侧向、垂向封盖。在 Halten 阶地西面，由于储层内的砂岩存在超压，可能导致顶部盖层产生裂缝，形成空构造。

Åre 组砂岩为河流点沙坝，与其互层的冲积相黏土岩在侧向及垂向对其进行封盖。海进期的 Ror 组海相页岩，对于下伏的 Tilje 组砂岩为一有效的区域盖层。Not 组潟湖相黏土岩为下伏的 Ile 组砂岩的局部盖层。互层的 Spekk 组静海相页岩与 Melke 组页岩，在侧向及垂向上对 Rogn 组和 Melke 组浊积扇砂岩进行封盖。白垩系 Lange 组、Lysing 组和 Nise 组的浊积扇被层内页岩夹层及上覆页岩封盖。

四、成藏组合

在挪威西部海域陆架区域，由于地层沉积组合的差异性，导致成藏组合也具有一定差异。分析表明，挪威西部海域陆架裂谷期成藏组合可分为下生上储型和上生下储型两种。

在伏令盆地，一是下侏罗统 Bat 群 Åre 组煤层、页岩—中侏罗统 Fangst 群砂体生储盖组合。该生储盖组合以下侏罗统 Bat 群 Åre 组煤层、页岩为烃源岩，以中侏罗统 Fangst 群三角洲相（平原—前缘）及海相砂体（特别是 Garn 组的砂岩）为储层，以上侏罗统海相泥页岩为盖层，属下生上储型成藏组合（图 4-7）；另一个是上侏罗统 Viking 群 Spekk 组页岩—中侏罗统 Fangst 群砂体生储盖组合，以上侏罗统 Viking 群 Spekk 组泥页岩为烃源岩，以中侏罗统 Fangst 群滨浅海相砂岩为储层，以上侏罗统海相泥页岩为盖层，为典型的上生下储成藏组合（图 4-8）。

在伏令盆地下生上储成藏组合中（图 4-7），除了 Draugen 油田的不饱和油外，Donna 和 Halten 洼陷中所有其他油气田都是的饱和烃类，且油气处于平衡状态，即从这个盆地的两个成藏组合中生成的烃类物质都是处于相互平衡的状态。Ekern（1990）研究指出，Midgard 油田较深的部分，早白垩世 Åre 组中煤和页岩已经处于成熟阶段并开始生油，其中煤吸收了液态烃，却因为温度过低而不利于排烃。在 3.5Ma 时的快速沉降造成 Åre 组进入了生成凝析油和天然气的演化阶段。

在伏令盆地上生下储成藏组合中（图 4-8），在 Donna 和 Halten 洼陷范围内的上侏罗统 Spekk 组处于成熟阶段并大量生油，尤其是在 Halten 洼陷西缘的 Vingleia 和 Bremstein 断层系统上盘中成熟度较高，这一地区 Rogn 组的浊积扇砂岩也发育最好。在 Halten 和

Donna 洼陷的大多数油田中的烃类均来是自 Spekk 组含油气系统的含沥青页岩和重凝析油的饱和混合物，以及来自 Åre 组成藏组合中煤及煤层页岩生成的天然气和轻质凝析油。来自 Spekk 组和 Åre 组成藏组合烃类的侧向运移是有效的，因为 Bat 组和 Fangst 组中普遍发育砂岩和页岩互层，为烃类侧向运移提供了良好的通道。在上新世大部分洼陷中，埋藏的烃类还是来自 Spekk 组和 Åre 组，油藏孔隙度仍然很高。大量的烃类已经运移到巴通阶—欧特里夫阶的断层圈闭中，最终在土仑阶聚集。

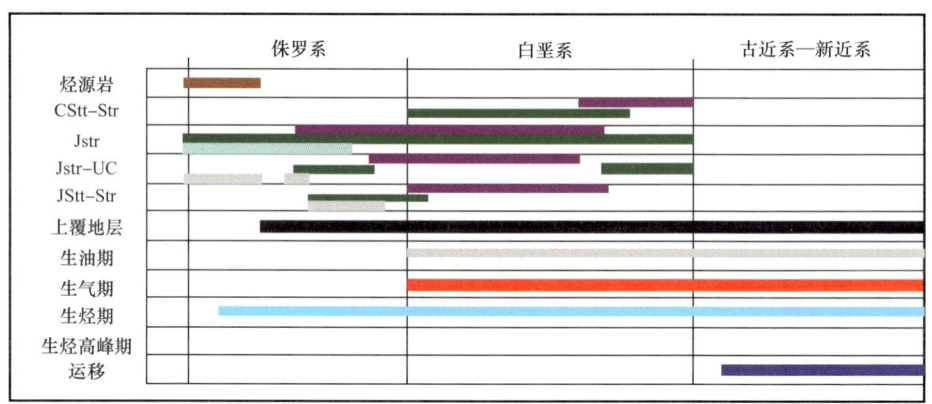

图 4-7　伏令盆地下侏罗统 Bat 群 Åre 组—中侏罗统 Fangst 群成藏组合

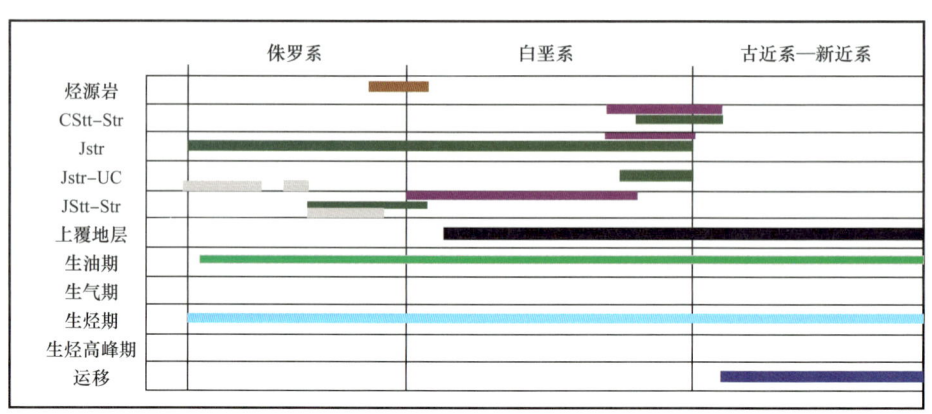

图 4-8　伏令盆地上侏罗统 Viking 群 Spekk 组页岩—中侏罗统 Fangst 群成藏组合

五、有利区预测

综合上述分析，该区发育的两套侏罗系烃源岩，均具有生烃能力。通过对伏令盆地生储盖组合及成藏类型等的分析，与默里盆地（主要为Ⅱ类有利区）的有利区相比较，可划分为两个有利区，分别为Ⅰ类及Ⅲ类（图 4-9）。

Ⅰ类有利区位于伏令盆地 Halten 和 Nordland 隆起区，是目前勘探程度较高的地区，该区以侏罗系泥页岩为烃源岩，以中侏罗统 Fangst 群三角洲相及海相砂体为储层，以上覆上侏罗统海相泥页岩为区域性盖层的成藏组合，易形成上生下储的油气藏。

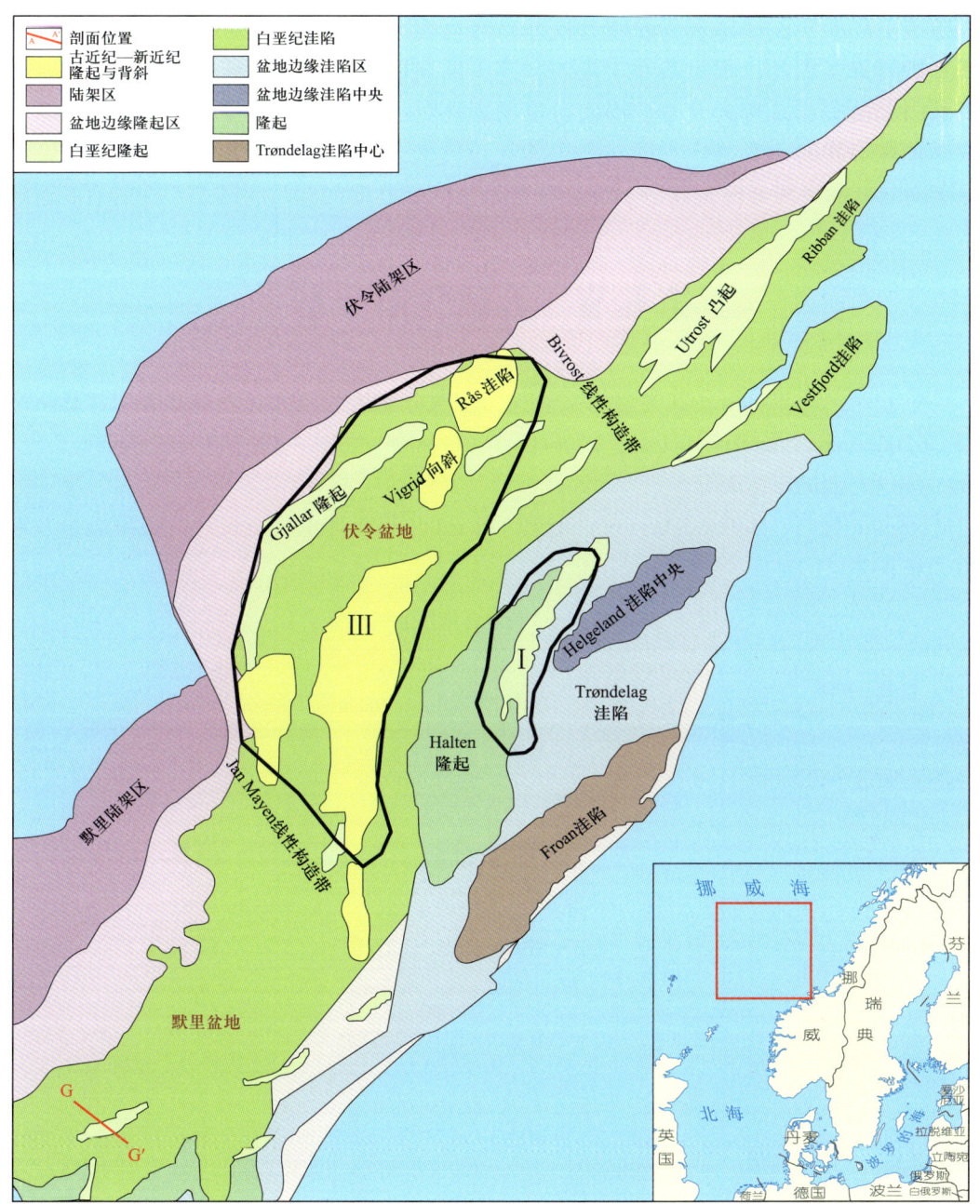

图4-9 伏令盆地有利区预测图

Ⅱ类有利区位于默里盆地，在第五章细述。

Ⅲ类有利区贯穿伏令盆地南北走向的隆起区，烃源岩以上侏罗统海相泥页岩为主，经证实上覆白垩系—古近系（Tang组）浊积砂岩为潜在的有利储层，并覆以白垩系—古近系泥页岩为区域性盖层，油气主要集中在盆地中央及周缘各个凸起或隆起，由构造低部位向构造高部位运移，构造顶部或侧翼是油气聚集的有利区带。

挪威中部陆架区烃源岩生烃能力良好，而且在区内分布广泛，说明该区油气成藏的物质基础良好。因此，圈闭条件才是控制该区油气聚集的主要因素。但是，伏令盆地周边及其内部断裂系统较为发育，构造对早期岩性圈闭的影响，构造—岩性复合圈闭应当是该区勘探寻找的主要目标，局部构造高点为成藏有利区，结合烃源岩演化分析中伏令盆地南高北低的烃源岩演化趋势，综合分析认为伏令盆地内部凸起区是勘探的有利区域。

第五节　大油气田分布

伏令盆地，从北向南，其主要的大油气田依次分布为（图4-1）：6706/6-1（Hvitveis）气田、6705/10-1（Asterix）气田、6706/11-2（Gymir）气田、6707/10-3S（Ivory）气田、Aasta 气田和 Åsgard 气田等。

Modgunn 背斜、HellandHansen 凸起和 Utgard 凸起南部也具有良好的成藏组合及勘探潜力（表4-2）。

表4-2　伏令盆地各地层油气储量

地层与圈闭	油气田/个	类别	石油/10^6bbl	凝析油/10^6bbl	天然气/10^9ft³
白垩系地层—构造圈闭	6	储量	35	37	1760.85
		百分比（%）	1	4	9
白垩系构造圈闭	8	储量	—	33.15	4021.16
		百分比（%）	—	3	19
侏罗系构造圈闭	31	储量	2771.43	871.39	14596.44
		百分比（%）	93	92	71
下侏罗统构造—不整合圈闭	3	储量	112.72	—	154.77
		百分比（%）	4	—	<1
中侏罗统构造—不整合圈闭	2	储量	56	10.6	135
		百分比（%）	2	1	<1

Åsgard 气田是挪威大陆架（NCS）上最大的开发项目之一，每年向欧洲供应约 $11×10^8m^3$ 的天然气，天然气来自单一烃源岩，是中等成熟的石油伴生热成因气体（Aidos Kazankapov，2019）。下面以 6707/10-1 气田为例，对其概况进行说明。

6707/10-1 井将挪威海上伏令盆地 Nyk 高地的 Santonian 到 Campanian Nise 地层进行了对比。该井在厚度为 1200 m 的区域钻遇 156 m 的含气层，优质储层为上白垩统浊积砂（ARAM，1999），包括堆积的砂岩输导系统，且每个系统的厚度高达 200 m。砂岩输导系统之间是由沉积的半深海泥岩隔开的。片状砂岩中的垂直渗透率及潜在的储层性能，受砂体合并程度和各个脱水的高密度浊石床盖层分布的控制。这些盖层的成分范围从早成岩型、富碳质的和易泥化的/黏土的砂岩到变质岩沉积物/页岩，并且具有明显不同的垂直渗透率，范围从小于 1mD 到大于 1000mD。这些盖层具有无法诊断的常规裸眼测井响应，但可以在"地层 MicroScanner（FMS）"图像上轻松识别。由挪威海上伏令盆地电阻率图像数据可知，对砂岩古输送方向的分析（被解释为与流量递减有关的低密度沉积物，并使用 FMS 图像进行了识别），提供了一种机制。6707/10-1 井在伏令盆地的 Nyk 高地发现了优质储层，即上白垩统浊积砂。

1996 年，在北大西洋的深水地区，挪威海伏令盆地和拉布拉多海戴维斯海峡费拉地区（西格陵兰岛近海）开设了两个新的前沿勘探区。两者都是北大西洋裂谷系统的一部分，但具有不同的裂谷历史。戴维斯海峡可能直到白垩纪早期才开始裂谷：白垩纪沉积物位于奥陶系碳酸盐岩或前寒武系基底上。自古生代以来，挪威海地区经历了间歇性裂谷作用，该区的大部分地区都有侏罗系烃源岩和储层岩石。在伏令盆地，侏罗系岩石尚未得到证实，但侏罗系被认为是挪威海上伏令盆地的主要烃源岩，尤其是 Åre 组和 Spekk 组（Aidos Kazankapov，2019）。然而，Garner 等（2017）的研究提出质疑，在伏令盆地，由于埋藏较深，侏罗纪时代的烃源岩已耗尽任何生烃潜力。因为在该地区的大部分区域，白垩纪沉积物非常厚。两种裂谷都以古新世开始的火山作用和海底蔓延达到高潮。尽管这两个地区有不同的裂谷历史，但它们具有许多共同的地质特征，这些特征会影响它们的石油勘探前景。这两个地区的勘探活动主要依靠未经证实的白垩系烃源岩。戴维斯海峡地区可能存在的侏罗系岩石，大部分地区都已过成熟。但是，伏令盆地都有地震证据表明可能存在碳氢化合物。菲勒拉地区在至少四个独立的断层块上具有地震平整点。伏令盆地的直接碳氢化合物指示物（DHI），包括著名的地震平斑和西尼克高地几个断块上的振幅异常。由于烃源岩的有机质量尚不清楚，因此在这两个地区存在石油的风险都很高。

伏令盆地的油迹和戴维斯海峡的渗油痕迹表明，这两个地区可能存在油。烃源岩不成熟是费拉地区潜在烃源岩的关注点，但是进入气窗的过成熟度对伏令盆地的大部分地区都构成了风险。储层岩石为白垩系，白垩系砂岩在加拿大拉布拉多海的油井和西格陵兰的露头中很常见，主要是大陆到三角洲的砂岩。在西格陵兰岛近海的井中尚未发现白垩系砂岩，但在费拉近海地区，类似的砂岩呈浊状。在挪威海的一口井中发现了白垩系砂岩，它们存在于伏令盆地中部的大部分地区。6707/10-1 井在伏令盆地的 Nyk 高地发现了优质的储层——上白垩统浊积砂。尽管在西格陵兰岛上沉积了较粗的古新统砂岩，但在这两个地区古新统的沉积物似乎大多为页岩。这两个勘探区都具有巨大的结构，可以容纳大量的油气，但对石油的勘探风险很高。到 1998 年为止，在 Fylla 许可证中尚未钻过任何井，但在 1997 年末，在伏令盆地的一个断块中发现了天然气。这两个勘探领域仍为未来的重大发现提供了令人兴奋的潜力。此外，这些盆地的数据稀疏。因此，每个地区的研究可能会通过了解其他盆地而受益。

第五章 默里盆地

第一节 概 况

一、自然地理概况

挪威中部陆架深水盆地主要由北东—南西向的伏令盆地和默里盆地组成（Aidos Kazankapov，2019）。默里盆地大致呈菱形，长轴方向为东西向，全盆地处于水域且面积为 $7.30226×10^4km^2$，其深水面积约占 89.30%，为 $6.52056×10^4km^2$，地层最大埋深为 12000m。

默里盆地位于北纬 61°～65° 的深海海域，水深介于 200～2000m，从地理位置上看，其处于挪威靠近大西洋一侧陆缘的南部，盆地主体处于挪威海域，西南部在英国海域。默里盆地北与伏令盆地为邻（图 5-1、图 5-2），西北边界是法罗设得兰海槽（Faroe Shetland Trough），形成该盆地和莫尔台地之间的边界，东北边界是北西—南东向的扬马延（Jan Mayen）线性构造带，它将默里盆地与伏令盆地分开。东南边界是奥伊加登断裂带（Oygarden Fault Zone）。在南部，许多梯级正断层将默里盆地的白垩纪盆地与北维京地堑的主要侏罗纪盆地分开。西部边界是马格努斯转移带（Magnus Transfer Zone），将默里盆地与法罗设得兰海槽（Faroe Shetland Trough）和东设得兰台地（East Shetland Platform）分开。

默里盆地西北部是 Faroe Shetland 陡坡带，它将默里盆地和西北部的 Møre 洼陷分隔开来。Møre 洼陷发育下始新统的厚层溢流玄武岩及古近纪—新近纪沉积物，同时包含 Faroe 诸岛的 Faroe 洼陷。Faroe Shetland 陡坡带最初只是与一个断裂系统有关的断层边界，现今古近系—新近系岩浆岩向东已经延伸到了距离 Faroe Shetland 陡坡带东南 10～100km 的地方。而在盆地东部则由扬马延（Jan Mayen）线性构造带东段靠近陆地一侧的转换断层作为边界。盆地南部相对较浅，主要由复杂的 Møre-Trondelag 断裂带组成，且该断裂带内的断裂走向从北东—南西向到东—北西—南西向都存在，并且控制着该区凸起，凸起和半地堑盆地的分布，Manet 凸起、Gnausen 海底凸起、Giske 海底凸起、Ona 海底凸起和 Gossa 海底凸起都分布在该断裂带。Magnus、Marulk 和 Slorebotn 坳陷都是沿着这条断裂带形成的相对较小的白垩纪半地堑。在盆地北部，扬马延线性构造带将其与北部的伏令盆地分隔开来。盆地的东南部边界为 Oygarden 断裂带，该断裂也是 Slorebotn 坳陷的东南边界。盆地的西南边界为 Magnus 转换带的转换断层。这些转换断层将默里盆地西部与 Faroe Shetland 海槽分开，并在盆地西南部将其与东 Shetland 洼陷分隔开。Margarita

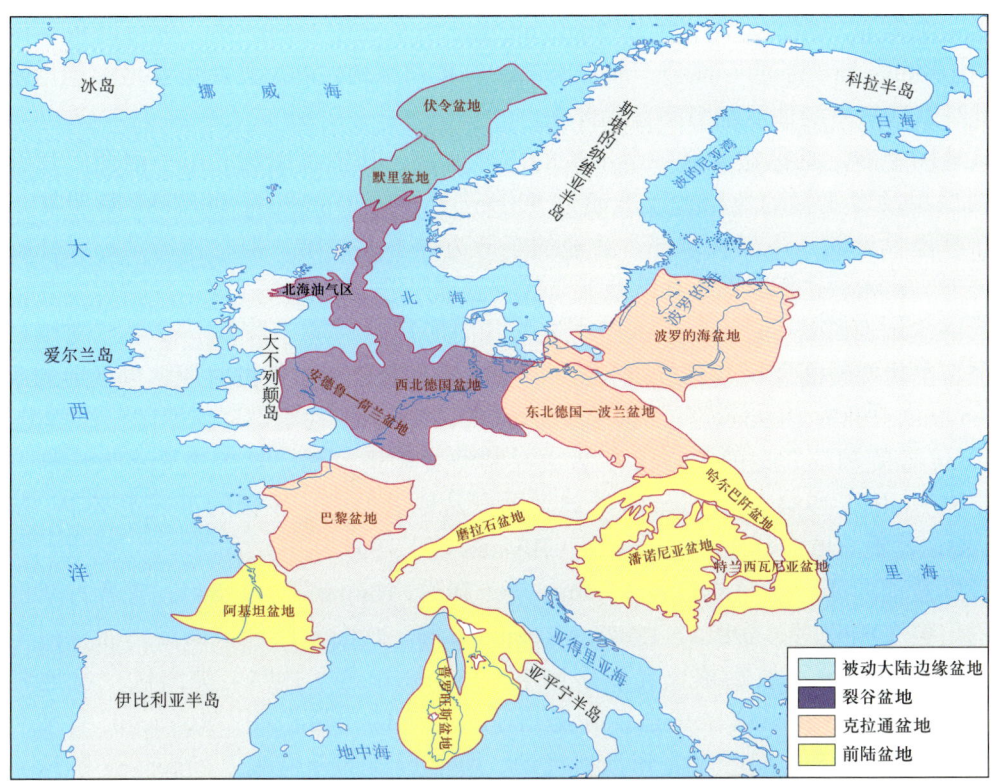

图 5-1 默里盆地位置图（据赵喆等，2014，修改）

图 5-2 默里盆地的区域位置（据 Wangen 等，2010，修改）

斜坡是一个北东—南西走向，由东 Shetland 洼陷向东北俯冲的产物，也可以将其认为是 Møre Trondelag 断裂带的一部分。而在南部，一系列雁列式断层将默里盆地中的白垩纪断陷与北维京地堑中的侏罗纪断陷分隔开来。

从地图上看，默里盆地是一个细长的楔形地貌，其轴线走向北东—南西。其轴向部分为白垩系及较年轻的地层，厚度超过 5000m。Møre-Trondelag 和 Klakk 断裂复合体分别位于默里盆地的东南部和东部，盆地的东部边界不太清晰，但它在扬马延线性构造带处（位于 Jan Mayen 断裂带的投影处）与伏令盆地隔开（Skogseid 等，1989）。

默里盆地西部终止于 Møre 边缘高地，其向海边缘对应于法罗—设得兰陛坡处。形成在前新生代旋转断层块基础上的 Møre 边缘高地，象征着古新世时期默里盆地的西部边缘（Smythe，1983；Brekke 等，1987；Blystad 等，1995）。在南部，侏罗纪—白垩纪盆地，包括 Sogn 地堑和最北边的 Viking 地堑也在制约着默里盆地。这个边界不太清晰，而且 Hamar 和 Hjelle（1984）将 Sogn 地堑划到默里盆地区域内。在新的正式定义中，Marulk 和 Magnus 盆地与更多盆地的南缘接壤（Blystad 等，1995）。

默里盆地内部白垩纪的熔岩（Hamar 等，1980；Hamar 等，1984），或者古新世至渐新世的熔岩（Hinz 等，1982a，1982b；Ronnevik 等，1983）已经被确定，而且白垩纪—新近纪期间的盆地充填物被反向断层影响。Ronnevik 等（1975）提出伏令盆地东缘白垩纪—新近纪层序中的穿隆构造，并提出了其变形的走滑机制。Ronnevik 和 Navrestad（1977）指出白垩系中期层序受到强烈扰动，可能形成部分褶皱。Jorgensen 和 Navrestad（1981）将穿顶结构与正反转联系起来，而 Hinz 等（1982a）与 Hamar 和 Hjelle（1984）将变形定为晚渐新世—中新世，认为这些构造是火成侵入体、新生代前（前中生代）蒸发岩或深地壳运动。Bukovics 和 Ziegler（1985）支持 Jorgensen 和 Navrestad（1981）的观点，认为默里盆地的局部也受到挤压变形的影响，可能与沿扬马延断裂带和渐新世扩张轴的转换运动有关。

对默里盆地深部的地层学及前中生界层序的存在和构造知之甚少。根据与东格陵兰岛和北海的关系，Hamar 和 Hjelle（1984）提出了默里盆地地区早古生代加里东基底变质沉积物上存在非海相厚沉积物。三叠纪蒸发岩可从 Trandelag 台地和东格陵兰岛（Jacobsen 等，1984）得知，根据重力数据推断，也可沿着默里盆地的东部边缘出现（Hamar 等，1984）。欧洲西北部早—中二叠世伸展形成了一套南北走向的断层系统，其发育伴随着广袤地区半地堑中的砂沉积（Hailer，1971；Bukovics 等，1985；Ziegler，1988，1990）。这一事件之后是热沉降，因此与东格陵兰岛类似（Surlyk，1984），晚二叠世层序主要是浅海沉积物（碳酸盐岩、页岩和砂岩）。晚二叠世层序上覆三叠系海相页岩和泥岩（图 5-3），夹砂和至少两个相对较厚的蒸发岩层序（Jacobsen 等，1984；Larsen 等，1984）。Knott 推断上覆三叠纪层序由沉积在盆地边缘的非海相砂岩组成，在盆地中心逐渐变为海相泥岩。

在晚中侏罗世—早白垩世的地层延伸阶段，海底扇系统来源于盆地边缘向东广泛的下盘隆起，覆盖了盆地底部的大面积区域。上白垩统以泥岩为主（Dalland 等，1988），而东部源区的浅海至非海相浊积砂岩旋回则是古近纪—新近纪的特征（Herron 等，1984）。

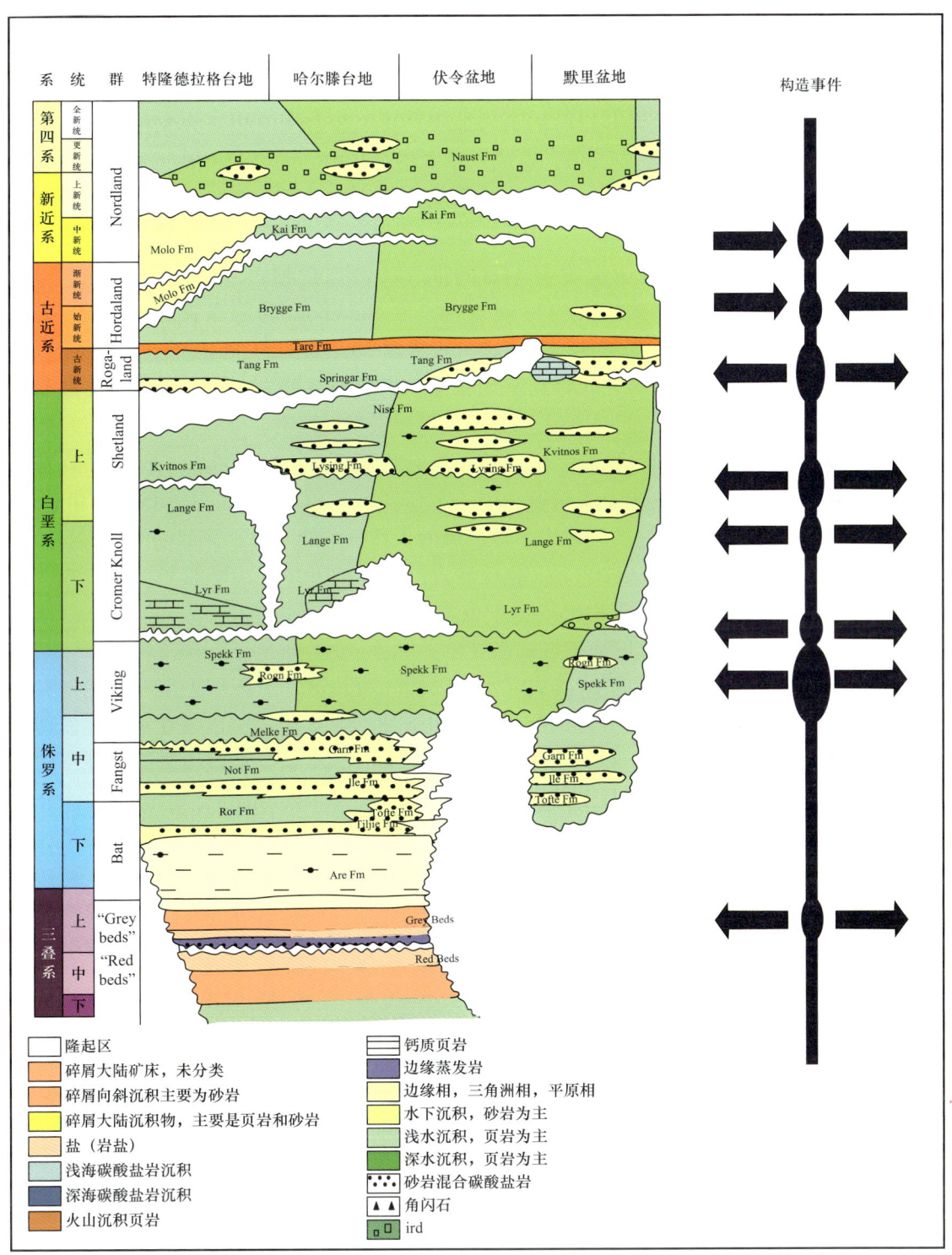

图 5-3 默里盆地岩石地层特征图（据 Jacobsen 等，1984）

二、勘探概况

根据对默里盆地边缘许多钻井数据的分析，Ormen Lange 油田和 Ellida 油田中的油可能来自塞诺曼阶—坎潘阶的烃源岩。已有数据表明，在许多地层中都发现了薄层的页岩和含沥青泥岩，钻探区域发育有较厚的页岩地层，其一般会侧向相变为浊积砂体。由于更新世晚期厚层 Naust 组的快速沉积，造成默里盆地沉积中心的烃源岩经历了较长时间才进入生油窗。因此，该盆地的生烃及运移可能均较晚，而且因为埋深不足，其烃源岩可能主要以生油为主。

在默里盆地南部侏罗系中蕴藏着丰富的油气。例如在 Manet 凸起 6201/11-1 井和 Marulk 坳陷东南侧 34/4-10R 井中均发现石油；在 Slorebotn 坳陷东南侧 6204/11-1 井 Heather 组内部的砂岩中发现天然气。表明在气水界面下的含水层之下有低成熟原油生成。在默里盆地中，烃源岩和储层之间存在密切联系，早期构造形成大量的断块，并被上部白垩系泥岩有效封盖，其主要问题是大部分中生界储层岩性致密。

在默里盆地深部的大部分区域，白垩系不整合面埋深 5000～7000m，侏罗系具有生烃潜力的烃源岩目前处于生成干气阶段。中—上侏罗统浊积扇砂岩的 Heather 组和 Rogn 组中互层状发育的页岩为较好的烃源岩。该区域的天然气可能来源于深部油的裂解。

最近发现 Tulipan（6302/6-1）下三叠统砂岩储层中的天然气，可能与默里盆地深部气源类似。在 Froya 凸起的钻井 6306/5-1 中也发现了这种来源的天然气，而 Ormen Lange 和 Ellida 油田中发现的未成熟原油来自塞诺曼阶—坎潘阶的生油岩。

1980—1990 年，挪威加强了对挪威深水区天然气的开发。1996 年上半年天然气投入生产，标志着 Troll 气田天然气开发的完成。Troll A 平台是人类有史以来在地球表面移动的最高建筑物，其具体的支撑部分使用寿命长达 70 年。该平台是挪威大陆架上唯一一种由陆地供电的平台。1996 年 6 月 19 日，Equinor 公司从 Norske Shell 公司接任了 Troll 气田的运营，同年上半年天然气投入生产，标志着天然气开发的完成。根据 Troll 天然气销售协议，从 1996 年 10 月 1 日开始，合同天然气流向欧洲大陆。根据这些合同，从 1993 年 10 月 1 日开始的初始天然气交付是由 Equinor 公司在北海的 Sleipnerøst 开发项目提供的。Troll 储层中的压力下降意味着需要更大的压力来帮助推动天然气通过管道输送到科恩斯的加工厂。因此，在 A 平台上安装了两台压缩机，并且新技术允许这些设备从陆上供电，这意味着来自设备或处理厂的二氧化碳和氮氧化物排放为零。

Troll B 是带有混凝土船体的浮动过程和容纳平台，Troll C 是带有钢壳的浮动过程和容纳平台，由 Troll Vest 储层中薄薄的含油层制成。巨魔马甲（Troll Vest）石油省的薄油层在 22～26m 之间，巨魔马甲（Troll Vest）天然气省的薄油层在 11～13m。为了从薄层中采油，必须开发先进的钻井和生产技术。巨魔石油公司（Troll Oil）钻探的 110 多口生产井都是水平井。这需要分两个阶段进行钻探。首先，下降到位于海底以下 1600m 的水库，然后再水平穿过水库到 3200m。总共 28 口井称为多边井，这些井具有两个或三个水平截面，这些截面从储层中的结点放射出据网站（https：//www.equinor.com/en/what-we-do/norwegian-continental-shelf-platforms/troll.html）报道，2020 年 10 月，Equinor 公司在 Troll A 平台上安装了新的处理模块。该模块由 AkerSolutions Egersund 构建，将在 Troll 3 期从新井中接收天然气。因为 Troll A 已电气化，所以这是一个历史悠久、盈利能力强，且二氧化碳排放量低的健康项目。该项目以 $3470×10^8m^3$ 的天然气增加了 Troll 油田的可采量。Troll 三期项目于 2021 年第四季度投入生产。

随着深水油气勘探的持续发展，资料逐渐丰富、技术逐渐成熟，挪威西部海域陆架的默里盆地必将有其他重大的深水油气发现。

三、勘探历程

1. 1970—1979 年勘探初期

1970 年，挪威国家工业和科学委员会在默里盆地的挪威水域进行了第一次地震勘测，并于 1971 年在该盆地的英国水域开始了勘探工作。1975 年 5 月，BP 石油开发有限公司在默里盆地的英国水域钻探了第一口探井——野猫（NFW）210/13-1 井，是在英国水域的 Magnus 次级盆地中钻探的。到 1979 年年底，该盆地又进行了 11 次勘测，且花了十多年时间才报告了第一个发现。

2. 1980—1999 年规模勘探发现时期

1987 年 11 月，当 6201/11-01 井在维京地堑的 Magnus 油田以北发现石油和天然气时，首次在默里盆地发现了油气。该发现井是在 Albert 构造上钻探的，是 NordfjordHorst 挪威一侧的第一口井。该井的主要目标是测试"A"区三叠系砂岩的油气潜力，次要目标是测试古新统的构造闭合性，并获取有关该区块剩余远景的地质数据。到 1989 年底，在默里盆地又钻了 13 口 NFW。到 21 世纪 10 年代末，在该盆地进行了 22 次调查，其中 15 次在挪威水域，7 次在英国水域。

1994 年 11 月，6204/11-1 井发现了天然气和凝析油。该井位于维京地堑 PeonandAgat 气田的西北部。

NorskHydro 的 6305/5-1 井于 1997 年 7 月 27 日被海洋联盟开钻，发现天然气并在 TD3053m 处暂停。

1997 年 10 月，6305/5-1 井发现了 Ormen Lange 气田（天然气和凝析油田），这是一个巨大的古近纪发现，其初步储量估计表明它是挪威的第二大气田，仅次于 Troll 气田。Ormen Lange 气田是在默里盆地东部边缘的 Ellida 油田以南发现的。

1998 年 7 月，BP 公司的 6305/7-1 井将油田范围向南扩展。该井的目标是古新统罗加兰群。天然气在古新统砂岩储层中被发现，并证实了地震预测的气水接触。据报道，6305/7-1 井是第一口使用带有电液控制系统的动态定位（DP）船的深水井。

1998 年 8 月 18 日，TransoceanLeader 在 Ormen Lange 气田北部的 NorskHydro 前哨 6305/1-1 井开钻。目标是罗加兰群；该井在 TD4560m 处 P&A 干涸，并没有在上白垩统

发现油气。连同上述发现井，到 1999 年底，在盆地内又钻了 8 口 NFW。

1990 年至 1999 年，与前十年相比，该盆地开展的地震勘测数量几乎翻了一番，共有 42 条，其中 30 条在挪威海域，12 条在英国海域。

3. 2000 年至今全面勘探与开发阶段

2000 年 4 月，在 VikingGrabenSnorre 油田以北 20km 处的 34/4-10R 井发现了石油，虽未进行测试，但已进行了广泛的数据采集计划。该井的主要目标是中侏罗统 Heather 组，并没有发现砂岩，但在更深的次要目标 Brent 群中发现了石油。

据报道，2000 年钻探的 6305/8-1 井（Ormen Lange 气田）遇到了 3m 厚的凝析油油层。目前，该凝析油被认为是非商业性的。连同这些发现井，到 2006 年 10 月，在该盆地又钻了 6 口 NFW。同期进行了 11 次地震勘测，其中 10 次在挪威水域，1 在英国水域。

截至 2006 年 10 月，该盆地内的最大发现是 Ormen Lange 气田，据报道，该气田已探明和可能的可采储量为 $13.2×10^{12}ft^3$。挪威是非 OPEC 产油国主要资源国之一，其天然气储量高达 $1.17×10^{12}m^3$。挪威经济发展和挪威国家石油公司的历史沿革，显示出挪威政府对海上深水油气开采的重视程度和逐渐加强对深水油气开采的历程。默里盆地也不例外。位于默里盆地东南的 Troll 油田，在卑尔根（Bergen）附近，科恩斯（Kollsnes）以西 65km 处。Troll 油田则是确保挪威天然气源源不断的最大保障，其天然气储量超过挪威天然气总储量的一半。据 Troll 油气主页报道，2020 年 4 月，全球最大的铺管船接龙完成了在 Troll A 平台和 Troll 3 期项目新海底设施之间铺设 26km 新管道的工作。这是有史以来 Troll 油田投产最赚钱的项目，收支平衡仅为每桶 10 美元。

Ormen Lange 气田是海上深水区继 Troll 气田之后的第二大气田，是世界上回接距离长度排名第五的气田，也是世界上水深最深的全水下上岸气田项目，自供气量占英国消费量的 20%。天然气 2P 储量约 $3000×10^8m^3$。1997 年，Ormen Lange 气田被发现；1999 年，挪威石油和能源部授予 Shell 油气公司作业者身份；2000 年 12 月，开发工程模式筛选；2001 年 1 月，开展可行性研究；2002 年 12 月，确定"水下生产系统 + 外输管线 + 陆地终端"开发方案；2003 年 12 月，提交气田开发方案及 Langeled 销售管道施工方案；2004 年 1 月，完成陆地终端 FEED 设计；2004 年 4 月，项目开发方案及销售管道施工方案获批；2005 年 3 月，销售管道开始铺设；2005 年 6 月，外输管道开始铺设；2006 年 10 月，完成水下基盘及管缆连接；2007 年 6 月，销售管道建成通气；2007 年 7 月，完成 4 口生产井；2007 年 10 月，项目投产。

由于气田储量大，优先考虑建设陆地处理终端；由于气田产出物物性好，便于长距离输运（处理前外输），外输管线方案无明显劣势；气田所处海域环境条件恶劣，对浮式生产平台要求较高。经过多次论证，项目最终选择"水下生产系统 + 外输管线 + 陆地处理终端"开发模式。

Ormen Lange 气田是位于极端恶劣海域的深水大型气田，项目从 FID 到投产，历时仅 4 年，远小于行业平均水平。项目涉及一座终端，一条 1200km 的销售管道（世界上最长的海底管道）及相关海底处理设施。开发如此大的一个气田，仅动用 4 座水下混合基盘、17 口生产井，水下生产系统相关技术的发展正在改变着油气田的开发。

由于水下生产系统前期投资小，投产快，在油气田依托开发中一直发挥着无可替代的作用。但是水下生产系统也不是万能的，特别是全水下的开发，基于投资及可靠性考量，独立开发的油气田用全水下的并不多，浮式生产装备依旧是不可或缺的重要工具。另外全水下主要适合品性比较好的气田，对于油田，可实施性相对较差。当然，随着技术的发展和革新，水下处理、水下加压等技术都会越来越成熟，成本也会越来越低。

第二节 构 造

一、大地构造位置

默里盆地位于挪威中部陆架，北纬 62°和 65°之间，北西—南东向的扬马延线性构造带以南，其东北方为伏令盆地，东南方为北海盆地，西南方为法罗设得兰盆地，大部分处于挪威中部陆架深水区，海水深度在 200~2000m，是挪威油气仅次于北海的一个深水产区。

默里盆地从地理位置上看，其处于挪威靠近大西洋一侧陆缘的南部，坳陷主体处于挪威海域，北与伏令盆地为邻，盆地的西南部属于英国。默里盆地的西北边界是法罗设得兰海槽，形成默里盆地和莫尔台地之间的边界。盆地的东北边界是扬马延线性构造带，它将默里盆地与伏令盆地分开。盆地的东南边界是奥伊加登断裂带。在南部，许多梯级正断层将默里盆地的白垩纪盆地与北维京地堑的主要侏罗纪盆地分开。西部边界是马格努斯转移带，将默里盆地与法罗设得兰海槽和东设得兰台地分开。

二、构造演化特征

1. 演化旋回

默里盆地的基底在前寒武纪—早志留世形成。其中，默里盆地南部和东南部的边缘 Møre–Trondelag 断层带内的多口井已钻遇加里东期的变质岩石。加里东期变形以北东—南西走向为主，中侏罗世重新活动。默里盆地内北西—南东走向的 Mayen 和 Møre 断裂带也受到了早期加里东构造的影响。默里盆地与伏令盆地沉积、构造演化极为相似，经历了 2 期裂谷—2 期坳陷—3 期热沉降演化旋回。

1）早二叠世—中侏罗世裂谷—坳陷—热沉降演化旋回

在早二叠世—早三叠世（290—241.1Ma）进入同裂谷 I 期，该时期加里东造山作用后的伸展运动形成了一系列磨拉石相和火山岩充填的造山期后的伸展断陷盆地。这些相在格陵兰东部有很好的记录，而在 Trondelag 洼陷上，中三叠世半地堑盆地被北北东—南南西走向的一系列高陡断层和斜冲断层所围限，这些断层是由于加里东推覆体的重新活动而形成的（Blystad 等，1995；Osmundsen 等，2002）。据 Jongepier 等（1996）的文献，Slorebotn 坳陷东北端 6305/12-1 井发现下三叠统近源堆积的火山碎屑砾岩沉积。

在中三叠世—中侏罗世（235—164.5Ma）进入坳陷 I 期，早二叠世和早三叠世裂谷作用加速了晚三叠世到中侏罗世裂谷期后的沉降作用。在 Magnus 洼陷、Norwegian Marulk 洼陷和 Manet 凸起，Hegre/Heron 群的河流相/湖相沉积物被在 Banks/Statfjord 组的浅海砂岩、Dunlin 组的海相页岩覆盖。这个沉积单元中顶部的 Brent 组是由泥质岩与 Marulk 洼陷浅海砂岩组成。

2）中侏罗世至今裂谷—坳陷—热沉降演化旋回

中侏罗世—早白垩世（166.1—140.7Ma）进入同裂谷 II 期，包括在巴通期、钦莫期和提塘早期中的三个连续发生的裂解事件，它们共同控制了默里盆地的形成。Slorebotn 坳陷是 Møre-Trondelag 断层系统的一部分，属于默里盆地的南部和东南部边缘。Trondelag 断层系统可能形成于晚二叠世至早三叠世，沿北西—南东—南西走向发育，并影响了隆起、高原和坳陷的分布。Slorebotn 坳陷在巴通期开始发育，并与 Garn 组砂岩的大量沉积有关。Jongepier 等（1996）认为这些沉积物中的近源快速沉积和广泛分布的软沉积物变形显示其受到一定伸展作用的影响。在钦莫期，以拉伸变形为主，在早提塘期加强，并且在中提塘期发育了非常多的断块。

晚侏罗世—晚白垩世（145.6—83Ma）进入坳陷 II 期，白垩纪沉积物超覆于基底白垩纪的不整合面之上，表明盆地在晚侏罗世裂谷作用下因其翼部的挠曲而沉降并接受充填。Faerseth 和 Lien（2002）研究表明，与伏令盆地相比，默里盆地构造相对稳定。Magnus 坳陷南部的断坡上沉积了浊积扇砂岩，表明在侏罗纪裂谷末期沉降可能达 2000m。

在土伦晚期到坎潘早期，伏令盆地边缘的抬升导致盆地内浊积砂岩的广泛沉积。在晚白垩世（83—65Ma）进入热沉降 I 期，默里盆地 6306/10-1 井发现 Kvitnos 组为浊积砂岩，但没有晚白垩世构造的迹象，这意味着北西—南东走向的 JanMayen 线性构造带是晚白垩世期间的构造转换带（Brekke，1999）。Slorebotn 坳陷和现今的 Ormen Lange 油田等都是沿南西—北东走向的侏罗纪张性断层同沉积活动而形成的。这些坳陷形成了一个阶梯式斜坡地形，影响了后期 Egga 组丹麦期浊积砂岩的沉积。这些都是丹麦期早期隆升，挪威大陆漂移和遭受侵蚀的结果。与 Egga 整合接触的 Springer 组中浊积砂岩的存在表明，这种隆升作用在马斯特里赫特末期已经开始。

古新世—中新世（65—16.3Ma）进入热沉降 II 期，该地层单元从始新世开始就在海底和东格陵兰之间发育，但在默里盆地上未发现经历强烈构造活动的证据。南北走向的 Ormen Lange 凸起本质上是一个中新世构造，据 Gjelberg 等（2005），其主要是在早始新世和早渐新世挤压作用下，由于相邻的 JanMayen 线性构造带的转换挤压作用而形成。在默里盆地丹尼期以热塌陷作用为主，但挪威大陆的隆起和侵蚀作用影响了 Egga 组浊积砂岩的沉积。这些沉积发育在一系列深部的受下伏侏罗纪张性断层控制的坳陷中，Ormen Lange 坳陷 Egga 组中海底扇砂岩假整合于下伏的白垩系之上，而在 Slorebotn 坳陷，一系列 Egga 组厚层斜坡相砂岩沉积假整合于在白垩系之上。

中新世—全新世（10.4—0Ma）进入了热沉降Ⅲ期。大多数挤压作用是由于正断层造成上覆沉积物褶皱而发生的。南北走向的 Ormen Lange 凸起结构可能形成于沿 JanMayen 线性构造带的挤压作用。在挪威—格陵兰海早期开裂引起的被动沉降期间之前默里盆地一直缺乏沉积，中新世的挤压导致了区域性不整合面的发育。这套沉积被中新世后期至中新世晚期向西逐渐增厚的 Kai 组覆盖，其主要是由于凸起周边在区域构造沉降作用下沉积而成（Loseth 等，2005）。Utsira 组的浅海陆棚相砂岩在挤压作用后沉积，可能属于上新世早期。其上覆盖的 Naust 组厚层海侵旋回的河湖冰川沉积物，是随着与区域性的均衡隆升相关的冰川作用形成的侵蚀及沉积作用的产物。

2. 剖面演化分析

挪威中部陆架不同地区构造演化阶段差异性较大。默里盆地为北东—南西走向的断陷盆地，与伏令盆地相比较，默里盆地的结构相对简单，基底之上的沉积层相对连续，而且受到后期断裂的影响也较少，演化过程也相对简单。

为了与伏令盆地的三条剖面（A—A′、B—B′和 D—D′）对比分析，沿着默里盆地的主体走向，在默里盆地分别选取了另两条连续编号的剖面（F—F′和 G—G′剖面，位置见图 4-2），呈北西向展布。下面通过分析这两条剖面，进一步阐述默里盆地的构造演化特征。

1）F—F′剖面构造演化分析

F—F′剖面横切默里盆地的走向，呈北西西向展布，剖面基本包括了默里盆地主体及其周缘构造单元及边界（图 5-4）。默里盆地的基底与伏令盆地类似，但其初始拉张断陷作用发生略晚，至早二叠世晚期才开始；但真正意义上的裂陷作用是从早白垩世开始的（刘怡君，2017），并在早白垩世拉张裂陷作用开始进入高峰期，大量北东—南西走向的正断层开始活动，其主要的断陷作用是发生在早白垩世，其后早期正断层的活动逐渐减弱，这些断层均未切穿中—上白垩统，与伏令盆地的这类断层大都切穿了整个白垩系截然不同，可能从侧面反映出这一区域性的裂谷作用发生的核心区域主要处于北部区域，且默里盆地的稳定性更好。尽管默里盆地现今的勘探程度低，但也可能具有更好的勘探前景。与伏令盆地一样，这一强烈的裂陷沉降作用一直持续到古新世，并伴随基性岩浆的侵入作用，其后逐渐进入裂谷后期演化阶段，裂陷作用逐渐减弱，沉积厚度逐渐变小，盆地内主要的沉积格架也基本形成，其上被近现代的海洋沉积物覆盖。与伏令盆地不同的是，默里盆地上覆近现代海洋沉积的厚度在东西向上变化不大，而在伏令盆地则明显具有东厚西薄的特点，也可能预示着默里盆地具有更好的保存条件。

2）G—G′剖面构造演化分析

G—G′剖面位于默里盆地西南部，剖面横切默里盆地的走向，呈北西向展布。该剖面主要穿过默里盆地内的 Møre-Trøndelag 断裂带，构造位置处于默里盆地的西南边缘。

该剖面地层发育与默里盆地主体部位也存在差别，显示晚三叠世裂陷作用已经发生，而且由于中部 Manel 隆起的存在，在中—晚白垩世之前对其东西两侧的沉积发育具有一定的分隔性，而对其后则没有显著的影响。新生代层序的沉积和盆地主体区域的相似。

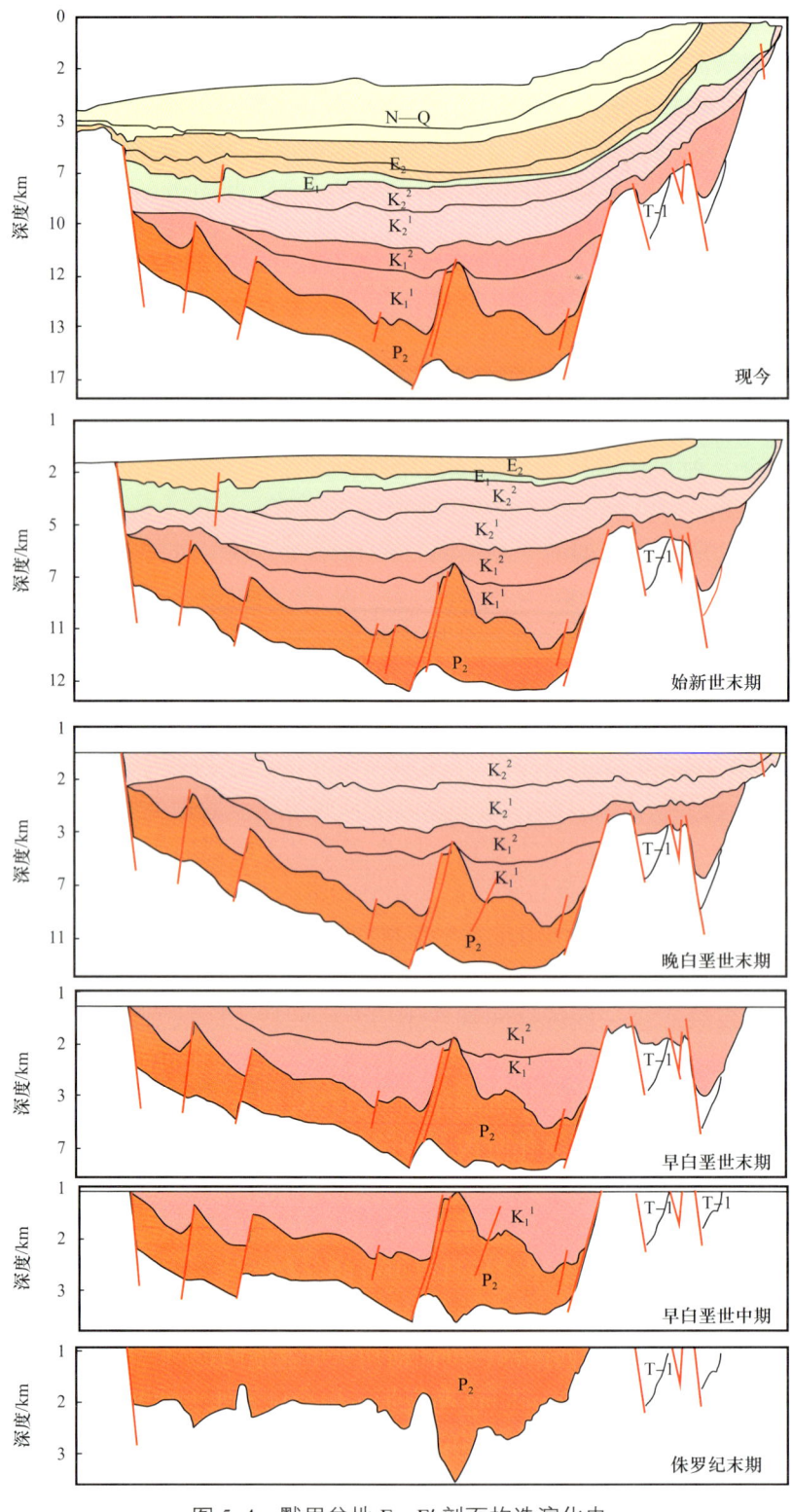

图 5-4 默里盆地 F—F′ 剖面构造演化史

第三节 地 层

一、基底

默里盆地的基底大致也形成于前寒武纪—奥陶纪,在其东南缘的 Trøndelag 断裂带中许多井都发现存在加里东期变质基底。默里盆地经历了中—晚侏罗世的构造伸展运动,在此期间,北东—南西走向的走滑伸展作用开始活动,并主导了该地区加里东期的构造变形。

加里东期还存在东西和北东—南西走向的伸展作用,这些拉伸作用成为影响默里盆地后期盆地构造发育的重要因素。

二、三叠系

该区域三叠系为一套以泥岩、砂岩、泥页岩为主的陆相—海陆过渡相的沉积体系,厚度约 500~600m。地层单元主要为三叠系 Heron 群(包括 Smith Bank 组、Crmorant 组)、Banks 群(Statfjord 组),其为一套穿时地层单元,形成时代介于晚三叠世末到早侏罗世早期。

三、侏罗系

该盆地侏罗系与伏令盆地相比,岩性组合显示沉积期水体较深,主要是一套以砂岩、泥页岩为主的滨浅海相—深水斜坡相的沉积体系。地层单元自下而上依次为下侏罗统 Dunlin 群(包括 Amundsen 组、Burton 组、Cook 组及 drake 组),中—上侏罗统 Brent 群及 Humber 群(包括 Heather 组、Kimmeridge Clay 组)。位于 Slorebotn 坳陷东南缘发育的断裂上盘中,6204/11-1 井发现了牛津阶 Heathe 组 74m 厚的浊积砂岩;6205/3-1 井钻遇了至少有 721m 厚的 Rogn 组浊积扇砂岩,埋藏较深,胶结强烈,砂岩较致密,且与上覆 Spekk 组泥页岩互层,这些页岩是有效的盖层。

四、白垩系

该盆地白垩系的岩性组合显示了该时代水体较深,主要为一套以泥岩、泥页岩为主的地层,砂岩主要发育于下白垩统,整体为浅海—开阔陆棚相—斜坡相的沉积体系。地层单元自下而上依次为中—下白垩统 Cromer Knoll 群(Valhall 组、Sloa/Carrack 组、Rodby 组),上白垩统 Shetland 群。

在 Ormen Lange 洼陷中,马斯特里赫特阶 Springar 组上部地层由许多较薄的浊积砂岩组成,这些岩层位于 Egga 组砂岩储层之下,向北延伸并逐渐尖灭;丹麦阶页岩层不整合覆盖于 Springar 组砂岩之上，土伦阶的 Lysing 组及同期发育的浊积砂岩，以及 Slorebotn 坳陷斜坡浊积扇的前缘部分显示含有天然气，且被 Lysing 组泥岩覆盖。

Gossa 凸起中 6305/12-1 井在土伦阶的 Lange 组底部发现了大量叠置发育的薄层浊积扇砂岩。测井资料显示这些砂岩平均孔隙度为 14.4%，并被互层状产出的页岩覆盖。下白垩统 Valhall 组为含片麻岩砾石的泥岩，为含油层系，产气量为 1.8MMcf/d，具有低渗透性、胶结程度高的特点，且与上覆 Shetland 组泥岩不整合接触。

Jongepier 等（1996）研究了位于默里盆地东北边缘的 6205/3-1 井（Slorebotn 坳陷）中的深海浊积扇砂岩，该地层中的砂岩由于大量的石英胶结而致密，其时代相当于 Rogn 组的深水砂岩。在 Trondelag 洼陷西部的 Bremstein 断层系统中也可能发育类似的砂岩沉积。

五、古近系

该区域古新世构造活动开始增强，主要发育一套以泥页岩、浊积砂岩为代表的深水沉积，局部夹有火山岩。地层单元以 Montrose 群（Lista 组）、Stronsay 群为代表。

Ormen Lange 是一个受到挤压作用形成的南北向展布的线性凸起构造，该构造下伏晚侏罗世断块在中新世再次活动。储层主要是丹麦阶 Vail/Tang 组中的 Egga Member 砂岩。Egga Member 砂岩以中粗粒为主，属于高密度浊流沉积环境。上部整合覆盖了丹麦期至坦尼特期的深海页岩。

六、新近系

该区主要发育一套以浊积砂岩为代表的深水沉积，地层单元以 Nordland 群（Utsira 组）为代表。

最近发现的上新统砂岩气藏位于临近 Slorebotn 坳陷东南缘的 Sogn 地堑。这一浅层气藏发育在中新统上部至上新统的 Utsira 组浅海相砂岩储层中，这套砂岩的分布在三维地震剖面中易于识别。

七、现今海底滑坡

现今，挪威中部陆架的海底存在目前世界已探知的最大的海底滑坡——Storegga 海底滑坡，它从大陆架到深海平原绵延 800km，沉积物搬运量达 3400km^3，北部滑坡崖高达 100m，近于东西走向，Nyegga 则位于挪威大陆坡的边缘，距 Storegga 海底滑坡北缘 1~2km，在两大沉积盆地的交界处—北为伏令盆地，南为默里盆地（Brekke，2000；Hjelstuen 等，2010）。该地区在晚侏罗世期间经历了多次张裂（Faleide 等，1999），裂谷期后，白垩纪期间发生热沉降而形成了厚达 10km 的沉积盆地（Brekke，2000；Mazzini 等，2005）。晚始新世到中新世中期的压缩作用形成了挪威大陆架边缘的圆顶构造，它们是烃类聚集和储存的良好场所，如 Ormen Lange 天然气田（Bünz 等，2003；Mazzini 等，2005，2006）。

新近纪挪威大陆隆升导致强烈的侵蚀作用，上新世—更新世的冰期—间冰期旋回使沉积物向海盆的输入增加，使得大量沉积物堆积在陆架边缘（Hjelstuen等，1999；Bünz等，2003）。Nyegga地区两个重要的沉积序列Naust组和Kai组，与该区水合物系统有重要关系（Mazzini等，2006）。Naust组厚达1.5km，岩性变化明显，沉积于上新世—更新世冰期—间冰期旋回期间，为冰期碎屑流沉积和半深海软泥的互层；下伏中新统—上新统Kai组厚约1.1km，为细粒半深海硅质软泥沉积（Mazzini等，2005）。多边形断层在VØRING海台以南的Kai组内广泛发育，其形成可能与海底流体的流动有关，为流体从深部向上运移提供有效通道（Bünz等，2003；Mazzini等，2005；Pau等，2014）。

Nyegga麻坑区海底众多的麻坑形态和大小不一，水深600~800m，面积4000~315600m²（Hustoft等，2009；Hjelstuen等，2010）。地震勘探发现麻坑区沉积层存在明显的似海底反射层（BSR），BSR标志着天然气水合物稳定带的底界位置，同时也说明水合物稳定带底部聚集了大量自由气体（Shipley等，1979；Hustoft等，2009）。三维地震显示部分麻坑与垂直的海底烟囱构造相连接，而这些烟囱构造延伸至或穿透BSR界面。

采自上述麻坑区的CN03、Tobic、DoDo和G11四个麻坑内的海底面之上的样品，通过甲烷成因自生碳酸盐岩的研究表明（冯先翠等，2015），碳酸盐岩孔洞和裂隙非常发育，部分碳酸盐岩胶结有大量的化学自养贝壳，表面被红褐色—黑色的铁锰氢氧化物覆盖。碳酸盐矿物以泥晶高镁方解石和针状文石为主，伴有极少量的白云石。草莓状黄铁矿和球粒分布广泛，揭示了碳酸盐岩形成时的还原环境及形成过程中微生物的参与。碳酸盐岩的$\delta^{13}C$（PDB）值为 −58.67‰~−47.46‰，清楚地表明这些甲烷由碳酸盐岩经甲烷厌氧菌氧化而形成，且微生物成因的甲烷为其主导碳源。碳酸盐岩的$\delta^{13}C$值还有效地指示了麻坑间沉积物甲烷$\delta^{13}C$值的差异。

第四节 石油地质特征

一、烃源岩

1. 侏罗系

侏罗系长期以来被认为是挪威海的主要烃源岩。然而，在默里盆地，由于埋藏深、成熟度高，这些层段可能在很大程度上已耗尽任何油气的生成。钦莫利阶Kimmeridge Clay组为主要的烃源岩；默里盆地6306/6-1井钻遇到的钦莫利阶页岩中发育热页岩，TOC含量高达3.14%~6.15%，氢指数为455~800mg/g，干酪根类型为Ⅱ—Ⅲ型，是盆地的主力烃源岩。另外，中—下侏罗统的煤系烃源岩在这个盆地中也比较发育，平均TOC含量大于20%，以Ⅲ型干酪根为主，是盆地中主要的气源岩（范玉海等，2015）。从晚白垩世开始，这些烃源岩达到成熟期并开始生成石油。古近纪，默里盆地内部隆升，导致生烃作用终止。而默里盆地外缘仍持续接受沉积，使得其内一直到现在仍进行着生烃过程。盆地内部泥盆纪老红色砂岩内的湖相烃源岩，可能在晚侏罗世以后达到生烃期，中侏罗统 Brora Coal 组可能也达到了生烃期。

2. 主力烃源岩

主要有两套：上白垩统 Cromer Knoll 群 Lange 组海相页岩及中—上侏罗统海相泥岩、页岩及煤层，其中上白垩统 Cromer Knoll 群海相泥页岩是主力烃源岩。上白垩统 Cromer Knoll 群海相页岩主要指 Lange 组，有机碳含量平均为 2.2%，氢指数（HI）平均为 165mg/g，下伏浊积岩含海相稠油，是一个具有潜力的生油岩系。中—上侏罗统海相泥页岩、页岩及煤层，主要指 Viking 群的 Spekk 组和 Draupne 组，为一套高放射性的海相泥页岩沉积，具有高的有机碳含量（3.12%～6.15%）和较高的氢指数（183～563mg/g），是该区最主要的烃源岩，干酪根类型为 II 型。在侏罗系 Statfjord 组、Dunlin 组、Fangst 组和 Brent 组均含有可以生成天然气和凝析油的煤和页岩。Heather 组和 Melke 组中的泥岩也是可以生成质量较好天然气和凝析油的烃源岩。Draupne 组、Spekk 组和 Kimmeridge Clay 组的深水页岩是优质生油岩（NPD，2020）。

3. 烃源岩演化模拟结果

主要沿着伏令盆地和默里盆地两个盆地的主体走向，分别选取了七条剖面（A—A′、B—B′、C—C′、D—D′、E—E′、F—F′、G—G′，剖面位置见图 4-2）。其中，前五条剖面（A—A′、B—B′、C—C′、D—D′ 和 E—E′）在伏令盆地，后两条剖面（F—F′ 和 G—G′）在默里盆地；D—D′ 剖面呈北东向展布，其余四条剖面呈北西向展布。

1）F—F′ 剖面烃源岩有机质成熟度史

F—F′ 剖面位于挪威西部海域陆架默里盆地南部，呈北西西向展布，剖面主要穿过默里盆边缘隆起、默里盆地洼陷区和 Møre-Trondelag 断裂带。该剖面内主要发育上白垩统 Cromer Knoll 群泥页岩一套烃源岩。

晚白垩世早期（78.5Ma），处于默里盆地沉降中心部位的上白垩统 Cromer Knoll 群烃源岩底部达到生烃门限（$0.5\%<R_o<0.7\%$），中上部处于未成熟阶段（$R_o<0.5\%$）；至晚白垩世末期（65Ma），处于默里盆地内部的 Cromer Knoll 群烃源岩下部 R_o 达到 0.7%，处于生油高峰期（刘怡君，2017），中部进入生烃门限，上部仍处于未成熟阶段；至古新世早期（60Ma），剖面中部 Cromer Knoll 群烃源岩大多数都处于成熟阶段，其中，该组烃源岩底部进入生湿气阶段（$1.3\%<R_o<2\%$）；至古新世中期（45.95Ma），Cromer Knoll 群烃源岩全部达到成熟，中上部处于成熟生油阶段，下部处于生湿气阶段；至中新世（16.5Ma），除处于盆地边缘的 Cromer Knoll 群烃源岩处于生油阶段外，默里盆地内部的该组烃源岩都处于生气阶段，其中上部处于生湿气阶段，中部和下部均处于生干气阶段（$2\%<R_o<4\%$）；截至目前，该组烃源岩生气范围增大，处于盆地内部的该组烃源岩大部分处于生干气阶段，底部少部分处于过成熟阶段（$R_o>4\%$）。剖面东部埋藏较浅的部位根据埋藏深度的不同，处于不同的演化阶段。

2）G—G′剖面烃源岩有机质成熟度史

G—G′剖面位于挪威西部海域陆架默里盆地西南部，呈北西向展布，剖面主要穿过默里盆地内的 Møre–Trøndelag 断裂带。该剖面内主要发育下侏罗统 Åre 组三角洲平原相泥页岩和上白垩统 Cromer Knoll 群泥页岩两套烃源岩。

（1）下侏罗统 Åre 组烃源岩成熟度演化。

侏罗纪末期（145.6Ma），仅 Møre–Trøndelag 断裂带西侧默里盆地沉降中心处的下侏罗统 Åre 组烃源岩下部 R_o 大于 0.5%，进入生烃门限（$0.5\%<R_o<0.7\%$），而底部少部分进入生油高峰期（$0.7\%<R_o<1\%$），其余均处于未成熟阶段（$R_o<0.5\%$）；至早白垩世早期（138.7Ma），断陷带西侧洼陷区该组烃源岩下部 R_o 达到 0.5%，开始进入生烃门限，中上部处于未成熟阶段；至早白垩世末期（97Ma），处于 Møre–Trøndelag 断裂带西部的下侏罗统 Åre 组烃源岩下部处于成熟生油阶段，中部达到生油高峰期，靠近断裂带区域的该组烃源岩进入生烃门限，上部少部分烃源岩处于未成熟阶段（$R_o<0.5\%$），而 Møre–Trøndelag 断裂带东部的该组烃源岩，由于埋藏较深，已经达到成熟阶段，其中，底部已经进入了生油高峰期；至古新世早期（60Ma），该组烃源岩全部处于成熟阶段，Møre–Trøndelag 断裂带西部默里盆地沉降中心烃源岩进入生干气阶段（$2\%<R_o<4.0\%$），靠近断裂带方向，随着地层埋藏变浅，有机质成熟度也呈递减趋势，依次经历了生湿气阶段（$1.3\%<R_o<2\%$）、成熟生油阶段（$0.5\%<R_o<1.3\%$），而在断裂带东部的该组烃源岩全部进入生干气阶段；至古新世中期（16.5Ma），Møre–Trøndelag 断裂带西部默里盆地沉降中心和断裂带东部的该组烃源岩 R_o 达到 5%，处于过成熟阶段；截至目前，该组烃源岩几乎全部处于生气阶段，埋深较深的区域，该组烃源岩处于过成熟阶段。

（2）上白垩统 Cromer Knoll 群烃源岩成熟度演化。

古新世早期（60Ma），处于默里盆地的上白垩统 Cromer Knoll 群烃源岩中下部处于成熟生油阶段，上部处于未成熟阶段；至中新世（16.5Ma），Cromer Knoll 群烃源岩全部处于成熟阶段，其中底部该组烃源岩处于生干气阶段，中下部烃源岩处于高成熟生湿气阶段，上部处于成熟生油阶段；截至目前，该组烃源岩进入快速成熟期，处于高成熟生气阶段，仅位于剖面西部的该组烃源岩底部达到过成熟阶段。

（3）成藏演化总结。

默里盆地主要发育上白垩统 Cromer Knoll 群烃源岩，其热演化模拟结果表明：晚白垩世末期，Cromer Knoll 群烃源岩进入成熟生油阶段；古新世早期，该组烃源岩进入生气阶段；现今，埋藏较深处的该组烃源岩底部已处于过成熟阶段。目前，除了盆地地边缘隆起区 Cromer Knoll 群烃源岩处于生油阶段外，其他区域均处于生气阶段。

二、储层

上侏罗统浅海相砂岩 Piper 组，上侏罗统海底扇 Burns 砂岩段（钦莫利阶黏土组），上白垩统 Cromer Knoll 组 Vahall 组、Wick 组与 Britannia 组浊积砂岩，与古新统 Montrose 群和 Moray 群砂岩，为盆地内主要的储层（图 5-5、图 5-6）。上侏罗统浅海相砂岩主要在盆地外缘沉积。中—下侏罗统浅海相到陆相砂岩组成了 Beatrice 油田的储层。在 Claymøre 油田，石炭系和二叠系也为产层。上白垩统 Cromer Knoll 组砂岩，包括 Asgard 组、Agat 组 Lange 组及 Lysing 组，以巨厚的 Asgard 组浊积砂岩为底；中侏罗统 Viking 群、Brent 群砂岩，包括 Rogn 组、Sognefjord 组，由于埋藏较深，Rogn 组形成了致密的浊积岩，也是重要的储层单元（NPD，2020）。

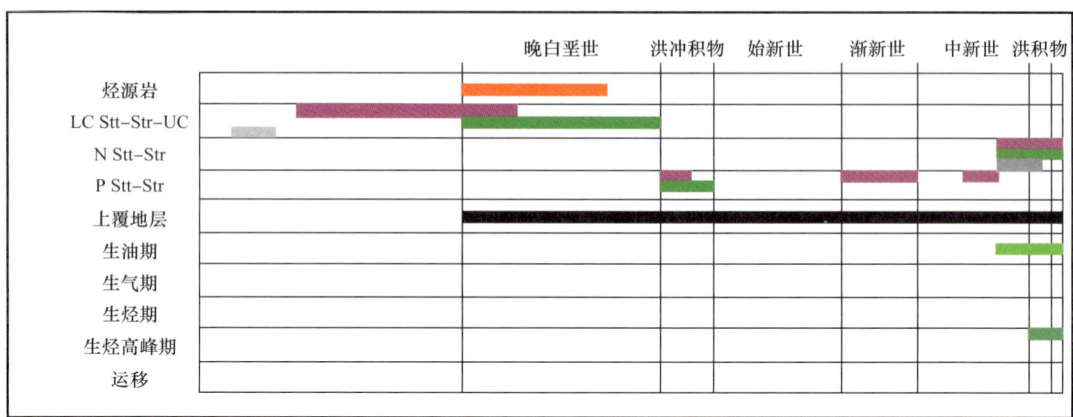

图 5-5 默里盆地上白垩统 Cromer Knoll 群 Lange 组页岩—上白垩统 Cromer Knoll 群砂岩成藏组合

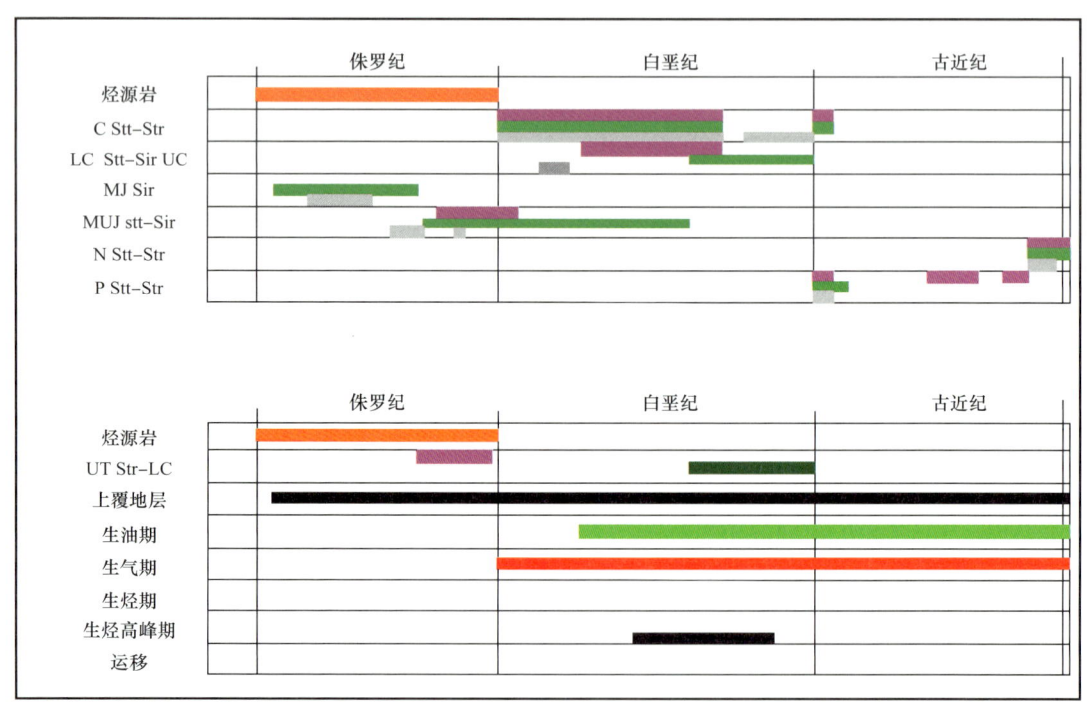

图 5-6 默里盆地侏罗系 Heather 组泥页岩—中侏罗统 Heather 等组砂岩成藏组合

三、盖层

盆地内储层的盖层主要为区域、半区域、层内夹层与局部泥岩与凝灰岩盖层。这些盖层在晚侏罗世到古近纪沉积地层中均有发育。最主要的盖层为中—上侏罗统，下白垩统、上白垩统及古新统到始新统层序（图5-5、图5-6）。次要盖层主要为白垩系Cromer Knoll群海相页岩及上侏罗统海相泥页岩。白垩系Cromer Knoll群绝大多数是由封盖性优良的致密泥岩组成的，这些构成了良好的封盖基础，其下为砂岩夹层。在默里盆地及周缘地区，Viking群Spekk组及Draupne组页岩为普遍存在的区域盖层（NPD，2020）。其他局部的盖层出现于石炭系与下三叠统中。

四、成藏组合

在默里盆地，存在2个成藏组合，目前已经证实和探明1个成藏组合，即上白垩统Cromer Knoll群Lange组页岩—上白垩统Cromer Knoll群砂岩生储盖组合。上白垩统Lange组页岩—上白垩统Cromer Knoll群砂岩成藏组合，以上白垩统Cromer Knoll群Lange组页岩为烃源岩，以上白垩统Cromer Knoll群砂岩为储层，以白垩系海相页岩为区域性盖层。

另外的成藏组合是侏罗系Heather组泥页岩—中侏罗统Heather等组砂岩成藏组合，其以侏罗系Viking、Fangst、Dunlin、Statgjorf等群Heather组泥页岩为烃源岩，以中侏罗统Viking群、Brent群、Heather组等砂岩为储层，以上侏罗统海相泥页岩为区域性盖层。

五、有利区预测

挪威西部海域陆架油气成藏条件优越，在厌氧还原环境下发育的上侏罗统、下侏罗统三角洲平原相—海相泥页岩、中侏罗统浅海相砂岩及白垩系及古近系海相浊积砂岩和砂岩上覆的泥页岩有机组合形成良好的裂谷期生储盖组合（范玉海等，2015）。裂谷期构造活动强烈，导致发育一系列正断层，并伴生地垒、断块及断背斜等一系列圈闭，油气从烃源灶区生成后在超压和自身浮力作用下初次运移进入邻近的储层段，然后沿着裂缝、断层、不整合面及连通的砂体等输导体系再次运移并富集成藏，断裂的发育也为后期部分构造—岩性复合圈闭的形成创造了有利条件。

综合上述分析，该区发育两套侏罗系烃源岩，具有生烃能力。通过对默里盆地生储盖组合及成藏类型等的分析，预测有利区。与伏令盆地的有利区相比较，默里盆地为Ⅱ类有利区（图5-7），位于默里盆地Manet、Gnausen和Gossa凸起区。该盆地烃源岩以白垩系为主，由剖面图可知，油气运移方向由西侧地垒向西部斜坡处运移，发育了良好的上白垩统Cromer Knoll群海相泥页岩及上白垩统Cromer Knoll群砂岩储层，并覆以白垩系海相页岩为区域性盖层，易形成下生上储型的油气藏。

挪威中部陆架中的烃源岩生烃能力良好，而且在区内分布广泛，说明该区油气成藏的物质基础良好，因此圈闭条件才是控制该区油气聚集的主要因素，但是由于盆地周边及其内部断裂系统较为发育，由于构造对早期岩性圈闭的影响，构造—岩性复合圈闭应

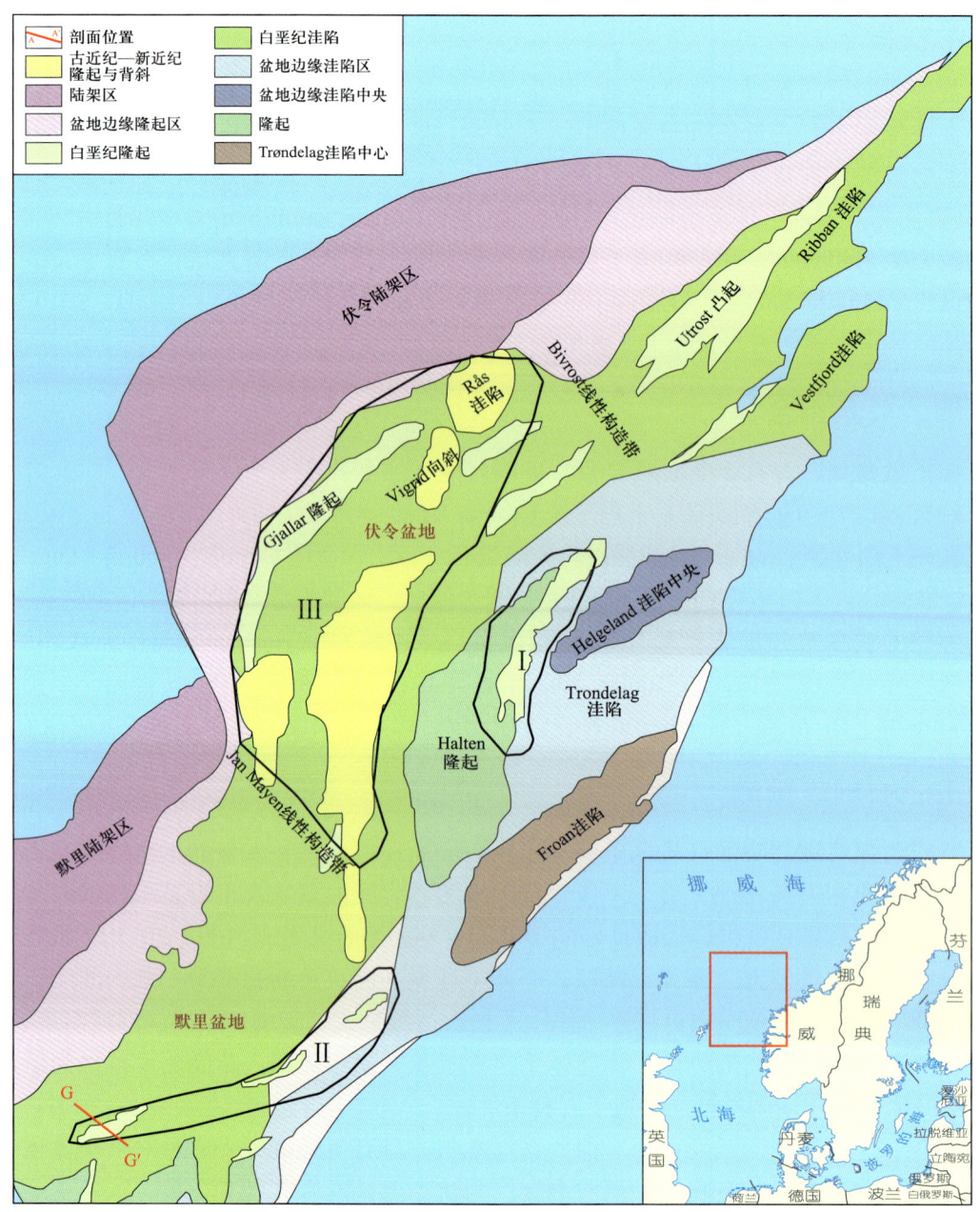

图 5-7 默里盆地有利区预测

当是默里盆地勘探寻找的主要目标，局部构造高点为成藏有利区，结合烃源岩演化分析中默里盆地西高东低的烃源岩演化趋势，综合分析认为默里盆地内部的凸起区是勘探的有利区域。

油气勘探钻井显示，挪威中部陆架油气成藏条件优越，厌氧还原环境发育的侏罗系三角洲平原相—海相泥页岩、侏罗系浅海相砂岩及白垩系及古近系海相浊积砂岩和砂岩上覆的泥页岩有机组合形成良好的生储盖组合；裂谷期构造活动强烈且处于拉张环境导致发育一系列正断层，伴生地垒圈闭、断块圈闭、滚动背斜圈闭以及断背斜圈闭等，油气从烃源灶区生成后在超压和自身浮力作用下初次运移进入储层，然后主要沿着裂缝、输导层、断层、不整合面及连通的砂体运移并富集成藏。

挪威中部陆架发现的油田规模超过 $20×10^6$bbl 的油田数量为 3 个，储量介于 $32×10^6$~$128×10^6$bbl 的油田数量为 4 个；发现的气田规模超过 $120×10^9$ft^3 的气田数量最多，可达 33 个，储量介于 $192×10^9$~$6144×10^9$ft^3 的气田数量为 26 个（范玉海等，2015）。因此，随着油气勘探的逐步展开，挪威中部陆架默里盆地必将有重大油气发现。

第五节　大油气田分布

在默里盆地东北部与伏令盆地东南部相邻区域，于 1997 年在 6305/5-1 井由 Norsk Hydro 石油公司发现 Ormen Lange 气田，随后陆续打了评价井 6305/1-1、6305/7-1 和 6305/8-1。Ormen Lange 气田位于挪威近海 100km 左右（图 4-1），是默里盆地深水第一个商业油气发现，水深大约 700~1000m，是挪威水域第二大天然气发现。该气田在 1997 年被 Norsk Hydro 石油公司发现，超过 $13.2×10^{12}$ft^3 气发现于 Ormen Lange 气田。

除了规模比较大的 Ormen Lange 气田外，还有一些规模比较小的油田，如 Trestakk、Tyrihans、Lavrans、Njord、Smørbukk/Smørbukk 南油田和井 6407/4-1 等。主要位于挪威中部陆架 Haltenbanken 地区，处于 62.5°N—66.3°N。Haltenbanken 地区已发现和开发的油田有 8 个，油田规模较小。

第六章　格陵兰东部陆架

第一节　概　　况

一、自然地理概况

1. 地理位置

格陵兰岛地处北美洲，但为丹麦属地。面积 $217.56×10^4 km^2$，为世界第一大岛。岛屿位于北美洲东北部，北冰洋和大西洋之间，从北部的皮里地到南端的法韦尔角相距 2574km，最宽处约有 1290km（李国玉，2005），海岸线全长约 3500km（图 6-1）。

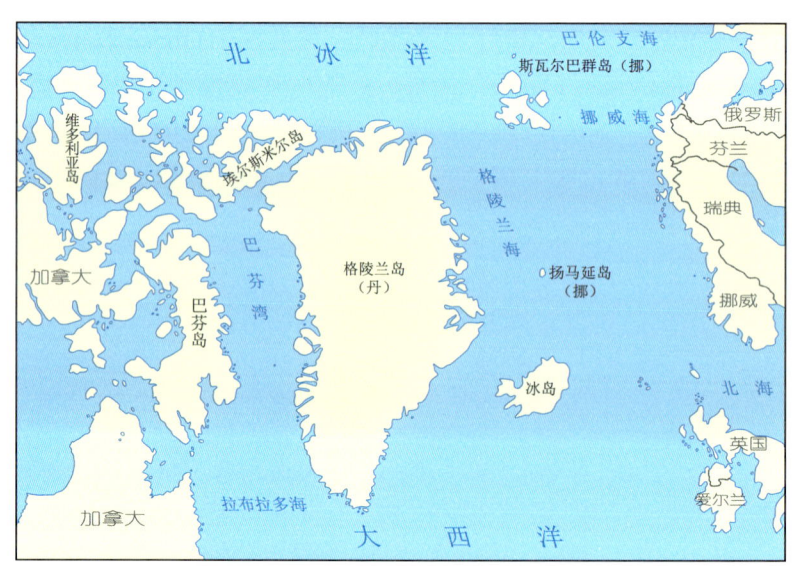

图 6-1　格陵兰岛位置（据李国玉，2005）

格陵兰全岛约 4/5 的地区在北极圈以北，全年的气温在 0℃ 以下，有的地方最冷可达到 -70℃。全境主要为大陆冰川，终年只有雪，没有雨，除西南沿海等少数地区无永冻层，有少量树木与绿地。全岛 85% 的地面覆盖着冰川与厚重的冰山（图 6-2）。格陵兰岛的冰块内含有大量气泡，放入水中，发出持续的爆裂声，是一种非常好的冷饮剂，人们将其称为"万年冰"。这种冰既洁净，纯度又高，在炎热的夏日喝上一口"万年冰"是一种难得的享受。格陵兰盛产"万年冰"，冰层平均厚度为 2300m，仅次于南极洲的现代巨大的大陆冰川（Axel，1968）。

图 6-2　格陵兰岛的无冰区和冰盖（据 Axel，1968）
A—冰盖表层的等高线 /m；B—E—无冰地区：B—片麻岩—花岗石基岩，C—沉积基岩，D—褶皱带，
E—古近系玄武岩

格陵兰在地理纬度上属于高纬度，其最北端莫里斯·杰塞普角位于 83°39′N，而最南端的法韦尔角则位于 59°46′N，南北长度约为 2600km，相当于欧洲大陆北端至中欧的距离。最东端的东北角位于 11°39′W，而西端亚历山大角则位于 73°08′W。那里气候严寒，冰雪茫茫，中部地区的最冷月平均温度为 $-47℃$，绝对最低温度达到 $-70℃$。格陵兰岛无冰地区的面积为 $34.17×10^4 km^2$，但其中北海岸和东海岸的大部分地区，几乎是人迹罕至的严寒荒原。有人居住的区域约为 $15×10^4 km^2$，主要分布在西海岸南部地区。

该岛南北纵深辽阔，地区间气候存在重大差异，位于北极圈内的格陵兰岛出现极地特有的极昼和极夜现象（Axel，1968）。居民主要分布在西部和西南部，因纽特（爱斯基摩）人占多数。西海岸有世界最大的峡湾，切入内陆 322km。气候凛洌，仅西南部无永冻层。格陵兰岛 5/6 的土地为冰所覆盖，中部最厚达 3411m。

格陵兰岛是一个由高耸的山脉、庞大的蓝绿色冰山、壮丽的峡湾和贫瘠裸露的岩石组成的地区。从空中看，它像一片辽阔空旷的荒野，那里参差不齐的黑色山峰偶尔穿透白色炫目并无限延伸的冰原。但从地面看去，格陵兰岛是一个差异很大的岛屿：夏天，海岸附近的草甸盛开紫色的虎耳草和黄色的罂粟花，还有灌木状的山地木岑和桦树；但是，格陵兰岛中部仍然被封闭在巨大冰盖上，在几百千米内也不能找到一块草地。格陵兰岛是一个无比美丽并存在巨大地理差异的岛屿。东部海岸多年来堵满了难以逾越的冰块，因为那里的自然条件极为恶劣，交通也很困难，所以人迹罕至。

2. 洋流与冰的形成

格陵兰附近的水域是变化多端的洋流汇合处，这是一个重要的气候因素。这一气候特点影响到捕鱼业和贸易。向南流经东北角和西斯匹次卑尔根的东格陵兰洋流是一股强大的洋流。在格陵兰南端，这股寒流与温暖的墨西哥湾流的一个支流伊尔明格尔洋流相遇，后者在冰岛附近转向西去。寒流与暖流相混合而形成沿着格陵兰西海岸线向北流泻的西格陵兰漂流。在戈德霍普附近这条水流碰到海岸，折向西去。这股洋流具有大西洋洋流的特点，虽然也有很大的差异，但它仍对西格陵兰渔场十分重要。

如由海道去往格陵兰，完全要看冰的情况如何而定。冰的位置在地区上和季节上变化都非常大。主要有两类海冰：（1）峡湾和海湾的冰；（2）流冰（浮冰）。夏天当冰川舌伸到海里为水所浮起而断裂时，或当冰盖上浮的冰障崩解时，冰山就形成了。有些冰山可能高达100m，并会有40%到70%的部分淹没在水下。因此所有流入海里的冰川都有一个直立面，高可达50m左右。冰川常在近海岸的浅滩上搁浅，但在融化和体积缩小了的时候重又浮起。约有5%的冰山体积过大而不能融解，洋流便把它们冲带到纽芬兰南部的海面，最终在遭遇到墨西哥湾暖流时融化。这些漂流的冰山可能对北大西洋航线构成严重威胁。在费尔韦尔角东南远达240miles的地方也遇到过冰山。大多数冰山来自格陵兰的西海岸，那里的冰川十分丰富，在东海岸也有许多这类冰川。

浮冰在格陵兰沿海岸和北冰洋洋面上形成了过冬的冰层。北极的浮冰在融化前可能有四到五年的历史，厚达3～5m。洋流的作用产生了厚得多的挤压冰脊。

东格陵兰洋流将冰块冲带着向南流去，这种在格陵兰被称为"斯托里斯"的浮冰流在一年的大部分时间里封锁了东部海岸。南部海岸海面上的浮冰带在5、6月间可宽达100miles，从那里斯托里斯浮冰流沿着西海岸流向北方。浮冰流在冬季有所增加，10月在东海岸的斯科雷斯比湾地区，1月在费尔韦尔角地区，2月在西海岸的尤利亚纳霍布地区达到了它的最大限度。浮冰流在5月间可能到达戈德霍普，但不经常。7月西南沿海一带的浮冰有所减少，到8月份则可能已完全消失。

3. 冰盖

格陵兰的景观部分主要是由地质构造所决定，即格陵兰地盾和覆盖在其上面的沉积岩；部分是由第四纪冰川的活动情况加上冰期晚期和此后的海平面的变化所决定的。近期形成地形的营力，即风化作用、常态侵蚀作用、冰蚀和海蚀对于总的地形轮廓没有造成什么变化。

冰盖下面的格陵兰地块可称为冰期阶段的盆形山块。这个盆地的底在冰盖的北部下面，位于海面下250m。较低的中央地区完全被厚度以英里计的冰块所覆盖，冰盖以山谷冰川形式经过沿海山脉的凹型地带，滑到低处或进入峡湾。在一些没有沿海山脉的地方，整个冰川沿着一条广阔的海边地滑入大海。最大的冰川是 100km 宽的洪保德冰川。梅尔维尔湾的冰盖在海中形成了一堵长达 300km 的高耸垂直的冰墙。东格陵兰的边缘山脉最高，那里的贡布耶尔恩弗耶尔德高达 3700m。

冰盖覆盖着整个格陵兰地面的绝大部分，占总面积的五分之四以上，相当于全球总冰盖的八分之一。冰盖的最高点不在中部地区而是在中部以外偏东处。在斯科雷斯比湾以西最高的冰盖经测定为 3300m，最大的厚度约 2000m。根据大量地震探测所作的测量，冰盖平均厚度为 1515m。1966 年，一组美国科学家第一次成功地钻透了内地的冰层，测量到在图勒地区的厚度为 1500m，因此证实了以前在那里所作地震探测得到的数据。冰盖不是最后一次冰期的残迹，而是在近代形成的，是现代气候变化的结果。由于冰盖的面积庞大，它反过来也对气候产生强大的影响。

中部地区的年降水量为每年降雪约 1m，相当于每年增长 30～40cm 厚的冰。这个增加量由于融化、蒸发和冰山形成的消耗而被抵消。一些山谷冰川的流速非常大，例如，乌佩尼维克冰川的流速曾达每天 31m。南格陵兰的雪线高度为 1200m，在北格陵兰迪斯科岛和约克角地区雪线的高度分别为 700m 和 320m。北格陵兰的大陆部分，例如皮里地的部分地区，雪线的高度为 900m。

在降雪量丰富的沿边山岳，到处都可以发现孤立的冰川现象。而在大多数北方地区，例如皮里岛，冷空气的低湿度使得降水量很小，那里只有很小的冰盖，可以称为北极的荒漠。

冰盖的表层是两块冰圆丘。南面的一块最高水平面达 2800m，北面较大的一块高达海拔 3300m。冰向西流动比较容易，因那里冰川下的河谷会把冰川引向海岸。覆盖在冰层表面的粉末状雪被强风席卷在一起在当地成为雪堆，或被风吹着走形成具有犁沟结构的雪面波纹形式。

4. 基岩地质和地形

格陵兰地盾如加拿大地盾和东面的斯堪的纳维亚地盾一样，主要是由片麻岩和花岗岩构成。在前寒武纪褶皱山系中，这些岩石是主要的。在山脉较高的地带，有些部分还遗留着没有完全变质的岩石剖面，如石英岩和页岩。所有前寒武纪的山系都经历了准平原作用，并且在一些前寒武纪的准平原上沉积了较年轻的前寒武系沉积岩。这些就是极北地区地层中的砾岩、砂岩和白云石。由古生代、中生代和新生代的沉积岩构成的岩层也很重要。加里东褶皱作用产生了简单褶皱、逆掩断层褶皱和早期沉积岩的变质作用，尤其是在东格陵兰更是这样。

冰碛岩的存在表明在五亿年以前这里曾经是冰期，古近系证明第四纪各冰期之前有着温带气候。一些火成岩构成了显著的地形特点，例如，在东部海岸中部的古近系高原玄武岩。在所有这些岩石上，塑造地形的各种力量，首先是冰蚀，造成了格陵兰式的地形，其参差的地势起伏是岩石的抗蚀力和当地侵蚀力强弱不同的结果。

羊背石地形在片麻岩和花岗岩地区最占优势。这些磨圆的岩石和擦痕显示了上一次冰流的方向。冰蚀陆地的低洼地区被部分淹没形成许多礁岛。那里的表层被波浪冲击形成浪蚀阶地。西海岸的南半部有一片特殊的沿海台地，这是一条低矮、波状起伏的陆地边缘，与它背后的高山形成了鲜明的对照，并伸延到礁岛群内。在许多地方，孤立而陡峭的高山，即所谓乌马纳克山脉，高耸在低平的海岸地形上。在沿岸海域的大陆架上人们看到了类似的阶地平地，大抵它们是在冰期中较低的水位下形成的。根据这些浪蚀和堆积阶地推断，海岸线曾位于不同的水平线上，其高度可有 200m 左右的差异，这是由于冰期和冰期后海面升降和地壳均衡变化造成的。

在最高的地区，特别是在东格陵兰，耸立着阿尔卑斯式的山脉，在冰斗和陡峰之间带有薄刃岭。这种崎岖地形是冻裂和长期冰雪侵蚀的结果，它与冰川磨蚀的圆形轮廓形成了强烈的对照。这些高地从来未被冰覆盖过，它们在各冰期中可能是一部分格陵兰植物的避难之所。在边缘山脉内部现在还有类似性质的冰原石山。

凡是玄武岩或沉积物的表层呈水平排列的地方，就形成高原地形。在各个侵蚀阶段都存在这种平顶山，其边缘上留有冲沟痕迹。有些地区玄武岩层被侵蚀作用所切割，形成了与那些在法罗群岛相似的冰斗、山脊和山峰。

巨大的谷系是由正常的冰蚀形成的，而冰蚀的形式则往往受节理的支配。它们目前的形状是由冰蚀的深度切削所致。它们的横断面是 U 形的，并且经过冰川剥蚀，呈现出不规则的纵剖面，洼地与海底山脊互相交替。

谷系的外部浸没部分形成了巨大的峡湾综合体，这是格陵兰独具的特点。不同的深度和海底山脊的障碍作用常能分离水团，并造成渔业资源的很大差别。

凡有冰川的地方，一切类型的冰碛、侧碛、中碛和终碛都有，但大型冰碛景观很少。在冰川鼻的对面，终碛的弧形系统有时成为当地的景观，这是由于近代气候好转造成的目前冰川后退的结果。大面积的冰碛地形是不常见的，因为巨大的冰期冰碛堆积物，现在都已浸没在海里。这些大量的物质形成了现在大陆架上的沙洲，常能使冰山搁浅。沿西南海岸的这些沙洲现在是重要的渔场。

二、气候及其他特征

格陵兰岛属阴冷的极地气候，仅西南部受湾流影响气温略微升高。该岛冰冷的内地上空有一层持久不变的冷空气，冷空气上方常有低压气团自西向东移动，致使天气瞬息多变，时而阳光普照，时而风雪漫天。冬季（1月）平均气温南部为 –6℃，北部为 –35℃，而西南沿岸夏季平均气温 7℃。最北部夏季平均气温 3.6℃。

格陵兰岛气候严寒，冰雪茫茫，中部地区的最冷月平均温度为 –47℃，绝对最低温度达到 –70℃，是地球上仅次于南极洲的第二个"寒极"。根据科学工作者的测量，全岛冰的总容积达 $260×10^4 km^3$，假如这些冰全部融化，地球上海平面就会升高 6.5m。格陵兰岛全靠厚厚的冰层，才使它能高高地突起于海平面上。如果把冰层去掉，格陵兰岛就不会有现在那样高耸的气派，而只能像一只椭圆形的盘子，固定在海面上罢了。

格陵兰岛全岛 85% 的地面覆盖着道道冰川与厚重的冰山。冰盖有其本身的气候，所有月份的平均温度都在零下，因高度而有所不同，并主要取决于影响冰体本身的特殊情况：日射与辐射，在融化与结冰过程中热容量的变化等。以前认为由于冰盖上的空气快速冷却，冰盖上空经常存在着的高压。最近的观察表明经常有气旋经过格陵兰。

格陵兰岛年降水量从南向北迅速递减，从南部的 1900mm 递减到北部的约 50mm。海岸地区是海洋性气候。峡湾内部地区是大陆性气候，尽管在冰盖附近，在夏季要比沿海区暖得多。

三、勘探概况

格陵兰岛有着十分丰富的自然资源，陆上和近海的石油和天然气储量也相当可观，仅格陵兰岛的东北部就蕴藏着 310×10^8 bbl 的石油储备。格陵兰的铅、锌和冰晶石等矿藏具有经济价值。20 世纪 70 年代勘探出的铀、铜和钼矿前景看好，1989 年又发现了特大型金矿，但气候和生态方面的顾虑严重地限制了矿产资源的开采。

如其他北极地区一样，格陵兰的植被能适应漫长的黑夜时期和尽是漫长白昼的短暂夏季这样严峻的条件。同时也能适应永久冻土和反常的土壤条件。朝南的斜坡常有一个短而茂盛的花期，许多水涝地区生长羊胡子草和其他沼泽植物，但除此之外，地表稀疏地覆盖着像地毯一样的一层苔藓、地衣和矮小的灌木，而在大陆性的峡湾内部则覆盖着北极禾草草原。

格陵兰岛拥有丰富的动物资源。高等动物主要为海生动物。在 31 种哺乳动物中，有 22 种（6 种海豹和 16 种鲸鱼）生活在海洋中，而以浮冰为栖所的北极熊也是海生动物。在陆地上的哺乳动物类如北极狼、山兔和北极狐都具有适应格陵兰岛环境的十分特殊的身体结构。鸟类比较繁多，有 60 种繁殖的鸟和更多种类的候鸟，其中典型的有崖鸟。鱼类极多，有上百种，其中包括鳕鱼、大比目鱼和鲑鱼，数量很大，具有重要的经济价值，也可以捕到深海中的虾。

格陵兰是地球上最大的岛屿，面积超过 $210 \times 10^4 km^2$。尽管格陵兰岛的大部分地区都被内陆冰和当地冰盖和冰川覆盖，但该岛的无冰部分（约 $35 \times 10^4 km^2$）为研究记录了 3800Ma 地质历史的基底岩石和沉积物提供了可能性（Henriksen 等，2000）。

最引人注目的是格陵兰岛内外沉积盆地的规模。格陵兰岛西部的被动边缘和裂谷盆地可以从 608N 到 768N，距离近 2000km。东部和北东部格陵兰近海的中生代盆地可以在南北方向上追踪约 800km，而富兰克林盆地的下古生界沉积物沿着 600km 的带出现在整个格陵兰岛北部。所有这些盆地都有很大的宽度，在许多情况下可达数百千米（Grantz 等，2011）。由于盆地的规模，全球范围内单位面积的数据密度较低，尤其是近海盆地。因此，来自露头的知识以及来自挪威和加拿大共轭边缘盆地的类似信息尤为重要（Christiansen，2011）。

近 20 年来（2000—2020 年），油气勘探行业对北极和其他高纬度地区的勘探兴趣日益浓厚，包括格陵兰岛未来可能的石油产区。格陵兰的勘探重点主要集中在格陵兰岛的中西部，并获得了多轮许可，且格陵兰岛有史以来获得的许可数量最多。未来十几年

（2020—2035年）的活动可能更多地针对巴芬湾和东北格陵兰大陆架。这两个地区都提供了非常有前景的勘探目标，但由于每年有数月的冰覆盖，这也带来了重大的技术挑战。这两个地区正在进行新的勘探、数据采集以及地质与地球物理工作的准备工作。这两个地区都受益于邻近陆上地区的优良露头和海上地球物理数据库的快速增长。这些工作展示了数据采集背后的历史，描述了一些潜在的石油省勘探中的最重要结果和模型。未来的工作需要特别关注的是一些构造和石油系统存在的积极迹象，及解释的不确定性和勘探的最关键风险。

在2000年后，格陵兰加强了对油气的勘探，并获得了大量的许可证，其中2009年底有13个。许可总面积超过$13×10^4 km^2$，由大型石油公司和大小型石油公司经营。油气行业的这种高度兴趣是由以下几个因素驱动的：2000年来油价相对较高；预期气候变化将使一些最有趣但仍部分被冰覆盖的近海地区在未来几十年更容易进入；与世界上大多数石油产区相比，投资环境稳定且靠近西方市场；最重要的是，现代地球物理数据的覆盖范围迅速扩大，这些数据显示了深盆地、大型潜在圈闭和新的地质数据，这些数据有力地表明甚至证明了活跃石油系统的存在。格陵兰岛的这种强烈兴趣得到了美国地质调查局（USGS）北极石油评估中相对较高排名的支持，并且决策者引用和使用了记录良好的资源数量、风险因素和统计分布（Christiansen，2011）。

2000年以来，油气勘探重点主要集中在格陵兰岛中西部，并获得了几轮许可。2010年后的活动可能更多地针对巴芬湾和格陵兰大陆架。这两个地区都提供了非常有前景的勘探目标，但不能忽视每年有数月的冰覆盖带来的重大技术挑战。作为近期勘探的准备工作，这两个地区正在进行数据采集以及地质和地球物理工作。这两个地区还受益于邻近陆上地区的出色露头和海上地球物理数据库的迅速增加，这显示出地球物理数据库的建立非常重要。

四、勘探历程

1970年之前，格陵兰是一个贫油的地区，陆上几乎没有油气发现；现今，仅格陵兰岛的东北部就蕴藏着$310×10^8 bbl$的石油储备，因此，格陵兰岛油气勘探历程曲折，概括起来可划分为如下几个阶段。

1. 1960—1989年勘探初期

格陵兰西部近海地区的第一次石油勘探可以追溯到20世纪60年代后期，受到阿拉斯加石油勘探成功的影响。推测性数据采集的第一季是在1970年，当时由于受钻井技术的限制，主要集中在浅水区。1974年，道达尔等六个不同的石油公司获得了大量许可证（13个），占地约$1.91×10^4 km^2$。这六个石油公司，包括道达尔（与海湾、阿基坦和格雷普科）、ARCO（与城市服务、西班牙、哈德贝和国际泳联）、雪佛龙（与BP、Niocden和Saga）、Mobil（与Amoco、Deminex和PanCanadian）、Ultramar（与Murphy、GodlFields和Bomin）和Amoco（与Deminex和PanCanadian）。

自 20 世纪 70 年代开始第一次石油勘探以来，格陵兰的石油勘探活动管理经历了许多变化。在格陵兰于 1979 年实现自治政府组织之前，勘探和生产许可证由丹麦政府（格陵兰部）监管。从 1979 年起，决定由丹麦和格陵兰议会（Folketinget 和 Landstinget）的政治家组成的联合委员会做出。管理机构位于哥本哈根（格陵兰矿产管理局，隶属于丹麦各部委的 MRA），直到 1999 年才将管理机构转移到格陵兰的努克（矿产和石油局，BMP）。20 世纪 70 年代的一次海上活动，在海上，由钻井运营商道达尔、美孚、雪佛龙和 ARCO 公司进行了广泛的地震采集和 5 口井的钻探。

1976 年至 1977 年的钻井季节之前，石油公司获得了 2.1×10^4 km 的非专有地震数据和 1.6×10^4 km 的专有二维地震数据。在格陵兰西部近海地区，共钻探了 5 口井。其中，道达尔公司于 1976 年钻了 Kangâmiut-1 井，这口井由于一次主要的高压气井涌而终止。1977 年，雪佛龙公司钻探了一口深井 Ikermiut-1 井，并提供了重要的地层和石油系统信息。同年又钻了 3 口井，包括 ARCO 公司的 Hellefisk-1 井、Mobil 公司的 Nukik-1 井和 Nukik-2 井，钻穿了新生代沉积物到达基底（Rolle，1986；Chalmers 等，1993）。一段通过 GGU 资助 Kanumas 项目的海上地球物理数据采集，包括 1978—1980 年的 Eastmar 和 1980—1982 年 7800km 的海上地震数据，即 NAD，较早地了解了海上沉积盆地和构造高点，并为行业创造了勘探和开发基础（Larsen，1984，1990）。

与此同时，加拿大拉布拉多海岸也在进行勘探，几口井发现了重要的天然气、凝析油和一些石油。然而，低油价和缺乏管道技术阻止了这些活动。基于格陵兰西部和加拿大拉布拉多海岸令人失望的结果，所有公司在 1979 年春天之前都放弃了他们的许可证，勘探也被搁置了 15 年以上。20 世纪 70 年代由政府或 Nunaoil 资助的大部分数据都是临时使用丹麦语获得的。格陵兰岛西部陆上的早期研究很少关注石油地质学中的关键要素，但提供了许多关于制图、大型化石、地层学和煤地质学等的研究（Rosenkrantz，1970；Henderson 等，1976；Schiener，1976）。

在 20 世纪 70 年代末和 80 年代中期，对格陵兰岛北部海岸沿线的大盆地区域进行了深入的测绘和研究，包括石油潜力的评估、石油地质学、沉积历史和地层学的主要结果（Christiansen，1989；Peel 等，1991；Christiansen 等，1991；Higgins 等，1991）。

基于挪威中部海域的勘探历史，结合格陵兰东部陆上的重要数据和格陵兰东北部海上的航空磁数据，地质调查局（GGU）于 1986 年向许多石油公司建议了一项重大地震采集计划。所有的 Kanumas 项目（Kalaallit Nunaat Marine Seismic）于 1989 年启动，并于 1989 年 11 月颁发了涵盖格陵兰西北部和格陵兰东北部近海地区的勘探许可证。

2. 1990—2010 年大规模勘探时期

当局（格陵兰岛矿产资源管理局，位于哥本哈根；矿产办公室和矿产石油局，位于努克）制定了许多石油勘探的重要战略，特别是在 1990 年、1999 年、2005 年和 2008 年（均以丹麦语撰写）。Nunaoil 是格陵兰国家石油公司，成立于 1985 年，由格陵兰和丹麦共同拥有，直到自治政府建立，格陵兰接管了全部所有权。Nunaoil 是所有勘探和生产许可证勘探阶段的合作伙伴。

20世纪90年代Statoil、Phillips、Dong和Nunaoil公司实施海上勘探，包括钻探Qulleq-1井。同一时期，由加拿大一家小型公司（GrønArctic）在Disko-Nuussuaq上的陆上项目钻探了GRO#3井。十多年来，丹麦大学和研究机构通常与国际合作伙伴一起开展研究计划和系统制图。特别是20世纪90年代的海上和陆上勘探以及DiskoWest许可回合的准备工作是由政府资助的数据采集和新研究成果推动的。

在格陵兰西部陆架南部的旧地震数据进行再处理和重新解释之后，丹麦政府与格陵兰当局共同资助了地质调查局（GGU），分别在1990年、1991年、1992年（6638km）和1995年（3745km）进行了地震数据采集。此外，哈里伯顿地球物理服务公司和后来的努纳石油公司，在1990年和1994年分别获得了1918km和1708km的推测数据。许多探索思路是从新数据的解释中发展起来的。地质调查局（GGU）首次对行业进行了系统的推广，建立了Ghexis通讯，定期参加重大石油会议/展览。

1992年至1993年的新一轮许可没有成功，可能是由于低油价、先前勘探中的负面传言太多以及存在石油系统的证据有限。未来几年报告的大型旋转断块和可能的平点引起了工业界的强烈兴趣。1996年末，作为运营商的Statoil（与Phillips、Dong和Nunaoil作为合作伙伴），在经过特殊的申请程序后，获得了所谓的"Fylla"许可证，该许可证的面积为9487km^2。1998年，同一组以Phillips为运营商的集团在开放申请制度下获得了SisimiutWest许可证（4744km^2）。

运营商分别在1997年、1999年和2000年获得了独家的地震数据。其中，挪威国家石油公司采集了大约3000km的地震数据，菲利普石油公司采集了大约3470km的地震数据。1997年和1998年，Nunaoil公司采集了约4100km的地震数据，Fugro-Geoteam公司和Danpec公司采集了约3100km的地震数据。这一勘探阶段以2000年夏天Qulleq-1井的钻探告终。使用相对较新的WestNavion钻井船进行的钻探造成了相当多的技术延误。该井提供了许多地质惊喜，因为预期的深度、岩性和地层与钻井前的预测显著不同。被认为是砂岩储层中所谓的"甜点"，在坎潘阶泥岩中。这些甜点被解释为在富含硅质微化石的区间内，蛋白石-CT向石英过渡。这口井是干井，可能是生成的碳氢化合物由于低的热成熟度和不同的运移途径造成的。区域勘探的好消息是存在厚的坎潘阶泥岩封盖层和厚的圣通阶储层。然而，该储层在构造顶部下方800m处被渗透（Christiansen等，2001）。此外，在许多井壁岩心中记录了侏罗纪孢粉，给出了更深未钻孔序列年龄的一些积极迹象。

在巴芬湾，作为Kanumas项目的一部分，在1992年获得了第一批4071km的地震数据，并在2000年收购了BMP公司1340km的额外地震数据。

1992年在Nuussuaq发现的石油渗漏引起了相当大的行业兴趣，尤其是在陆上生产历史悠久的北美公司中。加拿大小公司GrønArcticEnergyInc.（与PlatinovaA/S作为合作伙伴）在1994年首次申请了勘探许可证，并于1995年4月颁发了1692km^{2}的勘探和生产许可证。后来该地区在 Nuussuaq 勘探和生产许可范围增加到 2355km^2，在迪斯科增加到 1011km^2。

近海地区的研究从旧资料的再处理和重新解释开始，随后在 1990—1992 年和 1995 年，GGU 进行了地震勘探。这一结果改变了对先前勘探历史的看法，展示了具有大型旋转断块的盆地，并挑战了现有板块构造模型（Chalmers 和 Pulvertaft，1993；Chalmers 和 Laursen，1995；Chalmers 等，1993，1995）。

GrønArctic 公司获得了一些大地电磁数据，并在 1994 年和 1995 年分别钻探了岩心孔 GANW#1（约 800m）、GANE#1（约 770m）、GANK#1（约 400m）和 GANT#1（约 900m）。所有岩心孔都有油显示，特别是在上覆古新统泥岩的火山岩中。还报告了一些气体。此外，GrønArctic 公司于 1996 年根据交钥匙合同，为 GGU 钻了 Umiviik-1 孔（1200m）。该岩心在白垩纪中期泥岩和较深部分的高浓度湿气中具有良好的采收率（Dam 等，1998）。

1996 年，GrønArctic 公司钻探了一口 3km 深的野猫井 GRO#3，发现了一些石油和天然气的迹象，但测试只给出了负面结果，并于 1998 年 5 月放弃了这个许可证。Kanumas 项目于 1996 年完成，并于 1996 年完成了格陵兰岛东北部的最终报告，包括来自 Kanumas 项目的地震数据（Hamann 等，2005；Tsikalas 等，2005）。

在 1998 年夏天，将政府从哥本哈根转移到努克后，丹麦和格陵兰的政治系统于 1999 年批准了一项新的勘探战略。该战略是在钻探之前制定的 Qulleq-1 井，以这种方式处理 Statoil 钻井的积极和消极结果。在制定最终战略的过程中，人们认识到格陵兰西部勘探的关键问题，是从可以利用现有技术进行石油生产的盆地中获取现代高质量的地震数据。海军舰艇 Thetis 具有相对较短的拖缆（约 3km）。因此，采集这些数据的质量是中等到差。

沉积盆地的巨大规模是一个特殊的挑战，为了确保获得必要的地震数据，已经根据多轮计划制定了许可计划，这些轮次提前非正式宣布，以吸引对数据采集的投资。此外，在其他领域采取了开放政策，以便在由于缺乏数据而具有较高风险和不确定性的流域中提供更多可能性。按照这一策略，自 1998 年以来，每年都采集地震与采集重、磁力数据。数据覆盖范围从 62°N 到 76°N，超过 6×10^{4}km^2 的现代二维多用户 ID 数据提供了大面积的重、磁力数据。TGS-Nopec 公司是主要参与者，在某些情况下有 BMP 公司和 / 或 Nunaoil 公司的赞助。

3. 2001—2020 年全面勘探阶段

到 2001 年底，Fylla 和 SisimiutWest 许可证都被放弃了。然而，挪威国家石油公司确实在 2001 年夏天获得了 948km^2 的地震数据，并履行了他们的工作承诺。GEUS 在 2002 年（Døssing 等，2008）和 2007 年获得了东格陵兰海脊（与《联合国海洋法公约》第 76 条有关）的一些地球物理数据，并随后进行了进一步的数据采集，包括测深、折射地震和海床采样。

TGS-Nopec 公司在拉布拉多海于 2001 年、2002 年、2003 年与 2005 年采集了一些地震数据，并于 2008—2009 年进行了航空磁力和重力勘测。

GEUS 在 2003 年启动了海底采样计划，并在 2004 年和 2006 年进行了额外采样。它显示了广泛分布的古生界碳酸盐岩，包括烃源岩和沥青脉，并且还提供了几个火山区的良好地层相关性、年代测定和岩石学。

作为 DiskoWest 许可回合规划的一部分，所有项目结果，包括地震解释、来源、石油系统、海底采样、盆地建模、远景、冰条件和环境，都紧密集成在 GIS 编译中，为当局和公司节省了时间和金钱。目前正在为未来开采巴芬湾的许可，制作类似的集成模型。

大多数调查旨在追踪特定的烃源灶、主要构造单元和直接碳氢化合物指标（DHI）。这个现代地震数据库的建立、它的营销、数据解释和许可轮次之间有着密切的联系，这些轮次的最后期限分别是 2002 年 7 月 16 日（63°N—68°N）、2004 年 10 月 1 日（四个预定区域之间，大小介于 4900km^2 和 11200km^2 之间，在上一轮相同的区域）和 2006 年 12 月 15 日（Disko West 地区 67°N—71°N 之间的八个大型预定区块，具有类似开门系统的第二阶段）。2008 年 4 月，从 60°N 以南开始了一个新的开门系统，以及 2010 年 5 月在巴芬湾的另一轮许可。

尽管在 Qulleq-1 井出人意料之后开始放缓，但努力得到了回报。消化密封和储层这些好的结果需要一些时间。EnCana 公司在 2002 年申请并获得了 Atammik 执照（3985km^2）和 2005 年获得富兰克林执照（2897km^2）时使用了这些结果。

几年后，在 DiskoWest 许可轮次的第 1 和第 2 阶段期间，人们产生了更高的兴趣和更多的竞争，这可能是由于较高的油价、大型构造及靠近已知的 Disko 和 Nuussuaq 油藏和储层砂岩。8 个预定义区块中有 7 个在 2007—2008 年获得许可。

BMP 公司在 2008 年春季发布了巴芬湾地区的新许可策略。TGS-Nopec 公司在 2007 年进行了新的重磁数据采集，在 2007—2009 年进行了新的地震采集。GEUS 开展了许多新地质和解释研究工作，增加了对巴芬湾地区石油潜力和风险因素的了解。

在 Disko West 地区，运营商于 2008—2009 年在七个获得许可的区块中的六个区块获得了超过 $2.5×10^4$km^2 的二维地震，及一些三维地震、CSEM 勘测、机载勘测和地质项目。在 Capricorn 地区，2010 年进行了第一次钻探，及进一步的地球物理数据采集、地质活动和钻探。

随着 2009 年夏季新自治法的出台，格陵兰岛接管了与矿产和石油勘探和开采有关的所有事务的全面管理和政治决策。在 21 世纪的石油勘探工作中，地震行业进行了高水平的地震数据采集，随后获得了大量许可。

位于 Bremerhaven 的 Alfred Wegener 研究所，分别于 1988 年、1990 年、1994 年、1997 年、1999 年、2001 年、2002 年、2003 年和 2004 年，获得了格陵兰岛东部和东北部近海非常有趣的地球物理数据。这些结果对于了解东格陵兰大陆架沉积构造模型和新近纪的历史具有重要意义（Voss 和 Jokat，2007，2009；Berger 和 Jokat，2009）。

在这约 40 年的石油勘探中，地质调查局（最初作为 GGU，格陵兰地质调查局；自 1995 年作为 GEUS，丹麦和格陵兰地质调查局）一直是所有勘探及其研究数据和数据档案的主要顾问。与此同时，该调查与合作伙伴一起开展了大量研究项目，致力于研究格陵兰岛及其周围的沉积盆地及其可能的石油资源。

4. 2020年以后勘探全面挑战阶段

格陵兰西部、东部和东北部是新区，是潜在的重大突破领域。但受到石油价格、勘探成本、北极的敏感环境、冰盖带来的技术挑战的阻碍。由于深水区海底坚硬、火山岩区地震穿透以及冰况导致的技术挑战，特别是在迪斯科西部地区北部和巴芬湾，地球物理数据采集仍然存在挑战。

第二节 构　造

一、构造单元划分

美国地质调查局（USGS）于2007年对格陵兰东部陆架裂谷盆地的油气资源进行了评估。美国地质调查局与丹麦格陵兰地质调查局（GEUS）在合作的过程中，对格陵兰东部陆架进行了构造单元的划分。格陵兰东部陆架被分为7个构造单元（图6-3），其中五个已经定量的评估了其油气资源。

图6-3　格陵兰东部陆架构造单元划分

格陵兰东部被动大陆边缘盆地共分为7个构造单元，分别为：北Danmarkshavn盐盆、南Danmarkshavn盐盆、Jameson Land盆地、Jameson Land盆地次火山区、Thetis盆地、Greenland东北部火山区及Liverpool Land盆地。

其中 Jameson Land 盆地包括陆上的 Jameson Land、Traill Ø、Geographical Society Ø 和 Hold with Holp 地区，这些地区与挪威陆架的伏令盆地和默里盆地隔海相对。

二、构造演化特征

格陵兰东部结晶基底为太古宙的花岗岩和花岗闪长岩结晶基底（Bridgwater 等，1978），格陵兰南部倾斜地带由元古宙上地壳岩石和巨大的花岗岩体组成结晶基底，以及加里东结晶基底（Bridgwater 等，1978；Higgins 等，1979）。

晚志留世，波罗的板块与劳伦板块发生碰撞（图6-4），古大西洋闭合，形成了加里东山脉。该时期劳伦板块在赤道附近，而波罗的板块迅速向西北方向运动，向劳伦板块下大规模俯冲，这导致了加里东褶皱带碎屑沉积迅速加厚（Torsvik，2002）。

晚泥盆世，格陵兰与斯堪的纳维亚半岛大部分处于赤道与亚热带之间。格陵兰与挪威之间的断裂构造及北部的巴伦支陆架的南西向断裂与北极断裂系统相连。这一时期格陵兰东部和挪威西部的泥盆纪老红砂岩盆地发生强烈的褶皱。

晚石炭世到早二叠世，格陵兰、北欧及英伦三岛基本延伸至30°N。从早石炭世开始，该地区变成泛古陆的一部分，主要受到周围的 Inuitian、华力西和乌拉尔造山运动的影响。晚石炭世，华力西期造山带变得相对活跃，导致在东格陵兰中部南北向半地堑中堆积陆相砾岩及砂岩。晚二叠世，格陵兰北部海水的侵入使格陵兰东部陆架没于水下，发育碳酸盐岩及蒸发岩。

二叠纪至三叠纪，格陵兰与挪威之间发生了断裂。格陵兰东部的正断层在中二叠世发育达到顶峰，三叠纪早期，更大的断裂开始出现（Surlyk，1990）。格陵兰和挪威之间在二叠纪至三叠纪断裂急速发育，但是在中三叠世，格陵兰和挪威之间的断裂活动有所缓和，该地区开始接受沉积，成为沉积中心。

早侏罗世，格陵兰东部被淹没，开始发育海相沉积。晚侏罗世，Pangea 古陆继续分裂，分裂轴从大西洋中部向北蔓延。中侏罗世晚期至白垩纪早期裂谷和断块旋转非常强烈，主要的断裂方向呈东西向（Torsvik，2002）。

晚白垩世，大西洋裂谷继续向北传播，海底扩张至拉布拉多海。断裂在格陵兰和罗科尔高地之间也开始出现。裂陷开始时，格陵兰和欧洲西北部之间是一个陆缘海覆盖在地壳很薄的区域上。这一地区的地壳减薄主要是先前裂陷作用的结果。

古近纪，挪威海的特点是从大陆边缘裂谷背景转变为被动陆缘背景。区域隆起、断裂和海底扩张，在挪威海和格陵兰岛周围整个区域发生，主要的作用力来自冰岛热点的上涌，从此格陵兰东部陆架进入了大陆漂移期。

因此，格陵兰岛东部陆架的构造演化主要受控于北大西洋的裂开。构造演化划分为前裂谷期、裂谷期和漂移期三个阶段。前裂谷期为早三叠世印度期（250Ma）以前，裂谷期开始于早三叠世印度期直到古新世，从始新世伊普里斯期（53.4Ma）至今为漂移期。

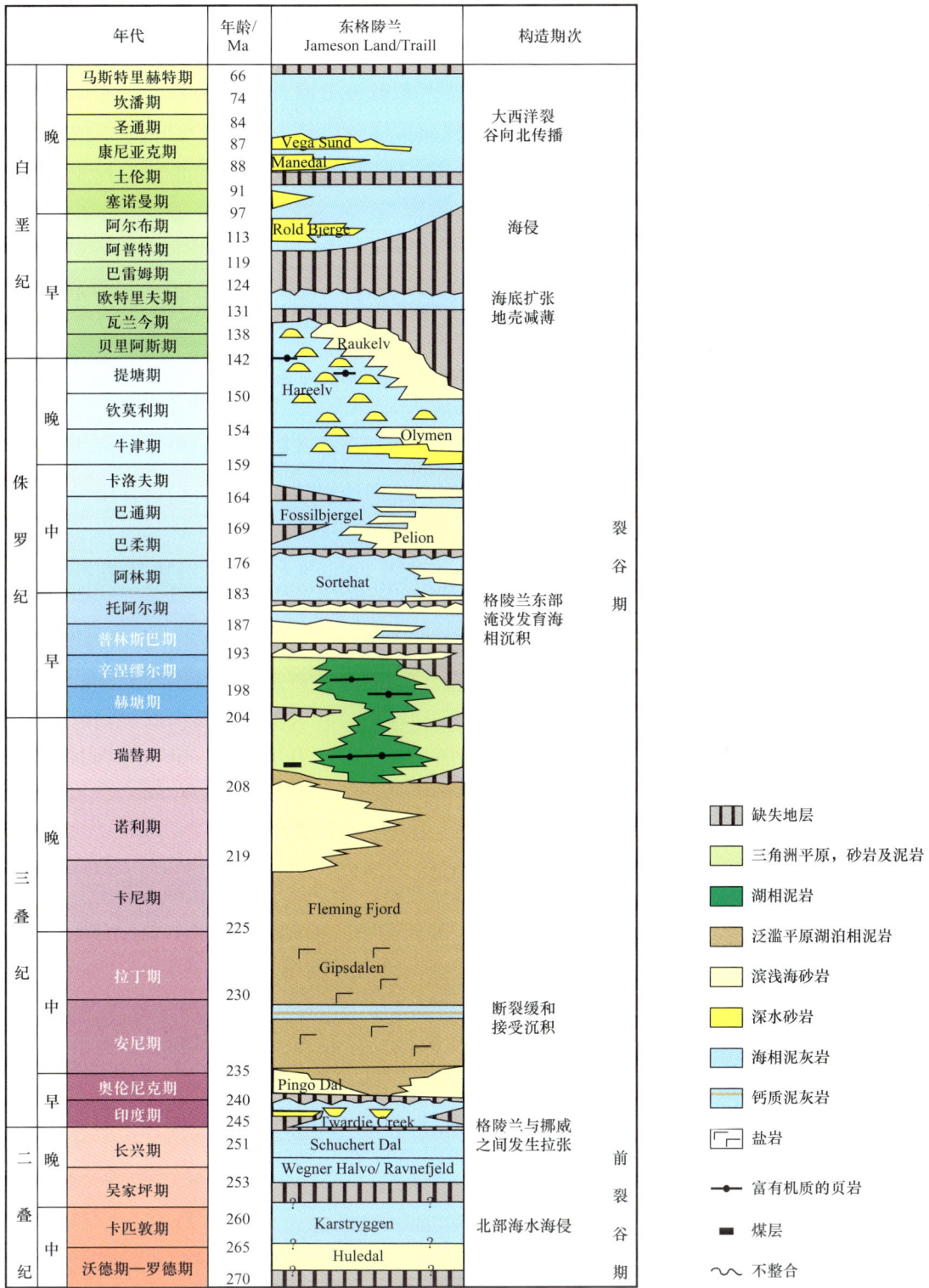

图 6-4　格陵兰东部陆架构造层序综合柱状图（据 Stemmerik，2000；Arvid Nøttvedt，2008）

不同演化阶段对应不同的沉积充填序列，前裂谷期沉积充填是在加里东变质岩基底上沉积的泥盆系、石炭系及二叠系的蒸发岩、老红砂岩、陆缘砂砾岩及少量碳酸盐岩；裂谷期沉积充填层序包括三叠系、侏罗系、白垩系及古近系古新统的砂岩、泥页岩、少量碳酸盐岩和部分浊积砂岩；大陆漂移期沉积充填序列包括始新世至今的沉积地层，主要为陆缘碎屑沉积的砂泥岩、页岩及其部分地区的浊积砂岩（Stemmerik，2000；Arvid Nøttvedt，2008）。

1. 前裂谷期构造

格陵兰东部陆架前裂谷期沉积充填是在太古宙结晶基底、元古宙结晶基底及加里东变质基底之上沉积的泥盆系、石炭系和二叠系。

泥盆纪，格陵兰岛处于赤道和亚热带之间，气候炎热干旱，沉积了蒸发岩和泥盆系河流、湖泊相和风成的老红砂岩沉积。

晚石炭世—早二叠世，劳伦板块向北漂移进入亚热带，格陵兰、北欧、英伦三岛基本延伸至30°N。下石炭统主要为一套厚的砂岩，晚期地层缺失。晚石炭世直到晚期才出现沉积，主要为一套陆源的砂砾岩沉积（Bukovics 等，1985）。

格陵兰东部地区下二叠统普遍缺失。上二叠统 Foldvik Creek 群与下伏地层不整合接触。

晚二叠世发生海侵，海水主要来自北部的广海地区。格陵兰东部由陆相转为海相。在格陵兰东部地区沉积河湖相和海相的砂岩、碳酸盐岩和蒸发岩（Stemmerik，2000；Arvid Nøttvedt，2008）。上二叠统为河湖相和海相堆积的砂岩沉积及浅海碳酸盐岩及蒸发岩（Surlyk 等，1986；Stemmerik 等，2001）。随后海平面上升沉积了一套页岩和盆地边缘的碳酸盐岩（Bukovics 等，1985）。

2. 裂谷期构造

格陵兰东部陆架裂谷期沉积充填序列包括三叠系、侏罗系、白垩系和古新统。

三叠系与下伏地层的接触关系比较复杂，在格陵兰东部的部分地区三叠系与下伏地层为整合接触，但是在其他大部分地区上二叠统在三叠系开始沉积之前被剥蚀（Stemmerik，2000；Arvid Nøttvedt，2008），导致三叠系与下伏地层呈不整合接触（图6-4）。

下三叠统主要为海相泥页岩沉积，局部地区地层被河道沉积冲刷剥蚀沉积了砂岩和砾岩（Surlyk 等，1986）。

格陵兰东部中—上三叠统主要沉积湖泊相、河流相的沉积物和陆缘粗碎屑岩。

下侏罗统与上三叠统为整合接触。下侏罗统为陆相三角洲沉积，中—上侏罗统为海相沉积。

下侏罗统包括 Kap Stewart 组和 Neill Klinter 组。Kap Stewart 组在格陵兰东部地区的沉积厚度为180～350m（Harris，1946）。Neill Klinter 组在盆地的 Neill Klinter 地区沉积厚度为200m，在 Gule Horn 地区沉积厚度为260m。

中侏罗统为 Vardekløft 组海相泥页岩及砂岩沉积，沉积厚度从南向北逐渐增厚，在 Vardekløft 地区为 225m，到中北部的 Pelion 地区就达到了 500m（Surlyk，1973；Arvid Nøttvedt，2008）。

上侏罗统为海相泥页岩及砂岩沉积，包括 Olympen 组、HÅreelv 组和 Raukelv 组。Raukelv 组在盆地中厚度可以达到 300m，HÅreelv 组厚度约为 200m，但在边界未被剥蚀的地区其确切的厚度还不明确。

在格陵兰东部地区，下白垩统在大部分地区被剥蚀（Hans Christian Larsen，1980），与侏罗系不整合接触，该套地层主要为海相灰黑色泥页岩沉积，夹粗粒的碎屑岩沉积（Stemmerik，1997；Swiecicki，1998；Stemmerik 等，1993）（图 6-5）。

上白垩统为海相黑色泥页岩沉积，厚度可以达到 1300m，中间夹 Rold Bjerge 段、Manedal 段和 Vega Sund 段深水浊积砂岩沉积（Swiecicki，1998；Arvid Nøttvedt，2008；Stemmerik 等，1993）。

古新世早期，也就是北大西洋分裂的时期，发育火山活动，导致了盆地中堆积了厚层的火山沉积，至今仍有 2km 的火山岩保存在 Jameson Land 盆地的南部。随后整个地区发生抬升和剥蚀。

3. 漂移期构造

漂移期沉积充填序列包括始新统至今的沉积地层。

早始新世，挪威—格陵兰之间地壳分离，产生洋壳，格陵兰东部地区在早始新世到渐新世主要沉积厚层陆缘碎屑沉积物。

格陵兰东部地区古近系主要为冰川沉积。上中新统为粉砂质黏土岩沉积及粉砂质黏土岩夹砂岩和砾岩沉积。上新世，格陵兰岛发生抬升，格陵兰被冰川覆盖（Hansen，1997）。上新统底部为粉砂质黏土岩夹层间的砂岩沉积，上新统中部为粉砂质黏土岩，上部为粉砂质黏土岩和砂岩、砾岩沉积；更新统为粉砂质黏土岩沉积（Manon Wilken，2006；Hansen，1997）。

第三节　地层与沉积相

一、地层

在东格陵兰地区，以 Jameson Land 为代表的盆地中保存着完好的上古生界至中生界的地层序列，因此格陵兰沉积地层的研究往往以东部盆地为例进行叙述（Anders Mathiesen，2000）。在 1996 年，与油气相关的研究集中于东格陵兰地区的沉积盆地，范围是北纬 71° 到北纬 74° 之间（图 6-5）。在这一地区九支工作队伍工作了六个星期，研究主要集中在格陵兰东部晚二叠世到中生代的沉积（Lars Stemmerik 等，1997）。

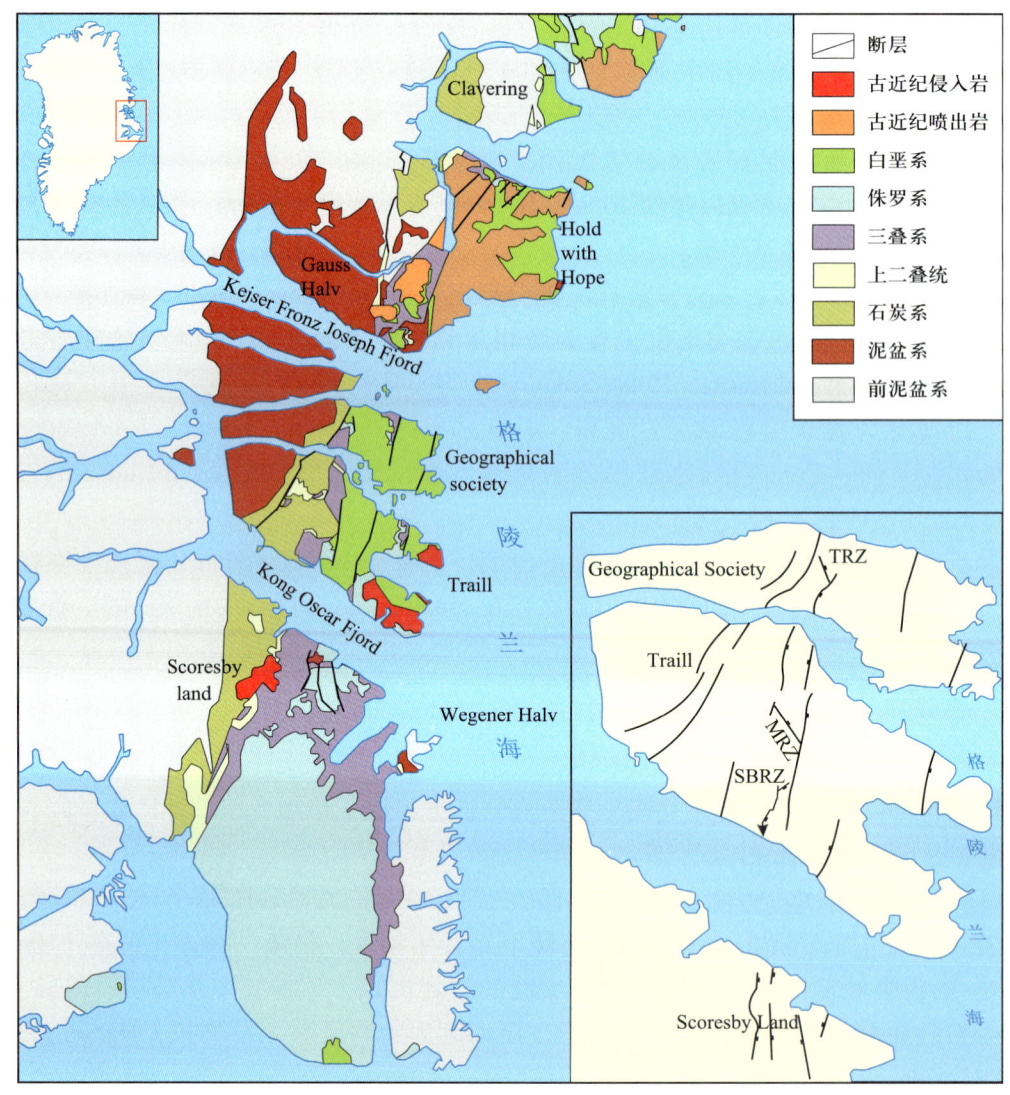

图 6-5　格陵兰东部 Jameson land 地区与 Clavering 地区之间的地质简图（据 Lars Stemmerik 等，1997）

Jameson Land 盆地是格陵兰东部所有出露岩层盆地中最南部的一个（图 6-6），盆地中沉积了厚约 17km 的沉积物（Larsen 等，1992；Christiansen 等，1992）。中泥盆世—早二叠世，盆地中沉积了 13km 的陆源碎屑沉积，在其后的古生代和中生代区域沉降时期，盆地中沉积了约 4km 的沉积物。古新世早期，也就是北大西洋分裂的时期，盆地中堆积了厚层的火山岩沉积，随后整个地区发生抬升和剥蚀（表 6-1）。盆地充填以晚泥盆世—早二叠世连续的非海相裂谷沉积，晚二叠世—晚白垩世主要为海相沉积，但其间的三叠系除外，三叠系为陆相红层沉积。古新世初期，北大西洋裂开，发育火山活动，导致了盆地中厚层的火山岩沉积，至今仍有 2km 的火山岩保存在 Jameson Land 盆地的南部（Lars Stemmerik，1997；Watt 等，1989）。

· 228 ·

表 6-1 格陵兰东部 Jameson Land 盆地构造阶段及沉积阶段简表（据安德斯·马蒂森，2000）

地质时代		模式年龄 /Ma	模式底层单位
第四纪	更新世	0～2	抬升
新近纪	上新世	2～4	抬升
		4～5	抬升
	中新世	5～7.5	抬升
		7.5～10	抬升
		10～15	抬升
		15～20	抬升
		20～25	抬升
古近纪	渐新世	25～30	抬升
		30～35	抬升
	始新世	35～40	抬升
		40～52	抬升
		52～55	火山活动
	古新世	55～65	火山活动的抬升
白垩纪	晚	65～97	上白垩统
	早	97～125	Aptian–Albian
		125～138	Hautcrffl+Barrcm 组
侏罗纪	晚	138～151	Raukcclvig+Hcstcclvia
		151～156	Harcclv 组
		156～158	Olympcn 组
	中	158～168	Vardckloft 组
		168～180	Sortchat 组
	早	180～195	Nckll Klintcrifl
		195～210	Kap Stewart 组
三叠纪	晚	210～220	Fleming Fjord 组
		220～231	Gipsdalen 组
	中	231～241	Pingo Dal 组
	早	241～245	Wordic Creek 组
二叠纪	晚	245～251	Schuchert Dal 组
		251～256	Hulc+Kars*W.H.*Ravn
	早	256～260	缺失 / 风化
		260～290	下二叠统

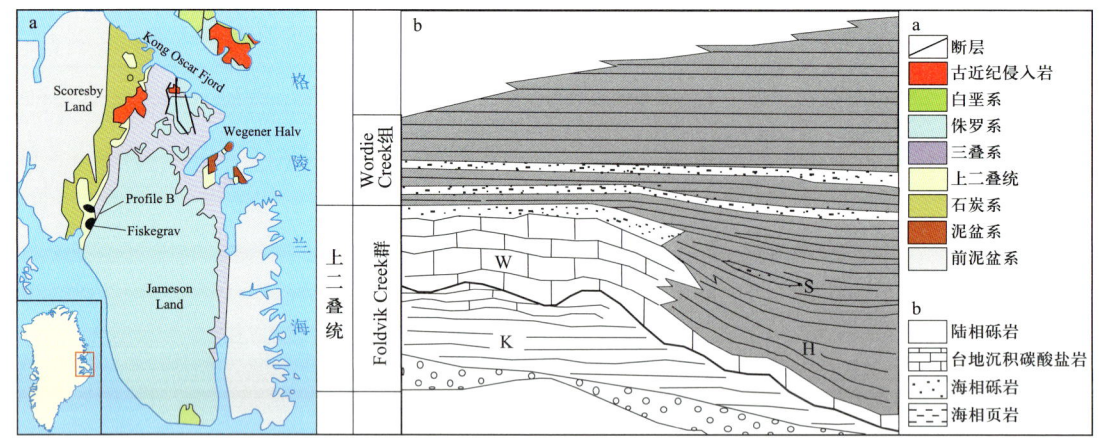

图 6-6　格陵兰东部 Jameson Land 地区地质简图及上二叠统—下三叠统剖面图（据 Jesper Nelson，2010）

H—Huledal 组；K—Karstryggen 组；W—Wegener Halvø 组；S—Schuchert Dal 组

1. 泥盆系和石炭系

格陵兰东部加里东造山带形成以后，随后在山间盆地中沉积了中—上泥盆统和上石炭统陆相碎屑沉积物，沉积厚度超过 12km（Butler，1961；Haller，1970）。由于加里东期的火山作用、褶皱作用和俯冲作用，褶皱抬升的加里东山脉被剥蚀，因此使这一时期的磨拉石堆积于泥盆系之上。泥盆系火山岩沉积主要是酸性的侵入岩和喷出岩，其次是喷出的玄武岩（Secher 等，1976）。

2. 二叠系

上二叠统 Foldvik Creek 群由下而上依次为 Huledal 组、Karstryggen 组、Ravnefjeld 组、Wegener Halvø 组和 Schuchert 组。

Huledal 组为河海堆积的砂岩沉积，Karstryggen 组为浅海碳酸盐岩及蒸发岩（Surlyk，1977；Stemmerik，2000；Stemmerik 等，2001），随后海平面上升沉积了盆地内的 Ravnefjeld 组页岩沉积和盆地边缘 Wegener Halvø 组碳酸盐岩沉积及其上部的 Schuchert 组（图 6-7）。

二叠纪沉积地层在 Traill Ø 地区比在其南部的 Jameson Land 地区薄（Stemmerik 等，1993），并且发育不完整。它包括了广泛分布的硅质为主的上二叠统至下三叠统的海相单元，向上过渡为非海相的三叠系沉积。在 Traill Ø 盆地中，上二叠统有缺失，与下三叠统不整合接触。在 Jameson Land 盆地中（Stemmerik 等，2001），上二叠统和下三叠统之间为连续沉积（图 6-6）。

3. 三叠系

下三叠统为 Wordie Creek 组沉积，该组为海相泥页岩沉积（图 6-8）。二叠系和三叠系之间的界限比较复杂，在格陵兰岛东部的大部分地区，二叠系与三叠系之间有明显的地层缺失，大量的上二叠统在三叠系开始沉积之前被剥蚀。但是也有地区是连续沉

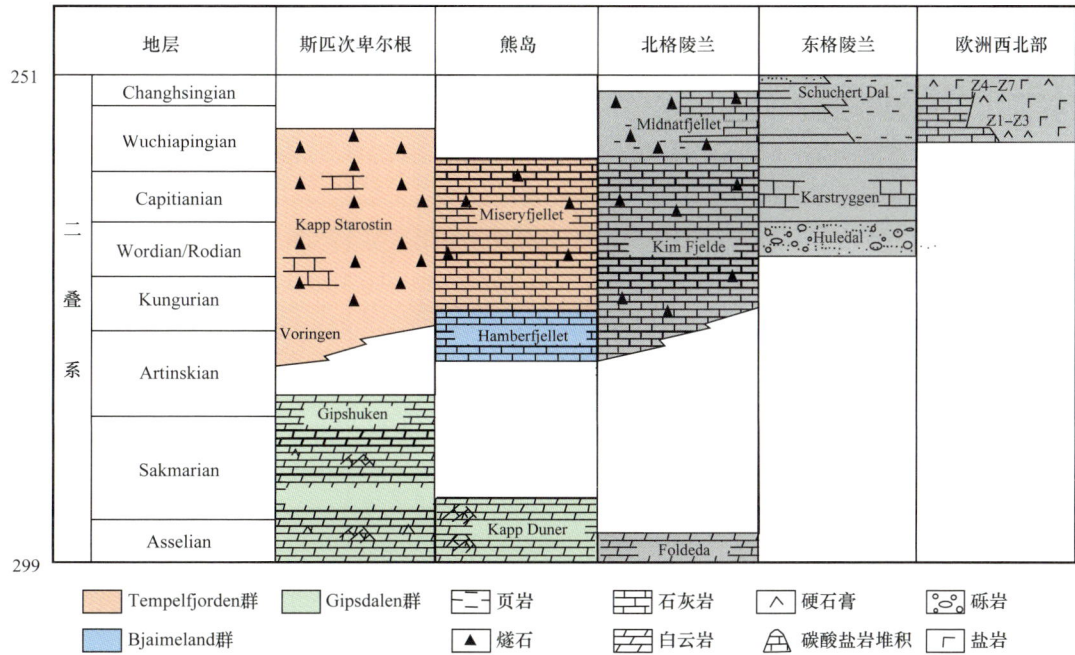

图 6-7　Spitsberge 与 Bjørnøya 地区及格陵兰东部与北部地区地层对比剖面图（据 Lars Stemmerik，2000）

积，下三叠统海相页岩与下伏二叠系整合接触，中间没有明显的地层缺失。南部的 Lille Cirkusbjerg 地区，在二叠系 Wegener Halvø 组之上地层被河道沉积冲刷剥蚀，沉积了砂岩和砾岩，上覆地层为阶海侵沉积的页岩（Surlyk 等，1986）。保存下来的 Wordie Creek 组通常有海相页岩夹有低密度浊流沉积的薄层砂（Lars Stemmerik，1997）。

在 Jameson Land 盆地的 Oksedal 地区，Wordie Creek 组为 200m 的海相绿色泥页岩夹薄层的长石砂岩。向西 4km，该组地层的底部由砾岩及高密度的浊积岩组成 60m 厚的复杂地层，上覆地层为黑色页岩（Lars Stemmerik，1997）。

下三叠统 Wordie Creek 组上覆地层为 Pingo Dal 组（Arvid Nøttvedt，2008），该组为浅海砂岩沉积。

中三叠统为 Gipsdalen 组，该组为一套泥岩沉积，与下伏的 Pingo Dal 组不整合接触（Arvid Nøttvedt，2008），中部夹薄层的石灰岩地层。

上三叠统为 Fleming Fjord 组，该组与中三叠统 Gipsdalen 组为连续沉积（Arvid Nøttvedt，2008），中部夹厚层的滨浅海砂岩沉积。

4. 侏罗系

格陵兰东部陆架 Jameson Land 盆地侏罗系为 Jameson Land 群沉积，该群地层底部为瑞替阶—贝里阿斯阶的河成 Kap Stewart 组长石砂岩、页岩和煤层。随后沉积了厚层的 Neill Klinter 组、Vardekløft 组、Olympen 组、HÅreelv 组（Surlyk，1973）和 Raukelv 组海相砂岩和页岩（表 6-2）。

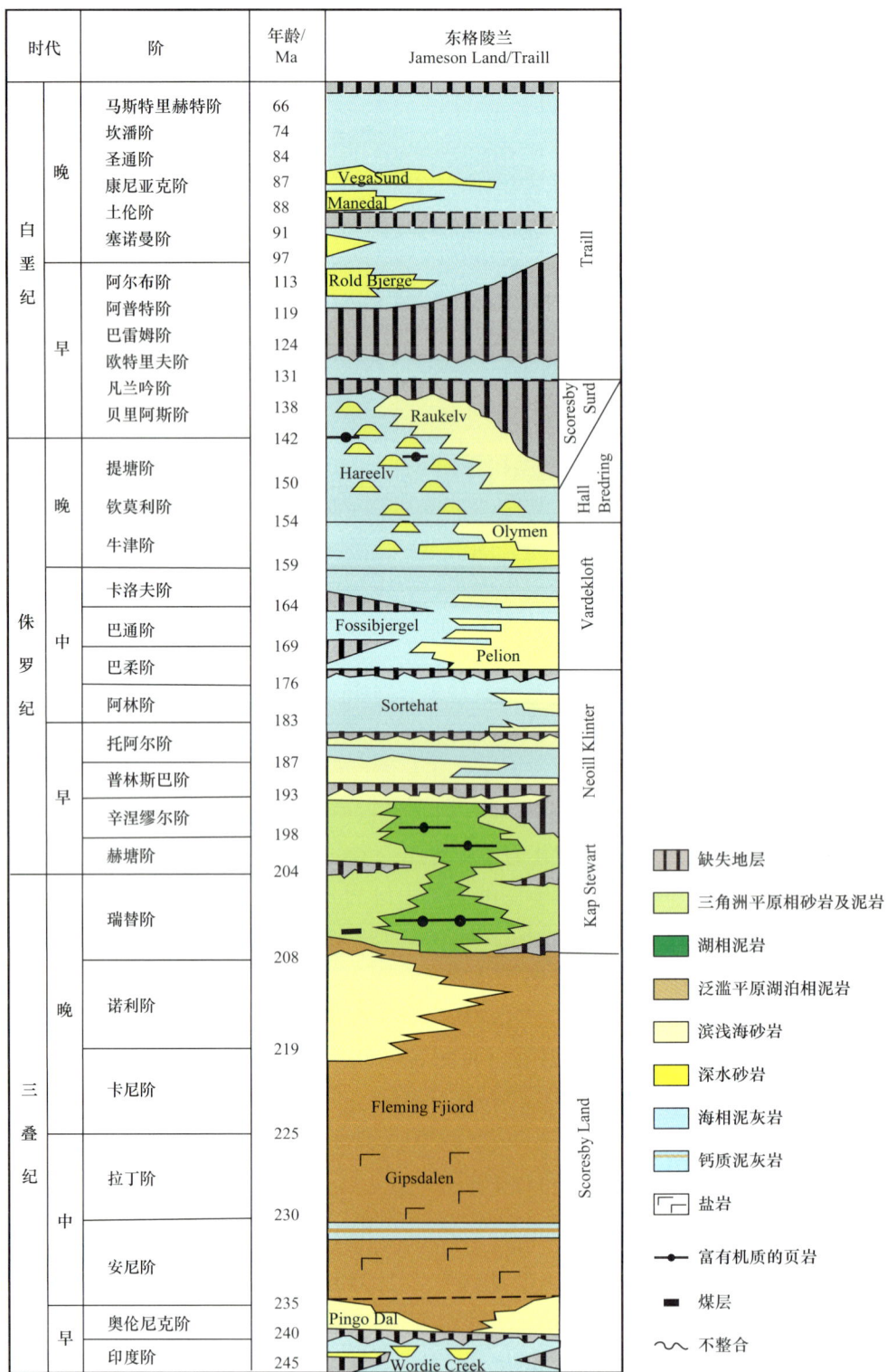

图 6-8 格陵兰东部陆架中生代地层序列（据 Avid Novitt，2008）

表 6-2　Jameson Land 盆地侏罗系及下白垩统岩石地层单位（据 Surek，1973）

	Hesteelv 组	Muslingeelv 段
		CrinoidBjcrg 段
Jameson Land 群	Raukelv 组	Fyhselv 段
		Salix Dal 段
		Sjallandselv 段
	Hareelv 组	
	Olympen 组	
	Vardekloft 组	Fossilbjerget 段
		Pelion 段
		Sortehat 段
	Neill Klinter 组	Ostreaelv 段
		Gule Horn 段
		Ravekloft 段
	Kap Stewart 组	

下侏罗统为 Kap Stewart 组和 Neill Klinter 组。

Kap Stewart 组在 Jameson Land 盆地的 Hurry 地区为 180m，在 Gule Horn 地区为 200m，在 Antarctics Havn 地区为 350m（Harris，1937）。该组为灰绿色粗粒长石砂岩夹砾岩层，具交错层理。砂岩层中夹暗色页岩，尤其是在该组的中部沉积了富含有机质的粉砂岩，及其底部的煤层沉积（图 6-8）。在盆地的东南部，植物以植物茎秆、叶片和果实的形式很好的保存在长石砂岩和页岩中，在盆地的北部地区，Kap Stewart 组顶部沉积了相对较厚的黑色贫有机质的页岩（Harris，1937；Dam 等，1993）。

Neill Klinter 组又包括三个段，分别为 Ravekløft 段、Gule Horn 段和 Ostreaelv 段（表 6-2）。Neill Klinter 组在盆地的 Neill Klinter 地区沉积厚度为 200m，在 Gule Horn 地区厚度为 260m。

Neill Klinter 组岩性为纯净的石英砂岩，其次为含云母页岩，底部为含化石的长石砂岩（Surlyk，1973；Lars Stemmerik，1998）。

中侏罗统为 Vardekløft 组沉积，该组分为 Sortehat 段、Pelion 段和 Fossilbjerget 段，Sortehat 段在 Jameson Land 盆地中分布（Koppelhus，2003）。Sortehat 段和 Fossilbjerget 段为页岩沉积（图 6-9），Sortehat 段在 Jameson Land 盆地中向北逐渐增厚（Koppelhus，2003）。中部的 Pelion 段为砂岩沉积（Surlyk，1973；Koppelhus，2003）。在格陵兰东部陆架的 Traill Ø 地区，在该组下部发现了 Bristol Elv 段沉积（图 6-10）。该段地层为粗粒、分选差的微黄色到白色砂岩沉积，含结核及砾岩（Jens Therkelsen，2004）。

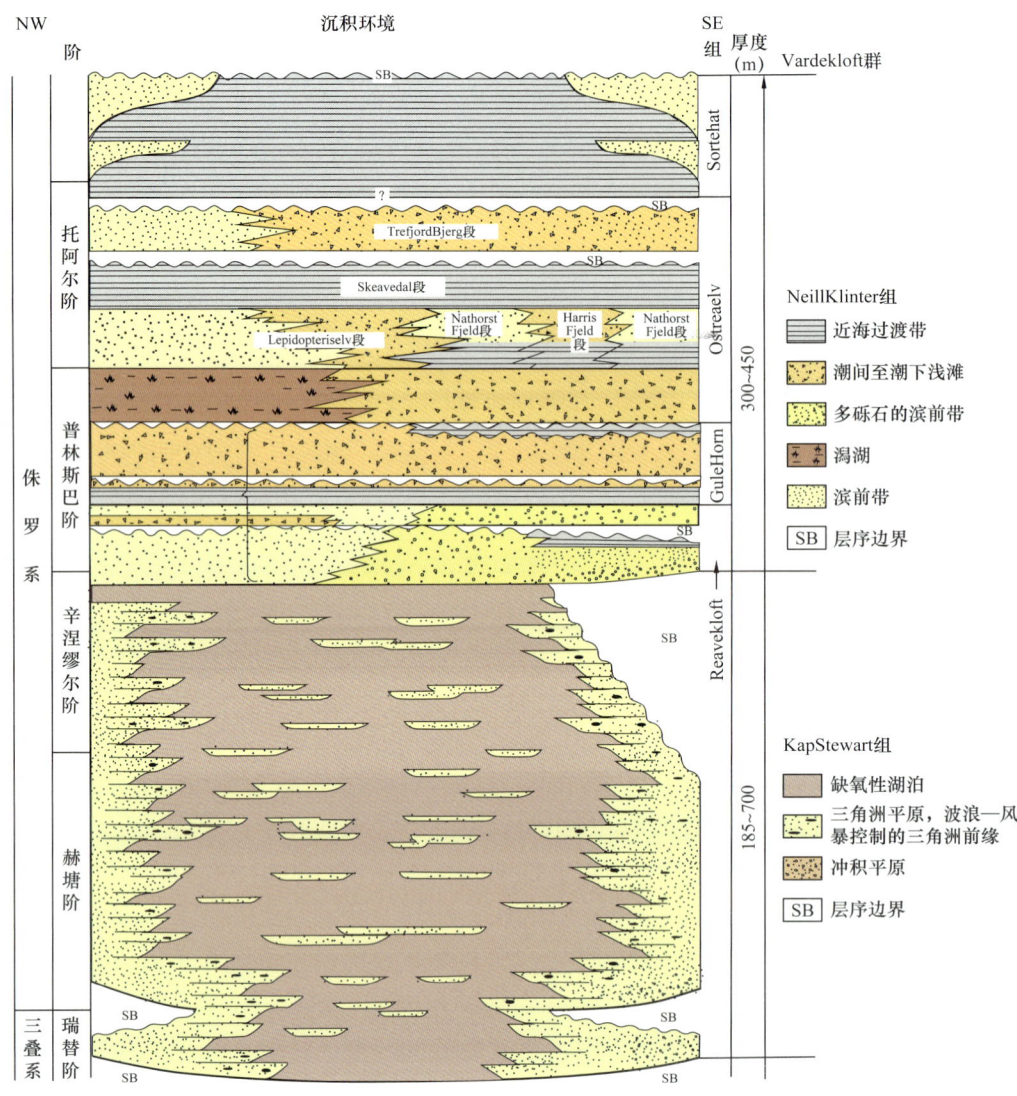

图6-9 Jameson Land 盆地 Kap Stewart 组和 Neill Klinter 组层序地层单元（据 Dam 等，1998）

Vardekløft 组在盆地中从南向北迅速增厚，在 Vardekløft 地区为 225m，到中北部的 Pelion 地区就达到了 500m。该组岩性为快速沉积的灰黑色含云母页岩，泥质含量少，石灰岩层或多或少的含铁，偶尔含铁质结核。中部夹薄层砂岩沉积，逐渐向北部增厚（Surlyk，1973；Arvid Nøttvedt，2008）。

上侏罗统包括 Olympen 组、HÅreelv 组和 Raukelv 组，其中 Raukelv 组又包括 Sjællandselv 段、Salix Dal 段和 Fynselv 段（Surlyk，1973）。

Olympen 组可以分为三个岩性单元，自下而上分别为：

（1）浅色中粒分选好的砂岩沉积或块状砂岩夹薄板状暗色泥质页岩，块状砂岩有时具有交错层理和滑塌构造。暗色的泥质页岩和薄层的砂岩中含有植物碎片，除此之外没有其他的遗迹化石或实体化石。

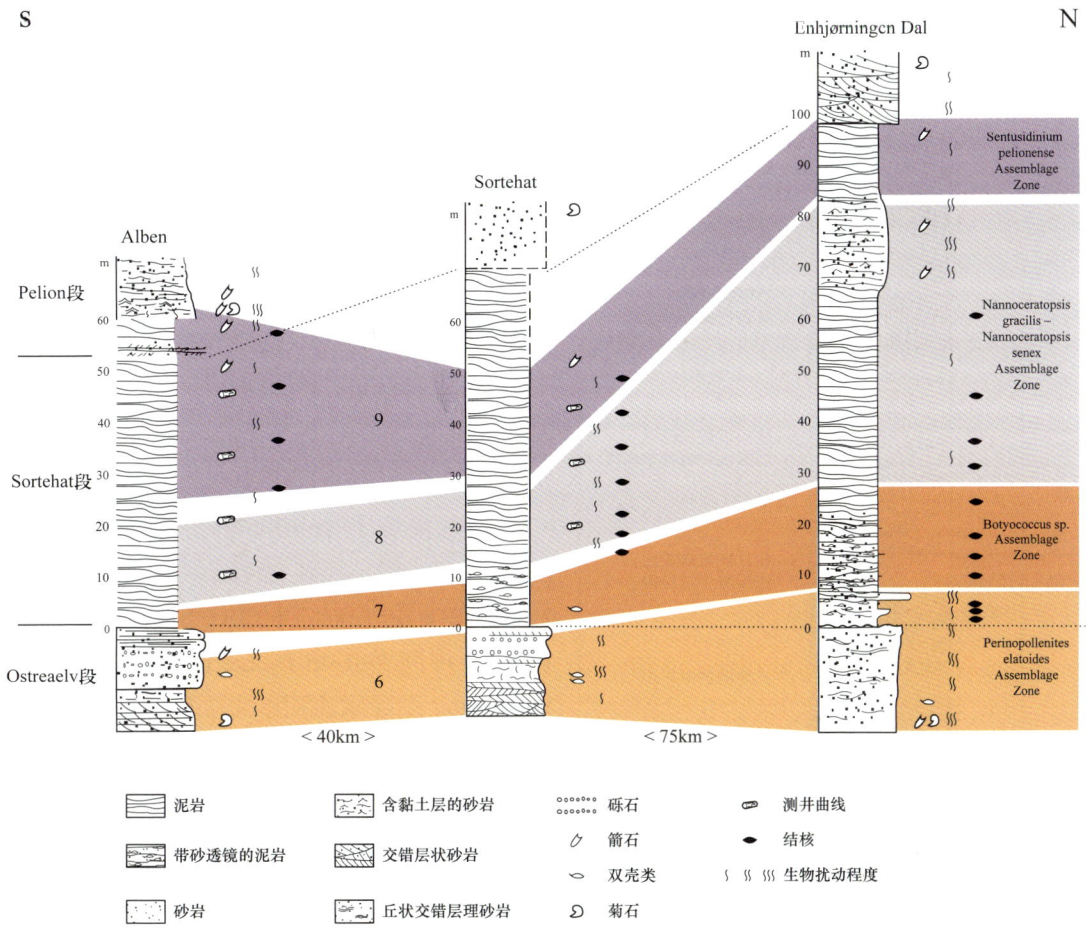

图6-10 Jameson Land 盆地中 Alben、Sortehat 及 Enhjørningen 地区的 Sortehat 段地层剖面图
（据 Koperus，2003）

（2）暗色泥质页岩向上逐渐变为砂质页岩，很多泥质页岩中含有黄铁矿。顶部的暗色页岩中往往也含有砂，主要是因为含有煤的成分。该单元的地层中可见遗迹化石。

（3）中到粗粒块状、分选好的砂岩沉积，其次是夹层的泥页岩沉积。砂岩中具大型的交错层理构造，偶尔可见遗迹化石（Surlyk，1973）。

Håreelv 组厚度约为 200m，但是在边界未被剥蚀的地区还不明确其确切的厚度。

该组由灰黑色页岩组成，夹黄色薄层砂岩和较大的透镜体。页岩中除了含云母也常常包含松散岩层、浅色砂岩层，偶尔含有石灰岩层或铁质结核。页岩通常粒度较细，但是在一些岩层顶部变成浅灰色砂质页岩（Surlyk，1973；Arvid Nøttvedt，2008）。

Raukelv 组在盆地中厚度可以达到 300m。该组由有循环交互的厚层或具交错层理的砂岩单元和泥质粉砂岩组成。砂岩层厚度变化范围从 10m 到 50m，并且可以作为区域的标志层。砂岩的颜色为白色或者黄色，风化后变成棕色或暗红色，砂岩主要由石英颗粒组成，但是在交错层中海绿石也起着重要的作用。砂岩粒度通常为粗粒，大的石英砾

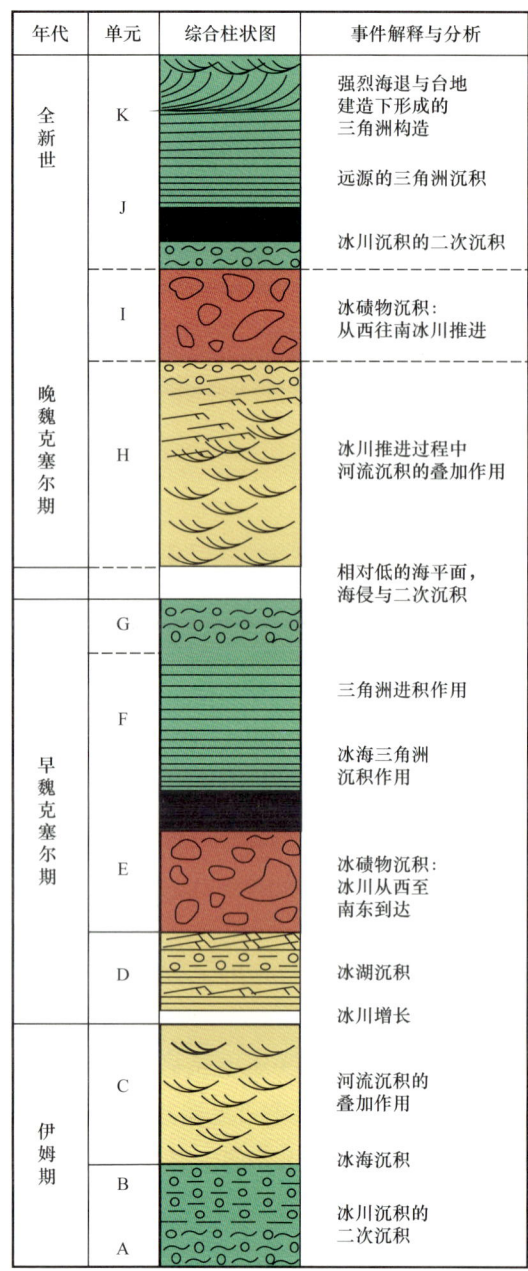

图 6-11　Jameson Land 盆地古近系—第四系地层柱状图（据 Hansen，1997）

岩非常常见。细粒的岩层通常包含了大量的灰黑色页岩（Surlyk，1973；Arvid Nøttvedt，2008）。

5. 白垩系

在格陵兰东部地区，下白垩统与侏罗系呈不整合接触，该套地层主要为灰黑色泥页岩沉积，夹粗粒的碎屑岩沉积（Stemmerik 等，1993；Stemmerik，1997；Swiecicki，1998）。下白垩统在格陵兰东部的大部分地区被剥蚀（图 6-5，图 6-6）（Hans Christian Larsen，1980）。

上白垩统为 Traill Ø 群海相黑色泥页岩沉积，厚度可以达到 1300m（Arvid Nøttvedt，2008，Swiecicki，1998；Stemmerik 等，1993），中间夹 Rold Bjerge 段、Manedal 段和 Vega Sund 段深水浊积砂岩沉积。

6. 新近系

格陵兰东部地区新近系主要为冰流沉积。上中新统为粉砂质黏土岩以及粉砂质黏土岩夹砂岩和砾岩。上新统底部为粉砂质黏土岩夹层间砂岩，上新统中部为粉砂质黏土岩，上部为粉砂质黏土岩和砂砾岩（图 6-11）（Manon Wilken，2006；Hansen，1997）。

二、沉积相

志留纪至泥盆纪，加里东构造运动使劳伦板块与斯堪的纳维亚板块发生碰撞，卫八海关闭。这导致了斯堪的纳维亚地区大洋地壳俯冲剪切，大陆碰撞使岩石圈增厚，最终发展成大的剪切破裂带（图 6-12a）。加里东造山带的伸展垮塌（Coward，1993；Bartholomew 等，1993）和这一地区几千千米长的左旋走滑一致（Swiecicki，1998）。也有学者认为，地质证据只能证明该地区有几百千米的走滑距离。

晚泥盆世格陵兰与斯堪的纳维亚板块在赤道和亚热带之间（30°N—20°N）主要为汇聚作用（图 6-12b），因此在这一地区沉积了蒸发岩（Trond，2002）。这一时期在挪威西

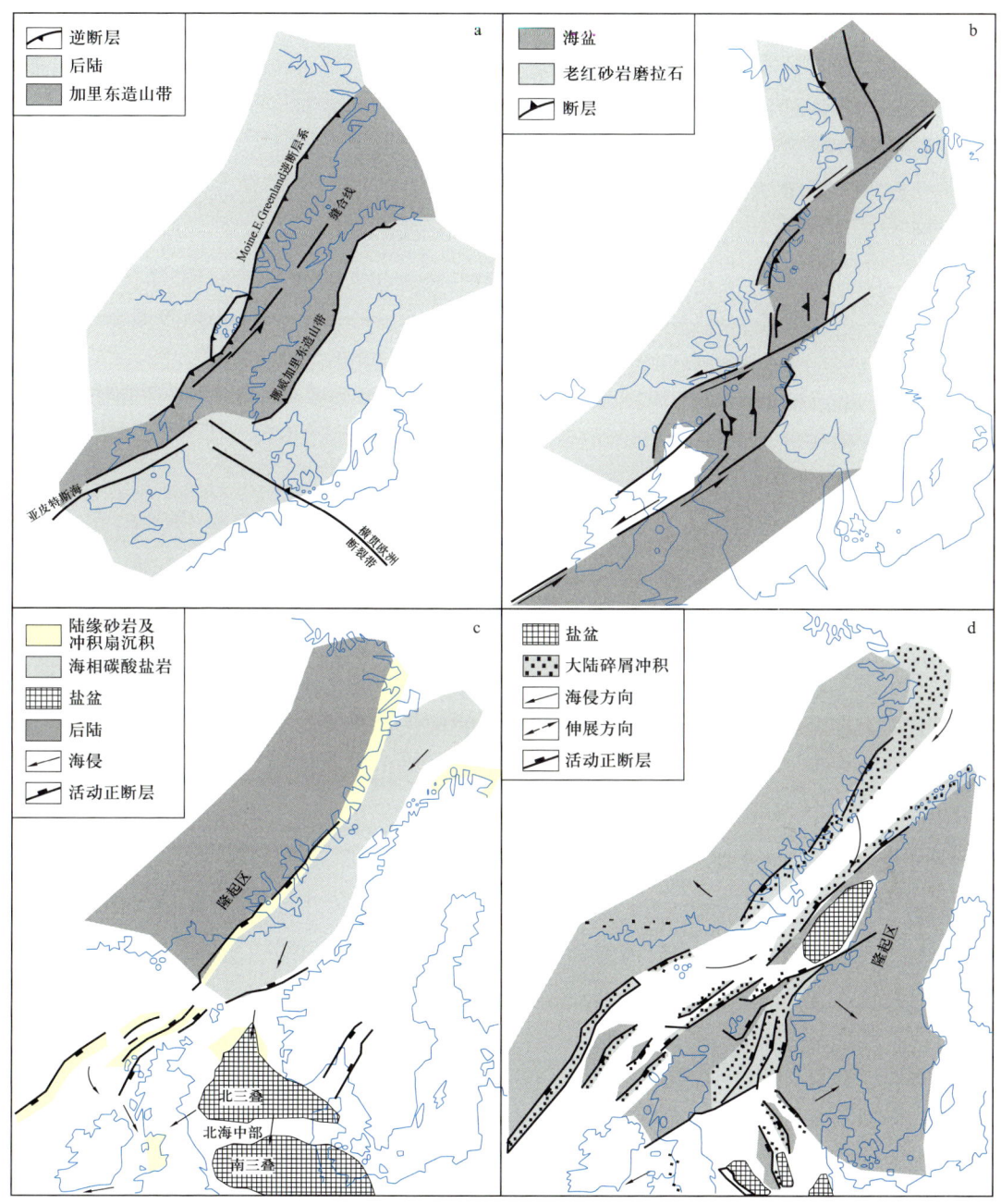

图 6-12 挪威—格陵兰地区前侏罗纪古地理图（据 Swissiki，1998）
a—加里东期；b—泥盆纪；c—晚二叠世；d—中三叠世

部的斯瓦尔巴德群岛及格陵兰东部地区发生了强烈的褶皱作用，在设得兰群岛、苏格兰、英格兰中部及格陵兰东部和挪威地区沉积了大量的泥盆纪陆相沉积物，主要是磨拉石堆积（Bluck，1980；Coward，1990；Read，1988）。

晚石炭世，东格陵兰中部地区处于板块汇聚背景，在南北向展布的半地堑盆地中沉积了厚层的砂岩。

二叠纪，格陵兰与斯堪的纳维亚半岛之间发生海侵（图6-12c），海水主要来自挪威格陵兰以北的广海地区。因此在这一时期，格陵兰东北部发育了大型的蒸发岩盆地，在格陵兰东部也沉积了大量的碳酸盐岩（Trond，2002；Anne，2007）。

早三叠世，格陵兰东部的断裂沿着前泥盆纪主要断层开始重新活动，该时期格陵兰东部地区为短期的海相沉积（Surlyk，1990；Swiecicki，1995）。随后，在挪威和格陵兰之间形成一个狭长的海盆，一直延伸到北海的北部。一些断块抬升，形成一系列岛链。中三叠世断裂停止导致盆地发生充填，在挪威和格陵兰之间形成以砂泥为主的红层沉积（图6-12d），主要为陆相碎屑沉积（Swiecicki，1998；Trond，2002）。

侏罗纪，泛古陆继续发生解体，北大西洋中部发生海底扩张，格陵兰岛和挪威之间，中侏罗世裂谷结构分成挪威的Halten-Dønna Terrace和西部的格陵兰东部盆地（Blystad，1995；Surlyk，2003）。

早侏罗世，格陵兰东部陆架以近海沉积物占主导，沉积了Kap Stewart组和Neill Klinter组海相地层。

早侏罗世，边缘海相地层沉积在400km宽的原挪威—格陵兰海两岸（现今东北大西洋区域）。挪威—格陵兰海北边连接Boreal海，南边连接特提斯海。在东格陵兰，沉积作用发生在沿东格陵兰裂谷带发育三面被围限的Jameson Land盆地中。在中挪威沿岸，沉积作用发生在开阔，但呈北东—南西向展布的细长盆地中。Jameson Land盆地辛涅缪尔阶—阿林阶受潮汐作用和海浪影响，由厚度达300m的三角洲河口砂岩层序和厚度达110m的海相泥岩层序组成。

1. Jameson Land盆地沉积环境

格陵兰海东岸近海沉积环境包括海岸平原、下切河谷、三角洲、河口，以及从滨线到大陆架之间所有可能沉积砂岩地方的一系列子环境。由于河流、波浪，以及潮汐能量、地势、沉积输入速率和相对海平面变化等作用的相互影响，潮控沉积体系表现为高能水动力体系。不同的能量系统及环境的共生导致砂岩体在沉积格架的各个尺度上呈现出三维非均质性。在具加积型沉积格架和稳定构造的盆地中，受潮汐影响的沉积作用可能在一个或几个海平面变化旋回中发生（Midtkandal等，2009），并形成近乎相同的复杂沉积格架（Tessier，2012）。

通过记录不同尺度下的沉积相变化，论述东格陵兰Jameson Land盆地早侏罗世边缘海相地层Neill Klinter群随盆地形态和相对海平面变化沉积格架和层序演变。

东格陵兰的沿海地带受南北走向断层切割，进而控制东格陵兰古生代和中生代裂谷体系的盆地形成和沉积充填。较年轻的北西—南东向断层与现今的峡湾走向一致。近100km宽、250km长的Jameson Land盆地位于裂谷体系的最南边，构造上表现为略向南倾斜（1°~2°）、厚达17km的向斜构造（Mathiesen等，2000）。Jameson Land盆地发育一套厚13km的晚古生代裂谷盆地海陆相地层，上覆一套4km厚的晚古生代至中生代凹陷的陆相—海相后裂谷地层。

Jameson Land 盆地东部边缘发育的上三叠统到下侏罗统，由于新生代挪威—格陵兰海相连的地壳隆起（2~3km）而完全出露地表。半连续的悬崖沉积相达 200~400m 高，地层倾向向西，倾角 7°，与三维控制的沉积走向一致。古近纪（约 55Ma）发育的辉绿岩侵入体在 Jameson Land 盆地南部十分常见，常与泥岩相伴。这些辉绿岩侵入体在盆地北部很少见到。

Jameson Land 盆地的近海普林斯巴阶—托阿尔阶 Neill Klinter 群是瑞替期—辛涅缪尔期湖盆在南部而来的海泛时期发育的，如 Kap Stewart 群。较年轻的沉积物不整合覆盖于沿盆地边缘发育的早期沉积物和基底之上。现今 Liverpool Land 及更为东部的地区（后期与现今 Jan Mayen 微大陆、西部和北北西部的地区相连接）的结晶基底岩石遭受风化剥蚀，作为盆地沉积的主要物源。盆地向南延伸至 Scoresby Sund，但现今被早新生代的玄武岩覆盖。近海环境在阿林期—巴柔期被淹没，盆地在中侏罗世新裂谷初期以广海环境为主。目前研究表明，Neill Klinter 群的 Sortehat 组地层包括一套与该群其他地层不同的沉积组合，也表明了当时的沉积环境为广海环境（图 6-11）。

早侏罗世边缘海相 Jameson Land 盆地南临相对细长的原挪威—格陵兰海盆地体系。该盆地体系以中挪威大陆架上发育的受潮汐作用和波浪作用影响的海相侏罗系为代表（Nøttvedt 等，2008；Mitchell 等，2011）。

2. Jameson Land 盆地沉积相

Neill Klinter 群一共包括 14 个岩相（标记为 F1—F11）。主要的岩相以砂岩为主，具非均质性，粒度曲线分布形态呈明显的双峰型。所研究地层中砂岩的岩石组分以石英为主；长石含量普遍很低，但在大多数长石砂岩中其含量可达 20%；云母含量丰富；绿泥石和海绿石在特定的地层中含量也很丰富。石英和长石颗粒形状一般为次圆状到圆状，表明颗粒经过反复的冲刷。一些砾岩层包含丰富的棱角状石英石和石英岩颗粒，与基底岩石碎屑直接搬运至此形成有关。由于潮汐的再改造破坏作用，明显的河流沉积构造并不常见。

沿 Jameson Land 东部海岸的两个野外露头区，主要数据来源于 32 个测量剖面，来自长 100km 南北横切面上的 8 个地区。这些剖面的选定参考自 Dam 和 Surlyk（1998）。测量剖面厚度 30~300m 不等，记录了岩石颗粒粒度、沉积构造、古水流方向（测自沙丘前积）、层理性质、地层接触关系、岩性横向变化、踪迹化石组合和生物扰动程度。Dam 和 Surlyk（1998）认为 Neill Klinter 群的基底面为薄层滞留砾石沉积，伴有生物碎片化石和石英岩砾石。

Jameson Land 盆地范围内的不整合面是近地表不整合面和海进侵蚀面组合。界面在相对海平面下降时形成，此时 Jameson Land 盆地的东北区地层遭受剥蚀，受河流冲刷切割，并搬运沉积粗粒的外源岩石碎屑。外源砾石的出现，对于解释盆地中沉积碎屑是河流搬运沉积十分关键。随后相对海平面的上升以及可容空间的增加导致了潮汐作用对河流沉积物、潮间—潮下带沉积物的再改造作用。在南部地区，相对海平面的升降沿着近水平面发生，在北部地区，该界面凹凸起伏，表明此处发育长达数十千米宽的下切谷基底。Neill Klinter 群的两部分地层表现为一个总体上海平面从低水位向高水位变化的早侏罗世（普林斯巴阶—阿林阶）海进地层（Surlyk，2003）。第一个海进体系域（Haq 等，1987；Hallam，1998）包括 6 个高频率海进—海退层序（Embry，1995）。

3. Neill Klinter 组的沉积充填水动力分析

位于 Jameson Land 盆地、东格陵兰的 Neill Klinter 组，是从多尺度多规模角度研究地层复杂性的很好天然实验室，而该地层复杂性是沉积过程中多个近海子环境水动力相互作用的结果。沉积构造不仅反映了盆地形态组合，还反映了 Jameson Land 盆地在早侏罗世发育的大浅海湾相对海平面的变化。

在早侏罗世，Jameson Land 盆地的构造变动对于盆地的沉积充填过程起着十分关键的重要作用。Jameson Land 盆地泥盆系到上侏罗统代表了一个叠合盆地中构造条件连续演化的充填层序的复杂叠加过程。正如上文所强调，并没有识别发现与 Neill Klinter 群构造和沉积结构有关的裂谷断裂。超覆于 Liverpool Land 及以东的前寒武纪结晶基底之上的侏罗系，支持了 Neill Klinter 群沉积于坳陷盆地这一观点。与位于挪威大陆架的早侏罗世盆地相似，该坳陷盆地可能形成于三叠纪裂谷之后的热冷却过程（Roberts 等，2009）。

在地壳延伸阶段，北部的泛大陆板块遭受了海平面的区域性变化，该变化由加拿大和芬诺斯堪底亚北极圈的三叠系到下白垩统岩石的 T—R 层序记录下来（Glørstad-Clark 等，2010）。相对海平面变化控制着 Neill Klinter 群层序地层的发育，这可能与垂向上岩石圈区域性的板块运动有关，该板块运动与沿着 Jameson Land 盆地老区域构造线的局部不同运动相结合，且与低部地壳或/和地幔引起的造陆地壳运动过程有关。

相对海平面的变化可在 Neill Klinter 群向盆加积和向陆加积沉积结构单元反映出来，该结构单元由上下两部分地层组成。Neill Klinter 群下半部分地层为受波浪作用影响向受潮汐作用影响三角洲沉积体系的整体上加积型层序，上半部分地层为潮控的下切谷层序和波浪控制的三角洲沉积体系叠加的整体上退积型层序。

4. Neill Klinter 群下切谷体系及其边界不整合面

由于 Neill Klinter 群中砂质含量一般较高，主要地层界面的识别主要依靠沉积相和沉积环境的解释及三个主要下切谷体系的识别。下切谷体系基底面为近地表不整合面和海进侵蚀面组合，将近端或远端的海退地层沉积单元与上覆的海进地层单元分隔开。沉积在这些不整合面上的岩性和地层特征表现为砾石的沉积对于该界面的识别具有重要意义。包含海洋生物遗体化石的外源碎屑混合物，是在河流或碎屑流搬运碎屑进入盆地形成，后期被为盆地提供海洋生物化石碎片的潮汐作用再改造。海洋生物遗体化石也可能来源于河流的基底冲刷切割。

东部 Jameson Land 野外露头带发育的不整合面的横切面范围表明，下切作用代表了可能引起 Jameson Land 盆地大部分地层剥蚀的特征。在向西的盆地方向，沿着其对应地层位置，下切谷在低梯度斜坡上聚集形成区域性近地表不整合面，上部由薄层的砾石和席状砂覆盖。Posamentier 和 Allen（1999）提出一些由河流相沉积覆盖的广延的近地表不整合面的例子。另外还有斯匹兹卑尔根群岛的下白垩统 Halvetiafjellet 组之下的不整合面（Midtkandal 等，2009）。类似的区域不整合面在 Barents 海的边缘海到广阔海三叠系中亦有发现。

这三个下切谷体系是在相对海平面明显下降，主要河流体系向盆地延伸时形成。这些河流源于现今 Liverpool Land 的后陆地区或远离东部的更大的古陆地——Jan Mayen 微大陆（Mjelde 等，2008；Breivik 等，2012）。下切谷宽度和深度的比例及其位置和方位，在形成下切谷内部的高能潮汐体系上发挥重要的作用。充填这些下切谷的河口中部海湾前端三角洲沉积了大量的碎屑。在河口充填沉积过程中，部分河流沉积输入从沉积物可能被搬运的地方运移至浅海区域。所有的河口湾充填沉积被认为是受潮汐作用影响或控制的。在河口充填沉积过程中，以潮汐流为主的沉积解释了中心盆地明显的细粒沉积和/或波浪控制的障壁沉积。但是，几个相关的波浪作用控制的临滨沉积表明强烈的潮汐和波浪能量环境在这些河口湾外部共同存在（Dalrymple 等，2012；Tessier，2012）。与下切谷充填沉积层序最上部的潮汐沉积特征相比，波浪作用形成的沉积构造的增多是海平面上升时海湾加宽、波浪作用增强的结果。

5. Neill Klinter 群地层的层序发育过程

Neill Klinter 群的 6 个 T—R 层序在盆地范围内发育。它们代表一个相对海平面总体上升的过程，从大陆 Kap Stewart 组的低水位向盆地范围内发育的近海 Sortehat 段的高水位过渡。T—R 层序 1 和 2 是在盆地最初的海泛阶段形成的，结束于相对海平面的下降以及第一个 SU 界面和下切谷的形成。T—R 层序 1 和 2 中沉积环境的侧向分布主要受控于河流作用为主、潮汐作用为主和波浪作用为主的能量体系在盆地内部的分布。T—R 层序 1 中以非对称特征为标志的海进体系域 TST1 中，MFS1 位于低部海进边界附近，表明相对海平面的快速上升以及伴随最初海进之后的最大水深（可容空间）的形成。海退型体系域 RST1 的加积组合形式揭示了新增可容空间和沉积供给速率近乎平衡。这也有助于理解 Neill Klinter 群缺失盆地规模的并可以确定明显海岸线的斜坡沉积几何体临滨沉积的原因。

最底部不整合面上相对低凹部分，意味着适度的下切作用发生，或者说明横切面主要分布在下切谷的远端沉积位置。其他下切谷中的 higher reliefs 由界面 SU2/TS5 和 SU3/TS6 确定，意味着这两个剖面代表下切谷更为近端的位置。T—R 层序 3~6 中近海子环境纵横向上的重大变化，沿着地形波动的海岸线形成。新增可容空间与沉积供给速率的比值沿着海岸发生重大变化，主导能量系统的变化导致沉积环境的水动力发生变化（沿着海岸线和地层走向的顺倾向方向和逆倾向方向），形成受潮汐影响的近海沉积环境的一般特征（Martinius 等，2011）。然而，整体上表现为加积型—退积型沉积环境。沉积物从周围的克拉通基底地区搬运过来,搬运距离相对较短,导致碎屑物质大量注入 Jameson Land 盆地。这与早侏罗世温暖湿润的气候有关,发生于北东大西洋地区干旱—半干旱的三叠纪气候之后(Ruhl 等,2011)。早三叠世—早侏罗世温暖湿润的气候引起化学风化作用加强。其反映在 Neill Klinter 群中以石英屑组分为主的砂岩,以及砾石岩层中石英石和石英岩砾石相对于花岗岩砾石的丰富程度。浅海相近海环境中海绿石、富铁鲕粒以及早成岩作用时期绿泥石的形成也指出从陆地方向运移大量的 Fe^{2+},这也是化学风化作用的结果。内陆沉淀的局部变化反映了纬度、地形起伏和大气环流模式的变换,这也归因于 Jameson Land 盆地沿着海岸线的沉积运输的不同。

在早侏罗世,在浅海坳陷和裂谷盆地中沉积非常相似的近海沉积和总体上为砂泥互层的沉积,分别对应的是东格陵兰的原挪威格陵兰海和现今中挪威大陆架。Jameson Land 盆地 Neill Klinter 群和 Båt 群及 Halten Terrace-Trøndelag 台地上覆的部分 Fangst 群(阿林阶—卡洛夫阶)之间具有相似的地层学和沉积学特征。

其中 Neill Klinter 群和 Båt 群的相似性包括以下几点:(1)整体上均沿着同一岩石圈板块上的同一原挪威—格陵兰海发育区域性构造组合,古纬度和气候带相同;(2)受区域的海平面变化控制的沉积史相似;(3)基底近海互层沉积和低梯度混合能量三角洲沉积体系,与两套地层中部的近岸细粒沉积呈楔状互层发育的相似的三角洲沉积体系;(4)不同沉积结构单元类型的规模和形式及其内部沉积相和非均质性相似。

Neill Klinter 群和 Båt 群解释了沉积环境和性质的不同。这些不同主要包括:(1)挪威—格陵兰海两侧的裂谷前期和裂谷期运动,以及局部高频率基底面变化,导致了构造组合不同;(2)盆地大小;覆盖盆地范围 Halten Terrace 的 Båt 群尺寸比 Neill Klinter 群大四倍;(3)两个盆地地区之间降水量、径流量和沉积物注入量的局部不同;(4)与可容空间相关的地域性沉积作用(河流、潮汐、波浪)的大小和分布;(5)沉积供给速率和沉积物类型。

Dam 和 Surlyk(1995,1998)和 Gjelberg(Johannessen 和 Nøttvedt,2008)分别对 Jameson Land 盆地 Neill Klinter 群和 Halten Terrace-Trøndelag 台地的 Båt 与 Fangst 群进行了直接的岩性地层或一对一层序地层对比。但是,侧向的沉积相变化、层序地层格架和 Neill Klinter 群下切谷体系的出现,反映了与两个盆地之间一对一层序地层对比相比,两者之间的关系更为复合。Neill Klinter 群下切谷的出现表明两个盆地组合存在基本的局部偏差。除了这些不同之外,早侏罗世 Jameson Land 和 Halten Terrace 盆地之间重要的相似性,使中挪威大陆架的 Neill Klinter 群作为石油储层的一个参考层。从 Neill Klinter 群中获取的涉及大小、几何形态、沉积相变化和潜在砂体连通性的概念沉积模型和定性定量数据,可以用来改善受潮汐作用影响的互层储集砂体的静态和动态储层模型,该砂体可能发育在挪威海大陆架上,也可能位于类似于早侏罗世 Jameson Land 盆地的其他边缘海和受潮汐作用影响的盆地。

中侏罗世,格陵兰东部和挪威海中侏罗统由于海岸平原的进积和大的三角洲系统的存在非常富砂,首先出现在挪威中部陆架,其次为格陵兰东部。和北海穹隆类似,轻微的抬升发生在格陵兰东部，浅海地区沉积了数量庞大的石英砂岩（Surlyk，2003）。

晚侏罗世，格陵兰东部陆架主要为深海相沉积。上侏罗统包括 Olympen 组和 Raukelv 组海相砂岩沉积以及 HÅreelv 组海相页岩沉积地层（Arvid Nøttvedt，2008），夹深海砾岩和砂岩沉积。

白垩纪，挪威与格陵兰之间的裂谷作用继续，格陵兰东部发育大量的断裂及断块，在这些地区沉积了重力流沉积，主要是来自挪威地区伏令盆地的深水砂岩块体，除此之外，格陵兰东部在白垩纪沉积了厚层的海相泥页岩，局部为砂岩沉积（Swiecicki，1998；Arvid Nøttvedt，2008）。

第四节　石油地质特征

格陵兰与斯堪的纳维亚半岛于始新世分离，北大西洋裂开，格陵兰及挪威分别进入漂移期。在此之前，格陵兰与挪威地区具有相同的沉积背景，而挪威地区烃源岩及储层均属于裂谷期地层，因此判断格陵兰东部被动陆缘也发育相同的烃源岩和储层。同时，美国地质调查局（USGS）、丹麦格陵兰地质调查局（GEUS）以及其他的很多地质单位对格陵兰油气资源潜力进行了研究和调查，细述如下。

一、烃源岩

据 GEUS 及其他单位的调查研究，认为在格陵兰东部陆架至少有四套地层为潜在的烃源岩，分别为上侏罗统 HÅreelv 组和 Fossilbjerg 组页岩、下侏罗统 Kap Stewart 组三角洲相泥页岩、上二叠统 Ravenfjeld 组和上石炭统 Lacustrine 页岩。主要烃源岩为上侏罗统 HÅreelv 组页岩和下侏罗统 Kap Stewart 组三角洲相泥页岩（USGS，2000，2007；Christiansen，1992）。

上侏罗统海相页岩沉积是北大西洋地区的主力烃源岩，格陵兰东部的上侏罗统 HÅreelv 组相当于北海盆地的 Draupne 组和挪威地区的 Speek 组（图 6-13）。Spekk 组是一套高放射性的泥岩页岩，有机碳（TOC）含量 5%～8% 和氢指数（HI）800mgHCs/gTOC，是一套富油的烃源岩，干酪根类型为 II 和 III 型。Fossilbjerg 组地层相当于北海盆地的 Heather 组和挪威的 Melke 组地层，Melke 组等同于北海地区的 Heather 组，TOC 为 1%～4%。Hareelv 组和 Fossilbjerg 组地层为一套海相页岩沉积，HÅreelv 组夹深水浊积砂岩沉积，Fossilbjerg 组夹浅海砂岩沉积。

下侏罗统三角洲平原相泥页岩及煤层沉积也是北大西洋区域比较重要的烃源岩，格陵兰东部陆架地区沉积的 Kap Stewart 组相当于挪威地区的 Åre 组。

岩心 303102 中上二叠统 Ravenfjeld 组地层是一套海相页岩，沉积于缺氧的浅海环境，其有机物含量已通过热解和孢粉学进行了分析。层状页岩中有机质的平均含量为 3.0%，富含 II 类干酪根，也有少量 III 型，具有很好的生烃潜力，平均镜质组反射率为 1.75%，烃

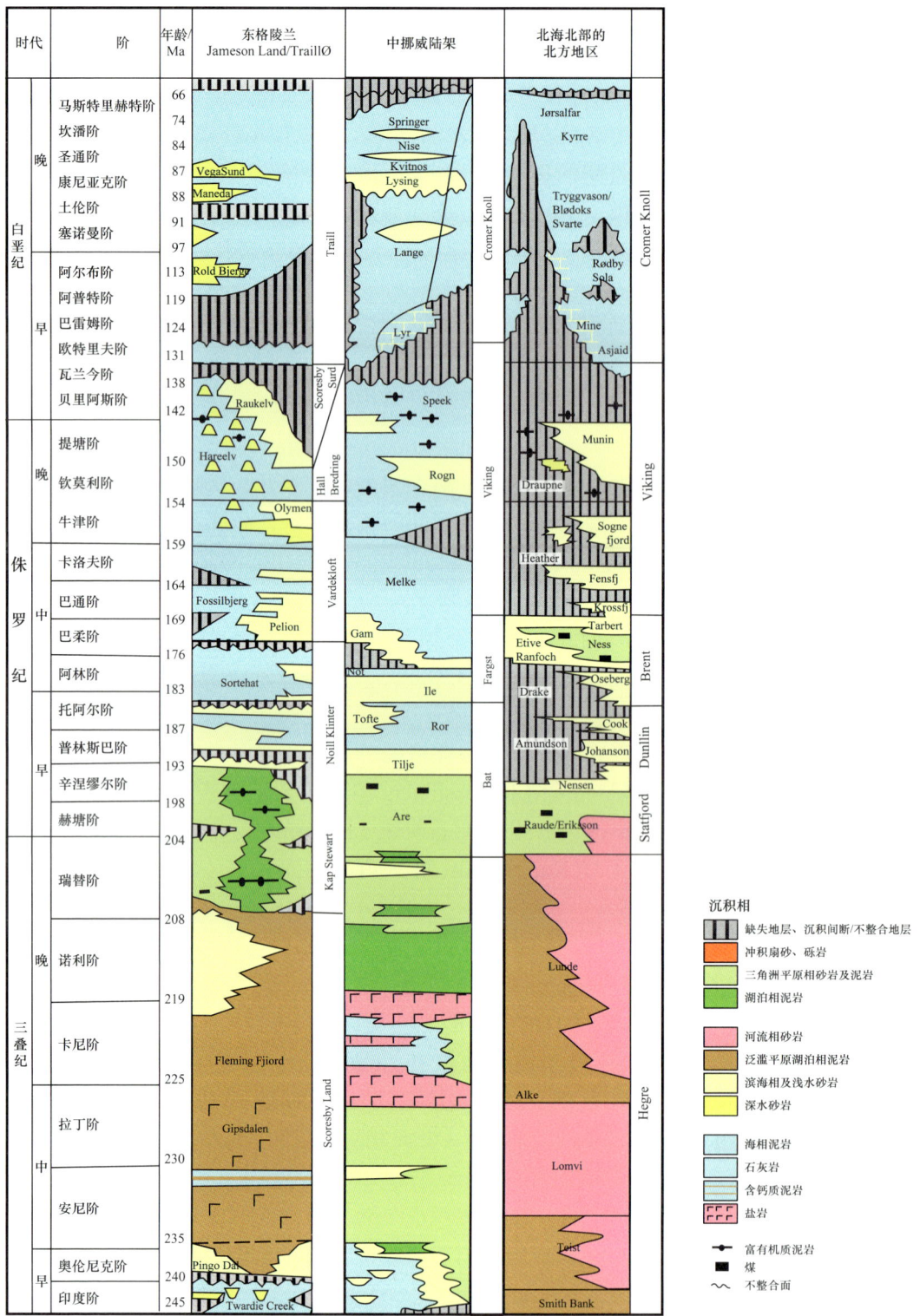

图 6-13 格陵兰东部陆架和挪威陆架中生代地层序列（据 Avid Novitt，2008）

源岩达到过成熟阶段（冯杨伟等，2015）。生物扰动非层状层段有机物含量低，TOC＜0.3%，层状层段有机物含量高为 1%～7%。Ravnefjeld 组有机质的分析表明，无定形干酪根、孢子形物和煤（碳化圆形颗粒）是常见的成分。在 Ravnefjeld 组有机质组成的地层变化显示了两个层段，其中有 70%～90% 的无定形干酪根，对应于层状页岩。

二、储层

格陵兰东部陆架地区主要储层为中侏罗统浅海相砂岩和白垩系深海浊积砂岩，次要储层为下二叠统与上二叠统碳酸盐岩及中侏罗统 Kap Stewart 组和 Neill Klintner 组三角洲平原相砂岩（USGS，2000，2007）。

中侏罗统浅海相砂岩主要为 Vardekløft 组的 Pelion 段和 Olympen 组砂岩，其中 Pelion 段相当于北海地区的布伦特群和挪威的 Gam 组，Garn 组的砂岩孔隙度约为 22%，渗透率较好，埋深约为 4.7km，是被证实的良好储层。下侏罗统 Kap Stewart 组三角洲平原相砂岩相当于北海盆地的斯塔福约德组砂岩和挪威 Båt 组砂岩。

三、圈闭

晚二叠世到三叠纪，格陵兰岛与斯堪的纳维亚半岛开始发生裂谷作用，在这样的拉伸背景下，形成格陵兰东部陆架存在大量的拉伸构造，有利于形成拉伸构造圈闭和地垒断块构造圈闭。北部 Danmakshavn 盐盆，可能发育与盐构造相关的构造圈闭。在深海浊积扇发育的地区发育地层圈闭。

四、生储盖组合

格陵兰东部陆架地区长时间处于海相环境，海相泥页岩沉积作为盖层分布较好。烃源岩主要为上侏罗统 HÅreelv 组和 Fossilbjerg 组页岩和下侏罗统 Kap Stewart 组三角洲相泥页岩，次要烃源岩为上二叠统 Ravnefjeld 组和上石炭统 Lacustrine 页岩（图 6-14）。

储层为中侏罗统 Vardekløft 组 Pelion 段和 Olympen 组浅海相砂岩，次要储层为上二叠统碳酸盐岩及下侏罗统 Kap Stewart 组和 Neill Klintner 组三角洲平原相砂岩。因此，格陵兰东部陆架生储盖组合为前裂谷期生储盖组合和裂谷期生储盖组合。

1. 前裂谷期生储盖组合

格陵兰东部陆架前裂谷期生储盖组合中，烃源岩为上石炭统 Lacustrine 页岩和上二叠统 Ravnefjeld 组页岩，储层为上二叠统碳酸盐岩，上覆的页岩为盖层。

2. 裂谷期生储盖组合

包括三套裂谷期生储盖组合。第一套为上生下储类型，烃源岩为上侏罗统 HÅreely 组和 Fossilbjerg 组海相泥页岩，储层为中侏罗统浅海砂岩，盖层为上侏罗统海相泥页岩。

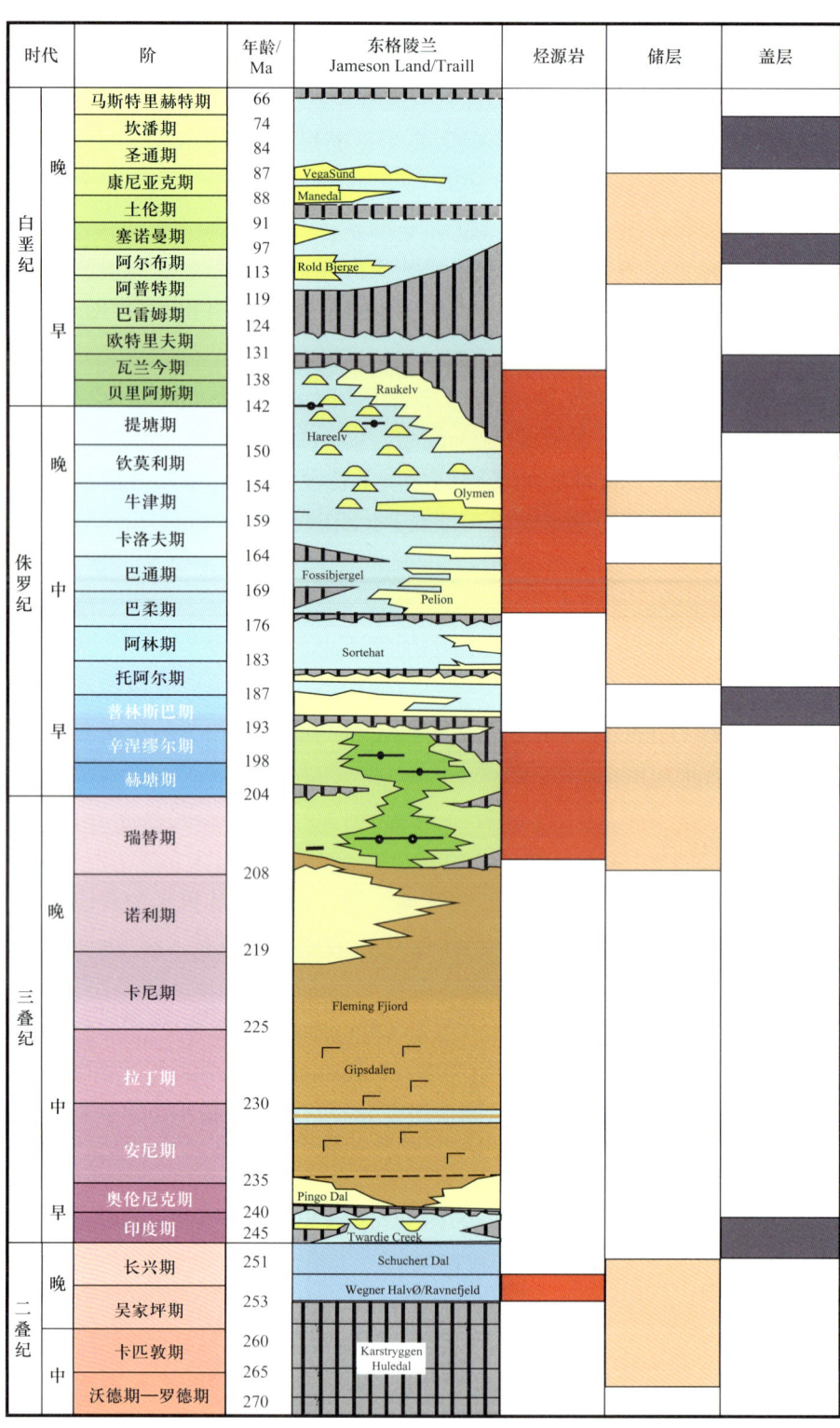

图 6-14 格陵兰东部陆架自二叠纪以来地层及主要生储盖组合（据 Avid Novitt，2008）

第二套为下生上储类型，烃源岩为上侏罗统 HÅreely 组和 Fossilbjerg 组海相泥页岩，储层为白垩系海相浊积砂岩，盖层是其间的泥页岩沉积。

第三套生储盖组合，烃源岩为下侏罗统 Kap Stewart 组三角洲相泥页岩，储层为下侏罗统 Kap Stewart 组和 Neill Klintner 组三角洲平原相砂岩及中侏罗统 Vardekløft 组的 Pelion 段和 Olympen 段浅海相砂岩，盖层为上侏罗统海相泥页岩。

五、油气资源量预测

美国地质调查局在 2000 年对格陵兰东部陆架进行了油气潜力评估（图 6-15）。后期因丹麦格陵兰地质调查局对格陵兰东部地区的研究，在获得新资料的基础上，美国地质调查局于 2007 年对格陵兰东部陆架重新进行油气潜力评估。评估过程中，将格陵兰东部陆架划分为北 Danmakshavn 盐盆、南 Danmarkshavn 盆地、Jameson Land 盆地、Jameson Land 盆地次火山区、Thetis 盆地、Greenland 东北部火山区和 Liverpool Land 盆地共 7 个构造单元，其中除了 Jameson Land 盆地和 Jameson Land 盆地次火山区没有进行定量评估外，其他盆地的油气资源都已经进行了定量的评估。据 USGS 预测，格陵兰东部被动大陆边缘盆地油气资源量约为 44.85×10^8 t（表 6-3）。

格陵兰东部陆架被认为具有丰富的油气资源，USGS 预计格陵兰东部陆架待发现的油田数量可以达到 250 个，其中最小的油田储量约为 20×10^6 bbl，储量介于 $32 \times 10^6 \sim 64 \times 10^6$ bbl 的油田数目最多，预计超过 60 个（图 6-16）。预计格陵兰东部陆架待发现的气田数量可以达到 50 个，最小的气田储量约为 120BCFG，储量介于 192～384BCFG 的气田数量最多，超过 14 个（图 6-17）。

图 6-15 格陵兰东部陆架断裂系统评估单元

表 6-3 格陵兰东部断裂盆地油气评估结果

油气系统总量（TPS）及评估单元（AU）	油气类型	未勘探能源总量								
		石油 /10⁶bbl			天然气 /10⁹ft³			凝析气 /10⁶bbl		
		F50	F5	平均值	F50	F5	平均值	F50	F5	平均值
石油 /10⁶bbl										
北 Danmarkshavn 盐盆 AU	油	1989	11793	3274	3827	26779	7255	264	2123	570
	气				23820	107409	32756	2284	10730	3237
南 Danmarkshavn 盆地 AU	油	3228	13996	4384	6325	32081	9700	449	2603	761
	气				19344	83621	26251	1844	8362	2598
格陵兰东北部火山区 AU	油	0	2757	497	0	6212	1105	0	492	87
	气				0	16551	3003	0	1651	297
Thetis 盆地 AU	油	0	2095	537	0	4908	1184	0	397	93
	气				0	12489	3206	0	1251	317
Liverpool Land 盆地 AU	油	0	1122	209	0	2528	464	0	200	37
	气				0	6740	1255	0	672	124
Jameson Land 盆地 AU	油	未定量评估								
	气									
Jameson Land 盆地亚火山伸展区 AU	油	未定量评估								
	气									
常规能源总数				8901			86179			8121

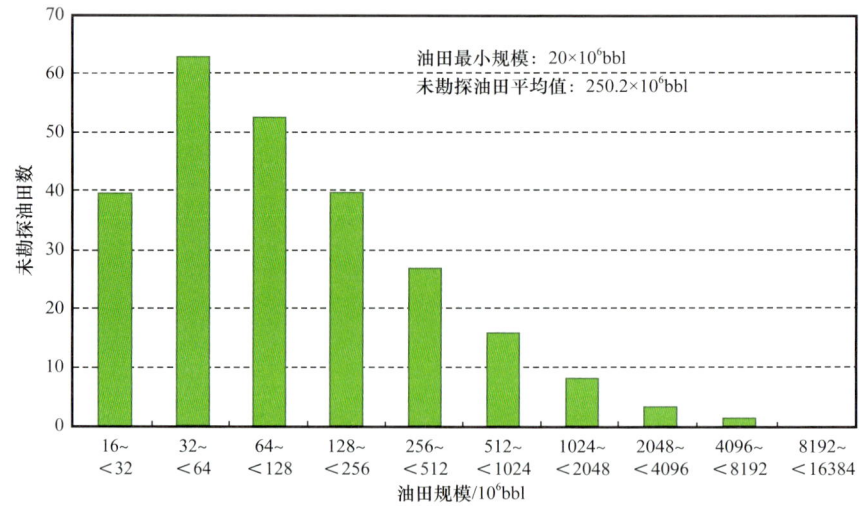

图 6-16 格陵兰东部陆架断裂系统预测的待发现油田规模分布图

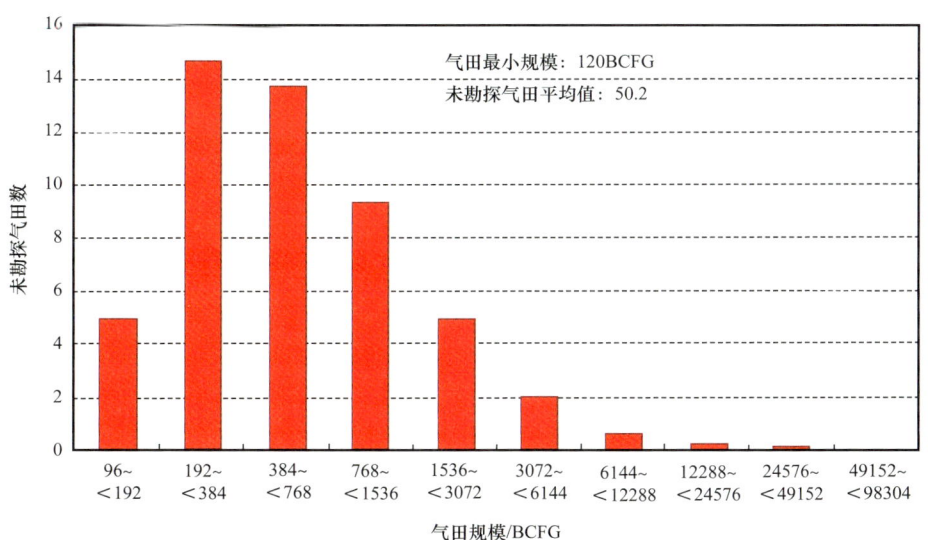

图 6-17 格陵兰东部陆架预测的待发现气田规模分布图

第七章 北美东缘陆架

第一节 概 况

一、地理位置

在地理位置上,北美东部大陆边缘大部分位于美国和加拿大东海岸,由南到北从美国佛罗里达州北部到加拿大纽芬兰群岛东部,少部分位于加拿大东北海岸,向北直至巴芬湾盆地(图7-1)。北美东部大陆边缘盆地群分为东北部和东南部两部分:东北部走向为北西—南东,由北到南主要为巴芬湾盆地(Baffin Bay Basin)及其东南的拉布拉多盆地(Labrador Basin);东南部走向为北东—南西,主要为阿巴拉契亚山脉以东的部分,由北到南主要为孤儿盆地(Orphan Basin)、大浅滩盆地(GrandBanks Basin)、斯科舍盆地(Scotian Basin)和乔治海岸盆地(George Coast Basin)。

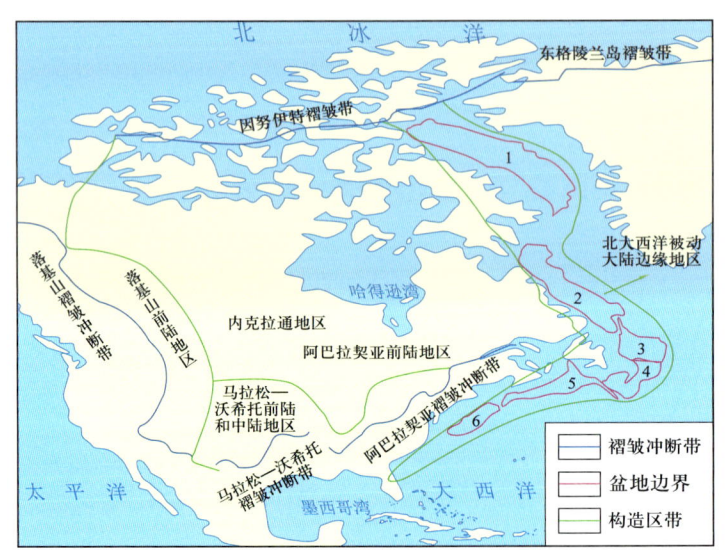

图7-1 北美东部大陆边缘盆地位置图

1—巴芬湾盆地;2—拉布拉多盆地;3—孤儿盆地;4—大浅滩盆地;5—斯科舍盆地;6—乔治海岸盆地

二、气候及其他特征

北美东部大陆边缘气候复杂,热带雨林气候、热带季风气候、温带季风气候、冬季严寒的副寒带气候以及冰原气候、温带海洋性气候、地中海式气候和热带沙漠气候等,应有尽有。其气候与纬度、地形等密切相关。

三、勘探概况

相对于北美克拉通西部的落基山前陆盆地、东部的阿巴拉契亚前陆盆地及南大西洋两岸被动大陆边缘盆地，目前，北美东部大陆边缘盆地大油气田数量发现最少。绝大多数盆地至今仍未有商业性油气流发现，仅个别盆地获得了较大油气发现。如加拿大东海岸的大浅滩盆地与斯科舍盆地，已发现了 Hibernia 和 WhiteRose 大油田（Miall 和 Balkwill，2019）。

如斯科舍盆地勘探面积 $20×10^4km^2$，经历了多期裂陷，发育厚层沉积地层，盐构造较为发育，其中圣女贞德凹陷是主要的油气聚集区，截至目前共有 27 个发现，其中 26 个位于 Sable 次盆，以天然气为主。随着勘探程度的不断增加，近几年的勘探范围由圣女贞德凹陷已扩大至北东方向的佛兰德隘口凹陷和正北方向的孤儿盆地等深水及超深水区，未来仍具有可观的勘探潜力。

斯科舍盆地西南的乔治海岸盆地至今未获得油气发现，烃源岩研究结果表明该盆地仍具有一定的生烃潜力，其厚层盐岩层系勘探潜力较大。但包括拉布拉多盆地在内的东海岸盆地的油气勘探前景好，勘探潜力大。

四、勘探历程

20 世纪 50 年代末—60 年代初发现了"海上黄金带"。特别是加拿大东海岸的深水及超深水区，大浅滩盆地和斯科舍盆地获得了较大油气发现。从 20 世纪 60 年代中期到 21 世纪初，其石油和天然气产量都在增加，之后都有所降低。

在斯科舍盆地深水及超深水区，1969 年首次实现了 Onondaga 的商业发现。1973 年，发现了最大的 Cohasset 油田。1979 年，发现了最大的 Venture 气田，储量为 $1521×10^9ft^3$。斯科舍盆地 Alma 气田是 1983 年发现的，由生长断层和深部盐岩构造形成的大型断层翻转背斜构造构成。储层为 Missisauga 组，天然气储量为 $67.64×10^6bbl$ 油当量。该盆地 Annapolis G-24 气田是 2002 年在 Missisauga 构造上发现的，储层为 Missisauga 组，Tha Annapolis G-24 圈闭是一个背斜特征的浊积扇复合体。该盆地 Arcadia 气田是 1983 年在 Mic Mac 构造上发现的，储层为 Mic Mac 组，天然气储量为 $166.67×10^6bbl$ 油当量。截至 2013 年 10 月，斯科舍盆地共有 100 口油气井，其中包括 66 口气井、26 口油井、8 口油气井，累计产油 $190.8×10^6bbl$，产气 $1850.9×10^9ft^3$；该盆地已发现的总油气储量为 $1392×10^6bbl$ 油当量，油储量为 $152×10^6bbl$，天然气储量为 $7442×10^9ft^3$。

截至 2013 年 10 月，北美东部大陆边缘盆地在深水及超深水区的大浅滩盆地，圣女贞德凹陷是主要的油气聚集区，已发现了 Hibernia 和 WhiteRose 大油田。随着勘探程度的不断增加，近几年的勘探范围，由圣女贞德凹陷已扩大至北东方向的佛兰德隘口凹陷和正北方向的孤儿盆地等其他深水及超深水区。

第二节 构 造

一、构造演化特征

北美东部边缘在古生代主要发生俯冲、增生和挤压碰撞活动,发育一系列冲断层。晚古生代阿勒格尼—华里西造山运动为最后一期碰撞活动,该运动导致北美和非洲板块拼接并形成了泛大陆,同时板块的拼接碰撞造成北美陆块的抬升剥蚀作用。在中—新生代主要经历了陆内裂谷—陆间裂谷—被动大陆边缘的演化过程(图7-2)。

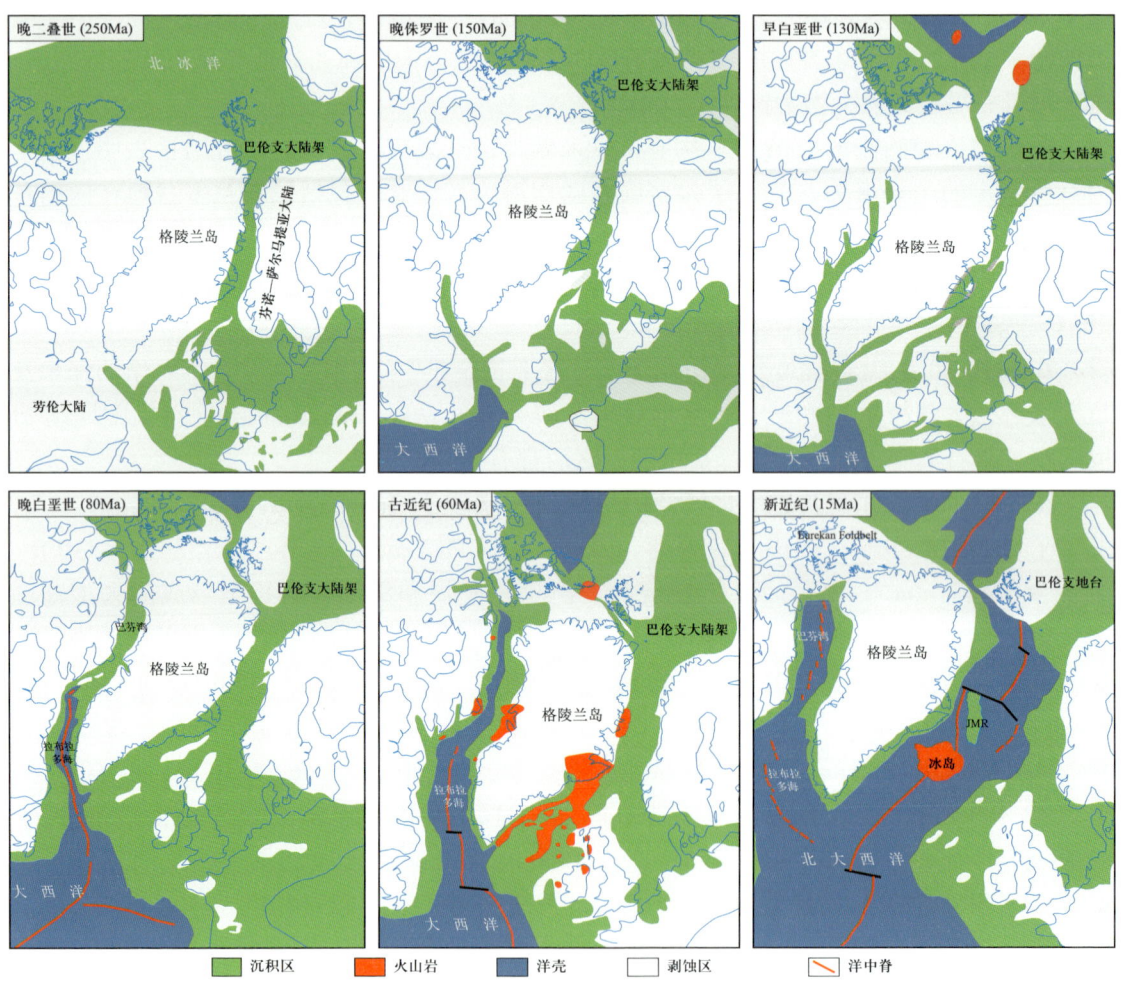

图7-2 北大西洋晚二叠世—新近纪演化特征图(据卢景美等,2014)

大西洋的演化是和泛大陆(Pangea)解体、海底扩张密切相关的。初始动力是地幔软流圈上涌,形成上地幔隆起,引起地壳热扩张和产生拉张断陷,形成陆内裂谷,随着裂离活动的继续，导致海底扩张，洋壳出现。中大西洋洋壳形成最早，发育于晚三叠世至晚侏罗世；南大西洋洋壳在白垩纪形成；北大西洋洋壳形成最晚。

北大西洋构造演化可以划分为三个阶段，分别为二叠纪陆内裂谷阶段、三叠纪—早白垩世同裂谷和热沉降阶段、晚白垩世至今大洋扩张（图7-2）。

1. 前中生代构造演化

前寒武纪末期至寒武纪，古大西洋处于扩张状态。北美东部边缘从奥陶纪—二叠纪经历了聚敛和碰撞活动。早奥陶世，古大西洋的范围逐渐缩小；晚奥陶世，Rheic洋迅速扩张；晚志留世，由于阿瓦龙地体向西俯冲，Rheic洋的范围不断缩小，并在石炭纪—二叠纪逐渐消失；阿瓦龙地体不断向西运动，与北美东部发生碰撞，不但在东部边缘形成了明显的拉张和走滑构造，而且也发育重要的褶皱冲断带，如阿巴拉契亚盆地和沃希托前陆盆地（图7-3）。

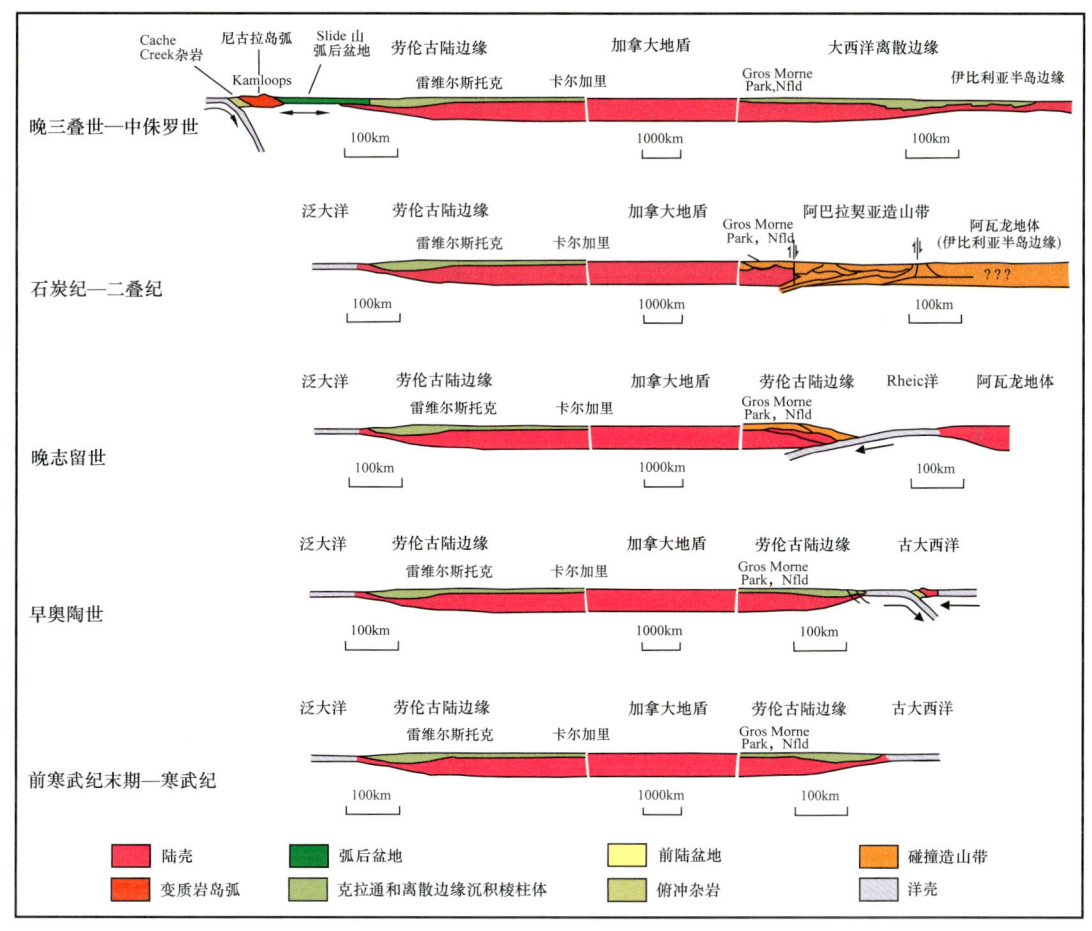

图7-3 加拿大东西向区域构造演化示意图（据Miall等，2008；聂国权等，2021）

早二叠世，北方的劳亚大陆（Laurasia）与南方的冈瓦纳大陆在北美大陆东南缘发生碰撞造山形成泛大陆（Pangea），各陆块向赤道汇聚，大部分区域为陆相沉积，浅海范围缩小，主要为局限海沉积。格陵兰处于泛大陆的北端，以陆相沉积为主，巴伦支陆架区为浅海碳酸盐岩沉积（Torsvik 等，2009）。

晚二叠世，东格陵兰和挪威陆架发育初始裂谷，海水进入盆地。北海地区处于次赤道附近，为干旱环境，发育受限二叠盐盆。

在晚古生代至早中生代时期，东部格陵兰盆地沉积了湖相、蒸发岩相和海相地层。

2. 三叠纪—早白垩世裂谷和热沉降阶段

受北美板块与非洲板块、欧亚板块裂开的影响，晚三叠世的北美东部大陆边缘开始发育裂谷盆地，广泛沉积盐岩。裂谷带发展形成长条凹陷，最初接受干旱陆相沉积，后被海水淹没而接受海相沉积。北美东海岸晚三叠世的蒸发岩显示了分离作用。北美东缘的沉积特征反映了从断裂发展为裂谷盆地，之后洋壳张开，发展为被动陆缘盆地的演化过程。

晚三叠世，由于北西—南东向区域性的伸展作用，北美东部、欧洲西部（如挪威陆架和伊比利亚半岛）、西北非（如摩洛哥）和南美北部开始形成不对称的裂谷盆地，先存挤压构造发生活化。在伸展作用初期，裂谷盆地规模较小，随着伸展作用的持续进行，边界断层的生长连接，裂谷盆地规模逐渐扩大。

侏罗纪—白垩纪，北美东部大陆边缘东南部依次与西北非和伊比利亚半岛发生分离（图 7-4），中大西洋逐渐扩张。北美东部大陆边缘东南部不同部位盆地由于经历了不同的构造演化和沉积充填过程，地质结构具有较大的差异（聂国权等，2021）。

北美大陆东南部边缘南段盆地整体规模不大（图 7-5），沉积地层相对较薄，主要为北东走向，边界断层断面东倾，表现为半地堑结构。从陆到海，盆地裂陷期地层厚度逐渐减薄，裂后期地层逐渐增厚，且地壳厚度逐渐减薄。陆上盆地由于早侏罗世持续的挤压抬升作用，裂陷期地层剥蚀程度较高，加上裂后热沉降作用有限，受海侵作用影响较小，裂后期地层较薄；海域盆地与陆上盆地一样，由于早侏罗世的挤压抬升作用，裂陷期地层剥蚀程度较高，但随着洋壳的形成及中大西洋的逐渐扩张，海域盆地遭受海侵并开始沉积巨厚的裂后期地层。向东延伸至大陆坡区域，盆地发育向海倾斜的反射序列，表现为火山型被动陆缘的特征。

北美大陆东南部边缘中段盆地群，主要发育北东向控盆断层，裂后期发育反转构造，剥蚀程度较高，由陆向海，裂后期地层逐渐发育，厚度逐渐增大，地壳厚度逐渐减薄。

北美大陆东南部边缘中段盆地裂陷期地层整体分布范围和厚度均有所增大。陆上盆地如纽瓦克盆地和芬迪盆地，发育巨厚的晚三叠世—早侏罗世裂陷期地层，早—中侏罗世由于挤压抬升作用，地层剥蚀程度较高，海底扩张阶段由于未遭受海侵和构造沉降作用（图 7-4），基本不发育裂后热沉降期地层；海域盆地如乔治海岸盆地，裂陷期地层和陆上盆地一样，剥蚀程度较高，但由于裂后热沉降及大规模海侵作用的影响，盆地发育厚层海相页岩、碳酸盐岩及海相砂岩等，最大厚度超过 10km（Wade 等，1990）。中部偏北盆地（如斯科舍盆地）发育上三叠统—下侏罗统盐岩层和厚层海相页岩，盐构造和页岩构造极为发育。

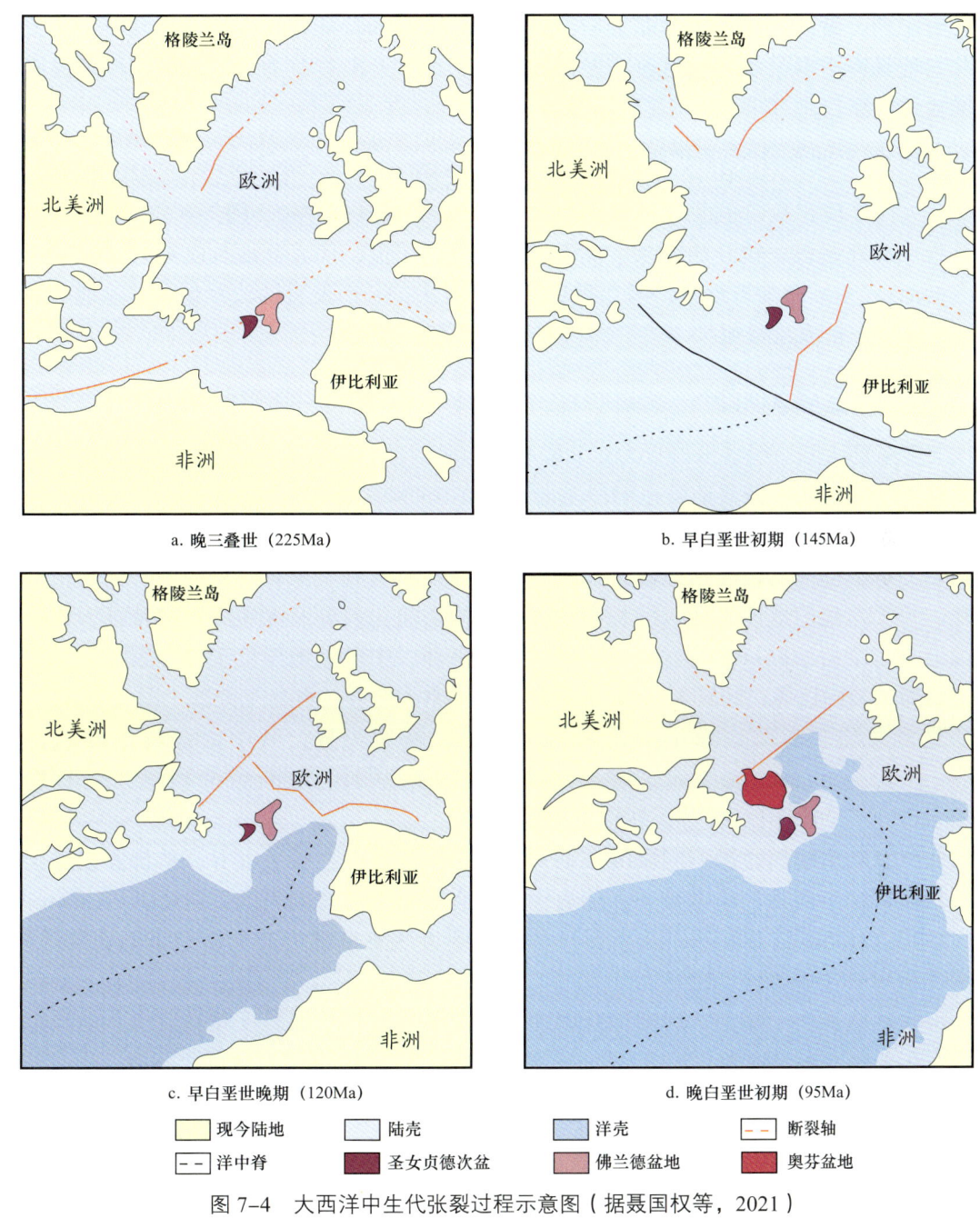

图 7-4 大西洋中生代张裂过程示意图（据聂国权等，2021）

北美东部大陆边缘北段盆地受裂陷期强烈的伸展变形作用及裂后期热沉降作用的叠加影响，盆地范围进一步扩大，沉积地层厚度也进一步增大。北段盆地以海域盆地为主，以大浅滩盆地为例，盆地发育巨厚的侏罗系—下白垩统，基底面最大埋深超过20km，受多幕断陷和盐构造作用的影响，盆地构造特征较为复杂。从大陆架至大陆坡，盆地沉积地层厚度明显减薄，地壳厚度逐渐减薄，向东延伸至大陆坡区域，下地壳未见向海倾斜的反射序列，盆地边缘表现为非火山型被动大陆边缘的特征。从南到北，北美东部大陆边缘盆地具有由窄裂谷逐渐过渡为宽裂谷、由半地堑逐渐过渡为地堑、伸展作用强度逐渐增加的特征。

3. 晚白垩世至今大洋扩张

北大西洋段在晚白垩世到新近纪期间发育两个分支（图7-2、图7-4），"西支"为格陵兰板块和北美板块拉开的结果，洋壳出现在晚白垩世，代表盆地有巴芬湾盆地和西格陵兰盆地；"东支"为古近纪格陵兰板块和欧洲板块拉开而发育的法罗设得兰盆地、挪威陆架盆地和东格陵兰盆地。

二、构造单元划分

北美东部大陆边缘盆地群分为东北段和东南段两部分。本节仅讨论后者。

北美东部大陆边缘盆地群东南段主要分布在30°N—70°N，沿大陆边缘北东走向绵延超过3000km（Withjack等，2012；聂国权等，2021），盆地数多达17个。

北美东南部大陆边缘盆地群是在阿巴拉契亚褶皱基底上发育起来的中—新生代伸展盆地。基于盆地的地质结构、沉积充填规律、构造演化差异及深大断裂带特征，该盆地带可分为三个盆地群：南段盆地群位于美国东南部，中段盆地群位于美国东北部及加拿大东南部（聂国权等，2021），北段盆地群位于加拿大纽芬兰群岛东南部（图7-5）。

北美大陆东南部边缘不同段之间以区域性断裂为界，其中南段与中段的边界为BrevardBowenCreek断裂带，中段与北段的边界为米纳斯断裂带和纽芬兰断裂带（Withjack等，2012；Leleu等，2016）。

北美大陆东南部边缘不同段的被动大陆边缘性质也存在较大差异，从佛罗里达州北部到新斯科舍南部为火山型被动大陆边缘，具有明显的向海倾斜的反射序列（Lizarralde等，1997；Geoffroy，2005）；从新斯科舍北部到大浅滩东部为非火山型被动大陆边缘，不发育SDRs（Geoffroy，2005）。

南段盆地多位于陆上，后期抬升剥蚀作用最强，沉积地层厚度相对较小，盆地宽度较窄，在平面上多表现为"长条形"；中段盆地次之，而北段盆地多位于海域，受多幕裂陷作用的影响，沉积地层厚度较大，后期改造作用程度相对较低，盆地范围较大。

三、构造特征

北美大陆东南部边缘盆地是在阿巴拉契亚褶皱基底上发育的伸展盆地，形成始于晚三叠世，伴随着中大西洋由南向北呈剪刀式开启并不断扩张，整体经历了陆内裂谷—陆间裂谷—被动大陆边缘的过程，属于典型的被动大陆边缘盆地。但北美东部大陆边缘不同部位盆地的构造演化表现出明显的差异性，具有显著的构造迁移特征，如东南边缘。

晚三叠世，受北西—南东向区域性伸展作用的影响，东南部边缘发育一系列走向北东的正断层，此时沉降中心主要集中在南段，而北段盆地构造活动强度最弱。

图 7-5　北美大陆东南部边缘盆地群分布图（据 Withjack 等，2012；Dafoe 等，2017；聂权国等，2021）

晚三叠世末—早侏罗世初，南段盆地构造应力发生变化，由伸展作用变为挤压作用，盆地发育正反转构造，并发生抬升剥蚀作用，此时中段和北段盆地伸展强度开始逐渐增大。

早侏罗世初，大西洋岩浆活动省开始发育，南段盆地边缘海底开始逐渐扩张，表现为持续的抬升剥蚀作用，剥蚀范围进一步扩大；而中段和北段盆地由于持续伸展，盆地范围进一步扩大，此时沉降中心由南段逐渐迁移至中段。

早侏罗世—中侏罗世早期，南段盆地持续抬升遭受剥蚀，盆地边缘海底不断扩张，中段和北段盆地伸展强度不断增大，沉降中心仍集中于中段。中侏罗世早期，由于强烈的伸展变形作用，中段盆地大陆开始裂解，西北非和北美逐渐分离，海底开始逐渐扩张。

侏罗纪，北大西洋洋壳自南向北形成。到早白垩世初期，洋壳已扩张到斯科舍盆地以北，斯科舍盆地、大浅滩盆地受裂谷后期沉降作用，发展成为被动陆缘盆地，此时的奥芬盆地和相邻小盆地仍为裂谷系列。白垩纪是纽芬兰地区东边的洋壳形成的阶段，也是欧洲与北美分离的阶段。新生代，格陵兰与北美开始分离，洋壳的张开使拉布拉多盆地和西格陵兰盆地从白垩纪的裂谷盆地发展为被动陆缘盆地。

中—晚侏罗世，南段和中段盆地边缘海底不断扩张，盆地发生抬升剥蚀作用，北段盆地伸展作用持续进行，此时沉降中心由中段盆地迁移至北段。

中侏罗世—早白垩世早期是北段盆地主要形成期，该时期盆地沉降速率显著增大。由于持续的伸展变形作用，早白垩世晚期，伊比利亚半岛和北美逐渐分离，海底开始扩张。至此，北美和西北非、北美和伊比利亚半岛彻底分离，中大西洋开始不断扩张，北美东部大陆边缘盆地群整体进入区域性的热沉降阶段（聂国权等，2021）。

构造演化的差异性、迁移性和分段性是北美东部大陆边缘盆地群的基本特征。南部以丹维尔盆地和泰勒斯维尔盆地为例，表现为"西断东超"的半地堑结构，构造演化过程分为两个阶段，分别为晚三叠世早期的强烈裂陷期和晚三叠世末期之后的抬升剥蚀期，至今仍处于暴露剥蚀阶段。晚三叠世早期由于强烈的伸展作用，丹维尔盆地和泰勒斯维尔盆地发育巨厚的上三叠统，晚三叠世末期受挤压应力作用，发育反转构造，盆地遭受持续的抬升剥蚀作用，上三叠统剥蚀程度较高，盆地范围不断缩小。现今残余盆地表现为"长条形"形态。

北美东部大陆边缘盆地的中段，以纽瓦克盆地和芬迪盆地为例，纽瓦克盆地位于中部南段，芬迪盆地位于中部北段。盆地的构造演化与南段相比具有诸多相似性，均为西断东超的半地堑结构，均经历了早期断陷和晚期抬升剥蚀阶段，但构造演化的时间节点存在较大差异。盆地主要经历了晚三叠世—早侏罗世裂陷期和中侏罗世之后的抬升剥蚀期，主要成盆期为晚三叠世末期—早侏罗世。中侏罗世之后由于海底扩张，区域构造应力发生改变，盆地遭受强烈的抬升剥蚀作用，盆地范围不断缩小，但整体规模要大于南段盆地，剥蚀程度弱于南段盆地，上三叠统和下侏罗统厚度和展布范围均大于南段盆地。

四、区域沉积特征

构造活动控制着盆地的沉积充填。受北西—南东向区域性伸展作用的影响，北美大陆东南边缘盆地发育一系列北东向和近东西向正断层，但由于不同段盆地的构造演化存在明显的穿时性和非均一性，由构造活动所控制的沉积充填特征也表现出明显的差异性。

依据野外露头、钻井和地震资料等多项资料（聂国权等，2021），北美东部大陆边缘盆地主要发育前三叠系基底、上三叠统、侏罗系、白垩系和新生界，整体经历了从陆相到海相的过程。但不同段盆地的地层发育具有明显差异。

北美大陆东南部边缘南段盆地以乔治海岸盆地为典型盆地，结合野外露头及钻井资料证实南段盆地主要发育前三叠系褶皱基底和上三叠统河湖相—湖沼相地层，其中上三叠统中—下部主要发育浅水湖相泥岩和湖沼相煤层，上三叠统中—上部主要发育红色河流相碎屑岩和浅水湖相泥岩。

北美东部大陆边缘中段盆地以斯科舍盆地为典型盆地（图7-6），其沉积充填特征和南段相比略有差异，中段偏南盆地主要发育前三叠系基底、上三叠统和下侏罗统，上

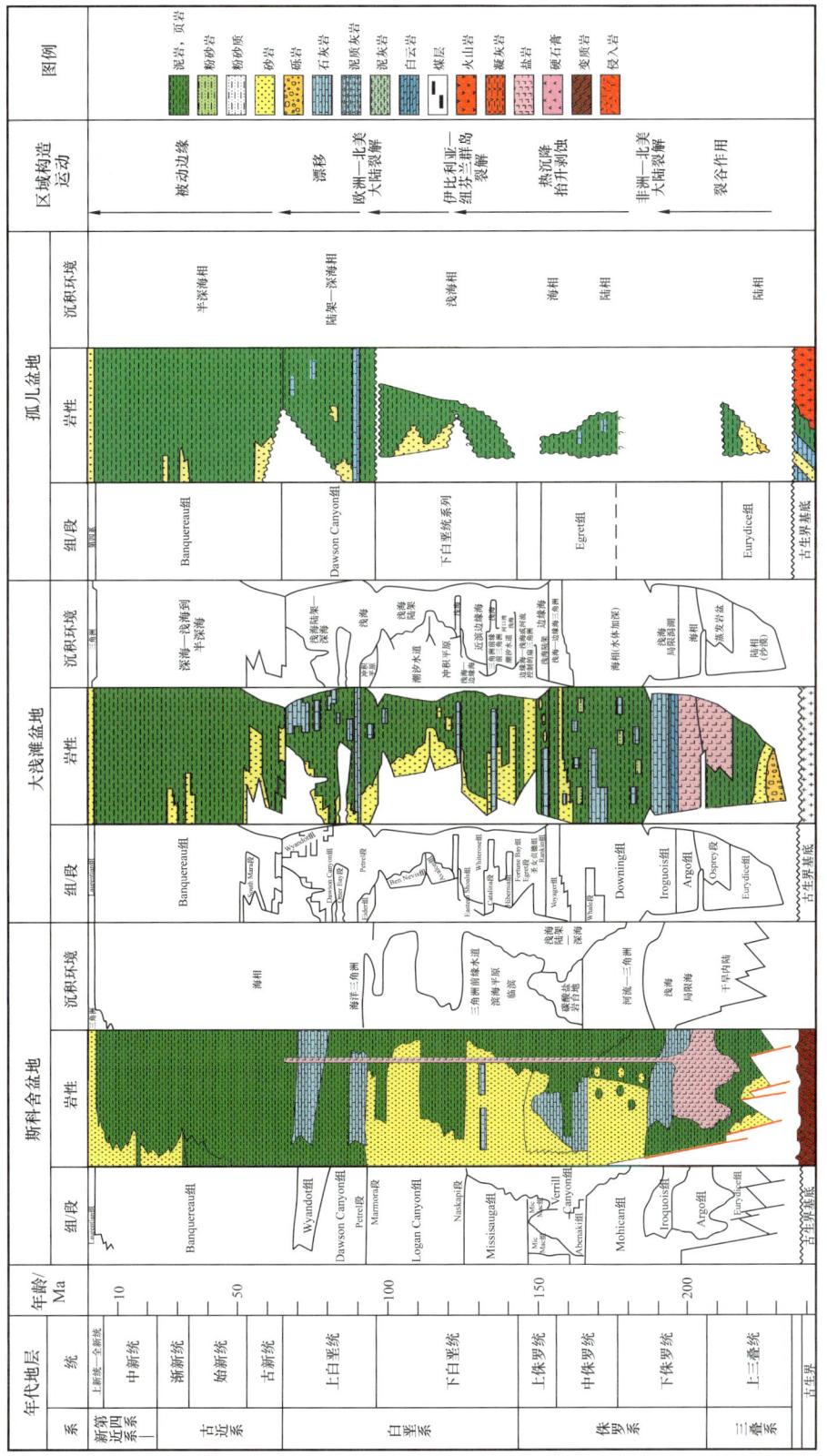

图 7-6 北美大陆东南边缘盆地综合地层对比（据聂国权等，2021）

三叠统以红色河流相碎屑岩和浅水—深水相泥岩为主，下侏罗统分布范围较窄，露头显示上三叠统顶部红色河流相碎屑岩与下侏罗统底部暗色泥岩之间岩性差异较为明显。中段偏北盆地上三叠统—第四系均有发育，晚三叠世受由北向南海侵作用的影响，中段偏北盆地上三叠统—下白垩统主要为蒸发岩及海相碳酸盐岩和泥岩夹层。早侏罗世早期，由于中段大陆裂解，盆地进入区域性热沉降阶段，以发育海相碳酸盐岩和泥岩为基本特征。

相比于北美东部大陆边缘南段和中段盆地，以大浅滩盆地和孤儿盆地为北段的典型盆地，其地层系统较为复杂，发育前三叠系基底和上三叠统—第四系，与南部和中部一样，北部盆地上三叠统为河湖相沉积，钻井和地震资料表明，北部盆地从南向北上三叠统分布范围逐渐变小。晚三叠世—早侏罗世，受由北向南海侵作用的影响，大浅滩盆地广泛发育 Argo 组盐岩和下侏罗统 Iroquois 组石灰岩和白云岩。中—晚侏罗世至早白垩世早期盆地主要为海陆过渡相—浅海相沉积，以三角洲相砂岩和浅海相泥岩为主；早白垩世晚期至今，盆地主要为浅海陆架—半深海相沉积，以海相砂岩和泥岩、海相碳酸盐岩为主（图 7-6）；新生界 Banquereau 组海相泥岩在北段广泛分布，标志着北美东部大陆边缘北部盆地已进入区域性热沉降阶段。

北美东部大陆边缘从南向北不同部位盆地的构造演化史不同，存在明显差异。

南段盆地形成于晚三叠世，晚三叠世末期之后由于持续的抬升剥蚀作用，几乎未发育侏罗系，仅形成了上三叠统底界不整合面（聂国权等，2021）。

中段盆地群约形成于中—晚三叠世，但中部南部和北部不整合面的发育也存在差异。早侏罗世初期（约 200Ma），由于大西洋中部岩浆活动省（CAMP）的作用，中段盆地广泛发育一套岩浆岩，覆于下三叠统之上，可作为明显的标志层。中段偏南盆地主要发育上三叠统底界和侏罗系底界不整合（图 7-7）。中段偏北以斯科舍盆地为典型代表，主要发育上三叠统底界不整合、侏罗系底界不整合、白垩系底界不整合，地震剖面显示白垩系底界不整合面下削上超的特征较为明显。

北段盆地群以大浅滩盆地和孤儿盆地为代表，约形成于晚三叠世卡尼期—诺利期，主要发育上三叠统底界、侏罗系底界、阿普特阶底界和新生界底界不整合（图 7-7），其中阿普特阶底界不整合为北段盆地区域性破裂不整合面。地震资料显示阿普特阶底界和新生界底界上超下削的特征较为明显（Welsink 等，2012；Dafoe 等，2017）。

结合上述区域性不整合面的发育特征，可将北美东部大陆边缘东南部不同部位盆地划分为多套构造层（聂国权等，2021）。

东南部南段盆地地层结构较为简单，以上三叠统底部不整合面为界，将南段盆地划分为两套构造层：不整合面之下为前断陷期基底构造层，以古生界褶皱基底为主，不整合面之上为上三叠统构造层。

东南部中段偏南盆地发育上三叠统底界和侏罗系底界不整合，由此将盆地划分为 3 套构造层：分别为前断陷期基底构造层，上三叠统构造层和下侏罗统构造层。上三叠统沉积期盆地伸展作用强度不大，以河湖相沉积为主，而下侏罗统沉积期伸展活动明显增

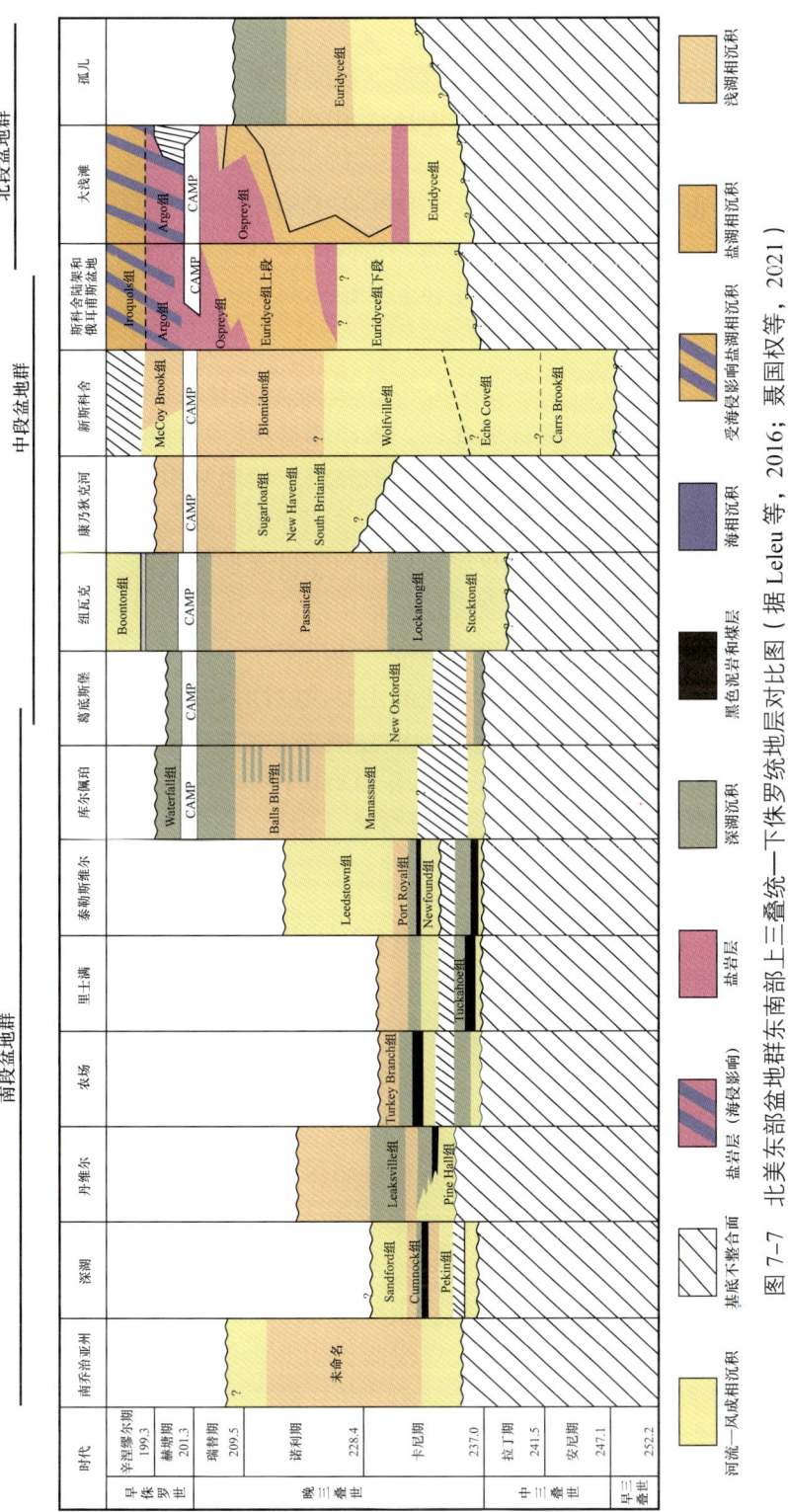

图 7-7 北美东部盆地群东南部上三叠统—下侏罗统地层对比图（据 Leleu 等，2016；裘国权等，2021）

强,以浅水—深水湖相沉积为主,多发育暗色泥岩,与下伏上三叠统红色碎屑岩呈不整合接触。

东南部中段偏北盆地发育上三叠统底界、侏罗系底界和白垩系底界不整合,盆地可划分为 4 套构造层:分别为前断陷期基底构造层、上三叠统构造层、侏罗系构造层及白垩系—新生界构造层。

东南部北段盆地地层结构最为复杂,发育上三叠统底界不整合、侏罗系底界不整合、阿普特阶底界不整合和新生界底界不整合,由此将盆地划分为 5 套构造层:分别为前断陷期基底构造层、上三叠统构造层、侏罗系—阿普特阶构造层、阿普特阶—上白垩统构造层及新生界构造层。

北美东部大陆边缘不同部位盆地构造—地层层序的划分具有明显的差异。

北美东部大陆边缘盆地东南部的北段,大浅滩盆地沉积地层较厚,断裂和盐构造较为发育,油气资源丰富,是近几年油气勘探的热点。盆地的构造演化与中部和南部相比差异较大。与东南部南段和中段盆地群一样,盆地开始于晚三叠世末期,经历了晚三叠世末期—早白垩世早期多幕裂陷演化阶段及早白垩世晚期之后的裂后热沉降阶段。晚三叠世—早侏罗世,由于沉降中心由南段迁移至中段,北段大浅滩盆地构造活动最弱,沉积地层厚度相对较薄;中侏罗世—早白垩世早期沉降中心迁移至北段,此时大浅滩盆地伸展强度显著增强,该时期是大浅滩盆地的主要成盆期;早白垩世晚期,由于东南部北段盆地大陆海底开始扩张,盆地构造活动明显减弱,盆地逐渐进入区域性热沉降阶段;早白垩世晚期—晚白垩世大浅滩盆地大陆分别与伊比利亚半岛和不列颠群岛发生分离,由此形成了阿普特阶底界破裂不整合及新生界底界不整合。

第三节　地层与沉积相

本节仅以斯科舍盆地沉积地层和沉积为例,阐述北美东部大陆边缘地层和沉积相。

一、地层

晚三叠世—早侏罗世,北西—南东向延伸的伸展影响了斯科舍地区,形成地堑—半地堑(图 7-8)。自早侏罗世,斯科舍盆地作为被动陆缘盆地开始沉降。与前积三角洲体系相关的高沉积速率引起了贯穿盆地底部的大型铲状断层。尽管构造上属于被动,但斯科舍盆地广泛受到盐运动幕变形的影响。斯科舍盆地内晚三叠世沉积的盐岩在之后的被动陆缘沉降过程中发生盐运动,形成大规模的盐构造,并伴随有大量断层形成。盆地的盐构造发育,主要为盐丘。在盐构造运动中,盐丘被挤入上覆地层,岩底辟刺穿侏罗系甚至白垩系。

斯科舍盆地沉积序列中,包含从三叠纪至今的巨厚沉积。

在三叠纪末期,沉积了陆相的红色砂岩、砂泥岩和页岩(图 7-9),同时在较深的地

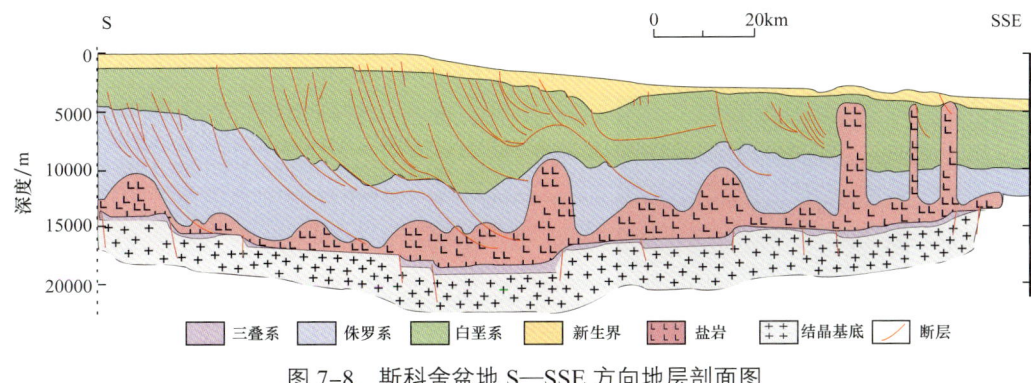

图 7-8 斯科舍盆地 S—SSE 方向地层剖面图

堑里沉积了盐岩（阿尔戈组）。裂谷晚期的碳酸盐岩（易洛魁组）形成于北美与非洲板块完全分离之前海侵时的浅海斜坡上（Adams，1987）。

自早侏罗世，斯科舍盆地开始沉降，近岸沉积大量砂岩，远岸沉积碳酸盐岩和泥岩。晚侏罗世，西部的局部隆起导致了具有重要意义的向南推进的前积三角洲，包括密西沙加组。

晚白垩世三角洲沉积停止，被局部的碳酸盐岩沉积序列取代（怀安多特组）。白垩纪末期到古近纪，广泛的高位体系域时期到来，海岸线接近现今。随后开始了古近纪的海退和粗碎屑进积。

斯科舍盆地发育有古生代的变质岩基底，沉积有自晚三叠世至今的盖层。晚三叠世主要沉积有砂岩、泥页岩、盐岩。侏罗纪主要沉积有碳酸盐岩、砂岩、泥页岩。白垩纪主要沉积有砂岩、泥页岩、碳酸盐岩。新生代以来主要为砂岩、泥页岩沉积。

二、斯科舍盆地原型盆地演化

受北美板块与非洲板块分离的影响，自中三叠世—晚三叠世，沿加拿大新斯科舍省东部边缘一系列连通的盆地逐渐形成，经历了三叠纪早期的断裂体系到晚三叠世的裂谷盆地，到侏罗纪之后作为被动陆缘接受沉降，成为被动陆缘盆地的演化过程。

1. 基底（570—225Ma）

斯科舍盆地的基底包含晚前寒武世甚至更早的结晶岩、古生代的变质碎屑岩和沉积岩，主要属于古马地块地层单元。加拿大新斯科舍省地区离岸 200km 以内的中—新生代沉积盆地的基底都由古马（Meguma）岩层构成（PePiper 和 Jansa，1999）。北部的阿瓦隆岩层穿过圣劳伦斯通道扩展到了近海的新斯科舍陆架，Cobequid-Chedabucto 断层带标志着其与古马岩层的界线。

2. 裂谷期（235—187Ma）

斯科舍盆地在晚三叠世—早侏罗世为裂谷阶段。在三叠纪末期—侏罗纪早期，影响斯科舍地区张裂的应力是全球断裂活动的一部分，发生在北美—格陵兰岛板块和欧洲—

非洲板块，以大西洋的张开为结束标志，形成了纽芬兰以南的转换断层带（NTFZ）。

晚三叠世，在特提斯洋的开裂初期，欧律狄刻（Eurydice）组的砾岩和碎屑红层不整合沉积于基底之上。欧律狄刻组最开始沉积的是薄层底砾岩，接着是红褐色泥页岩、泥质粉砂岩，顶部偏石灰质。这些沉积物沉积于干旱陆相环境下。大规模的阿戈尔（Argo）组盐岩形成于较深的地堑中。阿戈尔组的标准剖面包含大量粗结晶质盐岩，夹薄层不纯盐岩、微红含白云石或硬石膏页岩、泥质白云岩。阿戈尔组盐岩分布广泛，在南部的斯科舍陆架和北部的大浅滩盆地都有发现。形成这一标志的原因是晚三叠世陆壳的裂开涉及斯科舍地区东北的大浅滩—伊比利亚地区地形屏障被打开，导致了最早的海水入侵，来自东边特提斯洋的海水大量涌入连通的裂谷盆地。由于更多的海相环境开始盛行，晚期裂谷盆地中易洛魁（Iroquois）组的碳酸盐岩开始在海侵形成的浅海斜坡上沉积，早于北美板块和非洲板块的完全分离。

3. 被动陆缘盆地期（187—0Ma）

斯科舍盆地在侏罗纪至现今为被动陆缘盆地。受被动陆缘的沉降影响，分为以下几个发育阶段。

1）早期的裂后盆地

自早侏罗世开始，斯科舍盆地开始作为被动大陆边缘沉降。莫西干（Mohican）组在近岸沉积大量砂岩，于向海的远岸同时沉积碳酸盐岩和

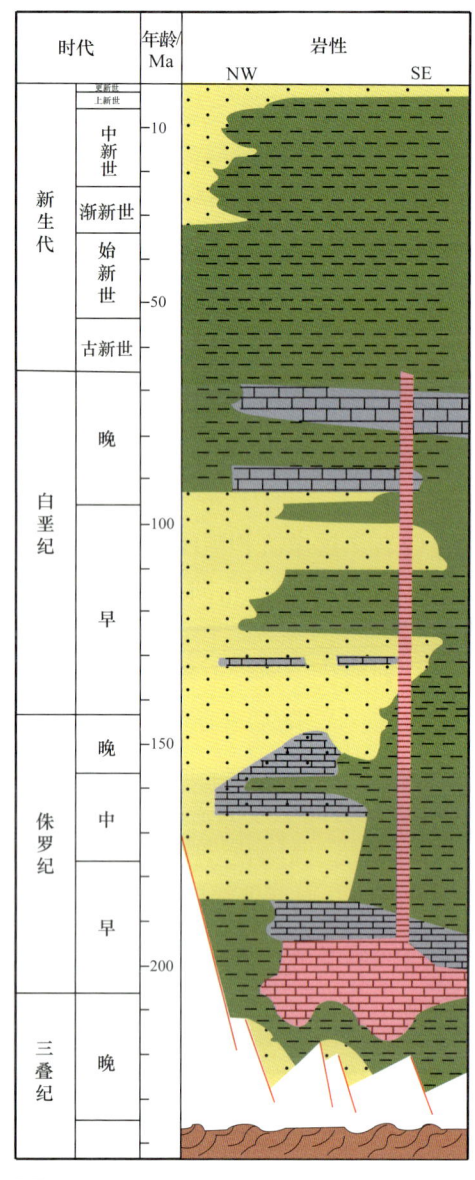

图7-9 斯科舍盆地综合柱状图

泥岩。阿布纳基（Abenaki）组的碳酸盐岩形成了中—晚侏罗世的北美东海岸。碳酸盐岩台地沿着拉阿沃地台的外缘延伸约500km。这个广泛存在的复合体常被归类为阿布纳基组碳酸盐岩礁滩。

2）三角洲

晚侏罗世，西部的局部隆起导致了向南进积的三角洲体系发育。米克马克（MicMac）组的沉积记录了位于塞布尔岛地区的第一个前积三角洲相。此时出现了不断增加的河流和同步推进的三角洲，形成了密西沙加（Missisauga）组的标志。砂岩以三角洲、河道、

滨海相的加积序列为特征，与沃瑞尔峡谷（Verrill Canyon）组的海相—前三角洲相页岩呈互层。

3）海进—海退单元

白垩纪中期出现的一系列海侵—海退旋回导致了三角洲—海相沉积序列的交替出现。最初的海侵标志是纳斯刻皮层（Naskapi Member）的海相页岩。之后，为复活的三角洲进积，具有代表意义的是洛根峡谷组（Logan Canyon）和道森峡谷组（Dawson Canyon）的滨海平原交替相。

晚白垩世，停止三角洲沉积，被局部的碳酸盐岩沉积序列（道森峡谷组）取代。在白垩纪末期至古近纪，海侵形成高位体系域，海岸线接近现今位置。

新近纪普遍存在海退和进积的粗碎屑。Banquereau组稳定单一的海相连续沉积贯穿整个古近系和新近系，后被劳伦系组（Laurentian）的粗碎屑所覆盖。

三、沉积相

以斯科舍盆地沉积相为例，阐述北美东部大陆边缘盆地的沉积相特征。

斯科舍盆地形成之后，经历了以下几个沉积阶段的演化：晚三叠世裂谷盆地的干旱陆相碎屑岩沉积，晚三叠世—早侏罗世海相盐岩沉积，早侏罗世碳酸盐岩台地相沉积，中侏罗世海相碳酸盐岩和三角洲相砂岩沉积，白垩纪开始的盆地沉降，导致海侵—海退旋回，形成的海相—三角洲相—陆相交替出现，甚至隆起剥蚀的岩相特征。

晚三叠世（220Ma），斯科舍盆地处于裂谷盆地形成初期，主要沉积有干旱陆相碎屑岩，在较深的地堑处（现今塞布尔坳陷）沉积有盐岩。

侏罗纪（165Ma），中侏罗世阿布纳基群（Abenaki）碳酸盐岩台地边缘向米克马克群三角洲碎屑岩沉积体系的快速转化。这一时期，塞布尔坳陷、劳伦系坳陷、谢尔本坳陷内主要发育三角洲相。碳酸盐岩台地北东—南西向延伸，属于北美东海岸碳酸盐岩台地的一部分。台地边缘在塞布尔坳陷和劳伦系坳陷的三角洲之间形似斜坡，在其他地方发育了经典的岸礁剖面。

早白垩世（125Ma），三角洲沉积在东部加强并集中在塞布尔坳陷，而到西部的谢尔本坳陷因沉积物源耗尽而中断。塞布尔坳陷的断裂基底和深埋的盐类、快速的沉积是促使同沉积断层发育和超压两个因素。

晚白垩世（95Ma），大西洋的打开和全球性的海侵在斯科舍盆地内的体现是：盆地没有三角洲相和河流相沉积，主要为浅海相砂泥岩、碳酸盐岩。

始新世（40Ma），海侵形成的高位体系域使得斯科舍盆地内主要沉积稳定单一的海相泥岩、页岩，古近纪一直保持此沉积特征。

中新世（15Ma）海退旋回导致斯科舍盆地内再次出现三角洲相，三角洲砂岩沉积不断向东南推进。至晚中新世，海平面下降引起了新斯科舍省边缘的暴露和剥蚀（恰特阶不整合）。

自第四纪开始，受海侵影响，斯科舍盆地再次全部被海水淹没，接受海相沉积。

第四节 石油地质特征

一、烃源岩

晚侏罗世—早白垩世是北大西洋重要的烃源岩发育期。北大西洋裂谷发育阶段多期的海侵特征决定了其沉积盆地的海相烃源岩特征（张功成等，2011）。

北美东部陆缘发育了多套烃源岩，上侏罗统到上白垩统中均有分布（图7-10），岩性以页岩和泥岩为主，但也不乏石灰岩、粉砂岩和煤等。不同盆地，其主力烃源岩不尽相同，同一地层年代的烃源岩的岩性也可能不同。但是根据对区内多个油气田的资料分析表明，区内最主要的主力烃源岩有3套，分别为上白垩统、上侏罗统—上白垩统和上侏罗统。上侏罗统海进期的海相泥岩、泥灰岩和石灰岩在北大西洋各盆地广泛分布，也是在已发现油田中贡献比较大的一套优质烃源岩。

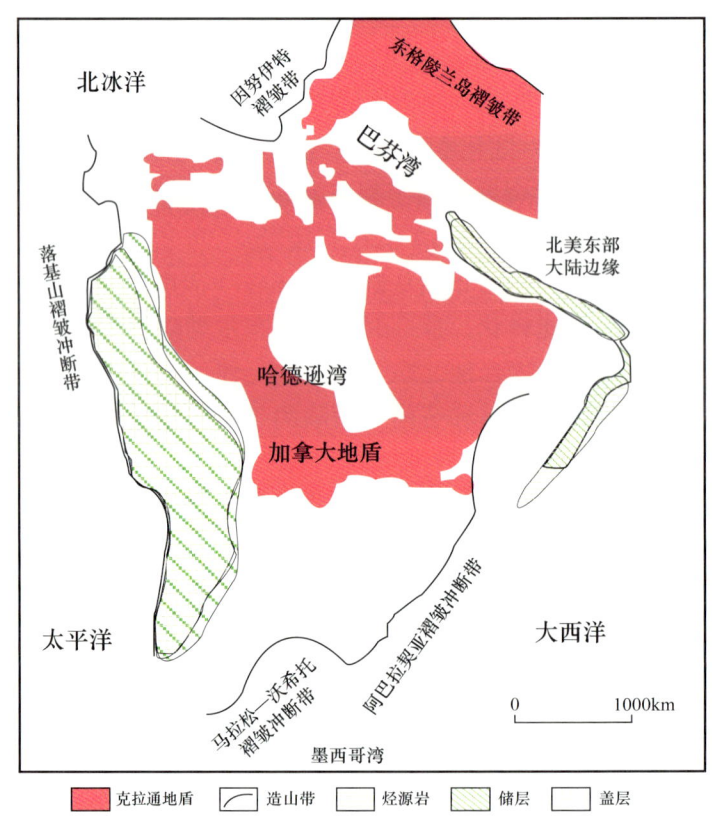

图7-10 北美主要烃源岩、储层和盖层分布简图（据高金尉等，2011，修改）

对北大西洋各个盆地烃源岩的统计发现，影响其海相烃源岩发育的因素主要有两种：构造背景和古地理环境。大西洋型被动大陆边缘盆地的构造背景包括三种：裂谷、过渡和被动陆缘，古地理环境可分为局限海环境和开阔海环境。北大西洋海相烃源岩可以分为三种类型：过渡期局限海环境烃源岩、裂谷期局限海环境烃源岩和被动陆缘期开阔海环境烃源岩（表7-1），北美东部大陆边缘海相烃源岩主要为后两种类型。

表7-1 北大西洋海相烃源岩特征（据卢景美等，2014，修改）

时代	盆地	古地理环境	构造背景	厚度/m	有机质丰度/%	氢指数/mg/g	干酪根类型
晚侏罗世	默里和伏令盆地	局限海	裂谷期	60	3.14~6.15	455~565	Ⅱ
	北海盆地	局限海	裂谷期	50~500	5~12	500~700	Ⅰ—Ⅱ
		开阔海	裂谷期	NA	2~5	166~280	Ⅱ—Ⅲ
	大浅滩盆地	局限海	裂谷期	30~200	2.6~3.4	500~700	Ⅰ—Ⅱ
晚侏罗世—晚白垩世	斯科舍盆地	开阔海	被动陆缘	10~200	3	255~425	Ⅱ—Ⅲ
晚白垩世	拉布拉多盆地	开阔海	被动陆缘	500	5	NA	Ⅲ

1. 裂谷期局限海环境烃源岩

大浅滩盆地发育一套裂谷期的海相烃源岩，Ⅰ—Ⅱ型干酪根，最厚达200m左右，TOC平均达到3%，HI为500~700mg/g，远高于斯科舍盆地和拉布拉多盆地，分布比较广泛，陆架和深水区均发育。在大浅滩盆地的深水及超深水区，圣女贞德坳陷是主要的油气聚集区，已发现了Hibernia和WhiteRose大油田。随着勘探程度的不断增加，近些年的勘探范围由圣女贞德坳陷已扩大至北东方向的佛兰德隘口坳陷和正北方向的孤儿盆地等其他深水及超深水区。

2. 被动陆缘期开阔海环境烃源岩

加拿大东海岸的斯科舍盆地和拉布拉多盆地都发育一套被动陆缘期的海相烃源岩。斯科舍盆地在中侏罗世至晚侏罗世时期美洲和非洲板块拉开洋壳出现扩张后，开始发育被动陆缘盆地。在晚侏罗世提塘期发育一套开阔海陆源海相烃源岩，TOC平均达到3%，HI为255~425mg/g，Ⅱ—Ⅲ型干酪根，最厚达200m左右，分布比较广泛，陆架和深水区均发育。

斯科舍盆地和西北非的索维拉、塔尔法亚、塞内加尔盆地属于共轭发育盆地，晚三叠世因中大西洋的初始裂开发育陆内裂谷，局部发育蒸发岩。后因中大西洋的扩张，非洲板块向东南方向漂移。塞内加尔盆地在被动陆缘期发育上白垩统土伦阶的海相黑色泥岩，厚度350~650m，Ⅱ—Ⅲ型干酪根，TOC平均为1.2%~8.7%，HI为2.5~700mg/g。盆地的油气发现已证实土伦阶黑色泥岩为主要烃源岩。

北美东部大陆边缘地区斯科舍盆地中Verrill Canyon组Missisauga段属于下白垩统贝利阿斯阶至巴雷姆阶，其平均总有机碳含量为1.5%，局部可达10%，干酪根为Ⅲ型，在晚白垩世开始生气。

北美东部大陆边缘地区拉布拉多盆地和西格陵兰盆地的演化属于北大西洋段的西支，其裂谷和被动陆缘期均晚于斯科舍盆地，在晚白垩世发育一套陆源海相烃源岩。Markland 组富陆源有机质泥岩，平均 TOC 为 1%～4%，属Ⅲ型干酪根，镜质组反射率为 0.7%～1.3%。

通过上述的数据对比研究认为，在北美东部大陆边缘海相烃源岩发育时期，一直处于中低纬度亚热带气候条件，距离物源远，泥质成分含量高，处于封闭—半封闭海湾还原环境，因此无论是在裂谷期还是过渡期都发育富有机质烃源岩并具有很好的保存条件。局限海环境的海相烃源岩富藻类，有机质含量高，生烃潜力大，容易形成富油气区。被动陆缘开阔海相烃源岩的潜力和陆源水系的碎屑物输入量及海洋生物等有关，有机质丰度一般到好，倾气型的偏多。

二、储层

北美东部大陆边缘大浅滩盆地与斯科舍盆地一样，经历了多期裂陷，发育厚层沉积地层，盐构造较为发育，其中圣女贞德坳陷是北段盆地主要的油气聚集区。大浅滩盆地 Hibernia 油田下白垩统 Hibernia 组河道砂岩，为河流和河控三角洲前缘沉积，储层平均厚度为 99m，产层平均厚度为 39m，岩石平均孔隙度为 16%，渗透率可达 700mD（Hurley 等，1992）。

三、圈闭

北美东部大陆边缘大油气田圈闭类型多样，但主要以构造圈闭为主，主要包括了背斜、断层和断层—背斜圈闭。虽然蒸发岩在该区十分发育，但少有与盐岩刺穿有关的大油气田，蒸发岩主要起封盖作用。

斯科舍盆地圈闭主要形成于晚三叠世—早侏罗世及晚侏罗世—早白垩世两个时期。晚三叠世—早侏罗世盆地发生强烈的伸展变形，该时期是构造圈闭的主要形成期，以断层—背斜圈闭为主（图 7-11），由于盐构造较为发育，盆地发育盐刺穿圈闭；晚侏罗世—早白垩世盆地伸展强度明显减弱，主要发育岩性圈闭。

大浅滩盆地在早白垩世早期发生强烈断陷，发育断层—背斜圈闭；早白垩世晚期及之后，盆地处于区域性热沉降阶段，伸展强度明显减弱，盐岩层由于压力差向上流动，形成盐体刺穿圈闭。

四、生储盖组合

斯科舍盆地主要发育被动边缘期的烃源岩，以开阔海沉积为主，分布较为广泛，在陆架和深水区均有分布（卢景美等，2014）；主要发育侏罗系 3 套储层及下白垩统 2 套储层（表 7-2），以海相砂岩和碳酸盐岩为基本特征。盖层以上侏罗统—下白垩统海相泥岩为主，这种"自生自储"和"下生上储"式组合为油气的富集提供了良好的条件（图 7-12）。

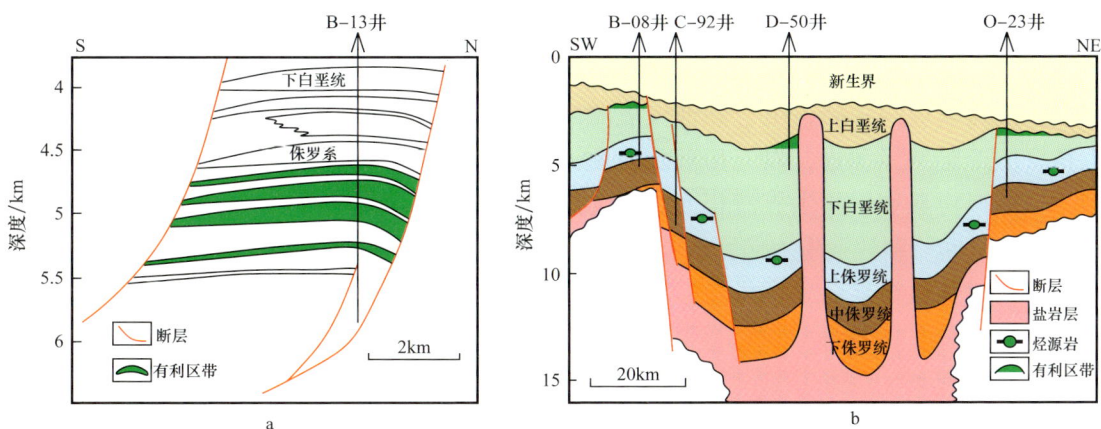

图 7-11 北美东部大陆边缘盆地典型油气成藏综合图（据 Meneley，1986；Magoon 等，2005，修改）

表 7-2 北美东部大陆边缘典型盆地生储盖组合（据聂国权等，2021）

盆地	斯科舍盆地	大浅滩盆地
烃源岩特征	上侏罗统 MicMac 组、下白垩统 VerrillCanyon 组和 Missisauga 组，Ⅱ—Ⅲ 型干酪根，厚约 50～200m，平均 TOC 为 3%，最高可达 10%	上侏罗统 Rankin 组为 Ⅰ—Ⅱ 型干酪根，TOC 最大可达 9%，平均厚度为 200m，R_o 为 0.5%～2.2%；中—上侏罗统 Voyager 组和上侏罗统 Fortunr Bay 组为 Ⅲ 型干酪根
储层特征	主要为下侏罗统 Iroquois 组、中侏罗统 Abenki 组、上侏罗统 MicMac 组、下白垩统 Missisauga 组和 LoganCanyon 组，孔隙度为 4.8%～23.7%，渗透率为 0.1～200mD	侏罗系到新生界均有分布，主要为上侏罗统 Jeanned'Arc 组（孔隙度 9%～21%，厚度 8～50m）、下白垩统 Hibernia 组（平均孔隙度 16%，平均厚度 99m）、中白垩统 Avalon/BenNevis 组（孔隙度 12%～33%）
盖层特征	主要为 MicMac 组、Missisauga 组和 LoganCanyon 组	上侏罗统 FortuneBay 组、上白垩统 Dawson 组、新生界 Banquereau 组
圈闭类型	断层—背斜圈闭和盐体刺穿圈闭	断层—背斜圈闭和盐体刺穿圈闭
油气运移和成藏	晚侏罗世开始生烃，晚白垩世开始运移；上侏罗统—下白垩统成藏组合	早白垩世开始生烃，晚白垩世开始运移；上侏罗统—白垩系成藏组合

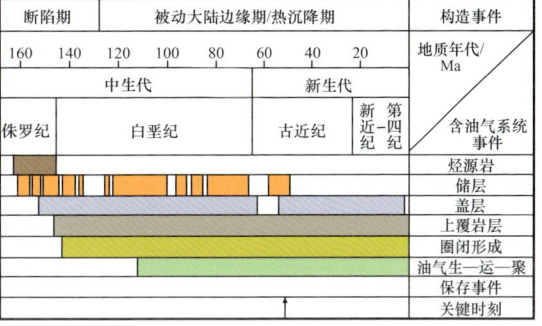

图 7-12 北美东部大陆边缘盆地含油气系统成藏事件对比图（据聂国权等，2021）

烃源岩在晚侏罗世开始生烃，但在晚白垩世才开始逐渐运移成藏（高金尉等，2011）。由于烃源岩埋深较大，有机质热演化程度较高，以生气为主。

大浅滩盆地的生储盖组合和油气成藏组合特征有别于斯科舍盆地。该盆地主要发育上侏罗统断陷期烃源岩，以三角洲相为主；储层分布范围较广，侏罗系—新生界均有分布；盖层以白垩系—新生界海相泥页岩为主，与斯科舍盆地一样，大浅滩盆地整体表现为"自生自储"和"下生上储"的特征。

大浅滩盆地在早白垩世早期发生强烈断陷，发育断层—背斜圈闭；早白垩世晚期及之后，盆地处于区域性热沉降阶段，伸展强度明显减弱，盐岩层由于压力差向上流动，形成盐刺穿圈闭。烃源岩在早白垩世晚期开始生烃，晚白垩世开始逐渐运移成藏。大浅滩盆地油气主要富集于圣女贞德坳陷转换斜坡的位置，该转换斜坡受控于 Murre 断层和 Mercury 断层的相互作用，北西向次级断层极为发育，加上盐构造作用的影响，形成了较多的圈闭，该转换斜坡是大浅滩盆地最有利的油气富集区（Welsink 和 Tankard，2012），已发现了 Hibernia 和 WhiteRose 大油田，未来仍具有可观的勘探潜力。

五、北美东部大陆边缘油气田分布

北美东部大陆边缘油气田主要分布在斯科舍盆地和大浅滩盆地。斯科舍盆地绝大多数油气发现在 Sable 次盆，总可采储量达 $2.3×10^8m^3$（卢景美等，2014），如在 Sable 次盆 1979 年发现的 Venture 大气田（$1521×10^9ft^3$），已达到全球大油气田的标准。近几年，BP 公司将勘探范围扩展到盆地西南深水区域，勘探前景广阔。下面以本图里气田为例，进行简单的介绍。

本图里气田位于东加拿大新斯科舍近海 Sable 次盆的深部超压带中，温度大于 120℃，深度大于 4.4km。气藏主要位于 Missisauga 组下部和 MicMac 组上部。气藏由砂岩、页岩和石灰岩互层构成的东西走向的滚动背斜所组成。并由东西向犁式断层构成南、北两个圈闭。气田页岩的绝对渗透率很低，脉冲渗透仪测值为 10^{-22}～$10^{-20}m^2$。烃源岩为下白垩统 VerrillCanyon 组页岩，含Ⅲ型陆源有机质，有机碳含量为 2%～4%，生烃潜力为好—极好，镜质组反射率为 0.6%～1.2%。储层主要为上侏罗统 MicMac 组砂岩。构造圈闭以断层—背斜圈闭为主，发育盐刺穿圈闭。天然气中的甲烷含量在 80% 以上。

参 考 文 献

白云程，周晓惠，2008.世界深水油气勘探现状及面临的挑战［J］.特种油气藏，15（2）：7-10.

陈昭年，2005.石油天然气地质学［M］.北京：地质出版社.

迟愚，孟祥龙，王福合，2008.东南亚深海油气勘探开发形势及对外合作前景［J］.国际石油经济，11：50-56.

范玉海，屈红军，王辉，等，2015.挪威中部陆架油气地质特征及勘探潜力［J］.世界地质，34（3）：690-696.

范玉海，屈红军，张功成，等，2011.世界主要深水含油气盆地储层特征［J］.海洋地质与第四纪地质，31（5）：135-145.

冯杨伟，2013.东格陵兰陆架油气地质特征及勘探潜力［J］.海洋地质前沿，29（4）：27-32.

冯杨伟，屈红军，张功成，等，2010.西非被动大陆边缘构造—沉积演化及其对生储盖的控制作用［J］.海相油气地质，15（3）：45-51.

高金尉，何登发，王兆明，2011.北美含油气域大油气田形成条件和分布规律［J］.中国石油勘探，3：44-56.

贾小乐，何登发，童晓光，等．2011.全球大油气田分布特征［J］.中国石油勘探，3（1）：11-7.

国际石油网，2010.英国油气工业现状及政策［EB/OL］.http：//www.in-en.com/oil/html/ oil-1004100488 570537.html.

洪唯宇，刘成林，赵越，等，2016.东格陵兰盆地油气资源评价［J］.海洋地质前沿，32（8）：30-40.

李国玉，2006.世界石油态势大扫描［J］.当代世界，（2）：37-39.

李国玉，金之钧，2005.世界含油气盆地图集（上、下册）［M］.北京：石油工业出版社.

刘怡君，2017.挪威陆缘盆地形成演化及其成藏过程分析［D］.陕西：西安石油大学.

刘增洁，2006.挪威油气工业现状及政策回顾［J］.国土资源情报，11：4-7.

柳广弟，2009.石油地质学［M］.北京：石油工业出版社.

卢景美，李爱山，赵阳，等，2014.北大西洋段演化特征和海相烃源岩研究［J］.中国石油勘探，19（4）：80-88.

马锋，张光亚，田作基，等，2014.北美常规油气富集特征与待发现资源评价［J］.地学前缘，21（3）：91-100.

聂国权，李小盼，何登发，2021.北美东部大陆边缘的分段性与油气勘探［J］.地质科学，56（1）：321-339.

潘继平，2006.中国油气资源勘探现状与前景展望［J］.地质通报，（Z2）：1055-1059.

庞雄奇，陈章明，陈发景，等，1993.含油气盆地地史、热史、生烃排烃史数值模拟研究与烃源岩定量评价［M］.北京：地质出版社.

瞿辉，郑民，李建忠，等，2010.国外被动陆缘深水油气勘探进展及启示［J］.天然气地球科学，21（2）：193-200.

宋芊，金之钧，2000.大油气田统计特征［J］.石油大学学报：自然科学版，24（4）：11-14.

宋玉春，2011.北海油气勘探转入"慢车道"［J］.中国石油和化工经济分析，（7）：49-51.

宋玉春，2011.北海油田老态初现［J］.中国石化，（5）：57-59.

宋玉春，2013.北海油田：年近半百活力依然［J］.中国石油和化工，（1）：33-35.

王昆，2012.浅论北海油田的开发对英国的影响［J］.科教导刊，（2）：120+125.

王越，邱海峻，孟刚，2009.挪威石油工业，能源发展政略及启示［J］.中国国土资源经济，22（2）：34-36.

刑之国，2017.英国北海油田的开发及影响（1964—1985）［D］.河南：河南大学.

杨金玉，杨艳秋，赵青芳，等，2011.北海盆地油气分布特点及石油地质条件［J］.海洋地质前沿，27（12）：1-9.

叶德燎，易大同，2004.北海盆地石油地质特征与勘探实践［M］.北京：石油工业出版社.

张功成，米立军，屈红军，等，2011.全球深水盆地群分布格局与油气特征［J］.石油学报，32（3）：1-6.

张功成，屈红军，冯杨伟，等，2015.深水油气地质学概论［M］.北京：科学出版社.

张功成，屈红军，张凤廉，等，2019.全球深水油气重大新发现及启示［J］.石油学报，40（1）：1-34，55.

张庆春，2001.盆地模拟技术的发展现状与未来展望［J］.石油实验地质，23（9）：312-317.

张新顺，王红军，马锋，等，2016.北美白垩系烃源岩发育特征与油气分布关系［J］.地质科技情报，35（1）：119-127.

张一钧，杨春亮，1986.格陵兰和拉布拉多的地质和地球化学［J］.国外前寒武纪地质，（3）：79-106.

赵俐红，高金耀，金翔龙，等，2007.热点研究进展［J］.海洋学研究，25（3）：84-92.

赵元艺，卢伟，聂凤军，等，2014.格陵兰地质单元与成矿类型［J］.矿产地质，（1）.

周萍，2005.斯匹次卑尔根群岛与巴伦支海油气资源［J］.国土资源情报，（4）：7-9.

朱昌海，梁宇，2017.传奇油田布伦特为何退出历史舞台［J］.中国石油企业，（8）：75-78.

邹才能，张光亚，陶士振，等，2010.全球油气勘探领域地质特征、重大发现及非常规石油地质［J］.石油勘探与开发，（2）：129-145.

ＡＩ莱复生，1975.石油地质学（上册）［M］.周家衍，张更，黄兴汉，等，译.北京：地质出版社.

Aidos K，2019. Geochemistry of natural gases in the Vøring and Møre Basins［D］. Colorado：the Colorado School of Mines.

Appel P W U，2004. Gold in the Nuuk region of West Greenland［J］. Exploration and Mining in Greenland，（6）：1-2.

ARAM R B，1999. West Greenland versus Vøring Basin：comparison of two deepwater frontier exploration plays［C］// Geological Society，London，Petroleum Geology Conference series，5：315-324.

Arnott R W C，1993. Quasi-planar-laminated sandstone beds of the Lower cretaceous bootlegger member，north-central montana；evidence of combined-flow sedimentation［J］. Sediment Reserch，63：488-494.

Arvid N，Erik P，Finn S，2008. The Mesozoic of Western Scandinavia and East Greenland［J］. Episodes，31（1）：59-65.

Atle N，Hans P S，Haflidi H F，et al.，2005. The glacial North Sea Fan，southern Norwegian Margin：architecture and evolution from the upper continental slope to the deep-sea basin［J］. Marine and Petroleum Geology，22：71-84.

Baird R A，1986. Maturation and source rock evaluation of Kimmeridge clay，Norwegian North Sea［J］. AAPG Bulletin，70（1）：1-11.

Barnard P，Cooper B，1981. Oils and source rocks of the North Sea Area［C］// Illing L，Hobson G.Petroleum geology of the continental shelf of northwest Europe. UK：Proceedings of the Second Conference，169-175.

Barrère C，Ebbing J，Gernigon L，2009. Offshore prolongation of Caledonian structures and basement characterisation in the western BÅrents Sea from geophysical modeling[J]. Tectonophysics, 470: 71-88.

Berger D, Jokat W, 2009. Sediment depostion in the northern basins of the North Atlantic and characteristic variations in Shelf Sedimentation along the East Greenland margin[J]. Marine and Petroleuum Geology, 26: 1321-1337.

Berit O H, Hans P S, Haflidi H, et al., 2005. Late Cenozoic glacial history and evolution of the Storegga Slide area and adjacent slide flank regions, Norwegian continental margin[J]. Marine and Petroleum Geology, 22: 57-69.

Berndt C, Planke S, Alvestad E, et al., 2001. Seismic volcanostratigraphy of the Norwegian Margin: constraints on tectonomagmatic break-up processes[J]. Journal of the Geological Society: 158 (2001): 413-426.

Blystad P, Brekke H, Færseth R B, et al., 1995. Sttuctural elements of the Norwegian Continental Shelf Part II: TTe Norwegian Sea Region[J]. Norwegian Petroleum Directorate Bulletin, 8.

Bogdanov N A, Khain V E, Bogatsky V I, et al., 1996. Tectonic map of the BÅrents Sea region and the northernpart of the European Russia: Moscow[J]. Petroleum Geology, 24 (5): 141-186.

Bowen J, 1975. The Brent oil-field. Petroleum and the continental shelf of northwest Europe[M]. London: Applied Science Publishers Ltd., 353-377.

Brekke H. 2000. The tectonic evolution of the Norwegian Sea continental margin with emphasis on the Vøring and Møre Basins[M]. London: Geological Society: 327-378.

Brekke H, Sjulstad H l, Magnus C, et al., 2001. Sedimentary environments offshore Norway: an overview[M] // Martinsen O, Dreyer T: Sedimentarr environments off-shore Norway-Palaeozoic to Recent. NPF Special Publication, 10: 7-37.

Brekke H, 2000. The tectonic evolution of the Norwegian Sea continental margin with emphasis on the Vøring and Møre Basins[J]. Geological Society London Special Publications, 167 (1): 327-378.

Brekke H, Dahlgren S, Nyland B, et al., 1999. The prospectivity of the Vøring and Møre basins on the Norwegian Sea continental margin[C] // Petroleum geology of Northwest Europe: proceedings of the 5th conference. the Geological Society of London, 261-274.

Brekke H, Riis F, 1987. Tectonics and basin evolution of the Norwegian shelf between 62°N and 72°N[J]. Norsk Geologisk Tidsskrift, 67: 295-322.

Bridgwater D, Davies B, GillR C O, et al., 1978. Precambrianand Tertiary geology between Kangerdlugssuaq and Angmagssalik, East Greenland[J]. Grønlands geolUnders, 83: 17.

Bryn K B, Carl F F, Anders S, et al., 2005. Explaining the Storegga Slide Petter[J]. Marine and Petroleum Geology, 22 (2005): 11-19.

Bryn P, Berg K, Forsberg C F, et al., 2005. Explaining the Storegga Slide[J]. Marine and Petroleum Geology, 22: 11-19.

Bugge T, Elvebakk G, Fanavoll S, et al., 2002. Shallow stratigraphic drilling applied in hydrocarbon exploration of the Nordkapp Basin, BÅrents Sea[J]. Marine and Petroleum Geology, 19: 13-37.

Bukovics C, Cartier E G, Shaw N D, et al., 1984. Structure and development of the mid-Norway continental margin[M]. Netherlands: Springer: 407-423.

Bukovics C, Ziegler P A, 1985. Tectonic development of the mid-Norway continental margin[J]. Marine and Petroleum Geology, 2: 2-22.

Bünz S, Mienert J, Berndt C, 2003. Geological controls on the Storegga gas-hydrate system of the mid-Norwegian continental margin [J]. Earth Planet Sci Lett, 209 (3/4): 291-307.

Chen Y, Iii W, Haflidason H, et al., 2010. Sources of methane inferred from pore-water $\delta^{13}C$ of dissolved inorganic carbon in Pockmark G11, offshore Mid-Norway [J]. Chemical Geology, 275 (3/4): 127-138.

Cohen K M, Finney S C, Gibbard P L, et al., 2013. The ICS international chronostratigraphic chart [J]. Episodes, 36 (3): 199-204.

Corfield S, Murphy N, Parker S, 2001. The structural and stratigraphic framework of the Irish Rockall Trough [J]. Geological Society, Petroleum Geology Conference Series, 5: 407-420.

Corfield S, Murphy N, Parker S, 2001. The structural and stratigraphic framework of the Irish Rockall Trough [J]. Geological Society, Petroleum Geology Conference Series, 5: 407-420.

Cornford C, 1984. Source rocks and hydrocarbons of the North Sea [M] // Introduction to the petroleum geology of the North Sea. Oxford, Blackwell Scientific Publications, 171-204.

Coward M P, 1990. The Precambrian, Caledonian and Variscan framework to NW Europe [J]. Tectonic-Events Responsible/or Britain's Oil and Gas Reserves, Geological Society Special Publication, 55: 1-34.

Coward M P, 1993. The effect of Late Caledonian and Variscancontinental escape tectonics on basement structure, Paleozoic basinkinematics and subsequent Mesozoic basin development in NW Europe [M] // Petroleum Geology of Northwest Europe: Proceedings of the 4th Conlerence, London: Geological Society, 1095-1108.

Dafoe L T, Keen C E, Dickie K, et al., 2017. Regional stratigraphy and subsidence of Orphan Basin near the time of breakup and implications for rifting processes [J]. Basin Research, 29: 233-254.

Dahlgren K I T, Vorren T O, Stoker M S, et al., 2005. Late Cenozoic prograding wedges on the NW European continental margin: their formation and relationship to tectonics and climate [J]. Marine and Petroleum Geology, 22: 1089-1110.

Dale S S, Millard F C, Timothy J R, et al., 2007. The Continental Breakup and Birth of Oceans Mission [J]. Scientiffc Drilling, 5: 13-25.

Dalland A, Worsley D, Ofstad K, 1988. A lithostrrtigrrphic scheme for the Mesozoic and Cenozoic succession offfhore mid-and northern Norway [J]. NPD Bulletin, 4: 65.

Dam G and Surlyk F, 1993. Cyclic sedimentation in a large wave-and-storm-dominated anoxiclake; KapStewart Formation (Rhaetian-Sinemurian), JamesonLand, East Greenland [M] // Sequence stratigraphy and facies associations. IAS Special Publication, 18: 419-448.

Dam G, Surlyk F, 1993. Cyclic sedimentation in a large wave-and-storm-dominated anoxiclake, Kap Stewart Formation (Rhaetian-Sinemurian), JamesonLand, East Greenland [J]. IAS Special Publication, 18: 419-448.

Darby D, 张留琴, 1997. 英国北海中央地堑的压力区间和压力封闭层 [J]. 海洋石油, 17 (1): 74-80.

Digranes P, Mjelde R, Kodaira S, 1998. A regional shear-wave velocity model in the central Vøring Basin, Norway, using three-component ocean bottom seismographs [J]. Tectonophysics, 293 (3-4): 157-174.

Dore' A G, Lundin E R, Jensen L N, et al., 1999. PrincipaltectoniceventsintheevolutionofthenorthwestEuropeanAtlanticmargin [C] // Petroleum Geology of Northwest Europe: Proceedings of the Fifth Conference, 41-61.

Duindam P, Van Hoorn B, 1987. Structural evolution of the West Shetland continental margin [M] //

Petroleum geology of northwest Europe. London: Graham and Trotman, 765-773.

Ehrenberg S N, 1990. Relationship between Diagenesis and Reservoir Quality in Sandstones of the Garn Formation, Haltenbanken, Mid-Norwegian Continental Shelf [J]. AAPG Bulletin, 74(10): 1538-1558.

Ehrenberg S N, Gjerstad H M, Hadler J F, 1992. Smorbukk Field: a gascondensate fault trap in the Haltenbanken Province, offshore mid-Norway [M] // Giantoil and gas fields of the decade 1978-1988, AmericanAssociation of Petroleum Geologists, 323-348.

Eidvin T, Bugge T, Smelror M, 2007. The Molo Formation, deposited by coastal progradation on the inner Mid-Norwegian continental shelf, coeval with the Kai Formation to the west and the Utsira Formation in the North Sea [J]. Norwegian Journal of Geology, 87: 75-142.

Eldholm O, Grüe K, 1994. North Atlantic volcanic margins: Dimensions and production rates [J]. Geophys Reserch, 99: 2955-2968.

Eldholm O, Thiede J, Taylor E, 1987. Evolution of the Vøring volcanic margin, Proceedings of the Ocean Drilling Program [J]. scientific results, 1033-1065.

Evans W R, 2005. High-Performance Work Systems and Organizational Performance: The Mediating Role of Internal Social Structure [J]. Journal of Management, 31(5): 758-775.

Faleide J I, Tsikalas F, Asbjørn J B, et al., 2008. Structure and evolution of the continental margin off Norway and the Barents Sea [J]. Episodes, 31(1): 82-91.

Faleide J I, Vågnes E, Gudlaugsson S T, 1993. Late Mesozoic-Cenozoic evolution of the southwestern Barents Sea in a regional rift-shear tectonic setting [J]. Marine and Petroleum Geology, 10(3): 186-214.

Færseth R B, Lien T, 2002. Cretaceous evolution in the Norwegian Sea period characterized by tectonic quiescence [J]. Marine and Petroleum Geology, 19(8): 1005-1027.

Fjellanger E, Surlyk F, Wamsteeker L C, et al., 2004. Upper Cretaceous basin-floor fans in the Vøring Basin, mid-Norway shelf [J]. Norwegian Petroleum Society Special Publications, 12: 135-164.

Fussen D, Bingen C, 2000. Structure and spectral features of the stratospheric aerosol extinction profiles in the uv-visible range derived from sage data [J]. Journal of Geophysical Research: Atmospheres, 105.

Gary H, Isaksen, 2004. Central North Sea hydrocarbon systems: Generation, migration, entrapment, and thermal degradation of oil and gas [J]. AAPG Bulletin, 88(11): 1545-1572.

Gary H, Isaksen, K Haakan I Ledje, 2001. Source rock quality and hydrocarbon migration pathways within the greater Utsira High Årea, Viking Graben, Norwegian North Sea [J]. AAPG Bulletin, 85(5): 861-883.

Geoffroy L, 2005. Volcanic passive margins [J]. Comptes Rendus Geosciences, 337(16): 1395-1408.

Gernigon L, Ringenbach J C, Planke S, et al., 2003. Extension, crustal structure and magmatism at the outer Vøring Basin, Norwegian Margin [J]. Journal of Geological Society, 160(2): 197-208.

Gernigon L, Olesen O, Ebbing J, et al., 2009. Geophysical insights and early spreading history in the vicinity of the Jan Mayen Fracture Zone, Norwegian-Greenland Sea [J]. Tectonophysics, 468: 185-205.

Gjelberg J G, Enoksen T, Kjrnes P, et al., 2001. The Maastrichtian and Danian depositional setting along the eastern margin of the More Basin (mid-Norwegian shelf): Implications for reservoir development of the Ormen Lange field [J]. Norwegian Petroleum Society, Special Publications, 10: 421-440.

Gjelberg J G, Dreyer T, Høie A, et al., 1987. Late Triassic to Mid-Jurassic sandbody development on the

BÅrents and Mid-Norwegian shelf[C]// Graham, Trotman, Petroleum Geology of North West Europe. London: 1105-1129.

Glennie K W, Provan D M J, 1990. Lower Permian Rotliegend reservoir of the Southern North Sea gas province[J]. Classic Petroleum Provinces: Geological Society, 50: 399-416.

Glennie K, 1972. Permian rotliegendes of northwest Europe interpreted in light of modern desert sedimentation studies[J]. AAPG Bulletin, 56(6): 1048-1071.

Glennie K, 1990. Introduction to the petroleum geology of the North Sea [M]. London: Blackwell Scientific Publications.

Gregersen U, Johannessen P N, 2007. Distribution of the Neogene Utsira Sand and the succeeding deposits in the Viking Graben Área, North Sea[J]. Marine and Petroleum Geology, 24: 591-606.

Gudlaugsson S T, Faleide J I, Johansen S E, et al., 1998. Late Paleozoic structural development of the south-western BÅrents Sea[J]. Marine and Petroleum Geology, 15: 73-102.

Hadomaidis, 2007. The transition from the continent to the ocean: A deeper view on the Norwegian margin[J]. Journal of the Geological Society of London, 164(4): 855-868.

Hall B, White N, 1994. Origin of anomalous Tertiary subsidenceadjacent to North Atlantic continental margins[J]. Marine and Petroleum Geology, 11: 702-714.

Hallenbeck L D, Sylte J E, Ebbs D J, et al., 1991. Implementation of the Ekofisk full-field waterflood[J]. SPE Formation Evaluation, 6(3): 284-290.

Hamblin W K, 1965. Origin of "reverse drag" on the down thrown side of normal faults [J]. Geological Society of America Buletin, 76(10): 1145-1164.

Harland W B, 1961. An outline structural history of Spitsbergen [M]// Raasch G O. Geology of the Arctic. Canada: University of Toronto Press, 68-132.

Harms J C, Southard J B, Spearing D R, et al., 1975. "Stratification and sequence in prograding shoreline deposits" in Depositional Environments as Interpreted From Primary Sedimentary Structures and Stratification Sequences [M]. Society of Economic Paleontologists and Mineralogists, 81-102.

Harris A L, 1991. The growth and structure of Scotland[M]. London: Geological Society.

Hillier A P, 1990. Structural Traps I [J]. Treatise of Petroleum Geology: AAPG, 51-71.

Hillier A P, Williams B P J, 1991. The Leman Field, Blocks 49/16, 49/27, 49/28, 53/1, 53/2, UK North Sea.[M]// United Kingdom Oil and Gas Fields, 25 Years Commemorative Volume, London: Geological Society, 14: 451-458.

Hinz K, Eldholm O, Block M et al., 1993. Evolution of North Atlantic volcanic continental margins [C]// Petroleum geology of Northwest Europe, Proceedings of the 4th conference, The Geological Society of London, 901-913.

Hjelstuen B O, Eldholm O, Skogseid J, 1999. Cenozoic evolution of the northern VØRING margin[J]. Geol Soc Am Bull, 111(12): 1792—1807.

Hjelstuen B O, Haflidason H, Sejrup H P, et al., 2010. Sedimentary and structural control on pockmark development-evidence from the Nyegga pockmark field, NW European margin[J]. Geo-Mar Letters, 30(3/4): 221-230.

Hovland M, Svensen H, Forsberg C F, et al., 2005. Complex pockmarks with carbonate-ridges off mid-Norway: Products of sediment degassing[J]. Mar Geol, 218(1-4): 191-206.

Hurich CA, 1996. Kinematic evolution of the lower plate during intracontinental subduction: an example from the Scandinavian Caledonides [J]. Tectonics, 15: 1248-1263.

Hurley T J, Kreisa R D, Taylor G G, et al., 1992 The reservoir geology and geophysics of the Hiberia Field, offshore Newfoundland. [C]// Halbouty M T. Giant Oil and Gas Fields of the Decade 1978—1988. Tulsa: AAPG Memoir 54: 35-54.

Hustoft S, Dugan B, Mienert J, 2009. Effects of rapid sedimentation on developing the Nyegga pockmark field: Constraints from hydrological modeling and 3-D seismic data, offshore mid-Norway [J]. Geochem Geophys Geosystem, 10(6).

Isaksen G H, Patience R, Graas G V, et al., 2002. Hydrocarbon system analysis in arift basin with mixed marine and nonmarine source rocks: The South Viking Graben, North Sea [J]. AAPG Bulletin, 86(4): 557-591.

Jan I F, Anders S, Anne F, et al., 1996. Late Cenozoic evolution of the western Barents Sea-Svalbard continental margin [J]. Global and Planetary Change, 12: 53-74.

Jan I F, Filippos, Asbjørn J B, et al., 2008. Structure and evolution of the continental morgin off Noruay and the the Barents Sea [J]. Episodes, 31(1): 82-91.

Johannessen E P, Nøttvedt A, 2006. Landet omkranses av deltaer [M]. Trondheim: Landetblirtil (Geology of Norway): Norwegian Geological Society, 354-382.

Karlsen D A, Nyland B, Flood B, et al., 1995. Petroleum geochemistry of the Haltenbanken, Norwegian continental shelf [J]. Geological Society, Special Publications, 86(1): 203-256.

Karsten S, Sven M J, 2004. Diamond exploration in Greenland [J]. Geology and Ore, (4): 1-12.

Kittelsen J E, Hollingsworth R R, Marten R F, et al., 1999. The first deepwater well in Norway and its implications for the Cretaceous play VØRING Basin [C]// Fleet A J, Boldy S A, Petroleum Geology of Northwest Europe: Proceedings of the Fifth Conference, 275-280.

Kjell A O, Peter P N, 2001. Circulation of Atlantic water in the northern North Atlantic and Nordic Seas [C]// ICES Statutory Meeting.

Kjell A, 2006. Oil production limits mean opportunities, conservation [J]. Oil Gas Journal, 104(31): 1-4.

Komar P D, Miller M C, 1975. The initiation of oscillatory ripple marks and the development of plane-bed at high shear stresses under waves [J]. Journal of Sedimentary Research, 45.

Laberg J S, Vorren T O, 1995. Late Weichselian submarine debris flow deposits on the Bear Island Trough Mouth Fan [J]. Geology, 127: 45-72.

Langrock U. Stein R, 2004. Origin of marine petroleum source rocks from the Late Jurassic to Early Cretaceous Norwegian Greenland Seaway-evidence for stagnation and upwelling [J]. Marine and Petroleum Geology, 21: 157-176.

Lars L S, Per K, 2011. The rAre earth element potential in Greenland [J]. Geology and Ore, (20): 1-12.

Lars L S, Per K, Kristine T, 2012. The zinc potential in Greenland [J]. Geology and Ore, (21): 1-12.

Lars S, Clausen O R, Korstgrd J, et al., 1997. Petroleum geological investigations in East Greenland: project Resources of the sedimentary basins of North and East Greenland [J]. Geology of Greenland Survey Bulletin, 176: 29-38.

Lars S, Michael L, Jprgen B, et al., 2008. 东格陵兰盆地陆地石油地质特征对海区石油潜力研究的启示 [J]. 海洋地质 (3): 65-65.

Laurent G, Odleiv O, Jorg E, et al., 2009. Geophysical insights and early spreading history in the vicinity of the Jan Mayen Fracture Zone, Norwegian-Greenland Sea[J]. Tectonophysics, 468: 185-205.

Leif R, Dag O, Kjell B, et al., 2005. Large-scale development of the mid-Norwegian margin during the last 3 million years [J]. Marine and Petroleum Geology, 22: 33-44.

Leleu S, Hartley A J, Oosterhout C V, et al., 2016. Structural, stratigraphic and sedimentological characterisation of a wide rift system: The Triassic rift system of the central Atlantic domain[J]. Earth-Science Reviews, 158: 89-124.

Lerand M M, Thompson D K. 1976. Provost Field-Hamilton Lake pool[C]// Clack W J F, Huff G. Joint Convention on Enhanced Recovery, Core Conference. Calgary: Canadian Society of Petroleum Geology: 1-34.

Livacarri R F. 1991. Role of crustal thickening and extensional collapse in the tectonic evolutionof the Seviet-Laramide Orogeny, Western United States[J]. Geology, 19(11): 1104-1107.

Lizarralde D, Holbrook W S, 1997. U. S. mid-Atlantic margin structure and early thermal evolution [J]. Journal of Geophysical Research, 102(B10): 22855-22875.

Lundin E, DoréA G, 2002. Mid-Cenozoic post-breakup deformation in the 'passive' margins bordering the Norwegian-Greenland Sea [J]. Marine and Petroleum Geology, 19: 79-93.

Lyngsie S B, Thybo H, Rasmussen T M, 2006. Regional geological and tectonic structures of the North Sea Area from potential field modeling[J]. Tectonophysics, (413): 78-105.

Mandler H A F, Jokat W, 1998. The crustal structure of Central East Greenland: results from combinedland-sea seismic refraction experiments[J]. Geophysical Journal International, 135: 63-76.

Martinius A W, Kaas I, Næss A, et al., 2005. Sedimentology of the heterolithic and tide-dominated Tilje formation (Early Jurassic, Halten Terrace, offshore mid-Norway)[J]. Norwegian Petroleum Society Special Publication, 10: 103-144.

Maync W, 1961. The Permian of Greenland. Geology of the Arctic [M]. Canada: University of Toronto Press, 214-223.

Mazzini A, Aloisi G, Akhmanov G G, et al., 2005. Integrated petrographic and geochemical record of hydrocarbon seepage on the VØRING Plateau[J]. J Geol Soc Lond, 162(5): 815-827.

Mazzini A, Svensen H, Hovland M, et al., 2006. Comparison and implications from strikingly different authigenic carbonates in a Nyegga complex pockmark, G11, Norwegian Sea[J]. Mar Geol, 231(1-4): 89-102.

McBride J R, 2003. Landscape scale vegetation-type conversion and fire hazard in the San Francisco Bay Area open spaces [J]. Landsc. Urb. Plann, 64: 201-208.

Miall A D, Balkwill H, 2019. The Atlantic margin basins of North America[M]// The Sedimentary Basins of the United States and Canada. Amsterdam: Elsevier, 593-625.

Miall A D, Blakey R C, 2008. The Phanerozoic tectonic and sedimentary evolution of North America. [M]// The Sedimentary Basins of the United States and Canada. Amsterdam: Elsevier, 5: 6-63.

Milkov A V, Etiope G, 2018. Revised genetic diagrams for natural gases based on a global dataset of >20,000 samples[J]. Organic Geochemistry, 125: 109-120.

Mjelde R, Sellevoll M A, 1993. Seismic anisotropy inferred from wide-angle reflections off Lofoten, Norway, indicative of shear-aligned minerals in the upper mantle [J]. Tectonophysics, 222(1): 21-32.

Mo E S, Throndsen T, Andresen P, et al., 1989. A dynamic deterministic model of hydrocarbon generation in the Midgard Field drainage Årea offshore Mid-Norway [M]. Springer International, 305-317.

Morton A C, Whitham A G, Fanning C M, 2005. Provenance of Late Cretaceous to Paleocene submarine fan sandstones in the Norwegian Sea: integration of heavy mineral, mineral chemical and zircon age data [J]. Sedimentary Geology, 182: 3-28.

Morton A, Hallsworth C, Strogen D, et al., 2009. Evolution of provenance in the NE Atlantic rift: the Early-Middle Jurassic succession in the Heidrun field, Halten, offshore Mid-Norway [J]. Marine and Petroleum Geology, 26: 1100-1117.

Mosar J, Osmundsen P T, Sommaruga A, et al., 2002. Greenland-Norway separation: A new geodynamic model for the North Atlantic [J]. Norwegian journal of Geology, 82: 281-298.

Mosar J, 2000. Depth of extensional faulting on the Mid-Norway Atlantic passive margin [J]. Bulletin 437: 1-7.

Muller J, 1995. Palynology of Recent Orinoco delta and shelf sediments: Report of Orinco shelf Expedition [J]. Micropaleontology, 5 (1): 1-32.

Mutter J C, Zehnder C M. 1988. Deep crustal structure and magmatic processes: The inception of seafloor spreading in theNorwegian-Greenland sea. [M] // Early tertiary volcanism and the opening of the NE Atlantic. Geological Society of London, Special Publication 39.

Mutter J C, Zehnder C M, 1988. Deep crustal structure and magmatic processes: the inception of eafloor spreading in the Norwegian-Greenland Sea [J]. Geological Society, Special Publications, 39: 35-48.

Nøhr-Hansen H, 1993. Dinoflagellate cyst stratigraphy of the Barremian to Albian, Lower Cretaceous, North-East Greenland [J]. Geologic survey of Denmark and Greenland bulletin, 166: 1-171.

Noruegian Petroleum Directorate. The Shelf in 2020 Exploration [EB/OL] (2020-01-14). http://www.npd.no/en/news/2016/Summary/Exploration.

Noruegian Petroleum Directorate. The Shelf in 2021 Exploration activity [EB/OL] (2012-01-16). http://www.npd.no/en/news/2012/the shelf in 2011/exploration activity.

Nottvedt A, Gabrielsen R H, Steel R J, 1995. Tectonostratigraphyand sedimentary architecture of rift basins, withreference to the northern North Sea [J]. Marine and Petroleum Geology, 12, 881-901.

Ntvedt A, Johnsonnessen E P, Surlyk F, 2008. The Mesozoic of Western Scandinavia and East Greenland [J]. Episodes, 31 (1): 59-65.

Nutman A P, Friend C R, Hiess J, 2010. Setting of the -2560 Ma Qorqut Granite complex in the Archean crustal evolution of southern west Greenland [J]. American Journal of Science, 310: 1081—1114.

Nystuen J P, Muller R, 2006.Fraorken tilelveslette-fra land tilhav [M] //Ramberg I B, Bryhni I, Nottvedt A. Landet blirtil (Geology of Norway). Trondheim: Norwegian Geological Society: 328-353.

Ohm S E, Karlsen D A, Austin T J F, 2008. Geochemically driven exploration models in uplifted areas: Examples from the Norwcgian Barents Sea [J]. AAPG Bulletin, 92(9): 1191-1223.

Osmundsen P T, Sommaruga A, Skilbrei J R, 2002. Deep structure of the Mid Norway riffed margin [J]. Norwegian journal of Geology, 82: 205-224.

Panagiotis D, Bjørn I B, Jan I F, et al., 1998. Cenozoic erosion and the preglacial uplift of the Svalbard-Barents Sea region [J]. Tectonophysics, 300: 311-327.

Pau M, Gisler G, Hammer Ø, 2014. Experimental investigation of the hydrodynamics in pockmarks using particle tracking velocimetry [J]. Geo-Mar Lett, 34 (1): 11-19.

Paull C K, Ussler W, Holbrook W S, et al., 2008. Origin of pockmarks and chimney structures on the flanks of the Storegga Slide, offshore Norway[J]. Geo-Mar Lett, 28(1): 43-51.

Peters K E, 1986. Guidelines for evaluating petroleum source rock using programmed pyrolysis[J]. The American Association of Petroleum Geologists Bulletin, 70(3), 318-329.

Petter B, Kjell B, Carl F, et al., 2005. Explaining the Storegga Slide[J]. Marine and Petroleum Geology, 22: 11-19.

Planke S, Skogseid J, Eldholm O, 1991. Crustal structure off Norway, 62-70° N[J]. Tectonophysics, 189(1-4): 91-107.

Powell T, 1982. Petroleum geochemistry of the Verril Canyon Formation: a source for Scotian Shelf hydrocarbons[J]. Bulletin of Canadian Petroleum Geology, 30(2): 167-179.

Riis F, Fjeldskaar W, 1992. On the magnitude of the Late Tertiary and Quaternary erosion and its significance for the uplift of Scandinavia and the Barents Sea[J]. Structural & Tectonic Modelling & Its Application to Petroleum Geology, 1: 163-185.

Rise L, Ottesen D, Berg K, et al., 2005. Large-scale development of the Mid-Norwegian margin during the last 3 million years[J]. Marine and Petroleum Geology, 22: 33-44.

Roald B F, Trond L, 2002. Cretaceous evolution in the Norwegian Sea-a period characterized by tectonic quiescence[J]. Marine and Petroleum Geology, 19: 1005-1027.

Roberts J D, Mathieson A S, Hampson J M, 1987. Geology of the Norwegian Oil and Gas Fields[M]. London: Graham and Trotman, 319-340.

Ryseth A, Augustson J H, Charnock M, et al., 2003. Cenozoic stratigraphy and evolution of the Sørvestnaget basin, south western Barents Sea[J]. Norwegian Journal of Geology, 83, 107-130.

Schonharting G, Abrahamsen N, 1989. Paleomagnetism of the volcanic sequence in Hole 642E, ODP Leg 104, VØRING Plateau, and correlation with Early Tertiary basalts in the North Atlantic[C]// Proceedings of the Ocean Drilling Program, Scientific Results., 104: 911-920.

Seidler L, Steel R J, Stemmerik L, et al., 2004. North Atlantic marine rifting in the Early Triassic: new evidence from East Greenland[J]. Journal of the Geological Society, 161: 583-592.

Shipley T H, Houston M H, Buffler R T, et al., 1979. Seismic evidence for widespread possible gas hydrate horizons on continental slopes and rises[J]. AAPG Bulletin, 63(12): 2204-2213.

Skogseid J, 1994. Dimensions of the Late Cretaceous-Paleocene northeast Atlantic rift derived from Cenozoic subsidence[J]. Tectonophysics, 240: 225-247.

Skogseid J, Eldholm O, 1989. VØRING Plateau continental margin: seismic interpretation, stratigraphy and vertical movements[C]// Proceedings of the Ocean Drilling Program, 104: 993-1030.

Skogseid J, Eldholm O, 1995. Rifted continental margin off Mid-Norway.[C]// Rifted Ocean-Continent boundaries, 147-153.

Skogseid J, Pedersen T, Eldholm O, et al., 1992a. Tectonism and magmatism during NE Atlantic continental break-up: the VØRING Margin.[C]// Magmatism and the causes of Continental Break-up, Geological Society Special Publication, 68: 305-320.

Skogseid J, Pedersen T, Larsen V B, 1992b. VØRING Basin: subsidence and tectonic evolution.[C]// Structural and tectonic modelling and itsapplication to petroleum geology, 1: 55-82.

Skogseid J, Planke S, Faleide J I. et al., 2000. NE Atlantic continental rifting and volcanic margin formation[M]//

Dynamics of the Norwegian Margin. Geological Society, Special Publication, 167: 295-326.

Smelror M, 2001. Middle Jurassic-Lower Cretaceous transgressive-regressive sequences and facies distribution off northern Nordland and Troms, Norway [M]. Sedimentary environments offshore Norway-Palaeozoic to recent. NPF Special Publication 10, Elsevier, 211-232.

Startseva K F, Ershova A V, Nikishin V A, 2015. The Evolution of Hydrocarbon Systems in the North Kara Sea: Evidence from 2D Modeling [J]. Moscow University Geology Bulletin, 70 (2): 97-106.

Steel R, Gjelberg J, Helland-Hansen W, et al., 1985. The Tertiary strike-slip basins and orogenic belt of Spitsbergen [J]. Special Publication-Society of Economic Paleontologists and Mineralogists, 37: 339-359.

Stemmerik L, Hånsson E, Madsen L, et al. 1996. Stratigraphy and depositional evolution of the Upper Palaeozoic sedimentary succession in eastern Peary Land, North Greenland [J]. Bulletin Grønlands Geologiske Undersøgelse, 171: 45-71.

Stemmerik L, 1988. Stratigraphy and depositional history of the Upper Palaeozoic and Triassic sediments in the Wandel Sea Basin, central and eastern North Greenland [J]. Rapport Grønlands Geologiske Undersøgelse, 143: 21-45.

Stemmerik L, Clausen O R, Korstgard J, et al., 1997. Petroleum geological investigations in East Greenland: project "Resourcesof the sedimentary basins North and East Greenland" [J]. Geology of Greenland Survey Bulletin, 176: 29-38.

Stemmerik L, Larsen M, Koefooed J B, et al., 2008. Petroleum geological Characteristics and its revelation of thee study of oilpotential ofshore in East Greenland basin [C] // 33rd International" Geological" Congress" Abstract, 281.

Stoker M S, Praeg D, Hjelstuen B O, et al., 2005. Neogene stratigraphy and the sedimentary and oceanographic development of the NW European Atlantic margin [J]. Marine and Petroleum Geology, 22: 977-1005.

Stoker M S, Praeg D, Shannon P M, et al., 2005. Neogene evolution of the Atlantic continental margin of NW Europe (Lofoten Islands to SW Ireland): anything but passive [C] // Dore' A G, Vining B, Petroleum Geology of Northwest Europe. Proceedings of the Sixth Conference.GeoSociety London, 1057-1076.

Storvoll V, Bjørlykke K, Karlsen D, et al., 2002. Porosity preservation in reservoir sandstones due to grain-coating illite: A study of the Jurassic Garn Formation from the Kristin and Lavrans fields, offshore Mid-Norway [J]. Marine and Petroleum Geology, 19 (6), 767-781.

Surlyk F, 1990. A Jurassic sea-level curve for East Greenland [J]. Palaeogeography, 78 (1-2): 71-85.

Surlyk F, 1984.Fan-delta and submarine fan conglomerates of theVolgian-Valanginian Wollaston Foreland Group, East Greenland [C] // E H Koster and R J Steel Sedimentology of Gravels and Conglo-merates, Memoirs of the Canadian Society of Petroleum Geologists, 10: 359-382.

Surlyk F, Ineson J R, 2003. The Jurassic of Denmark and Greenland: key elements in the reconstruction of the North Atlantic Jurassic rift system [C] // Ineson J R and Surlyk F. the Jurassic of Denmark and Greenland: Geological Survey of Denmark and Greenland Bulletin, 1: 9-20.

Surlyk F, Nygaard N, 2001. Cretaceous faulting and associated coarse-grained marine gravity flow sedimentation, Traill Ø, East Greenland [C] // Martinsen O J, Dreyer T. Sedimentary environments offshore Norway-Palaeozoic to Recent: Norwegian Petroleum Society, Elsevier, Special Publication,

10: 293-319.

Swiecicki T, Gibbs P B, Farrow G E, et al., 1998. A tectonostratigraphic framework for the mid-Norway region [J]. Marine and Petroleum Geology, 15 (3): 245-276.

Swiecicki T, Gibb P B, Farrow G E, et al., 1998. A tectonostratigraphic framework for the Mid-Norway region[J]. Marine and Petroleum Geology, 15, 245-276.

Swiecicki T, Wilcockson P, Canham A, et al., 1995. Dating, correlation and stratigraphy of the Triassic sediments west of Shetlands [C] // S A R Boldy, Permian and Triassic RiftIn9 in Northwest Europe, Geological Society Special Publication, 91: 57-85.

Sylte J, Thomas L, Rhett D, et al., 1999. Water induced compaction in the Ekofisk field[J]. Oil field.

Talwani M, Mutter J C, Eldholm O, 1981. Initiation of opening of the Norwegian Sea [J]. Acta Oceanologica Sinica, SP: 23-30.

Thomsen R O, 2008. Thermal history, hydrocarbon generation and migration in the Horn Graben in the Danish North Sea: a 2D basin modeling study[J]. Int J Earth Sci (Geol Rundsch), 97: 1087-1100.

Torbjørn D K I, Tore O V, Martyn S S, et al., 2005. Late Cenozoic prograding wedges on the NW European continental margin: their formation and relationship to tectonics and climate [J]. Marine and Petroleum Geology, 22: 1089-1110.

Torne M, Fernandez M, Ayala C, et al., 2003. Lithospheric structure of the Mid-Norwegian Margin: comparison between the Møre and Vøring margins [J]. Journal of the Geological Society, 162: 1005-1012.

Torsvik T H, Voo R V, 2002. Refining Gondwana and Pangea Palaeogeography: estimates of Phanerozoic non-dipole (octupole) fidlds[J]. Geophys, 151: 771-7.

Trond H Torsvik, Van D V R, 2002. Refining Gondwana and Pangea palaeogeography: estimates of Phanerozoic non-dipole (octupole) fields [J]. Geophysical Journal of the Royal Astronomical Society, 2010, 151 (3): 771-794.

Wade J A and MacLean B C, 1990. The geology of the southeastern margin of Canada [C]//Keen M J, Williams G L. Geology of the Continental Margin of Eastern Canada: Geology of Canada. Ottawa-Ontario: Energy, Mines and Resources. 167-238.

Walsh J J, Watterson J, 1991. Geometric and kinematic coherence and scale effects in normal fault systems [J]. Geometry of Normal Faults, 56 (1): 193-203.

Wangen M, Mjelde R, Faleide J I, 2010. The extension of the Vøring margin (NE Atlantic) in case of different degreesof magmatic underplating[J]. Basin Research, 23 (1): 83-100.

Watt G R, Thrane K, 2001 Early NeoproteroZoic events in East Greenland[J]. Precambrian Research, 110: 165-184.

Wedepohl K H, 1971. Environmental influences on the chemical composition of shales and clays [M]. Ahrens L H, Press F, Runcorn S K, et al., Physics and chemistry of the earth. Oxford: Pergamon Press, 307-333.

Welsink H, Tankard A, 2012. Extensional tectonics and stratigraphy of the Mesozoic Jeanne d'Arc Basin, Grand Banks of Newfoundland [M]//Roberts D G, Bally A W. Regional Geology and Tectonics: Phanerozoic Rift Systems and Sedimentary Basins. Amsterdam: Elsevier: 336-381.

White R S, McKenzie D, O'Nions R K, 1992. Oceanic crustal thickness from seismic measurements and rare earth element inversions [J]. Geophys Reserch, 97: 19683–19715.

Whitley G G, 1992. Concept analysis of anxiety [J]. Nursing diagnosis: the official journal of the North American Nursing Diagnosis Association, 3（3）: 107–116.

Wiley H O R, Dalland A, Meisingset K K, 1986. Habitat of hydrocarbons at Halten banken（PVT modelling as predictive tool in hydrocarbon exploration）[J]. Norwegian Petroleum Society: 259–274.

Wiley Heum O R, Dalland A., Meisingset K K, 1986. Habitat of hydrocarbons at Haltenbanken（PVT modelling as predictive tool in hydrocarbon exploration）[J]. Norwegian Petroleum Society, 259–274.

William E C, 1994. Multimedia and mapping: using multimedia design and authoring techniques to assemble interactive map and Atlas products [J]. Oral introduction, 212: 1116–1127.

Williams G, Vann L, 1987. The geometry of listric nornal faults and with Applications to Fractures, Faults and Cavities in the Earth's Crust deformation in their hanging walls [J]. Journal of Structural Geology, 9: 789–795.

Withjack M O, R W Schlische, P E Olsen, et al., 2012. Development of the passive margin of eastern North America: Mesozoic rifting, igneous activity, and breakup [M] // Roberts D G and Bally A W. Regional Geology and Tectonics: Phanerozoic Passive Margins, Cratonic Basins and Global Tectonic. Amsterdam: Elsevier. 301–335.

Ziegler P A, 1975. Geologic evolution of North Sea and its tectonic framework [J]. AAPG Bulletin, 59（7）: 1073–1097.

Ziegler P A, 1985. Evolution of the Arctic–North Atlantic rift system [J]. AAPG Bulletin, 69（11）: 2047.

Ziegler P A, 1986. Geodynamic model for the Palaeozoic crustal consolidation of western and central Europe [J]. Tectono-physics, 126（2–4）: 303–328.

Ziegler P A, 1990. Tectonic and paleogeographic development of the North Sea rift system [M] // Blundell D J, Gibbs A D. Tectonic evolution of the North Sea rifts. Oxford University, 1–36.

Ziegler P, 1987. Late Cretaceous and Cenozoic intraplate compressional deformations in the Alpine foreland——a geodynamic model [J]. Tectonophysics, 137（1–4）: 389–420.

Ziegler P, 1988. Evolution of the Arctic–North Atlantic and the Western Tethys [J]. American Association of Petroleum Geologists, 43: 198.